计算机应用与基础实训教程

Computer Application and Basic Training Tutorials

主　编◎王明令　曾家鹏　王　苹
副主编◎林津峰　姚秀情　纪怀猛

·上海·

内容提要

本书以Windows操作系统和Microsoft Office 2016办公软件为基础，全面系统地阐述了计算机应用的基础知识。全书共分为七章，包括信息与计算机、Windows操作系统、文字处理软件Word 2016、电子表格Excel 2016、电子演示文稿PowerPoint 2016、计算机网络基础以及计算机前沿技术。本书旨在帮助学生熟悉并掌握计算机技术在各类工作场景中的应用，提高学生的信息技术素养，培养学生适应未来工作环境的综合能力。

本书不仅适合作为高等院校“计算机应用基础”课程的教材，也适合作为全国计算机等级考试——计算机基础及MS Office应用考试的参考教材，同时可以作为相关职业技能的培训教材。

图书在版编目（CIP）数据

计算机应用与基础实训教程 / 王明令，曾家鹏，王苹主编. -- 上海 : 同济大学出版社，2024. 8. -- ISBN 978-7-5765-1263-2

Ⅰ. TP3

中国国家版本馆CIP数据核字第2024WA1733号

计算机应用与基础实训教程

主　编　王明令　曾家鹏　王　苹

副主编　林津峰　姚秀情　纪怀猛

责任编辑　屈斯诗
助理编辑　韩　青
责任校对　徐春莲
封面设计　渲彩轩

出版发行　同济大学出版社　www.tongjipress.com.cn
（地址：上海市四平路1239号　邮编：200092　电话：021-65985622）
经　销　全国各地新华书店
排　版　南京月叶图文制作有限公司
印　刷　启东市人民印刷有限公司
开　本　787mm×1092mm　1/16
印　张　17.5
字　数　437 000
版　次　2024年8月第1版
印　次　2024年8月第1次印刷
书　号　ISBN 978-7-5765-1263-2

定　价　55.00元

前 言

在信息社会的大潮中，计算机技术以其日新月异的革新速度，正在引领人类社会进入一个全新的时代。从大数据到物联网，从云计算到移动应用，这些以计算机技术为核心的新兴科技，已经深深渗透人们生活和工作的每一个角落。作为人类文明进步的“助推器”，计算机不再仅仅是一个工具，而是成为了一种主流生活方式的载体。在这样的背景下，具备计算机应用能力和信息素养已经成为现代人不可或缺的基本素质。

为了适应这一变化，阳光学院及各兄弟院校的教师们编写了本书。本书内容根据教育部高等学校非计算机专业计算机基础课程教学指导委员会提出的有关大学计算机基础课程的教学基本要求，参照教育部考试中心 2023 年颁发的《全国计算机等级考试一级计算机基础及 MS Office 应用考试大纲(2023 年版)》要求进行编写。

本书由阳光学院王明令、曾家鹏、王苹任主编，林津峰、姚秀情、纪怀猛任副主编。其中，第 1 章、第 6 章和第 7 章由王明令、纪怀猛共同编写，第 2 章、第 5 章由曾家鹏编写，第 3 章由林津峰编写，第 4 章由姚秀情编写。全书由王明令负责统稿并最终审定。

通过对本书的学习，学生能对信息与计算机、Windows 操作系统、文字处理软件 Word 2016、电子表格 Excel 2016、电子演示文稿 PowerPoint 2016、计算机网络基础以及计算机前沿技术等内容有全面清晰的了解和认识。本书每章最后都设置了相应的思考题，与实验指导结合，旨在帮助学生提升基础知识应用能力。

本书推荐学时安排如下：

序号	内容	推荐学时
1	信息与计算机	4
2	Windows 操作系统	4
3	文字处理软件 Word 2016	12
4	电子表格 Excel 2016	12
5	电子演示文稿 PowerPoint 2016	8
6	计算机网络基础	4
7	计算机前沿技术	4
总计	/	48

本书在编写过程中，阳光学院给予了极大支持。由于编者水平有限，书中难免存在疏漏和不足之处，敬请广大读者批评指正。

编者

2024 年 6 月

目 录

第 1 章

信息与计算机

电子计算机，通常被称为“电脑”，是 20 世纪人类最杰出的科技发明之一，开启了人类的信息社会新纪元。电子计算机诞生于 1946 年，是一种能够根据预设指令，对各种数据和信息进行自动处理的电子设备。掌握以电子计算机为核心的信息技术应用，已经成为各行各业对员工的基本能力要求。目前，电子计算机的应用产品涵盖了笔记本电脑、平板、智能手机、智能手表、智能家居、大语言模型、虚拟现实、量子计算机、云计算中心、嵌入式系统等。

随着人工智能(Artificial Intelligence，AI)的发展，电子计算机不再只能执行预先编写的算法，还能执行学习、推理、感知、理解和行动等复杂任务。AI 是电子计算机科学的一个重要分支，它试图理解智能行为的本质，并由此制造一种新的、能做出反应并与环境互动的智能机器。AI 的应用范围非常广泛，如机器人技术、语音识别、图像识别、自然语言处理、专家系统、智能推荐系统等，已经覆盖了人们工作和生活的各个层面。目前，我国常见的 AI 大模型产品如图 1-1-1 所示。

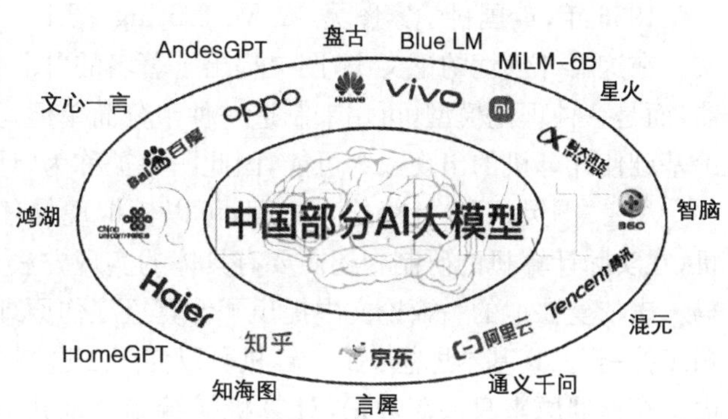

图 1-1-1　我国部分 AI 大模型产品

在当前的数字化时代，无论身处哪个行业，掌握电子计算机和 AI 的知识和技能都将为个人的职业发展带来巨大的优势。

1.1 初识计算机

计算机是能够接收输入数据、按照预设程序进行运算处理并输出结果的电子设备。它由硬件系统和软件系统组成，具有数值计算、逻辑运算、数据处理以及自动控制等功能。计算机的核心部件包括中央处理器(CPU)、内存、输入输出设备等。

1.1.1　计算机的诞生与演变

从最早期的计算工具到现代电子计算机，人类对精密计算与快速计算的追求经历了漫长且丰富的历程。20 世纪 40 年代之前，科学技术的进步和计算理论的发展为现代计算机的诞生奠定了基石。布尔代数、图灵机(Turing Machine)的概念、香农关于信息传递的研究，以及维纳对控制论的贡献，均是构建当代计算机科学的基础。美国普林斯顿高等研究院(Princeton Institute for Advanced Study)的美籍匈牙利数学家冯・诺依曼(John von Neumann，图 1-1-2)进一步提出了现代计算机的五部分结构模型。这些理论与实践的结合，使得第一台电子计算机在 1946 年诞生。

图 1-1-2 冯·诺依曼

图 1-1-3 图灵

1936 年,英国科学家图灵(A. M. Turing,图 1-1-3)向伦敦权威的数学杂志投递了一篇论文。在这篇开创性的论文中,图灵提出了著名的"图灵机"设想。"图灵机"不是一种具体的机器,而是一种理论模型,可用来制造一种十分简单但运算能力极强的计算装置。图灵奠定的理论基础使计算机的出现成为可能,因此图灵被称为"计算机理论之父"。

尽管"图灵机"在计算能力方面,可以模拟现代任何计算机,但是它毕竟不是实际的计算机,在实际计算机的研制中还需要有具体的实现方法与实现技术。"图灵机"提出后不到十年,冯·诺依曼在他的一篇论文中提出了计算机工作原理,即"存储程序原理",概括为"存储程序,顺序控制"。其基本思想:①计算机可以使用二进制;②计算机的指令和数据都可以存储在机内。存储器原来只保存数据,计算机执行指令时由存储器取出数据,计算结果存回存储器。冯·诺依曼提出将程序存入存储器,由计算机自动提取指令并执行,计算结果存回存储器,如此循环。这样,计算机就可以摆脱外界"拖累"(不用再连接线路),以自己的速度(电子电路的速度)自动运行了。

冯·诺依曼提出的存储程序原理促进了现代意义上的计算机的诞生。经过不断努力,冯·诺依曼确定了现代存储程序式电子计算机的基本结构和工作原理,提出电子计算机主要由五部分组成:控制器、运算器、存储器、输入设备和输出设备,这明确反映了现代电子计算机的特点。

1946 年 2 月 14 日,约翰·莫克利(John W. Mauchly)和约翰·普雷斯培·埃克特(J. Presper Eckert)在美国宾夕法尼亚大学发明了世界上第一台通用电子计算机埃尼阿克(ENIAC),如图 1-1-4 所示。它的问世标志着现代计算机时代的开始。ENIAC 是一个庞大的机器,使用了大约 18 000 个电子管,占地 170 m^2,重达 30 t,耗电功率约为 150 kW。尽管与现在的计算机相比,它每秒钟 5 000 次的运算速度似乎微不足道,但在当时代表了巨大的技术飞跃。

ENIAC 主要用于弹道计算,它的诞生极大地提高了计算的效率和精度。由于使用了电子管作为元器件,它也被称为电子管计算机,属于计算机的第一代。不过,由于电子管体积较大、耗电量大且容易发热,这种计算机的工作时间不能太长。

在 ENIAC 之前,虽然也有其他的计算设备,如布莱士·帕斯卡(Blaise Pascal)在 1642 年改进的机械计算器"Pascalene"和戈特弗里德·威廉·莱布尼兹(Gottfried Wilhelm Leibniz)在 1673 年创造的步进计算器等,但这些设备都是基于机械原理而非电子技术。

图 1-1-4　世界第一台电子计算机 ENIAC

总地来说，第一台电子计算机的出现是人类历史上科技进步的一个重要里程碑，为后续计算机技术的发展奠定了基础。

随着人工智能技术的蓬勃发展，计算机已不再局限于简单的数据处理任务。AI 技术，如机器学习、深度学习等，正在使计算机变得更加智能，能够完成包括面部识别、语音识别、自动驾驶在内的复杂任务，极大地扩展了计算机的功能和应用范围。这一进步不仅反映了计算技术的发展，也预示着未来计算机科学的无限可能。

1.1.2　计算机的发展

自 ENIAC 问世以来的短短几十年中，计算机在性能指标、运算速度、存储容量和可靠性等方面都得到了极大的提高。按所使用的主要电子元器件划分，一般将计算机的发展分为电子管、晶体管、集成电路和大规模集成电路四个阶段。计算机发展各阶段情况见表 1-1-1。

表 1-1-1　计算机发展各阶段情况

阶段	年份	主要特点	应用领域	每秒指令数	主存储器
第一代	1946—1957	采用磁鼓，体积庞大，耗电量大，运行速度低，可靠性较差	国防及科学	几千条	电子管
第二代	1958—1964	采用磁芯，开始使用高级程序及操作系统，运算速度提高，计算机和内存容量小	工程设计、数据处理	几万～几十万条	晶体管
第三代	1965—1970	采用半导体存储器，集成度高，功能增强，价格下降	工业控制、数据处理	几十万～几百万条	中小规模集成电路

（续表）

阶段	年份	主要特点	应用领域	每秒指令数	主存储器
第四代	1971 至今	走向微型化，性能大幅度提升，软件越来越丰富，为网络化创造了条件；逐渐走向人工智能化，并采用了多媒体技术，具有听、说、读和写等功能	工业、 生活等	上千万～ 万亿条	大规模、超大规模集成电路
第五代	未来 （推测）	可能侧重于量子计算、纳米技术、神经网络的高度集成，以及更高级的人工智能和机器学习能力	科学研究、 复杂问题求解、 自动化系统、 智能设备等	预计将远 超现有水平	新型存储技术 （如量子比特）

1.1.3 计算机的特点和性能指标

1. 计算机的特点

现代 AI 技术的发展对计算机的发展产生了深远的影响，结合 AI 相关知识可重新归纳现代计算机的特点。

(1) 支持人机交互和智能助理。计算机具有多种输入、输出设备，搭配适当的软件，可支持用户方便地进行人机交互。现代计算机通过集成人工智能技术，如自然语言处理、语音识别和图像识别等，使用户能够以更自然的方式与计算机进行交互。此外，智能助理如小度、小爱同学等利用 AI 技术，可以为人类提供个性化的帮助和建议。

(2) 运算速度快。计算机由电子器件构成，具有很快的处理速度。现代计算机通过集成高性能处理器并行计算和优化算法，能够快速执行复杂的任务，如深度学习、模式识别和数据挖掘等。这种高速的数据处理能力使得计算机在解决复杂问题和实现智能化方面具有巨大潜力。

(3) 存储容量大且智能化。计算机的存储器类似人的大脑，可以记忆大量的数据和计算机程序。现代计算机通过集成大数据技术和智能存储系统，能够高效地管理和处理海量数据。这使得计算机在处理大规模数据集和实现智能化决策时更加强大和灵活。

(4) 逻辑判断能力强且具有智能决策能力。计算机能够根据事先存储的程序和输入的数据进行逻辑判断和决策。现代计算机通过集成机器学习和专家系统等 AI 技术，能够从数据中学习和提取知识，并基于这些知识做出智能决策。这种智能决策能力使得计算机在自动化和智能化领域中发挥着重要作用。

(5) 计算精度高。计算机采用二进制形式的数据进行计算，具有很高的计算精度。现代计算机通过集成数值计算和符号计算等 AI 技术，能够在处理复杂数学问题和进行推理时提供高精度的结果。这使得计算机在科学研究、工程设计和金融分析等领域中发挥着关键作用。

(6) 自动化程度高且具有自主学习能力。计算机通过程序控制其操作过程，能够自动连续地工作，完成预定的处理任务。现代计算机通过集成强化学习、自适应控制和自主导航等 AI 技术，能够自主学习和适应环境变化，从而实现更高级的控制和决策。这种自主学习能力使得计算机在自动驾驶、机器人控制和智能系统中展现出强大的应用潜力。

(7) 性价比高，可靠性高，通用性强。现代计算机通过集成专家系统、知识图谱和智能推荐系统等 AI 技术，能够处理复杂的信息处理任务，并提供智能化的解决方案。这种通用性使得计算机在医疗、教育、金融和娱乐等行业中发挥着重要作用，为人类提供了更便捷、智能的服务。

2. 计算机的性能指标

计算机性能具体指计算机完成特定任务的效率或能力，主要考虑计算机的处理速度、数据处理能力、存储周期、存储容量等方面的指标。

(1) 计算机速度(处理速度)：计算机速度通常指计算机执行指令的快慢，主要由处理器的主频和架构决定。主频越高，每个周期内完成的指令数可能越多，因此处理速度越快。但实际速度还受内存、存储设备等其他因素的影响。

处理器主频的常用单位是赫兹(Hz)，它是每秒周期数的度量。常见的主频单位包括兆赫兹(MHz)、千兆赫兹(GHz)和太赫兹(THz)。这些单位用于描述处理器每秒钟能执行的周期数或时钟周期的频率。几种单位的换算关系如下：

1 MHz＝1 000 000 Hz；

1 GHz＝1 000 MHz＝1 000 000 000 Hz；

1 THz＝1 000 GHz＝1 000 000 000 000 Hz。

因此，当谈论计算机的处理速度时，可以使用这些单位来描述处理器的主频，例如，一个具有 4 GHz 主频的处理器意味着它的时钟频率为 4 000 000 000 Hz。

(2) 字长(Word Size)：字长是指计算机进行一次数据处理所能处理的位数，常见的有 32 位、64 位等。字长越长，计算机可以一次性处理的数据量越大，从而能支持更大范围的运算和更高效的数据处理。

(3) 存储周期(Memory Latency)：存储周期指访问存储器(如内存条或硬盘)所需要的时间。存储周期短意味着数据读取和写入速度快，这对提高计算机的整体响应速度非常关键。

(4) 存储容量(Storage Capacity)：存储容量指计算机存储数据的总量，一般以 GB (Gigabytes)或 TB(Terabytes)为单位。存储容量越大，计算机能够保存的数据和程序就越多，对用户来说，这意味着可以处理更多的任务，而不必担心空间不足。

3. 计算机采购时考虑的性能指标

当考虑采购计算机时，需要根据个人需求和预算，综合考虑各个性能指标，选择合适的硬件配置和外设，以满足工作、学习和娱乐等场景的需求，通常需考虑以下 9 个计算机的硬件与外设性能指标。

(1) 处理器：处理器是计算机的核心部件，负责执行各种计算和逻辑操作。性能更高的处理器可以更快地完成任务，提高工作效率。在选择处理器时，需要考虑其品牌(如 Intel 或 AMD)、型号(如 Intel 的酷睿 i3、i5、i7、i9 系列，AMD 的 Ryzen 3、Ryzen 5、Ryzen 7、Ryzen 9 系列等)、核心数、线程数、主频等因素。

对于大学生的日常使用需求，例如文档编辑、上网冲浪、观看视频和进行轻度编程等，可以选择一款性价比高的处理器。例如，Intel Core i5-13600K 是一款适用于日常使用的处理器，具有 14 个核心(6 个性能核心和 8 个效率核心)和 20 个线程，主频通常在 3.5 GHz 左右，能够满足大部分日常学习和娱乐的需求。另外，国产的龙芯 3A4000 也是一个很好的选择，它提供了 4 个核心和 4 个线程，主频为 2.0 GHz，能够满足日常学习和娱乐的需求，同时还支持国产化替代。

(2) 内存(RAM)：内存是计算机的临时存储空间，用于存放运行中的程序和数据。内存容量越大，计算机处理多任务的能力越强。一般来说，至少需要 8 GB 的内存才能满足日常使用需求，而对于专业应用或大型游戏，可能需要 16 GB 或更高的内存才能满足使用要求。

(3) 存储设备(硬盘/固态硬盘)：存储设备用于存放操作系统、软件和用户数据。固态硬盘(SSD)相较于传统机械硬盘(HDD)具有更快的读写速度，能显著提高计算机的响应速度。在选择存储设备时，需要考虑其容量、接口类型(如 SATA、IDE、SCSI)和速度。另外，随着技术的发展，新型存储接口和技术不断涌现，因此在选择存储设备时，还应关注最新的存储技术和接口标准，如 M.2 接口和 PCIe 4.0，以确保计算机系统能够充分利用最新技术来提升性能。M.2 接口是一种小型化的存储接口(图 1-1-5)，支持通过 PCI Express 通道进行数据传输，能够容纳多种长度和宽度的 SSD，适用于台式机和笔记本电脑。PCIe 4.0 是最新的 PCI Express 标准，它提供了更高的数据传输速率，是目前 PCIe 3.0 速率的 2 倍。

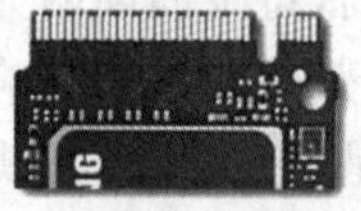

M.2(M key)

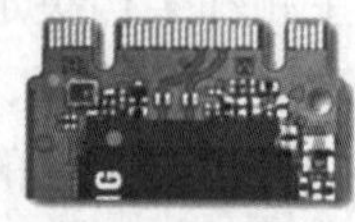

M.2(B&M key)

图 1-1-5　M.2 接口

图 1-1-6　撼讯 RX 6900 XT Red Devil 显卡

(4) 显卡(GPU)：显卡负责处理图形和视频输出，对于游戏玩家和专业图形设计师来说尤为重要。显卡分为集成显卡和独立显卡，独立显卡性能更强，但价格也更高。在选择显卡时，需要考虑其品牌[如 NVIDIA、AMD，以及国产品牌如紫光展锐、撼讯(图 1-1-6)、瑞芯微、神舟等]、型号、显存容量等因素。目前，虽然显卡市场仍以国外品牌为主，但国产显卡正在逐步崛起，为消费者提供了更多选择。

(5) 显示器：显示器是计算机的输出设备，用于显示图像和视频。在选择显示器时，需要考虑其尺寸、分辨率、刷新率、色域等参数。一般来说，至少 1 080 P 分辨率的显示器才能满足日常使用需求，而对于专业应用或游戏，可能需要更高分辨率和刷新率的显示器。

(6) 主板：主板是计算机各个部件连接的基座，负责传输数据和供电。在选择主板时，需要考虑其兼容性(如支持的处理器和内存类型)、扩展性(如提供的接口数量和类型)和品质(如散热和稳定性)等因素。

(7) 电源：电源负责为计算机提供稳定的电压和电流，保证各个部件正常工作。在选择电源时，需要考虑其功率、效率、稳定性和品牌等因素。一般来说，日常办公娱乐的计算机通常适用 300～500 W 的电源，而游戏或图像处理等高性能应用建议使用 600～800 W 的电源。

(8) 散热系统：散热系统负责维持计算机各个部件的正常工作温度，防止过热导致性能下降或损坏。在选择散热系统时，需要考虑其类型(如风扇、水冷等)、效果和噪声等因素。

(9) 外设：外设包括键盘、鼠标、耳机等输入输出设备，以及打印机、扫描仪等外部设备。在选择外设时，需要考虑其兼容性、性能和舒适度等因素。

1.1.4　计算机的分类

计算机的种类很多，并表现出各自不同的特点，按不同的标准可以进行不同的分类。

1. 根据信息表示形式和处理方式分类

(1) 数字计算机(Digital Computer):处理以"0"和"1"表示的二进制形式的离散数据,具有运算速度快、准确、存储量大等优点,适用于科学计算、信息处理、过程控制和人工智能等领域。

(2) 模拟计算机(Analog Computer):处理连续的模拟量数据,如电压、电流、温度等。模拟量以电信号的幅值来模拟数值或物理量的大小,适用于解高阶微分方程,常用于模拟计算和控制系统。

(3) 混合计算机(Hybrid Computer):结合了数字计算机和模拟计算机优点的一类计算机。

2. 根据用途分类

(1) 通用计算机(General-Purpose Computer):广泛适用于科学运算、学术研究、工程设计和数据处理等领域,具有功能多、配置全、用途广、通用性强的特点。

(2) 专用计算机(Special-Purpose Computer):为特定需求而设计,通常增强了某些特定功能,忽略了一些次要要求,能高效解决特定问题,具有功能单一、使用面窄甚至专机专用的特点。

3. 根据运算速度、存储量以及软硬件配套规模分类

(1) 巨型机(Supercomputer):又称为超级计算机,是运算速度超过1亿次/s的高性能计算机。我国的超级计算机发展迅猛,不仅在技术上取得了重大突破,而且在世界上占据了重要的地位。例如,"天河"系列超级计算机和"神威·太湖之光"(图1-1-7)在全球超级计算机排名中位列前茅,展现了我国在高性能计算领域的强大实力。这些超级计算机因其卓越的功能、惊人的速度、完善的软硬件配套以及昂贵的价格而闻名,主要应用于气象、太空探索、能源开发、医药研究等高端科学领域,以及处理战略武器研制中的复杂计算问题。我国的超级计算机通常被部署在国家的高级研究机构中,能够支持众多用户同时使用。超级计算机的出现极大地推动了科学研究和技术创新的进步。

图1-1-7　超级计算机:神威·太湖之光

(2) 大中型机(Mainframe):具有很高的运算速度和存储量,允许多用户同时使用;广泛用于事务处理、商业处理、信息管理、大型数据库和数据通信等领域。

(3) 小型机(Minicomputer):规模和运算速度相对较小,但仍支持多用户同时使用;适合中小企业、事业单位用于工业控制、数据采集、分析计算、企业管理及科学计算等。

(4) 微型机(Microcomputer):也称为微机,是使用最普遍、产量最大的一类计算机。体积小、功耗低、成本低、灵活性强等特点使微型机成为家庭、办公室以及移动环境中的首选计算设备。现有的微型机应用产品广泛,包括个人计算机(PC)、平板电脑、智能手机以及智能手表等可穿戴设备。这些设备在日常生活和工作中发挥着巨大作用,不仅用于文档处理、网络浏览、多媒体娱乐等基本任务，还广泛应用于图像处理、视频编辑、音乐制作、游戏、编程开发等更为高级的应用。此外，随着物联网(IoT)技术的发展，微型机也被集成到家居自动化、健康监测系统、车载计算等智能化产品中，成为现代智能生活不可或缺的一部分。

(5) 工作站(Workstation)：介于PC和小型机之间的高档微型计算机，具备较高的运算速度和强大的网络通信能力，在工程设计领域得到广泛应用，具有较强的图形交互能力。

(6) 服务器(Server)：供网络用户共享的高性能计算机，具有大容量存储设备、丰富的外部接口和运行网络操作系统的能力，常用于存放各类资源，为网络用户提供资源共享服务，如DNS服务器、E-mail服务器、Web服务器等。在当今的信息技术时代，服务器扮演着核心角色，特别是在云计算、云存储和人工智能领域的应用中显得尤为重要。

现代企业和组织越来越多地依赖服务器来支撑其业务操作。例如，在云计算领域，服务提供商利用强大的服务器群构建起弹性、可伸缩的计算资源池，用户可以按需租用这些资源来处理数据和运行应用程序。这种模式大幅降低了企业的运营成本，也提高了运营灵活性。同时，云存储服务通过服务器集群提供了大量的数据存储空间，用户可以轻松存储、备份和访问海量数据，而无需关心底层硬件和维护问题。

在AI大模型的应用方面，服务器提供了必要的计算能力来训练和部署复杂的深度学习模型，这些模型被用于图像识别、自然语言处理、语音识别等众多智能应用场景。例如，大型互联网公司利用强大的服务器资源来提供智能推荐服务，分析用户行为，并进行个性化内容推送；而在科学研究领域，超级计算机和专用AI服务器则被用来模拟复杂系统，进行药物研发、气候模拟等高端研究工作。

1.1.5 计算机的应用

计算机技术已经深入社会的各个角落，从科学研究、工程设计到日常生活，无不体现出计算机的重要性。以下是对计算机主要应用领域的简单描述和一些真实案例。

1. 科学计算与数值模拟

高性能计算(High Performance Computing，HPC)和超级计算机被用于气候模型预测、基因测序、宇宙演化研究等。例如，在新型冠状病毒感染期间，超级计算机协助进行病毒蛋白质结构的模拟，加速了疫苗的研发进程。

2. 数据处理与大数据分析

企业和机构使用大数据技术来分析消费者行为、优化供应链、预防金融欺诈等。例如，抖音、阿里巴巴和亚马逊利用用户数据推荐产品，提高销售额。

3. 计算机辅助技术

(1) 计算机辅助设计/计算机辅助制造(Computer-Aided Design/Computer-Aided Manufacturing，CAD/CAM)：CAD/CAM在制造业中广泛应用。例如，汽车设计公司使用CAD软件进行新车型的设计，以实现设计的精确性和生产效率的提升。

(2) 计算机辅助教学(Computer-Assisted Instruction，CAI)：CAI在教育领域普及，如使用智能教学平台进行个性化学习。例如，钉钉、腾讯课堂、猿辅导和作业帮等在线学习平台，这些平台利用先进的算法为学生提供个性化的学习计划和教学内容，并通过集成视频直播、互动问答和在线作业等功能，极大地丰富了教学模式，使得教育更加灵活和更具互动性。这种技术的应用不仅改善了教与学的质量，还为师生提供了更多交流和协作的机会。

(3) 计算机辅助测试(Computer-Assisted Testing,CAT):CAT在标准化考试中应用广泛,如学习通在线考试系统、托福网考系统,这些系统能够自动出题、评分,并即时反馈考试结果。

(4) 计算机集成制造系统(Computer Integrated Manufacturing System,CIMS):CIMS在复杂产品生产线上得以实现,如波音公司的飞机组装线就采用了CIMS,它集成了产品设计、工程分析、加工制造等多个环节,大幅提高了生产效率,并提升了产品质量。

4. 过程控制与自动化

具备过程控制与自动化功能的工业自动化系统(如工业机器人)在小米超级汽车工厂、特斯拉工厂中负责车辆的装配。智能家居系统(如小米的米家)可自动调节家中的灯光、空调、监控、窗帘等智能设备。

5. AI

如今,AI技术的应用领域越来越广泛,如谷歌DeepMind的AlphaGo战胜世界围棋冠军,Siri和小爱同学、小艺等智能助手的普及,以及ChatGPT、文心一言、讯飞星火等AI大数据模型的异军突起等,都体现了AI技术在内容创作、知识整理等多方面的巨大潜力。

6. 网络应用与云计算

在中国,云服务提供商如阿里云(Alibaba Cloud)和腾讯云(Tencent Cloud)为企业提供强大的平台来运行应用程序和存储数据。这些服务支持了各种规模的企业,从初创公司到大型国有企业,加速了其数字化转型过程。另外,社交媒体平台如微信和微博则彻底改变了人们的交流方式,它们不仅提供了即时通信的功能,还集成了支付、社交网络、新闻资讯等多种服务,成为日常生活中不可或缺的一部分。通过这些平台,用户能够实时分享生活点滴、获取最新信息,并与朋友、家人保持联系。

7. 电子商务

抖音直播平台、淘宝商城、京东购物商城等使购物更加便捷,通过大数据分析和AI技术,这些平台还能够向用户推荐符合其兴趣和购买需求的商品,进一步提升了购物效率和满意度。

8. 系统仿真

虚拟现实(Virtual Reality,VR)和增强现实(Augmented Reality,AR)技术,如用于军事训练模拟、实验教学环境模拟及游戏开发中的实时渲染技术等。

1.1.6 未来计算机的发展趋势

展望未来,计算机的发展必然要经历很多新的突破。基于集成电路的计算机短期内还不会退出历史舞台,但一些新的计算机正飞速发展,包括超导计算机、纳米计算机、光计算机、DNA计算机和量子计算机等。

1. 超导计算机

超导计算机是利用超导技术生产的计算机及其部件,其开关速度达到几纳秒,耗电仅为半导体器件计算机的几千分之一,它执行一条指令只需要十亿分之一秒,比半导体元件快几十倍。

2. 纳米计算机

纳米计算机是指将纳米技术运用于计算机领域所研制出的一种新型计算机。采用纳米技术生产芯片的成本十分低廉,它既不需要建设超洁净的生产车间,也不需要昂贵的实验设备和庞大的生产队伍，只要在实验室里将设计好的分子合在一起，就可以造出芯片，从而大大降低生产成本。

3. 光计算机

光计算机是由光代替电子或电流，实现高速处理大容量信息的计算机。其基础部件是空间光调制器，并采用光内练技术，在运算部分与存储部分之间进行光连接，运算部分可直接对存储部分进行并行存取，突破了传统的用总线将运算器、存储器、输入设备和输出设备相连接的体系结构。其运算速度极高，耗电极低。

4. DNA 计算机

DNA 计算机是应用 DNA 存储遗传密码的原理，通过生物化学反应，用基因代码作为计算输入输出的一种生物形式的计算机。它可以实现现有计算机无法进行的模糊推理和神经网络计算，是智能计算机最有希望的突破口。

5. 量子计算机

量子计算机是一种基于量子理论的计算机，遵循量子力学规律进行高速数学和逻辑运算、存储及处理量子信息的物理装置。量子计算机的概念源于对可逆计算机的研究。量子计算机应用的是量子比特，可以同时处在多个状态，而不像传统计算机只能处于 0 或 1 的二进制状态。

1.1.7 信息及信息技术

1. 数据、信息和消息

在现实生活中，人们常听到“数据”“信息”“消息”这些词，它们是很容易被混淆的概念。实际上，它们之间是有联系和区别的。

（1）数据

① 数据是信息的载体。

② 数据是对客观事物的逻辑归纳。

③ 数据表示客观事物未经加工的原始素材。

④ 数据直接来自现实，形式可以是离散的数字、文字、符号，也可以是连续的声音、图像等。

⑤ 数据仅代表数据本身，如某人身高为 180 cm，“180 cm”这个数据本身没有意义。

（2）信息

① 信息是经过处理和加工后的数据。

② 信息经过分析、解释和运用后，会对人的行为产生影响。

③ 数据是原材料，信息是产品。

④ 信息是数据的含义，是人类可以直接理解的内容。例如，上述的身高数据与特定对象关联时赋予其意义，成为信息。

（3）消息

① 消息包含信息，但二者并不能等同。

② 一则消息可以承载丰富或少量的信息。

③ 信息是从消息中提炼出来的内容。

概括来说，数据是原始的、未加工的素材，信息是加工后的、有意义的数据，而消息则是传递信息的载体，可能含有多种信息。

2. 信息技术的定义

信息技术的定义可以分为狭义和广义两种。

(1) 狭义的信息技术分为传感技术、计算机技术、通信技术、控制技术，其中计算机技术是核心。各种信息技术可相互结合，对应扩展人基本器官的功能：传感技术对应人的五感；计算机技术对应人脑的处理和思考功能；通信技术对应人的交流、传递和沟通功能，如说话和听力；控制技术对应人的动作和反应功能，如手的操作和脚的行走。

(2) 广义的信息技术囊括了获取、加工、传递、再生以及使用信息的各项技术，其目的在于强化人类处理信息的能力。因此可以将信息技术定义为提升和扩展人类信息能力的各种方法和工具的集合。

3. 信息技术的发展历程

信息技术的革新始终伴随着人类信息活动的发展，而且每次的技术飞跃都进一步提高了人类的信息处理能力。通常，信息技术的发展可以概括为三个主要阶段。

(1) 古代信息技术时期，以手工操作为主导。从远古时代直至19世纪20年代，信息技术经历了从简单到复杂的演变过程。在这一时期，人类依靠手工艺和初步的工具来处理信息，如通过石碑、竹简等记录和传递信息。随着语言的形成和发展，以及文字的创造，人类社会开始有了更为系统的信息记录方式，但这仍旧局限在人工手动完成的框架内。

(2) 近代信息技术时期，以电信为主导。从19世纪30年代—20世纪30年代，信息技术在物理学等领域取得重大突破后获得历史性发展，电信技术随之成为信息技术领域的新秀。在电信革命的带动下，信息的传递速度和范围得到了极大扩展，电报和电话等通信工具开始普及，这标志着人类进入了一个全新的信息交流时代。

(3) 现代信息技术时期，以网络为主导。从20世纪40年代开始，信息技术迎来空前的发展，以电子计算机技术和通信技术为核心，推动了微电子技术、光电子技术、传感技术等一系列现代信息技术的快速发展。在这个阶段，计算机与网络技术成为信息处理和传播的主要手段，互联网的兴起更是将全球信息网络连接起来，极大地促进了信息流通和共享。

在信息技术演进的每个阶段中，人类历史见证了五次重大的信息技术创新。

(1) 语言的使用。语言的产生为人类提供了口头传递知识和文化的工具，是人类信息活动的起点。语言的使用不仅丰富了人类的交流内容，还改变了信息的保存与传播方式。

(2) 文字的使用。文字的出现使得信息可以被永久记录，并且可以在不同地域之间传播，极大地拓宽了信息流通的范围，开启了人类信息传递的新篇章。

(3) 造纸术和印刷术的发明。造纸术和印刷术的出现保证了信息的广泛记录、存储与传播。这些发明极大地降低了信息传播的成本，使得文献和知识能够被大量复制并广泛流传，为知识的积累和文明的交流提供了物质基础。

(4) 电报、电话、电视及其他通信技术的发明和应用。电报、电话和电视等通信技术使人类社会进入了电信息时代。这些技术的发明和应用使得信息传播速度得到飞跃性提升，实现了即时通信和远距离交流，极大地缩短了人与人沟通的时间和空间距离。

(5) 计算机和现代通信技术的普及。计算机与现代通信技术的普及提高了人类信息处理的效率，并促进了信息产业的兴起。计算机技术使得信息处理变得高效和精确，而现代通信技术则让全球信息共享成为可能，二者的结合奠定了现代社会信息化的基础，催生了众多与信息相关的新兴产业。

4. 信息技术的典型应用

如今,信息技术已广泛应用于教育、科研、工业、农业、商业、医疗、交通和军事等多个领域,持续推动社会进步与发展。

(1) 教育:信息技术的应用使学生能够选择适合自己需求和兴趣的学习软件,教师也能利用多媒体工具开展生动的教学活动。网络课程和虚拟实验室等技术的应用,为学生提供了更加灵活和个性化的学习体验,同时也促进了教学资源的共享和教学质量的提升。

(2) 科研:借助电子显微镜等科研仪器,研究人员能观察到微观世界,从而极大地提高了人类的视觉能力。此外,信息技术还使得科学研究的数据收集、存储、分析和模拟变得更加高效,加速了科学发展的进程。

(3) 工业:信息技术的应用提升了机械设备的自动化与智能化水平。通过引入计算机控制系统和智能传感器,工业生产实现了精准控制和优化管理,显著提高了生产效率和产品质量。

(4) 农业:通过卫星等技术收集的数据帮助了解农作物生长状况和病虫害信息,监测环境污染情况。信息技术的应用使得农业生产更加精准和科学,比如通过遥感技术和地理信息系统实现精准农业管理,提高作物产量的同时,减少资源浪费。

(5) 商业:在超市购物或银行存取款等日常商业活动中,信息技术已成为不可或缺的一部分。现代商业活动中,信息技术支撑了电子商务、在线支付、供应链管理等多个方面,极大提升了商业运作的效率和便捷性。

(6) 医疗:CT 扫描、心电图等先进医疗检测技术的发展,为疾病诊断和治疗提供了有力支持。信息技术在医学领域的应用还包括电子病历、远程医疗、生物信息学等,这些技术提升了医疗服务的质量和效率。

(7) 交通:信息技术的应用使得城市交通监管系统能实时监控道路状况,提高了交通监管效率。智能交通系统利用信息技术对交通流进行优化控制,减少了拥堵和事故的发生,改善了城市交通环境。

(8) 军事:信息技术在现代战争中发挥着关键作用,从指挥系统到武器装备,都离不开信息技术的支持。现代军事作战依赖雷达、卫星通信、网络战等高科技手段,信息技术的提升直接促进了国防实力的增强。

5. 信息技术的发展趋势

当前,信息技术正以迅猛的速度发展,极大地推动了人类生活和生产方式的变革。在此背景下,一系列信息技术的创新和应用将不断涌现,满足人们对美好生活的追求,同时提升信息产业的价值链,进而提高社会经济发展的整体质量和效益。

(1) 超高清视频技术的普及:4K 及更高分辨率的视频技术已经进入千家万户。这类超高清视频在分辨率、色彩表现、音效和沉浸感方面均显著超越传统高清视频,提供了更加震撼和更具感染力的视觉体验。随着技术进步,4K/8K 超高清视频技术将逐渐成熟,超高清频道将进一步增加,丰富多样的超高清内容将供消费者选择,从而形成良性的产业生态循环。此外,超高清视频技术与安防、制造、交通、医疗等行业的结合,预计将催生新的应用和模式,推动这些领域的数字化和智能化转型。

(2) 虚拟现实技术的广泛应用:虚拟现实、增强现实和混合现实(MR)技术结合了多媒体、传感器、新型显示技术、互联网和人工智能等多种前沿科技,预计将成为新一代的通用计算平台，对教育、军事、制造、娱乐、医疗等领域产生深远影响。随着相关技术的不断进步和行业需求的日益明确，虚拟现实技术将在多个领域快速扩展，为中国制造的创新和升级提供新工具，同时与健康医疗、养老关怀、文化教育等领域深入融合，创新服务方式，缓解公共资源不均衡问题，促进社会和谐发展。

(3) 智能家居产品的广泛渗透：智能家居产品集成了语音交互、机器学习和自我调控等技术，越来越成为家庭物联网的重要组成部分。未来，从智能音箱到智能电视、智能门锁等，智能家居硬件产品将更普及，家庭控制系统也将变得更安全、智能。家居产品将从简单地执行指令发展到自感知、自学习、自决策、自适应，实现真正的智能化。

(4) 量子信息技术的产业化：量子信息技术利用量子态进行信息的编码、传输和处理，其独特的性质使之在安全性和计算速度上突破了传统信息技术的限制，尤其在安全通信、加密解密和金融计算等领域显示出巨大的潜力。量子信息技术正向产业化迈进，涉及量子通信、量子计算和量子测量等领域。

(5) 5G技术的全面成熟：第五代移动通信(5G)以其Gbps级的用户体验速率和大规模天线阵列、超密集组网等核心技术为标志，正在加速成熟并步入商用阶段。5G的普及将推动超高清视频、虚拟现实、智能驾驶、智能工厂和智慧城市等领域的创新应用，极大促进社会经济的数字化转型。

(6) 车联网的快速发展：作为新一代智能驾驶和信息互联的汽车，车联网通过先进的车载传感器、控制器和网络技术，实现了高度的信息共享和智能化控制。未来，车联网的发展将进一步促进汽车、电子、信息通信等行业的深度融合，推动自动驾驶技术的商业化应用，实现“人-车-路-云”的高度协同。

(7) 军民信息化的深度融合：随着信息化技术的发展，其在社会生活和国防领域的应用越来越广泛，促进了工业化和国防事业的发展。军民信息化融合的领域不断拓展，形式更加多样化，制度也日益完善，促进了资源共享和优势互补。

(8) 智能制造的稳步发展：智能制造的发展正在全方位推进，生产方式正在向数字化、网络化、智能化转变。智能制造供给能力的稳步提升，以及与工业互联网的融合日益加深，将推动制造业的进一步转型升级。

(9) 云计算的潜力巨大：云计算应用领域不断拓展，深植于互联网行业并逐渐渗透到传统行业，随着数字经济的发展，需求将持续增长。企业信息系统的云迁移加速了企业的数字化、网络化、智能化转型，云计算企业也将不断加强云生态体系的建设。

(10) 大数据的迭代创新发展：大数据产业链不断完善，大数据硬件、软件、服务等核心产业环节规模不断扩大，业务覆盖领域不断增长。大数据技术和应用处于稳步迭代创新期，大数据计算引擎、PaaS及工具和组件成为企业标配，大量结合人工智能PaaS技术的大数据应用将大量落地，推动工业经济向数字化、网络化、智能化转型。

6. 信息安全和信息威胁

(1) 信息安全的关键要素

ISO 7498-2(现为ISO/IEC 7498-2)定义了信息安全的五个关键要素：身份认证、访问控制、数据保密性、数据完整性和不可否认性。信息安全是保护数据免受未经授权访问的重要手段。五个要素的综合应用，可以有效地保护信息系统的安全。

① 身份认证：身份认证的目的是确认一个实体是否为其声称的实体。它分为同层实体

的身份认证、数据源身份认证以及同层实体的相互身份认证三种服务方式。例如，当使用网上银行时，系统会要求用户输入用户名和密码，这就是身份认证。

② 访问控制：访问控制的目的是限制用户对系统资源的访问权限。例如，在一个公司内部，某些敏感文件可能只允许特定职位的员工访问，这就需要通过访问控制来实现。

③ 数据保密性：数据保密性是指数据在传输和存储过程中不被未授权者访问或泄露的能力。例如，当在网上购物并使用信用卡支付时，信用卡信息会在网络中传输，此时就需要利用加密技术来保护这些数据的安全。

④ 数据完整性：保证数据完整性的目的是保证信息在存储、传输以及使用过程中不被未授权的实体更改或损坏，不被非法实体进行不适当的更改，从而使信息保持内部、外部的一致性。数据完整性服务可以采用多种技术实现，如纠错码、校验和、哈希函数、消息认证码和数字签名等。

⑤ 不可否认性：不可否认性是用来防止对话的两个实体中任一实体否认自己曾经执行过的操作，保证其不能对自己曾经接收或发送过的任何信息抵赖。这通常通过数字签名和时间戳等技术实现。例如，在电子商务交易中，如果一家公司向另一家公司发送了一份包含数字签名的合同，那么数字签名就可以作为证据来证明交易确实发生过。

(2) 信息安全需求的多维性

随着互联网的广泛应用，信息安全成为保护信息传输和防御各种攻击的关键。以下是具体的信息安全需求，其中，保密性、完整性和可用性构成信息安全的核心要素。

① 保密性：确保信息只能被授权用户访问。例如，使用密码保护电子邮箱中私人信息不被未授权者获取。

② 完整性：保证信息在传输过程中未被篡改。例如，数字签名用于验证文件是否在传输后被更改。

③ 可用性：确保授权用户可以有效访问系统资源。例如，云服务提供商确保客户数据可以随时访问。

④ 可控性：对信息传播和内容有控制能力。例如，公司对内部通信进行监控以确保符合政策。

⑤ 真实性：验证通信参与者身份的真实性。例如，通过双因素认证来确认用户身份。

⑥ 不可否认性：防止参与者事后否认其通信行为。例如，电子合同具有法律效力以防止签署者抵赖。

(3) 信息安全威胁及其手段

信息安全是国家安全战略的一部分，任何国家的信息网络安全事故都可能对国内外安全造成威胁。信息安全威胁主要包括：

① 被动攻击：例如监视网络流量以获得敏感信息。

② 主动攻击：例如修改网站上的数据或创建虚假新闻。

③ 重现：捕获并重新发送数据单元产生非授权效果。

④ 修改：改变合法信息或重排顺序以产生非授权效果。

⑤ 破坏：利用漏洞破坏网络系统。

⑥ 伪装：通过截获信息伪装成授权用户进行攻击。

在当今数字化时代，信息系统面临的安全风险各式各样，如计算机病毒、网络黑客、网络诈骗、恶意软件植入(预置陷阱)、垃圾信息泛滥及隐私泄露等。这些风险不仅可能导致重要数据的丢失或被盗,还可能引发一系列严重的安全问题和法律后果。常见的一些信息安全威胁实例包括:

① 计算机病毒:例如 WannaCry 勒索软件攻击全球电脑系统,要求赎金以解锁文件。

② 网络黑客:黑客攻击银行系统盗取个人财务信息。

③ 网络诈骗:通过钓鱼邮件诱骗受害者泄露个人信息。

④ 预置陷阱:在软件中植入恶意代码,日后触发以窃取信息。

⑤ 垃圾信息泛滥:发送大量无用邮件以扰乱邮件系统。

⑥ 隐私泄露:社交媒体平台由于安全漏洞导致用户数据泄露。

为了应对这些挑战,个体的信息伦理和责任担当至关重要。特别是在"互联网+"时代,职业岗位与信息技术紧密结合,更强调学生的信息素养培养。这包括在课程教学中培养学生的数字化思维和批判精神,使其具备信息安全意识并坚守使用信息的道德底线,铸就基于信息素养的职业素养,构建学校的职业文化。

7. 信息素养

(1) 信息素养的概念

信息素养是一个发展的概念,其定义和内涵随着社会的进步和科技的发展而不断丰富。1974 年,美国信息产业协会主席保罗·泽考斯基(Paul Zurkowski)首次提出了"信息素养"这一概念,他将其定义为人们利用大量的信息工具及主要信息资源使问题得到解决的技术和技能。

随后,澳大利亚学者(Bruce)对信息素养的定义进行了扩展,他认为信息素养包括信息技术理念、信息源理念、信息过程理念、信息控制理念、知识建构理念、知识延展理念和智慧的理念等。

1998 年,美国图书馆协会和美国教育传播与技术协会制定了信息素养人的九大标准,这大大地丰富了信息素养的内涵。这九大标准包括:能够有效、高效地获取信息;能够熟练地、批判地评价信息;能够精确地、创造性地使用信息;能探求与个人兴趣有关的信息;能欣赏作品和其他对信息进行创造性表达的内容;能力争在信息查询和知识创新中做到最好;能认识信息对民主化社会的重要性;能履行与信息和信息技术相关的符合伦理道德的行为规范;能积极参与活动来探求和创建信息。

(2) 信息素养的构成

可以看出,信息素养不但包含了信息意识层面和技术层面,也包括了信息的道德和社会责任层面。因此,有学者提出,信息素养应包括文化(知识方面)、信息意识(意识方面)和信息技能(技术方面)三个层面。具体来说,一个有信息素养的人,应能基于计算机和其他的信息源获取、评价、组织信息,并应用于实际。

(3) 实践应用的重要性

信息素养具有明显的工具性,大多数国家明确将信息素养与实际问题和情境相结合,以实际问题为目标导向,要求学生能够有意识地收集、评价、管理和呈现信息,最终能够有效解决问题、增进交流、学会新的知识、实践终身学习等。这个过程强调了信息素养在实践中运用与创新的工具性导向,并在信息获取、使用与管理过程中应该始终坚持个人对信息的批判性、自主性与道德底线。

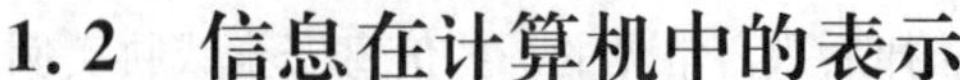

1.2 信息在计算机中的表示

在探析计算机系统时，必然会面临如何将各类信息数字化的问题。信息，无论是数字、文本还是图像等，均需以特定的编码形式在计算机中存储、传递及处理。机器数是计算机内以二进制形式表示的数据，数值的范围、符号及小数点的位置是影响其完整表述的三个关键元素。

1.2.1 计算机中的数据

计算机的数据表达完全依托二进制方式，其能全面涵盖数字、字符等多种信息类型，且易于利用电子元件执行运算。数据在计算机中主要分为数字和字符两类。

1. 数字

数字本质上是表征数值的符号系统，它是实现计算和数学运算的基石。在计算机的世界中，数字与其他信息一样，都是通过二进制，即"0"与"1"的组合，来进行存储、计算和传输的。

2. 字符

字符是计算机处理的一个核心对象，包括了各种语言的字符。由于计算机基于二进制系统，字符必须经过编码才能被计算机识别。例如，ASCII（American Standard Code for Information Interchange）已被国际标准化组织采纳为信息交换的标准编码，是目前微型计算机中使用最普遍的字符编码。英文字符集与中文字符集的差异导致它们采用不同的编码系统。相比之下，中文字符的多样性、数量多和复杂性使得其编码比英文更为复杂。汉字处理涉及输入、存储、处理和输出等多个层面的编码转换，在处理汉字时，需要进行一系列的汉字代码转换。

1.2.2 计算机中数据的单位

为了量度和理解计算机中的数据量，人们定义了一些常用单位。

1. 位

位也称为"比特"（bit，b），是构成计算机数据的最小单位，每个比特代表一个二进制位，即"0"或"1"。每增一位，可表示的数值便增加一倍。位是计算机存储数据的最小单位。

2. 字节

字节（byte，B）是计算机存储数据的基本单位，它代表了信息含义的最小单元，1 个字节等于 8 个比特，即 1 B= 8 b。

其他常用单位有 KB（千字节）、MB（兆字节）、GB（吉字节）、TB（太字节），各单位间的换算关系如下：

$1\ \text{KB} = 1\,024\ \text{B} = 2^{10}\ \text{B}$；　　$1\ \text{MB} = 1\,024\ \text{KB} = 2^{20}\ \text{B}$；

$1\ \text{GB} = 1\,024\ \text{MB} = 2^{30}\ \text{B}$；　　$1\ \text{TB} = 1\,024\ \text{GB} = 2^{40}\ \text{B}$。

注意：10 进制中常用 10 和 1 000 来作为常用的倍数单位，而在二进制中 $2^3=8$ 接近 10，而 $2^{10}=1\,024$ 接近 1 000，因此在二进制中就用 8 和 1 024 来表示存储容量的常用倍数单位。

3. 字

字是计算机在数据处理过程中一次能够存取、加工和传送的一组二进制位。字的长度称为字长，字长是衡量计算机性能的关键指标。字长越长，计算机的处理精度越高，能够表示的数值范围也越大。不同的微处理器设计有不同的字长，常见的有8位、16位、32位、64位等，这直接影响着计算机的运算能力和效率。

1.2.3 进位计数制及其转换

1. 进位计数制

进位计数制也称为计数制，是利用一组规定的符号和一致的规则来表示数值的体系。进位计数制基于进位原则进行数值运算，具体地，如在十进制中，遵循"逢十进一"的规则进行计数；而在二进制中，则按照"逢二进一"的规则进行计数。

常用进位计数制有二进制(B)、八进制(O)、十进制(D)、十六进制(H)，合起来就是"BODH"。

2. 进位计数制的基数与位权

进位计数制是数学和计算机科学中一个基本的概念，它包括两个关键要素：基数和位权。

(1) 基数：在进位计数制中，每位数上可能有的数码的个数。例如，在十进制系统中，每位上的数字可以是0到9中的任意一个，因此十进制的基数是10。同样地，二进制的基数是2，因为它只使用数字0和1。

(2) 位权：在一个数中，每个特定位置上的数字所代表的权值大小。例如，在十进制数1 234中，从最右边的个位数开始，每一位的位权分别是 10^0 10^1 10^2 10^3，那么1234按位权展开就是：$1\,234 = 1\times10^3+2\times10^2+3\times10^1+4\times10^0$。

(3) 数的位权表示：任何进制的数字都可以用其位权的组合来表示。例如，八进制数107.13可表示为 $107.13 = 1\times8^2+0\times8^1+7\times8^0+1\times8^{-1}+3\times8^{-2}$。这种表示方式强调了每一位数字在整体数值中的重要性，其中每位数字都乘以基数(在这个例子中是8)的相应次方，即每一项=某位上的数字×基数的若干幂次，而幂次的大小由该数字所在的位置决定。

3. 二进制数

计算机采用二进制系统的原因是二进制系统具有简洁的运算规则、易于实现的电路设计、高度的可靠性以及明确的逻辑特性。

(1) 定义：二进制数是按照"逢二进一"的原则进行计数的一种方法，即当一位上的数值达到2时，就进位到更高一位。

(2) 特点：二进制系统中，每位中的数字只能是0或1；最高数值为1，最低数值为0；基数为2。例如，$(101100110)_2$ 与 $(0110101)_2$ 是两个合法的二进制数。

(3) 二进制数的位权表示示例：$(1001.011)_2=1\times2^3+0\times2^2+0\times2^1+1\times2^0+0\times2^{-1}+1\times2^{-2}+1\times2^{-3}$。

(4) 二进制数的运算规则：

① 加法运算

a. $0+0=0$　　b. $0+1=1+0=1$　　c. $1+1=10$

② 乘法运算

a. $0\times0=0$　　b. $0\times1=1\times0=0$　　c. $1\times1=1$

③ 逻辑运算

二进制数字1和0通常用于表示逻辑值"真"和"假"，包含四种基本的逻辑运算：与

(AND)、或(OR)、非(NOT)和异或(XOR)。

a. 与运算,也称为逻辑乘,使用符号"∧""&"或者"·"来表示。其运算规则如下:

$0 \wedge 0 = 0 \qquad 0 \wedge 1 = 0$

$1 \wedge 0 = 0 \qquad 1 \wedge 1 = 1$

b. 或运算,也称为逻辑加,使用符号"∨"或"+"来表示。其运算规则如下:

$0 \vee 0 = 0 \qquad 0 \vee 1 = 1$

$1 \vee 0 = 1 \qquad 1 \vee 1 = 1$

c. 非运算,也称为逻辑否定,通常是在逻辑变量上加上划线来表示。例如,如果变量为A,则其非运算结果用 $\bar{A}$ 或 A' 来表示。这是一种单目运算符,它将其单个操作数的逻辑状态取反。其运算规则如下:

$\bar{0} = 1 \qquad \bar{1} = 0$

d. 异或运算使用符号"⊕"来表示,相同为0,不同为1。其运算规则如下:

$0 \oplus 0 = 0 \qquad 0 \oplus 1 = 1$

$1 \oplus 0 = 1 \qquad 1 \oplus 1 = 0$

4. 八进制数

(1) 定义:八进制数是一种基于8的数制,其计数方式遵循"逢八进一"的规则。也就是说,当某一位上的数值达到8时,需要进位到更高一位。例如,在八进制中,数值7+1后的数值是10。

(2) 特点:在八进制系统中,每一位可以使用的数字是0到7,总共八个数字。八进制的最大数字是7,最小是0,基数为8。例如,$(1432)_8$ 与 $(67320)_8$ 是两个八进制数。

(3) 八进制数的位权表示示例:$(171.23)_8 = 1\times8^2 + 7\times8^1 + 1\times8^0 + 2\times8^{-1} + 3\times8^{-2}$。

5. 十六进制数

(1) 定义:十六进制数是基于16的数制,遵循"逢十六进一"的计数规则。也就是说,当某一位上的数值达到16时,需要进位到更高一位。十六进制使用0~9和A~F共16个字符,其中A~F分别代表10~15。

(2) 特点:在十六进制系统中,每一位可以是0~9和A~F这十六个数码。最大的单个数字是F(15),最小是0,基数为16。例如,$(F223DE)_{16}$ 是一个有效的十六进制数。

(3) 十六进制数的位权表示示例:

$(12A.13)_{16} = 1\times16^2 + 2\times16^1 + 10\times16^0 + 1\times16^{-1} + 3\times16^{-2}$

$(20FE)_{16} = 2\times16^3 + 0\times16^2 + 15\times16^1 + 14\times16^0$

6. 常用计数制间的对应关系

表1-2-1列出了常用计数制间的对应关系。

表1-2-1 常用计数制间的对应关系

十进制	二进制	八进制	十六进制	十进制	二进制	八进制	十六进制
0	0000	0	0	3	0011	3	3
1	0001	1	1	4	0100	4	4
2	0010	2	2	5	0101	5	5

（续表）

十进制	二进制	八进制	十六进制	十进制	二进制	八进制	十六进制
6	0110	6	6	11	1011	13	B
7	0111	7	7	12	1100	14	C
8	1000	10	8	13	1101	15	D
9	1001	11	9	14	1110	16	E
10	1010	12	A	15	1111	17	F

7. 数制间的转换

将数由一种数制转换成另一种数制称为数制间的转换。

（1）十进制数转换成非十进制数。

在日常生活中，广泛使用的是十进制数。然而，在计算机系统中，数据是以二进制的形式进行存储和处理的。因此，在使用计算机处理数据时，必须将常用的十进制数转换成计算机能识别的二进制数。这个转换过程通常由计算机系统自动完成，无需人工干预。在计算机操作结束后，为了向用户展示结果，计算机会将二进制数重新转换回十进制数。这整个转换流程——从十进制到二进制，再从二进制回到十进制——都是自动完成的，使得计算机与人类之间的交互更加高效便捷。

① 将十进制整数转换为其他进制的整数时，采用的是一种称为“余数法”的方法，其步骤可以总结为“除基数，取余数，逆序排列”。具体步骤如下：

a. 将十进制整数逐次除以目标进制的基数（例如，转换为二进制时就除以 2，转换为八进制时就除以 8），记录每一步的余数；

b. 一直除到商为 0 为止；

c. 将得到的余数按照从下到上的顺序排列，即为转换后的结果。

【例 1】 将十进制数 25 转换成二进制数。

```
2 | 25   余数
  2 | 12   1
    2 | 6    0
      2 | 3    0
        2 | 1    1
            0    1
```

因此，$(25)_{10}=(11001)_2$。

② 将十进制小数转换为其他进制的小数时，采用的是一种称为“进位法”的方法，其步骤可以总结为“乘基数，取整，顺序排列”。具体步骤如下：

a. 将十进制小数部分逐次乘以目标进制的基数（例如，转换为二进制时乘以 2，转换为八进制时乘以 8），得到的结果取其整数部分作为转换结果的一部分；

b. 剩下的小数部分继续乘以基数，重复以上步骤，直到小数部分为 0 或达到所需的精度；

c. 将得到的整数部分按照计算顺序从上到下排列，就完成了转换。

【例 2】 将十进制小数 0.24 转换成二进制小数。

$$
\begin{array}{rl}
 & 0.24 \quad \text{整数} \\
\times & 2 \\ \hline
 & 0.48 \quad \cdots\cdots \; 0 \\
\times & 2 \\ \hline
 & 0.96 \quad \cdots\cdots \; 0 \\
\times & 2 \\ \hline
 & 1.92 \quad \cdots\cdots \; 1 \\ \hline
 & 0.92 \\
\times & 2 \\ \hline
 & 1.84 \quad \cdots\cdots \; 1 \\ \hline
 & 0.84 \\
\times & 2 \\ \hline
 & 1.68 \quad \cdots\cdots \; 1
\end{array}
$$

因此，$(0.24)_{10} \approx (0.00111)_2$。

(2) 非十进制数转换为十进制数时，采用的是位权法，即按照各位的位权展开并求和的方法来进行转换。

(3) 二进制数与八、十六进制数之间的转换。

① 二进制数与八进制数之间的转换方法。

a. 将二进制数转换为八进制数时，采用“三位并一位”的方法，即将整数部分从右向左每三位一组，最高位不足三位时，添 0 补足三位；小数部分从左向右，每三位一组，最低有效位不足三位时，添 0 补足三位。然后，将各组的三位二进制数按位权展开后相加，得到一位八进制数。

【例 3】 将二进制数 10110011.01011 转换成八进制数。

$$
\frac{(010}{(2}\ \frac{110}{6}\ \frac{011}{3}\ \cdot\ \frac{010}{2}\ \frac{110)_2}{6)_8}
$$

因此，$(10110011.01011)_2 = (263.26)_8$。

b. 将八进制数转换为二进制数时，采用“一位拆三位”的方法，即将八进制数的每位数用相应的三位二进制数表示。

【例 4】 将八进制数 731.3 转换成二进制数。

$$
\frac{(7}{(111}\ \frac{3}{011}\ \frac{1}{001}\ \cdot\ \frac{3)_8}{011)_2}
$$

因此，$(731.3)_8 = (111011001.011)_2$。

② 二进制数与十六进制数之间的转换方法。

a. 将二进制数转换为十六进制数时，采用“四位并一位”的方法，即将整数部分从右向左每四位一组，最高位不足四位时，添 0 补足四位；小数部分从左向右，每四位一组，最低有效位不足四位时，添 0 补足四位。然后，将各组的四位二进制数按位权展开后相加，得到一位十六进制数。

【例5】 将二进制数1010110.10101转换成十六进制数。

$$\frac{(0101}{(5}\ \frac{0110}{6}\cdot\frac{1010}{A}\ \frac{1000)_2}{8)_{16}}$$

因此，$(1010110.10101)_2=(56.A8)_{16}$。

b. 将十六进制数转换为二进制数时，采用“一位拆四位”的方法，即将十六进制数的每位数用相应的四位二进制数表示。

【例6】 将十六进制数5B2.F转换成二进制数。

$$\frac{(5}{(0101}\ \frac{B}{1011}\ \frac{2}{0010}\cdot\frac{F)_{16}}{1111)_2}$$

因此，$(5B2.F)_{16}=(10110110010.1111)_2$。

8. 计算机中数的书写规则

在计算机科学中，不同进制数的书写规则如下：

(1) 二进制数，通常在数的右下方注上基数2，或在数值后加“B”表示。

(2) 八进制数，通常在数的右下方注上基数8，或在数值后加“O”表示。

(3) 十进制数，通常在数的右下方注上基数10，或在数值后加“D”表示，一般约定“D”可省略。

(4) 十六进制数，通常在数的右下方注上基数16，或在数值后加“H”表示。

这些表示方法帮助用户及开发者有效地区分不同进制数值，以便在计算和编程中使用。

1.2.4 字符的编码

字符是各种文字、符号以及数字的总称。计算机中处理字符的方式涉及字符集和字符编码的概念。字符集是指各种字符的集合，不同的字符集包含不同数量和类型的字符。常见的字符集有ASCII字符集、GB2312字符集、BIG5字符集、GB18030字符集和Unicode字符集等。每种字符集都有其特定的编码规则，用于将字符映射为计算机可以识别和处理的二进制数据。

ASCII字符集全称美国信息交换标准代码，是最早的字符编码系统之一。ASCII字符集包括两大类字符：控制字符(如“Enter”键、“Backspace”键等)和可显示字符(包括英文大小写字母、阿拉伯数字和常见的西文符号)。最初，ASCII字符集使用7位二进制数表示一个字符，共128个字符，见表1-2-2。随着计算机技术的发展，ASCII扩展字符集引入了8位编码方案，增加到256个字符，包括表格符号、计算符号、希腊字母和特殊的拉丁符号。它是现今最通用的单字节编码系统，与国际标准ISO 646系列中的某些部分兼容。

1.2.5 汉字编码

汉字的编码和处理比西文复杂得多，这使得汉字信息的输入、输出及处理更加困难。我国在汉字信息处理的研究和开发领域取得了巨大的进展，如汉字编码、汉字编辑排版系统等，这些成就不仅使得我国的汉字处理技术达到世界领先水平，还为全球汉字信息处理提供了关键的技术支持。

汉字的编码方式主要有以下5种。

表 1-2-2　7 位 ASCII 字符

ASCII 值	控制字符	ASCII 值	控制字符	ASCII 值	控制字符	ASCII 值	控制字符
000	NUL	032	空格	064	@	096	
001	SOH	033	!	065	A	097	a
002	STX	034	"	066	B	098	b
003	ETX	035	#	067	C	099	C
004	EOT	036	$	068	D	100	d
005	ENQ	037	%	069	E	101	e
006	ACK	038	&	070	F	102	f
007	BEL	039	1	071	G	103	g
008	BS	040	(	072	H	104	h
009	HT	041	)	073	I	105	i
010	LF	042	*	074	j	106	j
011	VT	043	+	075	K	107	k
012	FF	044	，	076	L	108	1
013	CR	045	—	077	M	109	m
014	SO	046	.	078	N	110	n
015	SI	047	/	079	O	111	O
016	DLE	048	0	080	P	112	p
017	DC1	049	1	081	Q	113	q
018	DC2	050	2	082	R	114	r
019	DC3	051	3	083	S	115	S
020	DC4	052	4	084	T	116	t
021	NAK	053	5	085	U	117	u
022	SYN	054	6	086	V	118	V
023	ETB	055	7	087	W	119	W
024	CAN	056	8	088	X	120	X
025	EM	057	9	089	Y	121	y
026	SUB	058	:	090	Z	122	Z
027	ESC	059	;	091	[	123	{
028	FS	060	<	092	\	124	—
029	GS	061	=	093	]	125	}
030	RS	062	>	094	—	126	～
031	US	063	?	095	—	127	DEL

(1) 输入码：这是为了将汉字输入计算机而设计的代码，包括音码、形码和音形码等。

(2) 区位码：在GB2312字符集中，汉字被放置在一个94行（称为“区”）和94列（称为“位”）的方阵中。每个汉字的位置由其区号和位号确定，这两个号码组合起来就形成了该汉字的区位码。区位码使用4位数字编码，其中前两位是区码，后两位是位码。例如，汉字“中”的区位码是5448。

(3) 国标码：每个汉字用两个字节表示。将汉字的区位码中的十进制区号和位号转换为十六进制数，然后分别加上20H（即0x20），得到的结果就是该汉字的国际码。例如，“中”字的区位码是5448，区号54对应的十六进制数是36H，加上20H后变为56H；位号48对应的十六进制数是30H，加上20H后变为50H。因此，“中”字的国标码是5650H。

(4) 机内码：这是在计算机内部存储和处理时使用的代码。对于汉字系统，机内码是在汉字的国标码基础上，每字节的最高位设置为1，其余7位为汉字信息。通过将国标码的两个字节编码分别加上80H（即10000000B），可以得到机内码。例如，汉字“中”的机内码是D6D0H。

(5) 汉字字形码：

① 字形码用于输出时生成汉字字形，通常以点阵形式表示；

② 点阵大小不同，所需的存储空间也不同，例如，24×24点阵需72字节，32×32点阵需128字节；

③ 字形码集合形成不同的字库。

汉字与编码之间的关系：汉字通过输入码输入计算机，并由输入管理模块转换为机内码存储；显示或打印汉字时，利用机内码从字库中提取字形码进行输出。

1.3 多媒体技术基础

多媒体技术是现代科技的重要成就之一，涵盖了计算机、通信、磁、光、电和声音等多种技术，是一门综合性技术。在如今的数字化社会中，多媒体技术的发展与通信技术和网络技术的结合，扩展了计算机的应用范围，提升了信息处理的效率，显著改变了人们的工作和学习方式。

1.3.1 多媒体的特征

媒体指文字、声音、图像、动画和音频等内容。多媒体技术指能够同时对两种或两种以上的媒体进行采集、操作、编辑、存储等综合处理的技术，旨在建立这些信息之间的逻辑关系并实现人机交互。

多媒体技术具有以下4个特征。

(1) 多样性：多媒体技术扩展了计算机信息处理的范围和方式。它不仅能够处理数值和文本形式，还广泛采用图像、图形、视频和音频等形式，提升了信息的表现能力，使用户能够通过多种感官获得更生动的体验。

(2) 集成性：多媒体技术能够将不同形式的媒体有机地整合在一起，建立它们之间的联系，实现图像、文字、声音和视频的完整融合。

(3) 交互性：多媒体技术不仅能够播放内容，还能与用户互动。用户可以通过软件系统与多媒体内容进行交互，从而更加灵活地控制和享受信息的呈现。

(4) 实时性：由于音频和视频信息都与时间相关，多媒体技术在处理、存储和播放该类信息时必须考虑其时间特性。

1.3.2 数字媒体

随着计算机技术和数字处理技术的飞速进步，更多的人开始接触和使用计算机，这也对计算机的人机交互能力提出了更高的要求。为了满足这一需求，数字媒体技术应运而生，它通过将传统媒体数字化后转化为数字媒体，使媒体的传播、存储和处理变得更加高效和便捷。

1. 数字媒体的概念

数字媒体是一种利用二进制数来记录、处理和传播信息的媒介。它包括数字化的文字、图形、图像、声音、视频和动画等元素，这些元素在计算机中以逻辑媒体的形式存在，并通过实物媒体进行存储、传输和展示。数字媒体允许用户以更主动和交互的方式接收信息，打破了传统媒体的局限。

2. 数字媒体的类型

(1) 文本：在数字环境中，文本包括字母、数字和特殊符号等，这些通常根据 ASCII 或汉字信息交换码进行编码。由于文本信息的结构规范，因此易于被计算机处理，且其占用的存储空间小，传输速度快。

常见的文本文件格式有 TXT、DOC、DOCX、WPS 等。

(2) 图形：图形是由直线、圆、矩形、曲线等构成的矢量图，通常通过一组指令来描述。矢量图的一个优势在于无论缩小还是放大，都不会失真，且文件大小远小于同等分辨率的像素图。

常见的图形文件格式有 EPS、PS、WMF、DXF、HGL、3DS 等。

(3) 图像：图像由像素点组合而成，色彩丰富，过渡自然，并以数字方式存储。每个像素点的位置和颜色都被计算机记录。图像文件的大小随分辨率的提高而增大，但能提供更清晰、自然的视觉效果。

常见的图像文件格式包括 JPEG、PNG、BMP、GIF、TIFF 等。

(4) 动画：动画通过连续播放一系列图像帧来展示动态效果。不同于传统意义上的动画片，动画融合了绘画、摄影、音乐等多种艺术形式。

常见的动画文件格式有 GIF、SWF、FLIC 等。

(5) 音频：音频是一种通过数字技术对声音进行捕捉、存储、编辑、压缩和播放的处理方式。随着数字信号处理、计算机技术和多媒体技术的发展，音频处理技术也不断进步。

常见的音频文件格式包括 MP3、WMA、FLAC、AAC、MMF、AMR、M4A、M4R、WAV、AU 和 RA 等。

音频文件首先通过转换器将声音信号转化为电平信号，再将这些电平信号转化为二进制数据进行存储。在播放时，这些数据会被重新转换为模拟电平信号并送至音频播放设备。数字音频与传统的磁带、广播和电视中的音频有着显著区别。与传统音频相比，数字音频在存储时更加方便，成本更低，而且在存储和传输过程中不会产生失真。此外，数字音频的编辑和处理也非常便捷。

(6) 视频：视频也称为影片或录像，是通过电信号捕捉、记录、处理、存储、传输和重现一系列静态图像的技术。

常见的视频文件格式有 AVI、MOV、MPEG、MPG、MKV、FLV、F4V 和 RMVB 等。

数字视频具有易于处理、再现效果好和便于网络共享等优点。数字视频技术的发展使得视频制作和分享变得更加普及和便捷。

3. 数字媒体的存储

在数字媒体中,图像和音频需要先经过量化处理,转化为数字格式后才能长期保存。以下是关于图像和音频量化过程及存储容量计算的说明,并附有相关实例。

(1) 图像的量化过程

① 采样:图像数字化的第一步是采样,即从原始图像中获取样本点。通常,图像的分辨率决定了采样点的数量,分辨率即图像的宽度和高度的像素值。

② 量化:采样之后,需要将每个像素点的亮度和颜色信息转换为数值。这个过程将连续的亮度值映射到特定数量的离散级别上,通常用"颜色深度"来表示,即每个像素用多少位来表示其颜色。例如,24 位颜色深度表示 RGB 各占 8 位,而 256 色的图像量化位数是 8。

③ 编码:量化完成后,数据会被转换成二进制代码,以便计算机读取和存储。这些二进制代码构成了图像的数字表示形式。为了减少文件的存储容量,通常会对图像进行压缩,使用如 JPEG 或 PNG 等格式,而未压缩的图像则通常被称为位图。

(2) 图像存储容量计算

图像存储容量的计算公式可以表示为:存储容量 = 水平像素×垂直像素×每个像素所需位数(单位:位)/8。现假设有一张分辨率为 1 920×1 080 的 24 位真彩色图片,未采用任何压缩,则其存储容量计算为:1 920×1 080×24÷8÷1 024÷1 024 ≈ 5.93 MB。因此,这张未压缩的图像大约占用 5.93 MB 的存储空间。

(3) 音频的量化过程

① 采样:与图像采样类似,音频采样是指按照一定的采样率,即每秒钟采样声音的次数(例如 44 100 Hz,即 CD 品质),周期性地测量模拟音频信号的振幅,从而获得离散的时间序列样本。

② 量化:在量化过程中,这些样本的振幅值被映射到一个固定数量的离散级别上。这个过程涉及确定每个样本的振幅属于哪个量化区间,并将其转换为该区间的代表值,常见的位数有 8 位、16 位等。

③ 编码:这些量化后的样本值被转换成二进制数,这样就可以被数字系统存储和处理。编码后的数字音频信号由一系列的二进制数字组成,代表了原始模拟信号的一个近似。

(4) 音频存储容量计算

音频存储容量的计算公式可以表示为:数据量(字节)=(采样频率(Hz)×采样位数(bit)×声道数)÷8。假设录制了一段 5 分钟长度的音频,采样频率为 44.1 KHz,位深度为 16 位,立体声,则其存储容量计算为:44 100×16×2×5×60÷8÷1 024÷1 024 ≈ 50.47 MB。因此,这段未压缩的音频大约占用 50.47 MB 的存储空间。

4. 多媒体数据压缩

研究显示,人类从外界获取的知识中有 80%以上是通过视觉获取的。然而,数字图像中包含大量数据,这给图像的传输、存储和读取带来了巨大的挑战。因此,图像压缩显得尤为重要。

图像压缩是在确保图像质量不出现明显失真的情况下,将图像的位图信息转换为一种能够减少数据量的形式的技术。压缩算法分为无损压缩和有损压缩两种类型。

(1) 无损压缩：无损压缩适用于需要重建信号与原始信号完全一致的场合。例如，磁盘文件的压缩存储要求解压后无任何误差。现有技术能够将无损压缩算法的压缩比提升到原数据的1/4到1/2。常见的无损压缩文件格式包括音频文件格式如FLAC、ALAC、APE和图像文件格式如PNG、TIFF等。常用软件如Adobe Audition支持FLAC、ALAC等格式的音频压缩，而美图秀秀可以处理PNG和TIFF图像格式，满足无损压缩需求。

(2) 有损压缩：有损压缩适用于对重建信号的精确度要求不高的场合。例如，图像、视频和音频数据的压缩可以采用有损压缩，以显著提高压缩比(可达到10∶1甚至100∶1)，而不会显著影响人类感官的感知。常见的有损压缩文件格式包括音频文件格式MP3、AAC，图像文件格式如JPEG、GIF，以及视频文件格式如H.264和MPEG-4。常用软件如爱剪辑支持H.264和MPEG-4格式的视频压缩，而网易云音乐则支持MP3和AAC等格式的音频压缩。

目前，计算机多媒体压缩算法的标准主要包括JPEG标准和MPEG标准：

(1) JPEG标准：这是联合图像专家组(Joint Photographic Experts Group，JPEG)制定的静态数字图像数据压缩编码标准，适用于灰度图像和彩色图像。该标准广泛应用于各种图像处理软件，如国产软件美图秀秀。

(2) MPEG标准：这是活动图像专家组(Moving Picture Experts Group，MPEG)制定的用于视频影像和高保真声音的数据压缩标准。该标准广泛应用于视频处理软件，如国产软件爱剪辑。

1.4 计算机病毒与防火墙技术

在当今社会，信息安全至关重要。计算机病毒作为信息安全领域的一大威胁，对个人和组织的计算机系统造成了严重的危害。因此，了解计算机病毒的特征和分类对于保护信息安全至关重要。

1.4.1 计算机病毒的特征和分类

计算机病毒最早由美国计算机病毒研究专家弗雷德·科恩(Fred Cohen)博士提出。一般而言，计算机病毒被定义为一种完整的程序代码，它能够附着在其他程序上，并以破坏计算机或毁灭数据为目的，而且具备自我复制繁殖的能力。

中国自主研发了许多优秀的防病毒软件，如火绒、360安全卫士、腾讯电脑管家等，它们能够及时发现并清除各种计算机病毒，为用户提供了强大的计算机安全保护。这些软件不仅在国内广受欢迎，在国际市场上也取得了一定的影响力。

1. 计算机病毒的特征

(1) 寄生性：例如，“特洛伊”木马病毒是一种典型的寄生性病毒。它通常伪装成正常的软件或文件，诱使用户下载和安装。一旦被激活，它将享有被寄生的程序所能得到的一切权利，并在用户的计算机上执行恶意操作，如窃取敏感信息或破坏系统。

(2) 破坏性：以曾经肆虐的“熊猫烧香”病毒为例，它是一种具有极大破坏性的病毒，会删除用户的文档、修改系统设置，甚至格式化硬盘。此外，它还会占用系统资源，导致计算机运行缓慢，消耗大量系统资源。

(3) 传染性：例如，“击波蠕虫”病毒具有极强的传染性。它们能够自动复制并在网络中传播，感染其他未受保护的计算机或程序。“击波蠕虫”病毒在2003年造成了大规模的网络瘫痪。

(4) 潜伏性：例如，“WannaCry”病毒具有潜伏性。该类病毒程序通常比较小，寄生在其他程序上，很难被发现。它会长时间在计算机内潜伏，不立即表现出任何症状。在此期间，病毒会在后台悄悄传播并等待触发条件。

(5) 隐蔽性：例如，“Rootkit”木马病毒具有很高的隐蔽性。它能够在计算机系统中隐藏自身，使得常规的安全软件难以检测到，整个计算机系统看上去一切正常。同时，它还能够监控用户的网络活动，窃取敏感信息。

2. 计算机病毒的分类

(1) 按设计者的意图和破坏性的大小分类

① 良性病毒：也称为恶作剧型病毒，这类病毒对系统和数据并不会造成严重的破坏，但它们可能会在屏幕上显示一些无害的消息或者图像，例如“新年”病毒。

② 恶性病毒：这类病毒具有明显的攻击性和破坏性，可能会导致数据丢失、文件损坏甚至系统崩溃。例如，美国的“伊蚊”病毒就是一种恶性病毒，它曾经造成了大量用户数据的损失和系统运行的混乱。

(2) 按入侵途径分类

① 外壳型病毒：这类病毒会依附于合法程序的首尾，在程序运行时被激活，但一般不会破坏原有程序。例如美国的“Stoned”病毒。

② 源码型病毒：这种病毒会在高级语言程序编译之前插入源代码中，成为其可执行程序的一部分，具有较大的破坏性。例如美国的“Michelangelo”病毒。

③ 入侵型病毒：这类病毒会悄无声息地侵入合法程序中，通过替换部分功能模块来达到其恶意目的。入侵型病毒的特点是难以被发现和清除，因为它们可以隐藏在正常程序的背后，不易引起用户的怀疑。例如，美国的“SQL Slammer”病毒曾在2003年感染了大量服务器，造成了网络严重拥堵的情况。

④ 操作系统型病毒：这类病毒在计算机系统启动时就开始运行，并试图取代或破坏操作系统的关键部分。操作系统型病毒通常具有破坏性极强的特点，可以导致系统崩溃甚至无法启动。例如，美国的“Stuxnet”病毒曾被用来攻击伊朗的核设施，造成了严重的后果。

(3) 按病毒的发作时间分类

① 定时发作病毒：这类病毒会在制作者设定的时间点发作。例如，美国的“CIH”病毒。

② 随机发作病毒：这类病毒的发作时间不固定，只要满足条件就会被激活。例如，美国的“Melissa”病毒。

另外，木马病毒是一种伪装成合法程序的恶意软件，它通常会隐藏在看似正常的软件或文件中，并在用户不知情的情况下植入计算机系统中。与其他病毒不同，木马病毒本身并不会自我复制，而是利用用户的误解和轻信，通过社会工程学手段诱使用户执行病毒指令，并在系统内部执行恶意操作。木马病毒可以用来窃取个人信息、监视用户活动、损坏系统文件等。例如，美国的“Back Orifice”病毒，它可以远程控制被感染的计算机。

1.4.2 计算机病毒的预防

目前，防范计算机病毒可以从硬件、软件和管理3个方面来考虑。

1. 硬件方面的预防

在硬件方面，主要采用防病毒卡来防范病毒的入侵。

2. 软件方面的预防

在软件方面，预防的措施有以下 6 种。

(1) 慎用来历不明的软件。

(2) 使用 U 盘前应使用杀毒软件进行检查。

(3) 重要数据和文件应定期做好备份，以减少损失。

(4) 用较好的杀毒软件进行病毒查找，确定计算机是否染上病毒，尽早发现，尽早清杀。

(5) 不随便打开陌生的邮件、网站或链接。

(6) 不宜使用出生日期、姓名拼音、电话号码等直接作为密码，而应使用复杂的不规则的密码，比如用自己喜欢的诗歌或者座右铭的拼音外加特殊符号和数字。

3. 管理方面的预防

在管理方面，重要的预防措施包括强化管理机制，以及确保设备专用性。对于机房中的公共设备，需加强管理，并使用最新的反病毒软件，及时打补丁、查杀潜在威胁。随着互联网的普及，还需要进一步增强网络病毒的检测与清除能力，并严格管理下载文件。企业可定期进行网络安全培训，提高员工的安全意识。

1.4.3 防火墙技术

防火墙技术是网络安全领域的关键组成部分，它可以是物理设备，也可以是软件程序或二者的组合，形成一道防线，监控和控制进出网络的数据流。防火墙作为内部网络与外部网络(如互联网)之间的安全门卫，通常部署在网络的边缘位置，如图 1-4-1 所示。例如，在企业的宽带接入点或数据中心的入口处，旨在阻止未授权的访问，同时允许合法的通信通过。

图 1-4-1 防火墙原理示意

1. 防火墙类型

(1) 包过滤防火墙：这种防火墙在网络层运作，对数据包的头部信息进行检查，并根据预先设置的规则集来决定是否允许数据包通过。

(2) 代理防火墙：又称为应用层防火墙，它在应用层对进出的数据进行更深入的检查。代理防火墙完全终结和重新建立连接，因此可用以实施更细致的控制策略。

(3) 状态检测防火墙：结合了包过滤和代理防火墙的特点，不仅分析数据包头，还监控连接状态和数据流，以确定是否允许数据流通过。

2. 防火墙的优点

(1) 安全性增强：防火墙能够阻挡外部攻击者对内部网络的非法访问，提供入侵防御。

(2) 监控和记录：防火墙能记录所有通过和被拒绝的网络活动，方便安全审计和监控。

(3) 灵活性和可定制性：安全规则可以根据需要定制，以适应不同组织的政策和需求。

(4) 降低成本：通过防止不安全的网络流量，减少潜在的损害和修复成本。

3. 防火墙的缺点

(1) 单点故障：如果防火墙出现故障，可能导致整个网络暴露于攻击之下。

(2) 无法防范内部威胁：传统的防火墙主要针对外部威胁设计，对于内部发起的攻击可能无效。

(3) 规则维护困难：随着网络环境的变化，保持防火墙规则的最新和正确是一项挑战。

(4) 性能影响：某些类型的防火墙可能会降低网络性能，尤其是代理防火墙。

思考题

1. 计算机有哪些特点？
2. 简述二进制数转换为八进制数的规则。
3. 多媒体有哪些特征？
4. 什么是计算机病毒？常用的防范计算机病毒的手段有什么？
5. 什么是网络防火墙，它有什么优缺点？
6. 简述图像和音频量化后，存储容量的计算公式。

第2章 Windows操作系统

计算机由硬件系统和软件系统组成,没有安装任何软件的计算机称为裸机。计算机的硬件系统涵盖了计算机内部的所有物理设备,这些设备由电子元器件、机械部件以及光电组件等构成,这些设备也构成了计算机运行的物质基础架构。软件系统主要是指用来管理计算机的软件和硬件资源,控制计算机的整个运行流程的一组程序、指令和数据的集合。这些软件和工具通过计算机内部的操作系统和应用程序来实现,为计算机提供了丰富的功能和用户交互界面。简而言之,软件系统就是计算机上运行的所有程序、数据和相关文档的集合,它们协同工作以执行特定的任务并管理硬件资源。

硬件是躯体,软件是灵魂,二者相辅相成,缺一不可。平时讲到的"计算机"一般指含有硬件和软件的计算机系统。

计算机的种类繁多,人们日常生活中所说的电脑一般指个人计算机,本章也主要对个人计算机系统进行介绍。

2.1 计算机硬件系统

计算机硬件系统是计算机系统中所有物理设备的总称。到目前为止,所有计算机均采用冯·诺依曼计算机设计原理,即计算机硬件系统由五大基本部件构成,分别为控制器、运算器、存储器、输入设备及输出设备。计算机硬件系统基本结构如图 2-1-1 所示。

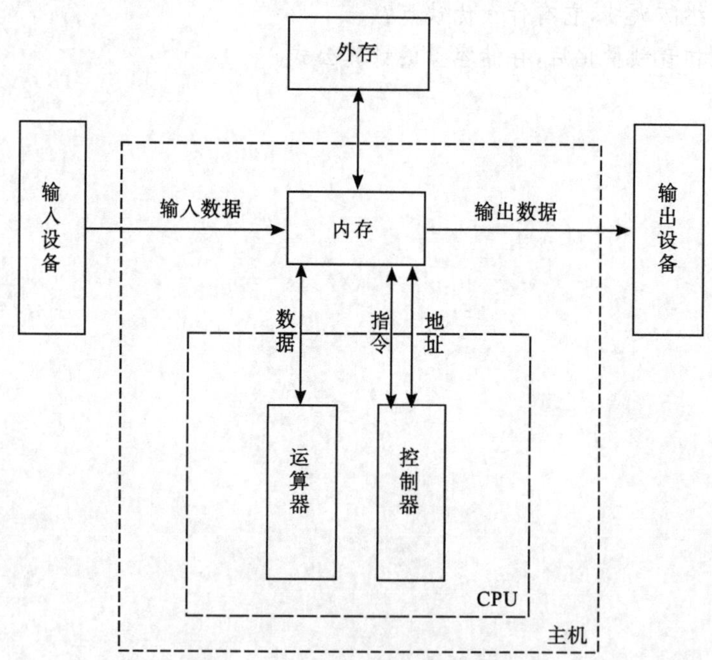

图 2-1-1 计算机硬件系统基本结构

运算器和控制器一起组成中央处理器(Central Processing Unit,CPU),亦称为微处理器,是计算机硬件系统的核心。存储器可分为内部存储器和外部存储器,简称内存(或主存)和外存(或辅存)。

在计算机中,CPU 和内存的整合称为主机,输入/输出设备和外存的整合称为外部设备,输入/输出设备通常又称为 I/O(Input/Output)设备。下面介绍微机硬件系统各部件的主要功能及工作原理。

2.1.1 控制器

控制器(Control Unit,CU)是计算机的控制中心,主要由程序计数器(Program Counter)、指令寄存器(Instruction Register,IR)、指令译码器(Instruction Decoder,ID)、时序电路及操作控制器等组成。

控制器的基本功能是协调和指挥计算机各个部件的工作。它接收来自指令寄存器的指令,解码后产生相应的控制信号,确保各个部件按照预定的顺序和节奏执行指令。控制器还负责数据缓冲和数据交换,确保数据在 CPU、内存和 I/O 设备之间高效传输。此外,它还进行差错检测,以保证数据的准确性。总之,控制器是计算机系统的核心组成部分,其功能是确保计算机能够有序、高效地执行各种任务。

2.1.2 运算器

运算器是计算机中用于执行各种算术和逻辑运算操作的功能部件,它的主要功能包括但不限于以下三方面。

(1) 算术运算:包括加、减、乘、除的基本四则运算,是计算机进行数据处理的核心部分。

(2) 逻辑运算:包括与、或、非、异或等逻辑运算,这些逻辑运算在数据处理、条件判断等方面起着重要作用。

(3) 移位、比较和传送等操作:运算器还能执行数据的移位、比较和传送等操作,这些操作在数据处理和程序执行过程中也是必不可少的。

运算器由多个部分构成,主要包括算术逻辑单元(Arithmetic and Logic Unit,ALU)和寄存器。算术逻辑单元是其核心部分,负责执行具体的运算操作。运算器的操作和操作种类由计算机的控制器决定,而处理的数据则来自计算机的存储器。处理完成后的结果数据通常会被送回存储器,或暂时寄存在运算器中的寄存器中。寄存器是用于临时存储即将参与某种运算或操作的数据的存储单元。它们提供计算机系统中高速的数据存储和访问能力,确保数据处理的高效率和实时性。

2.1.3 存储器

存储器作为计算机的核心组成部分,承担着记忆和存储信息的任务。其中,内存具有极高的存取速度,使得数据能够快速被处理器访问,但其存储容量相对较小。相比之下,外存虽然存取速度较慢,但拥有更大的存储容量,主要用于长期保存大量数据。

1. 内存储器

内存储器的主要职责是存放当前正在执行的程序以及与之相关的数据。它通常由高性能的半导体器件构成,这些器件支持其高速的数据访问和存储能力。内存在 CPU 以及 I/O 设备之间建立了直接的信息交换通道，使得 CPU 能够迅速地从内存中读取所需的指令和数据，而无须依赖其他 I/O 设备。因此，内存成为了连接 CPU 与外部设备的桥梁和纽带。

根据内存的基本功能差异，它可以进一步细分为三种类型：随机存取存储器(RAM)、只读存储器(ROM)和高速缓冲存储器(Cache)。

(1) RAM：通常称为内存条，是程序运行时的主要存储空间。RAM 允许数据在其中被随机地读取和写入，这意味着当程序运行时，CPU 可以直接从 RAM 中访问所需的数据和指令，从而实现快速的数据处理。然而，RAM 的一个重要特性是易失性，也就是说，当计算机断电或重启时，RAM 中存储的所有信息都会完全丢失。这是因为 RAM 依赖于电流来保持其存储的数据，一旦电流中断，数据就会消失。

此外，由于技术规格和接口标准的差异，不同代数(或称为代数版本)的内存条往往不能相互兼容，因此在升级或替换内存条时，必须确保其与主板和其他系统组件相匹配。每一代内存标准都有对应的主板和处理器，并且插槽接口不一样。目前市面主流为 DDR3、DDR4(图 2-1-2)、DDR5 三种不同标准的内存条，分别代表了第三代、第四代和第五代双倍数据速率(DDR)同步动态随机存取存储器(SDRAM)。随着代数的升级，内存的传输速率也相应提高，并具有更高的性能和更大的容量。

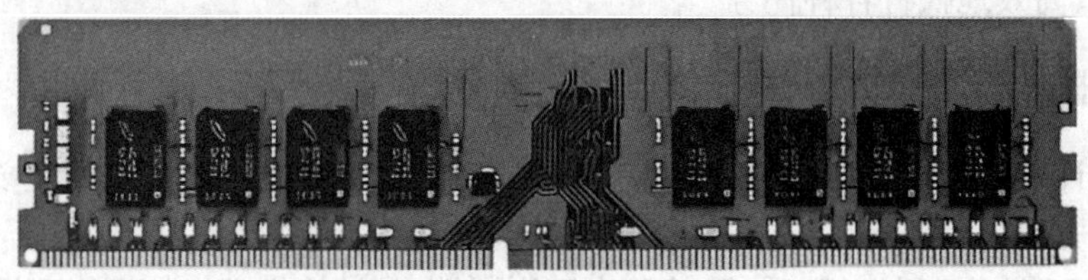

图 2-1-2　DDR4 内存条

(2) ROM：一种特殊类型的计算机存储设备，它只允许对数据的读取操作，而无法写入或修改其内容。其独特之处在于，即使计算机断电或关闭，存储在 ROM 中的数据依然能够保持不变，这使得它成为存放关键系统信息(如自检程序、BIOS 以及其他基础系统程序)的理想选择。当前，常用的 ROM 类型之一是可擦除可编程只读存储器(EPROM)，它允许通过特定的编程设备将数据和程序写入，从而增强了其灵活性和可重用性。

(3) Cache：为了解决 CPU 与内存之间速度不匹配的问题而设计的。随着 CPU 性能的不断提高，传统的内存访问速度成为了限制计算机整体性能的关键因素。因此，引入了 Cache 作为 CPU 与内存之间的一个快速缓冲区域。Cache 的逻辑位置介于 CPU 和内存之间，其主要功能是加速 CPU 与 RAM 之间的数据交换。Cache 的工作原理是将当前 CPU 频繁访问的程序段和数据块复制到 Cache 中，使得 CPU 在读写数据时能够首先访问 Cache。如果 CPU 能够在 Cache 中找到所需的大部分数据，那么系统的整体运行速度将得到显著提升。

2. 外存储器

外存储器通常又称为辅助存储器，是计算机系统中用于存储大量数据和程序的重要部分。这些数据和程序可能是等待运行的，也可能是需要长期保存的重要信息。然而，值得注意的是，CPU 无法直接访问外存储器中的数据。如果 CPU 需要读取外存储器中的内容，这些内容必须先被传输到内存(RAM)中，然后才能被 CPU 读取和处理。

常见的外存储器设备包括硬盘、光盘(如 CD-ROM、DVD 等)、USB 闪存驱动器以及移动硬盘。这些设备在数据存储和传输中扮演着至关重要的角色,确保了计算机系统的正常运行和数据的完整性。

(1) 硬盘:计算机系统中不可或缺的外部存储设备。目前市场上主流的硬盘主要分为传统的机械硬盘(HDD)和先进的固态硬盘(SSD)。机械硬盘接口目前主流为 SATA 接口,机械硬盘的正面和背面分别如图 2-1-3、图 2-1-4 所示。固态硬盘根据硬盘接口分 SATA 接口和 M. 2 接口两种类型(图 2-1-5 和图 2-1-6),SATA 接口类型的固态硬盘比较多用于旧机部件升级。

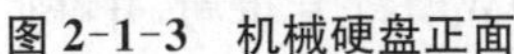

图 2-1-3 机械硬盘正面

图 2-1-4 机械硬盘背面

图 2-1-5 SATA 接口固态硬盘

固态硬盘的读写速度远超机械硬盘,平均读写速度在 150～300 MB/s,最高可达 500 MB/s,M. 2 接口固态硬盘的读写速度甚至可达 2 000 MB/s。而机械硬盘的读写速度平均在 60～80 MB/s,最高不超过 200 MB/s。固态硬盘的写入次数有限,一般为全盘写满 1 000～3 000 次,而机械硬盘的写入次数几乎无限。

图 2-1-6 M. 2 接口固态硬盘

(2) 光盘:作为一种数据记录介质,通过光盘驱动器来实现其中数据的读取,如图 2-1-7 所示。光盘显著特点是能够高密度地记录数据,因此拥有较大的存储容量,并且所存储的数据可以长期保存,具有持久性。然而,随着存储技术的飞速进步,光盘存储方式已经逐渐被更先进、更高效的存储手段所取代,其在市场上的地位逐渐弱化,只有在一些特定的情况下才使用。

(3) USB 闪存驱动器:常简称为 U 盘,是一种利用先进的闪存技术来存储和传输数据的便携式存储媒介。它通过标准的 USB 接口与计算机相连,实现数据的快速交换。U 盘的一个显著特点是其即插即用的便利性,用户只需将 U 盘插入计算机的 USB 端口,系统便能自动识别并与之建立连接,无需复杂的安装或配置过程,其外形如图 2-1-8 所示。

(4) 移动硬盘:主要指采用 USB 或 IEEE 1394 接口,可以随时插上或拔下,小巧而便于携带的硬盘存储器,如图 2-1-9 所示,可以较高的速度与系统进行数据传输。移动硬盘的优点是容量大,兼容性好,即插即用,存储速度快,体积小,质量小,安全可靠。和普通硬盘一样,移动硬盘也分机械移动硬盘和固态移动硬盘。

图 2-1-7　光盘及光盘驱动器

图 2-1-8　U 盘

图 2-1-9　移动硬盘

2.1.4　输入设备

输入设备的功能是将以某种形式表示的程序和原始数据转换为计算机能够识别的形式，并送到计算机的存储器中。输入设备的种类很多，常用的有键盘和鼠标等。标准的 107 键盘和鼠标，如图 2-1-10 所示。

1. 键盘

键盘作为计算机的核心输入工具之一，主要用于向计算机输入文本和各类数据。现代 PC 普遍采用 107 键的标准键盘布局，这一设计主要基于传统的打字机 QWERTY 布局，并在此基础上增加了功能键、方向键等计算机操作所需的特定按键。此外，一些键盘还提供了额外的功能键，以满足用户在不同场景下的多样化需求。

2. 鼠标

鼠标是图形用户界面环境中不可或缺的一种输入设备。它通过 USB 接口与计算机主机相连，使得用户能够便捷地与计算机进行交互。鼠标的工作原理在于，当用户移动鼠标时，它会将移动的距离和方向信息转化为脉冲信号，这些信号随后被计算机接收并转化为光标的坐标数据。通过这种方式，鼠标能够准确地指示屏幕上的位置。根据感应位移变化的方式，鼠标可以分为多种类型，如机械鼠标和光电鼠标等。

图 2-1-10　键盘和鼠标

图 2-1-11　液晶显示器

2.1.5　输出设备

输出设备作为计算机与用户之间的重要桥梁，承担着将计算机内部以二进制代码形式存储的信息转化为人类或其他系统可以直接理解和使用的信息形式的任务。这些转换后的信息，形式丰富多样，包括但不限于十进制数字、文字、符号、图形、图像、声音等。在微机系统中，常见的输出设备包括显示器、打印机以及绘图仪等，它们各自在特定的场景下发挥着不可或缺的作用。

1. 显示器

显示器是计算机系统中至关重要的组件，其主要作用是将电子信号形式的二进制数据转换成可视的字符、图形或图像。常见的显示器类型包括液晶显示器(LCD)，如图 2-1-11 所示，以及等离子显示器(PDP)，它们各自以其独特的方式呈现图像。

显示器的性能通常由两个关键的技术指标来衡量：分辨率和刷新频率。分辨率决定了显示器在水平和垂直方向上能够展现的像素数量，常见的分辨率有 1 600×900、1 680×1 050 以及 1 920×1 080 等。分辨率越高意味着图像越清晰、越逼真，用户的视觉体验越佳。

刷新频率则反映了显示器更新图像的速度，即每秒钟屏幕完全重绘的次数，通常以赫兹(Hz)为单位。当刷新频率达到或超过 75 Hz 时，屏幕上的闪烁现象将变得难以被肉眼察觉，用户的视觉体验也会更稳定、更舒适。分辨率和刷新频率这两个指标共同影响着显示器的性能和使用体验。

2. 打印机

打印机主要功能是将计算机处理的数据，包括数字、字母、符号、图形和图像等，转化为人类可以直观识别的形式并打印在纸上。在技术上，打印机可以分为两大类：击打式和非击打式。

击打式打印机的工作原理依赖于机械动作，通过色带将打印内容直接印在纸上。这种方式通常涉及物理接触和击打动作。

而非击打式打印机则采用了更为先进的技术，它利用物理或化学原理来印刷字符。这些技术包括静电感应、电灼、热敏效应、激光扫描和喷墨等。其中，激光打印机(图 2-1-12)和喷墨打印机因其高效、高质量和广泛的应用范围，成为了当今市场上最受欢迎的两种打印机类型。激光打印机以其高速和清晰的打印效果著称，而喷墨打印机则以其色彩丰富和打印成本低廉受到用户的青睐。

图 2-1-12　激光打印机

3. 绘图仪

绘图仪作为一种专业的输出设备，其核心功能在于高效、准确地输出工程图纸。如图 2-1-13 所示，绘图仪通过计算机或数字信号的直接控制，能够自动绘制出各种图形、图像和字符，因此，它在计算机辅助制图和计算机辅助设计中扮演着至关重要的角色。

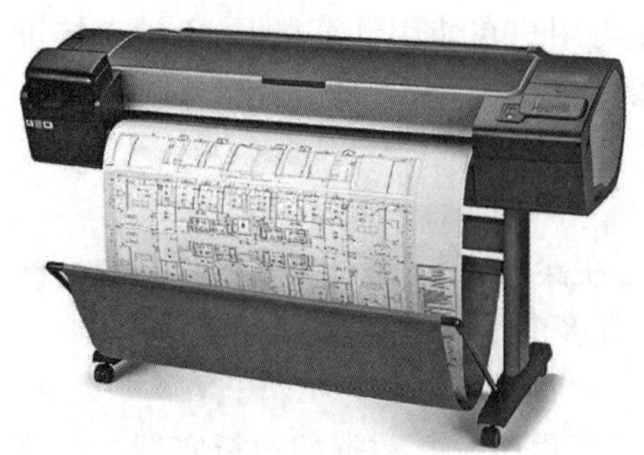

图 2-1-13　绘图仪

传统的绘图仪在绘图时主要依赖绘图笔，虽然这种方式能够精确地描绘出图纸的细节，但绘图速度相对较慢。然而，随着技术的不断发展，新型的绘图仪采用了喷墨绘图技术，极大地提升了绘图的速度和质量。喷墨绘图方式不仅出图速度快，而且绘图的质量高，满足了现代工程制图对效率和精度的双重要求。

2.2 计算机软件系统

计算机软件系统涵盖了多个组成部分，其中最为核心的是程序和程序在运行过程中所需要的数据。此外，与这些程序和数据紧密相关的文档资料也是计算机软件系统必不可少的一部分。计算机的软件系统代表了计算机上所有可运行程序的集合。

2.2.1 软件的概念

软件是计算机运行的核心组成部分，它包含了指导计算机工作的程序和这些程序运行时所依赖的数据。此外，软件还包含了与这些程序和数据紧密相关的文字说明和图表资料，即文档。软件是用户与计算机硬件之间的桥梁，它使用户能够通过友好的界面与计算机进行交互。在计算机系统设计中，软件发挥着至关重要的角色，是设计决策的重要依据。因此，在构建计算机系统时，必须全面考虑软件和硬件之间的兼容性，以确保系统的高效、稳定运行，并为用户提供优质的使用体验。

2.2.2 计算机软件系统及其组成

计算机软件系统包括系统软件和应用软件两部分。

1. 系统软件

系统软件(System Software)是一组用于管理、控制、监督和扩展计算机硬件功能的程序。它使计算机的硬件和应用软件能够协同工作，为用户提供各种服务。系统软件包括操作系统(Operating System，OS)、数据库系统、用于程序开发的工具(如编译器、解释器、集成开发环境等)等。

2. 应用软件

应用软件是计算机各种应用程序的总称，是用户利用计算机硬件和系统软件为解决各种实际问题而开发的程序，如各种文字处理软件、计算机辅助设计软件、计算机辅助教学软件、工资管理系统、人事管理系统等。

2.3 操作系统

操作系统是计算机系统的核心软件，它负责控制、调度和管理整个计算机系统。作为用户与计算机之间的桥梁，操作系统不仅管理和控制着计算机系统的所有软硬件资源，还为用户提供了一个简化、抽象的计算机界面。这一界面的存在，使得用户在使用计算机时，无须直接进行复杂的硬件操作，从而大大简化了用户与计算机之间的交互过程，提高了使用效率。

2.3.1 操作系统的概念

操作系统作为连接硬件与应用软件的桥梁，直接运行在裸机之上，是计算机硬件系统的首要扩展。其核心概念涵盖了进程、线程、内核态与用户态等多个重要方面。

1. 进程

进程是操作系统中的一个基本执行单元，它代表了一个程序及其数据的执行实例。简单来说，进程就是程序的一次动态执行过程。每当一个程序被加载到内存并开始执行时，系统就创建了一个对应的进程。进程是系统进行资源分配和调度的基本单位,它的生命周期与程序的执行过程紧密相关。程序与进程之间的关系可以类比为剧本与演出的关系,其中程序是静态的,而进程则是动态的。

2. 线程

随着技术的演进,为了更好地支持并发处理和资源共享,许多现代操作系统引入了线程的概念。线程是进程内的一个执行单元,它是CPU调度和分配的基本单位。相较于进程,线程拥有更小的开销和更高的并发性。线程之间可以共享进程所拥有的资源,但每个线程都拥有自己独立的执行路径。这使得多线程程序能够更有效地利用多核CPU资源,提高系统的整体性能。

3. 内核态与用户态

在操作系统中,程序被分为不同的运行级别,其中最重要的两个级别是内核态和用户态。内核态拥有对计算机软硬件资源的完全控制权,包括CPU管理和内存管理等关键任务。而用户态则只能访问有限的资源,并且其权限受到严格限制。通常,涉及系统核心功能的程序运行在内核态,而与用户数据和应用相关的程序则运行在用户态。这种权限分离的设计有助于提高系统的安全性和稳定性。由于内核态享有最高权限,所以对其安全性和可靠性的要求也更为严格。一般情况下,能够运行在用户态的程序应尽量在用户态中执行,以减少对系统资源的潜在威胁。

2.3.2 操作系统主要功能

1. 进程管理

进程管理旨在通过多通道技术优化CPU资源的分配,确保每个任务都能得到合理的CPU时间,从而提高CPU的利用率。它涉及的任务包括协调多个任务之间的CPU调度、冲突解决以及资源回收等,确保系统高效、稳定地运行。

2. 作业管理

作业管理专注于为用户提供一个便捷、高效的系统使用环境,使用户能够有序地组织自己的工作流程。作业是指用户要求计算机处理的具体工作,通常包括程序、数据以及相关的控制步骤。作业管理负责处理这些作业,确保它们能够按照用户的期望顺利执行。

3. 设备管理

设备管理主要关注计算机外部设备的有效分配和使用。它负责协调计算机处理器与外部设备操作之间的时间差异,以提高系统的整体性能。设备管理涉及的任务包括I/O设备的分配、启动、完成和回收,确保设备能够高效、稳定地为系统服务。

4. 文件管理

文件管理负责实现计算机中逻辑文件到物理文件之间的转换,确保用户能够方便地访问和管理文件。文件管理通常由操作系统中的文件系统来完成,该系统由文件、管理文件的软件以及相应的数据结构组成。

5. 存储管理

存储管理主要关注存储空间的管理,特别是内存的管理。它的目标是确保用户存放在内存中的程序和数据不被破坏,并通过优化管理提高存储空间的利用率。存储管理采用一定的策略来管理内存资源,确保系统能够高效、稳定地运行。

2.3.3 操作系统分类

1. 按管理方式分类

(1) 批处理操作系统：用户将一批作业提交给操作系统后就不再干预，由操作系统控制它们自动运行。这种操作系统在20世纪60年代开始出现，如IBM的OS/360和OS/390，主要功能是批量执行一系列事先编写好的作业。

(2) 分时操作系统：许多用户通过终端以交互方式使用计算机资源，操作系统将CPU时间划分成若干个时间片，轮流为各个终端用户服务。

(3) 实时操作系统：能及时处理过程控制数据并作出响应的操作系统。它主要用于过程控制、实时数据处理、生产自动化等系统。比较典型的实时操作系统有QNX。

(4) 网络操作系统：基于计算机网络的，在各种计算机操作系统上按网络体系结构协议标准开发的，具有网络管理、网络服务、网络数据传输、网络通信和资源管理等功能的操作系统。

(5) 分布式操作系统：分布式操作系统建立在网络操作系统之上，任务是管理网络资源，实现网络之间的通信，协调诸网络站点的任务分配与负载均衡，提供网络用户访问文件、数据库等服务。

(6) 嵌入式操作系统：嵌入式操作系统是一种用途广泛的系统软件，通常包括与硬件相关的底层驱动软件、系统内核、设备驱动接口、通信协议、图形界面、标准化浏览器等。嵌入式操作系统负责嵌入式系统的全部软、硬件资源的分配、任务调度，控制、协调并发活动。典型的嵌入式操作系统有VxWorks、FreeRTOS等。

2. 按用户界面的使用环境和功能特征分类

(1) 桌面操作系统：桌面操作系统是计算机上的图形用户界面操作系统软件，是计算机用户与计算机硬件之间的接口。常见的桌面操作系统有Windows、macOS、Linux等。

(2) 服务器操作系统：服务器操作系统一般安装在服务器上，提供网络服务、数据库服务、文件服务、邮件服务等。常见的服务器操作系统有Linux、Windows Server、Unix等。

(3) 嵌入式操作系统：如前所述，嵌入式操作系统是嵌入在专用硬件中的操作系统，通常用于控制和管理设备的硬件和软件资源。

3. 按计算机体系结构分类

(1) 单用户操作系统：指一台计算机在同一时间只能由一个用户使用，一个用户独自享用系统的全部硬件和软件资源。

(2) 多用户操作系统：允许多个用户从终端或控制台访问同一台计算机。各个用户对自己使用的资源(例如文件、设备)进行管理，但不能动用别人权限内的资源。

2.3.4 国产操作系统

目前市面PC安装的操作系统主流是微软公司的Windows操作系统和苹果公司的macOS操作系统，但为了保障国家信息安全的自主可控、促进自主创新、推动产业发展、满足特定需求、增强国家竞争力以及培养人才和积累技术等方面需求，我国也自主开发了比较多优秀的操作系统。下面对几款主流的国产操作系统做简要介绍。

红旗Linux：这是国内一款较为成熟的Linux发行版，曾由中科红旗软件技术有限公司开发，后被五甲万京收购。

银河麒麟：这是一款由国防科技大学研制的开源服务器操作系统，安全可靠，广泛应用于政府、军队等领域。

中标麒麟(NeoKylin)：由中标软件和国防科技大学合作研发，结合了双方的技术优势，是一款高性能、高安全性的操作系统。它是银河麒麟与中标普华在 2010 年合并品牌后推出的操作系统，旨在为企业和机构提供安全、稳定、高效的计算平台。

统信(UOS)：这是一个面向个人、企业和服务器的操作系统，由多家国内操作系统核心企业联合研发，旨在打造中国操作系统新生态。

鸿蒙(HarmonyOS)：这是华为开发的分布式操作系统，可以跨设备、跨平台使用，最初设计用于物联网设备，后来扩展到智能手机、平板电脑等智能设备。

2.4 Windows 7 操作系统

Windows 7 操作系统(以下简称 Windows 7)是微软公司 2009 年 10 月发布的一款基于 Windows NT 技术核心的第七代视窗操作系统，桌面更加人性化，访问常用程序更加方便，对无线互联网支持更加优化，功能更加完善，易于用户学习和使用。

2.4.1 Windows 7 基本操作

1. Windows 7 的启动和退出

(1) Windows 7 的启动

打开计算机电源，计算机进行系统自检，屏幕显示自检信息。计算机自检通过后自动引导 Windows 7 启动。Windows 7 启动后，根据操作系统的设置，直接显示 Windows 7 桌面或者启动用户登录界面，在用户登录界面按要求选择用户并输入密码，用户名和密码可以是系统安装时的 Administrator(计算机管理员)用户，也可以是在管理权限范围内创建的新用户。选择用户并输入密码后，按"Enter"键即可显示 Windows 7 的桌面，如图 2-4-1 所示。

图 2-4-1 Windows 7 桌面

(2) Windows 7 的退出

Windows 7 是一个由很多相关程序构成的大型软件，在 Windows 7 运行时，系统建立了一个内部高速缓冲存储器来保存系统必要的临时文件。为使 Windows 7 在退出前保存必要的数据信息，释放临时文件所占用的磁盘空间，以保证下次能够正常启动，退出系统时应按要求进行操作。具体操作步骤如下：

① 单击“开始”按钮，弹出“开始”菜单。

② 单击“关机”按钮(图 2-4-2)，关闭所有打开的程序，退出 Windows 7，关闭计算机。

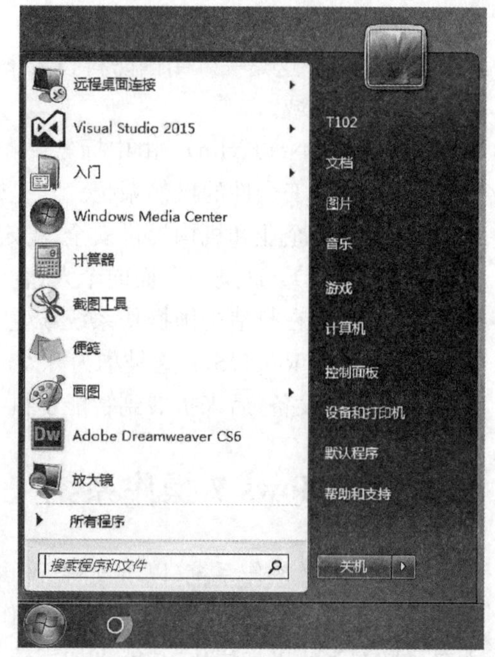

图 2-4-2　Windows 7 “开始”菜单

单击或指向“关机”按钮右侧的箭头按钮，在弹出的菜单中可以看到“切换用户”“注销”“重新启动”等多个选项，用户可以从中选择一个选项执行相应的操作。

a. 注销。注销操作实际上是一种强制性的系统行为，它会立即终止当前系统上所有正在运行的进程，并断开计算机与网络的连接。完成这一操作后，系统界面将返回到用户登录的初始状态，此时用户可以选择重新登录系统，或者使用新的用户名进行登录。简而言之，注销就是让用户从当前会话中退出，以便系统能够恢复到等待新用户登录的状态。一旦选定用户并输入密码后，按下“Enter”键，Windows 7 的桌面将重新加载并显示出来。这个过程为用户提供了一个安全的退出机制，同时也为多个用户提供了共享同一台计算机的可能性。

b. 重新启动。重新启动 Windows 7 是一种在不关闭电源的情况下，重新加载系统到内存中的操作。当用户选择重新启动时，系统会先保存当前用户的设置和内存中存储的信息到硬盘上，以确保这些设置和数据不会丢失。接着，系统会执行“重新启动”的命令，将 Windows 7 重新从硬盘加载到内存中，并恢复之前保存的设置。这个过程对于解决系统出现的意外故障或运行异常特别有效，因为它能够在不完全关闭系统的情况下刷新系统状态，从而恢复系统的正常运行。在大多数情况下，如果系统遇到无法解决的运行问题，重新启动计算机是一种简单而有效的解决方法。

请读者自行练习其他选项。

2. Windows 7 用户界面

如今的计算机基本上都提供了图形用户界面(Graphical User Interface，GUI)，用户可通过点击鼠标或使用其他输入设备(如键盘)来选择菜单选项和操作屏幕上显示的图形对象。界面中的每个图形对象都代表一种计算机任务、命令或现实世界对象，如图 2-4-3 所示，图中包含图形用户界面上的图标、菜单、窗口和任务栏。

最初的计算机使用的是命令行界面，它需要用户输入熟记的命令来运行程序和完成任务。多数操作系统都允许用户访问命令行界面，有经验的用户和系统管理员有时更喜欢使用命令行界面进行故障检查和系统维护。

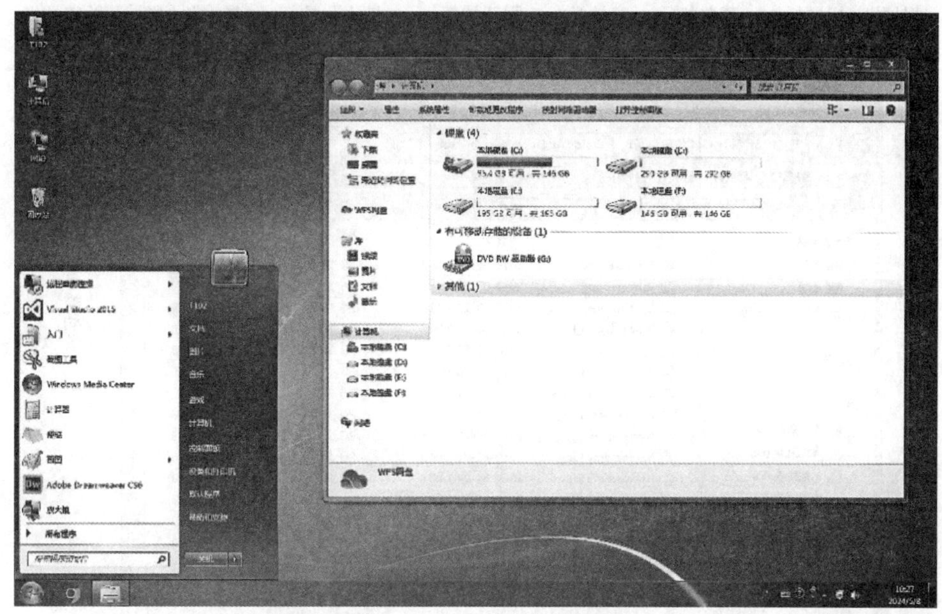

图 2-4-3　Windows 7 显示的基本用户界面

3. Windows 7 的窗口和对话框

窗口是 Windows 7 的一个关键组成部分，它是为了在桌面上完成用户指定任务而打开的一个矩形区域。每当用户启动一个程序，该程序就会在桌面上打开一个新的窗口。由于 Windows 7 是一个多任务操作系统，因此用户可以同时打开多个窗口，以便同时处理多个任务。这些窗口不仅为用户提供了丰富的工具和操作选项，还构成了人机交互的主要界面。

(1) 窗口的构成

通常一个窗口由多个部分组成，包括标题栏（显示窗口名称和允许用户进行基本的窗口操作）、菜单栏（提供了一系列与窗口相关的命令选项）、工具栏（包含了一系列快捷工具按钮，方便用户快速执行常用操作）、地址栏（显示当前窗口或文件夹的路径，允许用户直接输入地址进行导航）、主窗口（也称为工作区，用于显示和操作应用程序的具体内容），以及状态栏（显示有关窗口当前状态的信息）。如图 2-4-4 所示为 Windows 7 资源管理器窗口。

(2) 窗口的分类

在 Windows 7 中，窗口可以根据其功能和用途进行分类。主要类型包括文件夹窗口（用于浏览和管理文件系统中的文件和文件夹）、应用程序窗口（应用程序的界面，用户在其中执行特定的任务或操作）、对话框窗口（用于显示消息、提示用户输入信息或执行特定操作），以及文档窗口（显示文档内容，允许用户进行编辑、查看等操作）。这些不同类型的窗口共同构成了 Windows 7 丰富的用户界面。

① 文件夹窗口：Windows 7 用来管理系统资源的矩形区域。

② 应用程序窗口：执行应用程序、面向用户的操作平台。

③ 对话框窗口：严格意义上说，对话框不算窗口，这里为了方便分类将其归为窗口类别。对话框是系统在完成特定操作时用来与用户交流信息的矩形框，其大小不可调整，但可以移动位置，如图 2-4-5 所示。

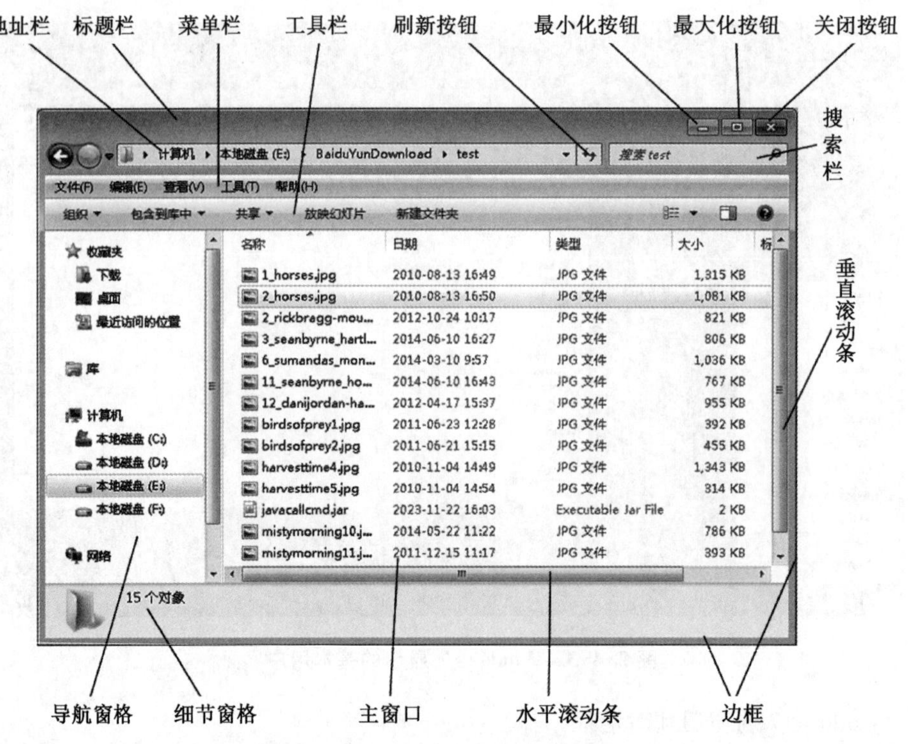

图 2-4-4　Windows 7 资源管理器窗口

④ 文档窗口：文档窗口是具体应用程序(如 Word、记事本等)打开后显示的窗口，是该程序的主界面，在该窗口中可以进行详细的文档编辑。

(3) 窗口操作

① 移动窗口位置：移动窗口到新的位置，只需将鼠标光标移动到窗口的标题栏上，接着按下鼠标左键并拖动窗口至想要的位置后，释放鼠标左键即可。

② 调整窗口大小：改变窗口的大小，只需将鼠标光标移动到窗口的边缘或角落，直到鼠标指针变成一个双箭头形状。然后，按住鼠标左键并拖动，即可根据需要调整窗口的大小。一旦达到预期大小，即可释放鼠标左键。

③ 窗口控制按钮功能：

a. 最小化按钮：点击按钮后，窗口会缩小到任务栏中，只显示为一个小的图标。要重新打开该窗口，只需点击任务栏上相应的图标即可。

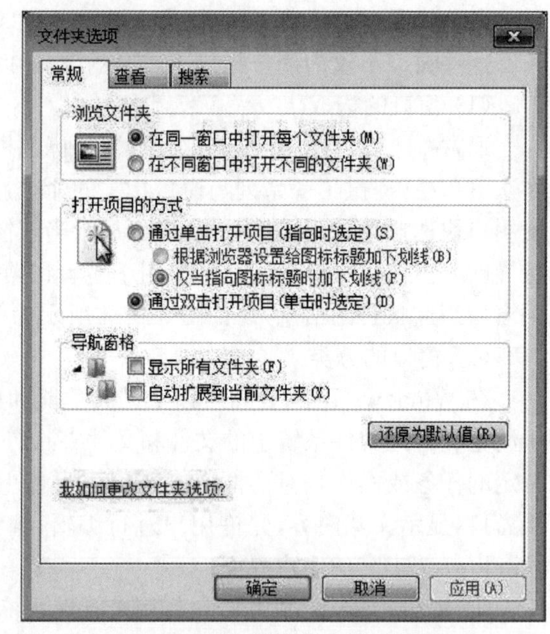

图 2-4-5　“文件夹选项”对话框

b. 最大化/还原按钮：当窗口处于正常大小时，点击按钮会使窗口全屏显示，即最大化。如果窗口已经处于最大化状态，点击按钮会将窗口还原到之前的大小。另外，可以通过双击窗口的标题栏来实现窗口的还原和最大化。

c. 关闭按钮：点击按钮后，当前窗口会立即关闭，不再显示。

④ 窗口布局调整：为了更高效地管理多个打开的窗口，可以通过鼠标右键点击任务栏的空白区域，在弹出的右键快捷菜单中选择不同的窗口布局选项。这些选项包括"层叠窗口"(将窗口以重叠方式显示)、"堆叠显示窗口"(窗口以堆叠的方式展示，部分窗口内容可见)，以及"并排显示窗口"(窗口并排展示，方便对比查看)。这些功能至少需要有两个或以上的窗口时才能使用。

⑤ 快速切换窗口：在多个打开的窗口之间快速切换可以更加高效地工作。可以通过单击目标窗口的任何位置来将其设置为当前活动窗口。此外，一个更简单的方法是直接在任务栏上点击想要切换到的窗口的图标，这也会立即将该窗口设置为活动窗口。

⑥ 浏览窗口内的内容：当窗口中的内容过多，无法在屏幕上完全显示时，可以使用滚动条来浏览这些内容。水平滚动条用于左右移动窗口内容，而垂直滚动条则用于上下移动窗口内容。只需将鼠标指针放在滚动条上，然后拖动到适当的位置，释放鼠标即可。此外，还可以点击滚动条两端的箭头按钮(水平滚动条为左右箭头，垂直滚动条为上下箭头)，每次点击都会使内容移动一列或一行。

(4) 对话框的操作

在 Windows 7 中，对话框是用户与操作系统进行沟通和交互的重要桥梁，它构成了 Windows 环境的关键组成部分。这些对话框不仅用于展示附加信息和警告，还用于解释为何某些操作未能成功执行。当用户在菜单中选择带有"... "符号的命令项时，通常会触发一个对话框的打开，这些对话框的样式各异，根据所需功能的不同而有所变化。

另外，大多数对话框并没有控制菜单图标和菜单栏，它们的尺寸也是固定的，用户无法随意调整其大小。此外，为了保持操作的连贯性和避免干扰，许多对话框在打开状态下会阻止用户进行其他操作，直到用户关闭该对话框或完成所需任务。

简而言之，Windows 7 中的对话框是系统提供的一种界面元素，它们通过多样化的样式和交互方式，有效地帮助用户与系统进行信息交流和操作引导。

① 对话框的组成如图 2-4-6 所示。

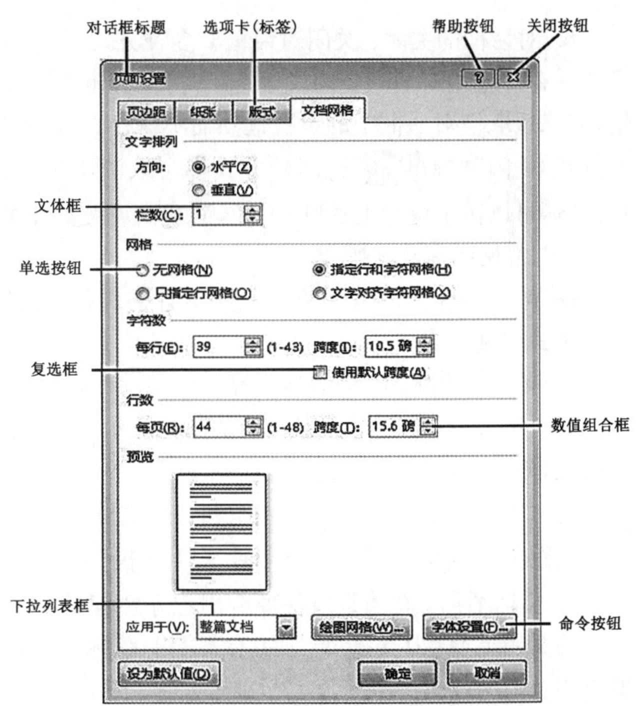

图 2-4-6 对话框的组成

a. 选项卡(标签)：这是一种将多个相关功能的界面整合到一个对话框

中的设计。每个功能的界面被称为一个选项卡，它们像叠放的纸张一样存放在对话框中。用户只需点击特定的选项卡，即可显示与之对应的界面。

b. 文本框：文本框是用户输入数据的区域。当用户的光标移至文本框时，鼠标指针会变成一条直线形状（通常显示为“I”）。用户可以在文本框内单击并输入所需的信息。

c. 单选按钮：单选按钮通常用于表示一组互斥的选项，用户只能从中选择一个。这些按钮通常以两个或多个为一组的形式出现。

d. 复选框：复选框允许用户选择多个选项，无论是单独设置还是成组设置。每个选项左侧都有一个方框，用户可以通过点击这个方框来选择或取消选择该选项。当方框内出现“√”时，表示该选项被选中。

e. 下拉列表框：下拉列表框是一种隐藏选项列表的控件。用户可以通过点击按钮来展开选项列表，即列表框这些选项以垂直列表的形式呈现，用户可以从中选择所需的选项。

f. 数值组合框：数值组合框允许用户设置对象的数字参数，如高度、宽度等。此外，用户还可以通过点击按钮来增大或减小这些数字参数的值。

g. 命令按钮：命令按钮用于执行或取消用户在对话框中设置的参数。当用户完成所有设置后，可以点击相应的命令按钮来执行相应的操作。

h. 帮助按钮：帮助按钮为用户提供关于当前对话框或功能的帮助信息。点击该按钮，用户可以查看相关的帮助文档或提示。

② 对话框的操作

a. 对话框的移动操作：移动对话框到屏幕上的某个特定位置，只需用鼠标左键点击并拖住对话框的标题栏，然后将其拖动到所需的目标位置。一旦到达目标位置，松开鼠标左键即可。

b. 对话框的关闭：关闭对话框有多种方式，用户可根据个人习惯或需求进行选择。如果希望保存并应用对话框中的设置选项，可以点击“确定”按钮，这将会保存设置并同时关闭对话框；如果想取消对话框中的设置选项而不保存，可以点击“取消”按钮，或者点击对话框右上角的红色“关闭”按钮，这两种方式都会取消用户设置并关闭对话框；如果更习惯使用键盘快捷键，可以按下键盘上的“Esc”键，达到取消设置并关闭对话框的效果。

（5）常见图标及其操作

在 Windows 7 中，窗口界面上展示着各式各样的图标，这些图标是用户与计算机资源交互的重要视觉标识。

① 驱动器图标：驱动器是计算机中用于存储数据的设备，如硬盘驱动器、光盘驱动器等。在 Windows 7 中，它们通常以特定的图标表示，这些图标通常与磁盘图标或光盘图标的形状相似，便于用户快速识别。

② 文件夹图标：文件夹是组织和管理文件的重要工具，可以包含其他文件夹和文件。文件夹的图标通常呈现为一个带有开口的矩形，象征着可以容纳内容的容器。

③ 文档图标：文档是由各种应用程序创建的文件，如文本文件、图片文件、音频文件等。不同的文档类型在 Windows 7 中有不同的图标表示，例如，记事本文档通常具有一个与文本编辑相关的图标。

④ 应用程序图标：应用程序是计算机上可执行的文件，用于完成特定的任务或提供特定

的功能。每个应用程序都有自己独特的图标，这些图标通常与应用程序的功能或品牌标识相关，以便用户轻松识别。

⑤ 快捷方式图标：快捷方式是 Windows 7 中一种特殊的文件，它指向另一个文件或文件夹，并提供了一种快速访问目标对象的方法。快捷方式的图标通常与其所指向的对象相似，但在图标的左下角会带有一个弧形箭头，以表示它是一个快捷方式。这种设计使用户能够轻松区分原始文件和快捷方式。

4. Windows 7 的帮助系统

为了帮助用户解决在设置和使用计算机时遇到的问题，Windows 操作系统内置了一个强大的资源——帮助和支持中心，提供了解决各种问题的指导。

访问这个资源，只需点击屏幕左下角的“开始”按钮，随后在弹出的菜单中找到并点击“帮助和支持”选项。点击后，将看到“Windows 帮助和支持”窗口展开。

在这个窗口中，有两种方式来查找问题的答案。第一种是通过搜索框，输入与问题相关的关键字，系统将会自动呈现相关的帮助信息。第二种则是通过浏览窗口内提供的各种帮助主题，可选择与问题相关的主题进行深入查询。

2.4.2 Windows 7 的文件系统

在操作系统中负责管理和存取文件信息的软件机构称为文件系统。它用统一的方式管理用户和系统信息的存储、检索、更新、共享和保护，并为用户提供一整套方便有效的文件使用和操作方法。文件系统的结构如图 2-4-7 所示。

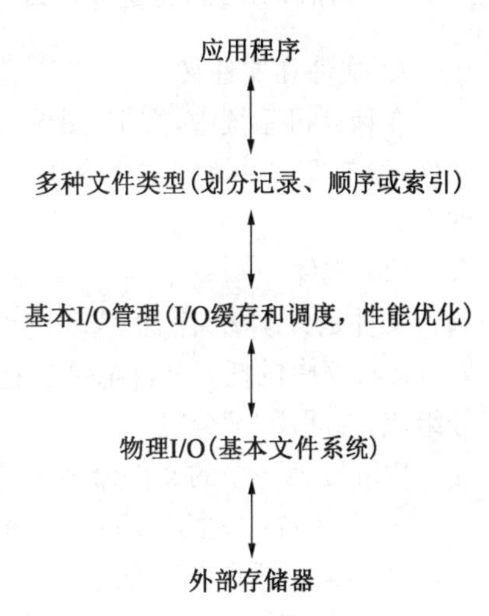

图 2-4-7 文件系统的结构

1. 文件系统类型

Windows 7 默认使用的文件系统是新技术文件系统(New Technology File System，NTFS)。NTFS 是微软为 Windows 系列操作系统设计的文件系统，它提供了比文件配置表(File Allocation Table，FAT)文件系统更高的操作性能、可靠性和安全性。

2. 系统文件结构

Windows 7 的系统文件由多种不同类型的文件组成，包括系统文件、应用程序文件、用户文件等。

(1) 系统文件：操作系统的核心组成部分，如系统内核、驱动程序等，它们通常位于系统盘(如 C 盘)的特定目录下，如 Windows、Program Files 等。

(2) 应用程序文件：用户安装的各种软件，如 Microsoft Office、Adobe Photoshop 等，它们通常安装在 Program Files 或 Program Files (x86)目录下(对于 32 位和 64 位应用程序来说)。

(3) 用户文件：包括用户的文档、图片、视频等个人文件，它们通常位于用户的个人文件夹(如 C:\Users\用户名)中。

3. 管理文件系统的工具

(1) 文件资源管理器：通过文件资源管理器(Windows Explorer)，用户可以方便地查看、复制、移动和删除文件。

(2) 磁盘清理工具：Windows 7 提供了磁盘清理工具(Disk Cleanup)，可以帮助用户清理系统中的临时文件、垃圾文件等，释放磁盘空间。

(3) 磁盘碎片整理工具：Windows 7 的磁盘碎片整理工具(Disk Defragmenter)可以对磁盘进行碎片整理，提高系统的读写速度。

4. 文件系统相关特点

(1) 支持大文件和大分区：NTFS 文件系统支持的文件大小和分区大小远大于 FAT 文件系统。

(2) 安全性：NTFS 提供了更高级别的安全性，包括文件加密(EFS)、访问控制列表(ACLs)等功能。

(3) 稳定性：NTFS 文件系统在稳定性和数据恢复方面通常优于 FAT 文件系统。

5. 文件系统相关常见问题与解决方法

(1) 系统文件丢失或损坏：这可能导致系统无法正常运行。解决方法包括使用系统还原功能、从安装媒体中恢复文件或重新安装操作系统。

(2) 磁盘空间不足：随着使用时间的增长，磁盘空间可能会变得不足。解决方法包括删除不需要的文件、使用磁盘清理工具清理临时文件等。

2.4.3 Windows 7 的文件管理

1. 文件和文件夹

在计算机系统中，文字、图像、声音等数据是以文件的形式存放在磁盘上的，为了便于管理文件，通常把文件放在文件夹中。因此，Windows 7 中最重要的操作之一就是管理文件和文件夹。

(1) 文件

文件是计算机存储程序、数据和文字信息的基本单位，是一组相关数据的集合。Windows 7 中的任何文件都是通过图标和文件名来标识的，文件名称由文件名和扩展名两部分组成，中间用“.”分隔。

Windows 7 中的文件命名规则如下：

① 文件名：最多由 255 个字符组成，可以包含字母、汉字、数字和部分符号，但不能包含?、*、/、\、＜、＞等非法字符。

② 扩展名：通常由 3 个及以上的英文字符构成，是文件类型的重要标识符。它不仅定义了文件的性质，还决定了应该使用哪种程序来打开和编辑这类文件。

③ 文件名不区分大小写，在同一存储位置，文件名(包括扩展名)不能重名。

(2) 文件夹

文件夹(目录)是系统组织文件和管理文件的一种形式。在计算机的磁盘上存放了大量的文件，为了方便查找、存储和管理文件，用户可以将文件分门别类地存放到不同的文件夹中。一个文件夹中可以包含多个文件和文件夹。

文件夹也是通过名称进行标识的，命名规则与文件命名规则相同。不同的是，文件夹没有扩展名。

(3) 剪贴板

剪贴板是一个在程序和文件之间传递信息的临时内存缓冲区。剪贴板只能保存当时复制或剪切的信息，可以是文字、图形、图像、声音等。

注意：从打开方式看，文件可以分为可执行文件和不可执行文件。可执行文件是指可以自行运行的文件，其扩展名为.exe、.com、.sys 等，双击文件即可运行；不可执行文件需要借助特定程序打开，如扩展名为.doc 的文件需要借助 Word 程序打开。

2. 常用的文件和文件夹操作

(1) 选定文件或文件夹

① 选定单个对象：当要选择某个特定的文件或文件夹时，只需单击鼠标左键要选择的对象。

② 选定多个对象：

a. 多个连续对象：首先点击想要选择的第一个对象，然后按住“Shift”键，接着点击想要选择的最后一个对象，最后放开“Shift”键。这样，从第一个到最后一个之间的所有对象都会被选中。

b. 多个非连续对象：先点击第一个对象，然后按住“Ctrl”键不放，再逐个点击想要选择的每一个对象。这样即可选择任何想要的不连续对象。

c. 全部对象：使用键盘快捷键“Ctrl＋A”，所有文件或文件夹都将被选中。

(2) 新建文件或文件夹

① 打开“计算机”窗口：打开计算机或资源管理器窗口。

② 进入 D 盘根目录：在打开的窗口中，找到 D 盘图标并双击它，进入 D 盘的根目录。

③ 新建文件夹：在 D 盘的根目录里，在空白处单击鼠标右键。从弹出的快捷菜单中选择“新建”→“文件夹”。此时，一个新的名为“新建文件夹”的文件夹就会出现在 D 盘根目录下。

④ 新建文本文件：双击刚创建的“新建文件夹”，然后在文件夹的空白处右击，并从弹出的快捷菜单中选择“新建”→“文本文档”。一个新的文本文件就会出现在这个文件夹里，其默认名字为“新建文本文档.txt”。

注意：当创建新的文件或文件夹时，一定要记清它们的存放位置，以便快速找到它们。

(3) 重命名文件或文件夹

① 显示扩展名：在 Windows 系统中，为避免用户被文件类型信息困扰，文件扩展名通常是隐藏的。但如果需要查看或确认某个文件的扩展名，可以按照以下步骤进行设置：

a. 打开“计算机”或“文件资源管理器”：双击桌面上的“计算机”图标或搜索“文件资源管理器”来打开它。

b. 进入“文件夹选项”：在“计算机”或“文件资源管理器”的顶部菜单栏中，找到并点击“查看”选项卡下的“选项”按钮，弹出“文件夹选项”对话框。

c. 显示文件扩展名：在“文件夹选项”对话框中，选择“查看”→“高级设置”，取消勾选“隐藏已知文件类型的扩展名”复选框，如图 2-4-8 所示。这样，Windows 就不会再自动隐藏文件的扩展名。点击对话框底部的“确定”或“应用”按钮保存设置。

② 重命名：以将 D 盘根目录下的新建文件夹重命名为“bag”，将其中的“新建文本文档.txt”重命名为“测试.txt”为例，具体步骤如下：

a. 打开“计算机”窗口，进入 D 盘根目录。

b. 选中新建文件夹，单击鼠标右键，右键快捷菜单中选择“重命名”选项，在文件名文本框中将文件夹名更改为“bag”。

c. 选中"新建文本文档. txt",单击鼠标右键,右键快捷菜单中选择"重命名"选项,在文件名文本框中输入"测试. txt"。

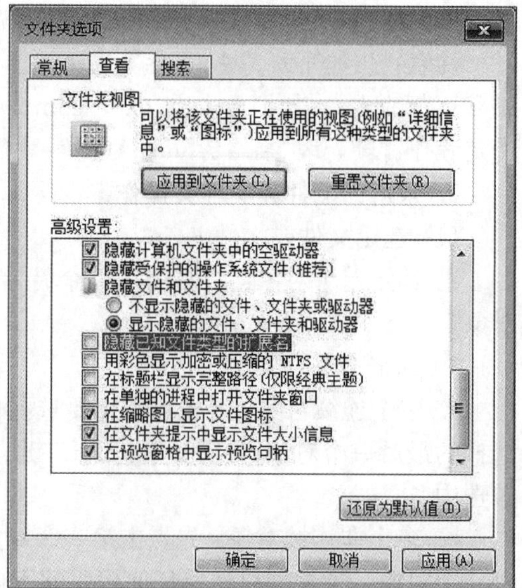

图 2-4-8 取消勾选"隐藏已知文件类型的扩展名"复选框

注意: 在命名文件或文件夹时,建议选择具有描述性和直观性的名字,以便见名知意。修改文件名时,注意保持文件扩展名不变。扩展名是系统识别和打开文件的关键,如果修改或删除,可能会导致系统无法正确识别并打开该文件。

(4) 复制和剪切文件或文件夹

复制和剪切都涉及将对象从一个位置转移到另一个位置,但二者之间存在明显的区别。复制操作意味着创建一个与原始对象完全相同的副本,并将其放置在新位置,原位置的对象仍保留;而剪切操作原位置不保留原来的对象,只在新位置放置对象。

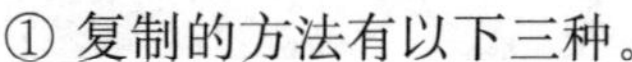

① 复制的方法有以下三种。

a. 通过菜单栏中的命令进行复制。选择对象,执行"编辑"→"复制"命令即可。

b. 选中对象,单击鼠标右键,在右键快捷菜单中选择"复制"选项,即可实现复制操作。

c. 使用组合键进行复制。选中对象,按"Ctrl+C"组合键复制。

② 剪切的方法有以下三种。

a. 通过菜单栏中的命令进行剪切。选择对象,执行"编辑"→"剪切"命令即可。

b. 选中对象,单击鼠标右键,在右键快捷菜单中选择"剪切"选项即可实现剪切操作。

c. 使用组合键进行剪切。选中对象,按"Ctrl+X"组合键剪切。

注意: 复制或剪切操作后,要完成粘贴操作,可以使用"Ctrl+V"组合键或右键菜单实现。

(5) 删除文件或文件夹

① 右键要删除的对象,在弹出的快捷菜单中选择"删除"选项,对象将被删除并移到回收站。若用户想恢复被删文件,可在回收站还原该文件。

② 删除还可使用"Delete"键或组合键"Shift+Delete"。"Delete"键删除的对象暂存在回收站,若想恢复被删对象可在回收站还原;"Shift+Delete"组合键表示彻底删除无法恢复,除非用特殊技术手段。

(6) 修改文件属性

例如,将 D 盘"bag"文件夹中的"测试. txt"文件属性设为"只读",具体步骤如下:

① 右键"D:\bag\测试. txt"文件,在弹出的快捷菜单中选择"属性"选项。

② 在弹出的"测试. txt"文件属性对话框中,勾选"只读"复选框并单击"确定"按钮。

(7) 创建快捷方式

例如,在桌面创建 D 盘"bag"文件夹中"测试. txt"文件的快捷方式的操作步骤为:右键"D:\bag\测试. txt"文件,在弹出的快捷菜单中选择"发送到"→"桌面快捷方式"选项。

注意: 快捷方式仅记录文件或文件夹的存放路径,当快捷方式所指向的文件重命名、被删除或移动位置时,快捷方式便失效不可用。

(8) 搜索文件或文件夹

Windows 7 提供了两种主要的搜索方式,一种是用户直接使用"开始"菜单中的"搜索"文本框,输入关键词,便可快速查找文件和程序;另一种是使用"计算机"窗口的"搜索"文本框进行搜索操作,可查找存储在计算机上的各种文件或文件夹。

例如,在计算机中查找文件名第 1 个字符为 A,第 2 个字符任意,第 3 个字符为 B 的文本文件,具体步骤如下:

① 单击"开始"按钮,然后在"搜索"文本框中输入"A? B*.txt"。

② 单击"搜索"按钮或直接按"Enter"键,系统将执行搜索操作。

注意: 搜索某文件夹下的文件,应先进入该文件夹,然后在搜索框中输入关键字。若要进一步提高搜索精度,可使用窗口搜索框内的"添加搜索筛选器"选项。

2.4.4 Windows 7 的程序管理

Windows 7 中提供了一个集中管理程序的地方,即控制面板中的"程序和功能"。"程序和功能"用来帮助用户管理安装到计算机的软件,如对软件的卸载、更改和修复等,其窗口如图 2-4-9 所示。

图 2-4-9 "程序和功能"窗口

1. 安装应用程序

(1) 下载需要安装的应用程序,在安装包中找到安装文件(扩展名为.exe 的文件),一般为 Setup.exe 或 Install.exe。

(2) 双击安装文件,根据安装向导完成应用程序的安装。

2. 卸载应用程序

(1) 打开"控制面板"窗口,在"程序"列表下面单击"卸载程序"链接。

(2) 弹出"程序和功能"窗口,选中要卸载的程序并右击,在弹出的快捷菜单中选择"卸载"命令,然后根据提示完成卸载操作。

2.4.5 Windows 7 的个性化设置

1. 自定义桌面背景

在 Windows 7 中可设置个性化桌面背景(又称壁纸)。系统自带了多种壁纸供用户选择,也可以自定义。更改桌面背景的步骤如下：

（1）选择个性化：在桌面空白处右键单击，选择“个性化”选项。

（2）设置桌面背景：在“个性化”窗口的下方，点击“桌面背景”图标，打开“桌面背景”设置窗口，如图2-4-10所示。

（3）选择并应用壁纸：在“桌面背景”窗口中，可选择系统自带的壁纸，也可以点击“浏览”选择自己的图片。选择完毕后，点击“保存修改”即可应用新的桌面背景。

若想设置壁纸自动更换，可选择多张图片，并在“更改图片时间间隔”中选择合适的间隔时间。

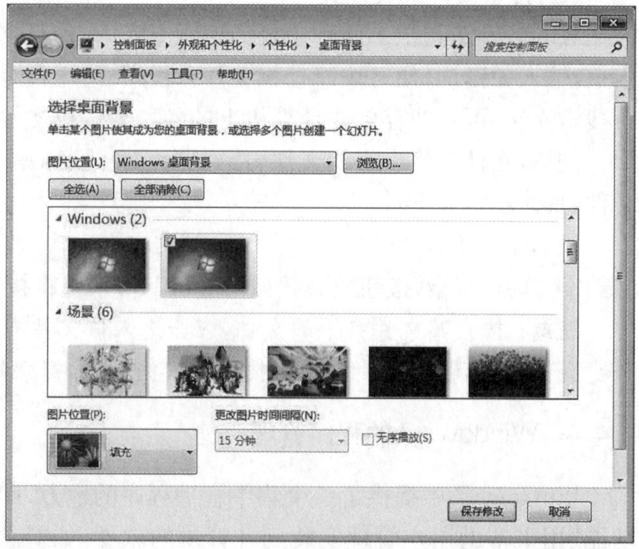

图 2-4-10 “桌面背景”设置窗口

2. 桌面主题定制

Windows 7 提供了多种桌面主题，包括 Aero 主题、基本主题和高对比度主题等，每种主题都有其独特的图标、字体、颜色和声音效果。更改桌面主题的步骤如下：

（1）进入个性化设置：在桌面空白处右键单击，选择“个性化”选项。

（2）选择主题：在“个性化”窗口中，浏览不同的主题区域，如“自然”主题，如图 2-4-11 所示。

图 2-4-11 桌面主题设置

(3) 更换主题壁纸：选择主题后，可以通过右键单击桌面空白处，选择“下一个桌面背景”来更换当前主题的壁纸。

3. 屏幕保护程序设置

屏幕保护程序简称屏保，是为了保护显示器而设计，它还可以保护用户隐私和节省电能。设置屏幕保护程序的步骤如下：

(1) 进入个性化设置：在桌面空白处右键点击，选择“个性化”选项。

(2) 选择屏幕保护程序：在“个性化”窗口中，点击“屏幕保护程序”图标，进入“屏幕保护程序设置”对话框。

(3) 设置参数：从“屏幕保护程序”下拉列表中选择适合的保护程序，并在“等待”数值框中设置启动时间，如图 2-4-12 所示。

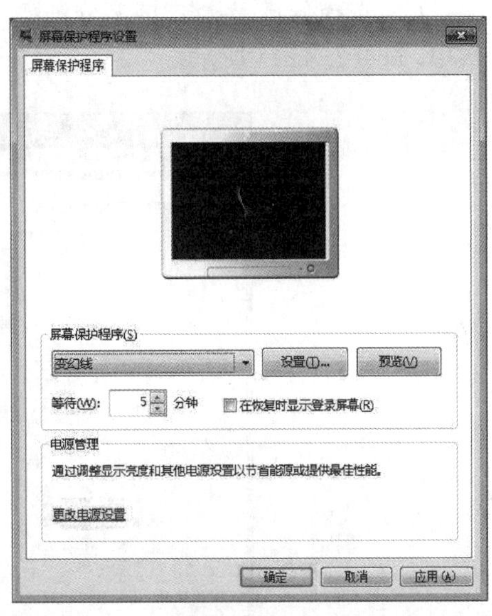

图 2-4-12 “屏幕保护程序设置”对话框

4. 外观和颜色调整

Windows 7 允许根据个人喜好调整窗口、按钮的样式和颜色。调整外观的步骤如下：

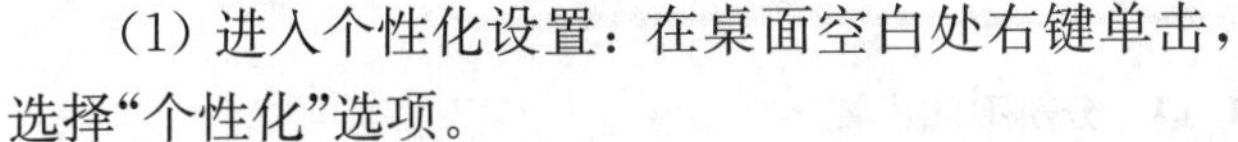

(1) 进入个性化设置：在桌面空白处右键单击，选择“个性化”选项。

(2) 调整窗口颜色和外观：点击“窗口颜色”图标，进入“窗口颜色和外观”设置窗口。在该窗口中可调整窗口边框、开始菜单和任务栏的颜色，以及选择颜色浓度和进行高级外观设置，如图 2-4-13 所示。

(3) 保存设置：完成设置后，点击“保存修改”按钮以应用新的外观和颜色。

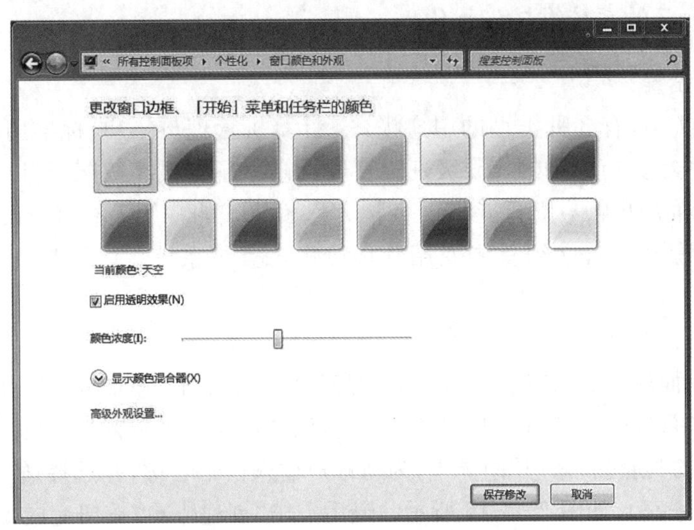

图 2-4-13 更改窗口颜色和外观

5. 分辨率调整

屏幕分辨率决定了显示器上显示的像素，直接影响画面精细度和信息量。调整分辨率的步骤如下：

(1) 进入屏幕分辨率设置：在桌面空白处单击鼠标右键，选择"屏幕分辨率"选项。

(2) 选择分辨率：在"屏幕分辨率"窗口中，通过拖动滑块或使用下拉按钮选择适合的分辨率，如图 2-4-14 所示。

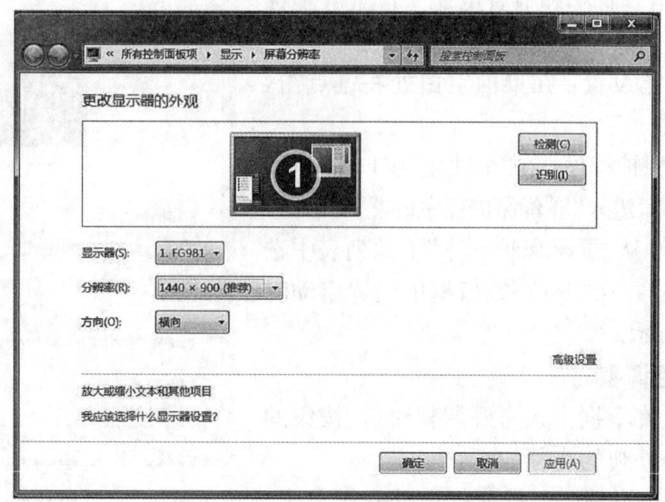

图 2-4-14　分辨率的设置

(3) 预览并应用：点击"应用"按钮预览新的分辨率设置，如果满意则点击"确定"保存设置。

此外，还可以点击"高级设置"链接，在打开的对话框中选择"监视器"选项卡来设置刷新频率，一般建议将刷新频率设置为 75 Hz 以上，以获得更流畅的显示效果。

2.4.6　Windows 7 的系统维护与优化

1. 用户帐户设置①

在 Windows 7 中，有 3 种类型的用户帐户：计算机管理员帐户、标准用户帐户和来宾帐户。不同的帐户类型具有不同的权限级别。管理员帐户享有最高权限，可以对计算机进行所有设置和更改；标准用户帐户则只能修改基本设置；而来宾帐户则没有修改设置的权限。

若要创建新用户帐户，必须首先使用管理员帐户登录系统。以下是创建新用户帐户的步骤。

(1) 创建新用户帐户

① 打开"控制面板"，点击"用户帐户和家庭安全"类别下的"添加或删除用户帐户"按钮。

② 在打开的"管理帐户"窗口中(图 2-4-15)点击"创建一个新帐户"链接。

③ 在接下来的"创建新帐户"向导中，为新帐户输入一个名称，并选择适当的帐户类型(管理员、标准用户或来宾)，如图 2-4-16 所示。最后点击"创建帐户"按钮完成新帐户的创建。

(2) 修改用户帐户属性

① 打开"控制面板"并点击"用户帐户和家庭安全"下的"添加或删除用户帐户"链接。

① "帐户"的规范用法应为"账户"，本书中为与 Windows 系统中的用法统一，以方便理解与使用，故写作"帐户"。

图 2-4-15 “管理帐户”窗口

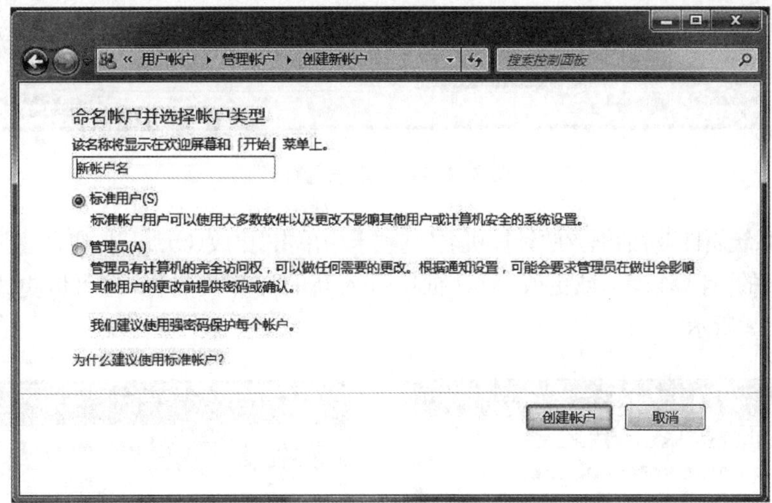

图 2-4-16 “创建新帐户”窗口

② 在“管理帐户”窗口中，选择想要修改属性的已存在帐户。

③ 点击所选帐户后，打开“更改帐户”窗口，在此窗口中进行以下操作：

a. 更改帐户名称和图片；

b. 更改帐户类型(如果当前帐户类型为标准用户，可以将其提升为管理员帐户，但反之则不可)；

c. 创建或更改帐户密码；

d. 删除帐户(如果删除的是唯一的管理员帐户，则需先新创建另一个管理员帐户)；

e. 设置家长控制等其他功能。

根据系统提示完成相应的的修改操作。

2. 系统属性设置

(1) 计算机名称的更改

① 右键单击“计算机”图标,在弹出的快捷菜单中选择“属性”命令。

② 在打开的“系统”窗口(图 2-4-17)中单击“更改设置”链接。

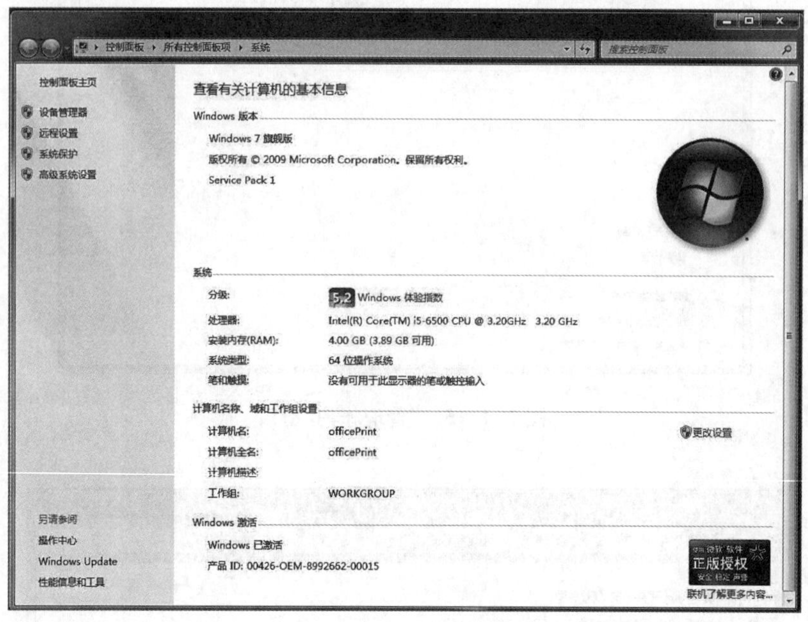

图 2-4-17 “系统”窗口

③ 弹出“系统属性”对话框,在“计算机名”选项卡中单击“更改(C)...”按钮,如图 2-4-19 所示。

④ 在弹出的“计算机名/域更改”对话框中输入新的计算机名称,也可以更改域名和工作组,如图 2-4-19 所示。

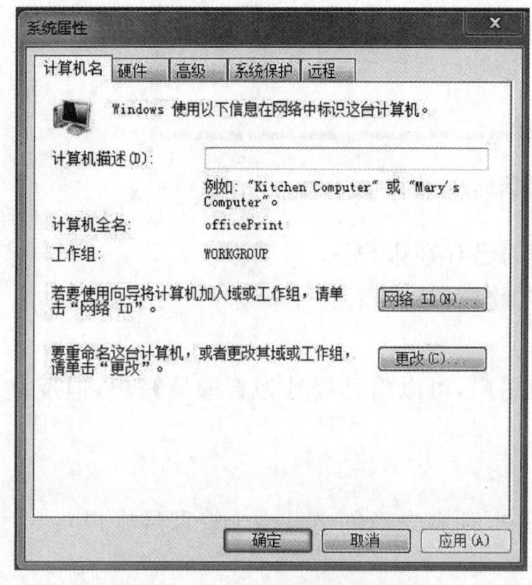

图 2-4-18 “系统属性”对话框

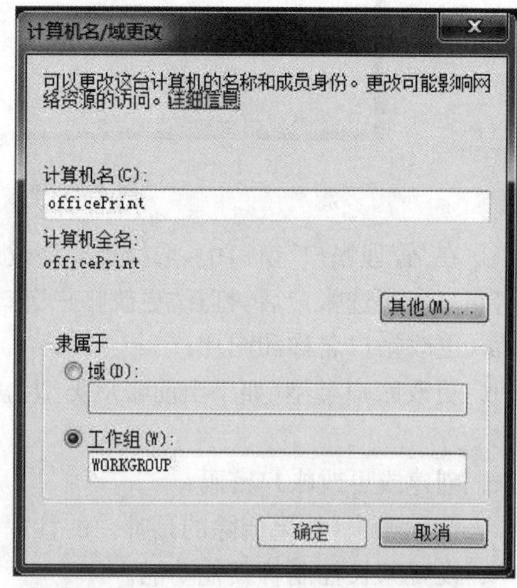

图 2-4-19 “计算机名/域更改”对话框

(2) 计算机视觉调整、处理器计划和虚拟内存设置

① 在“系统属性”对话框的“高级”选项卡中单击“性能”区域中的“设置”按钮。

② 在弹出的“性能选项”对话框的“视觉效果”选项卡中进行相关的调整,如图 2-4-20 所示。

③ 在“性能选项”对话框的“高级”选项卡中,用户可对处理器计划及虚拟内存进行设置,如图 2-4-21 所示。

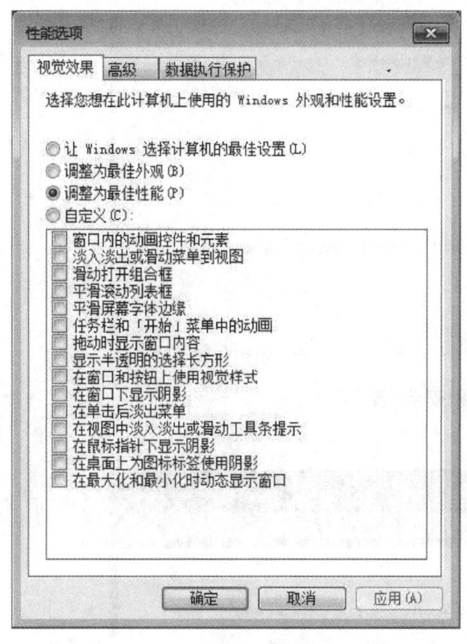

图 2-4-20 “视觉效果”选项卡

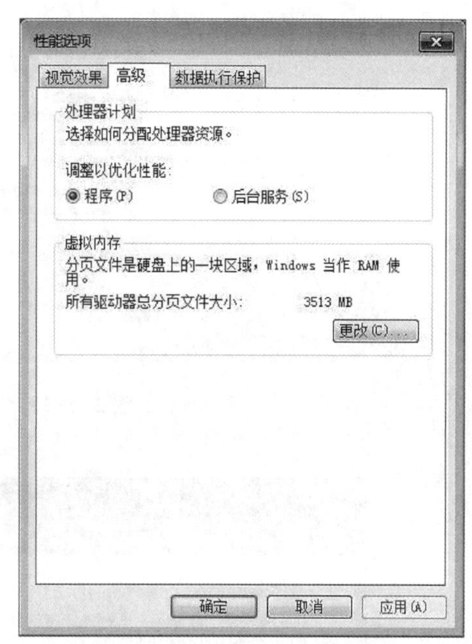

图 2-4-21 “高级”选项卡

(3) 计算机远程协助、远程桌面设置

① 在“系统属性”对话框的“远程”选项卡中选中“允许远程协助连接这台计算机(R)”复选框。

② 在“系统属性”对话框的“远程”选项卡中,用户可以根据需要设置远程桌面连接,如图 2-4-22所示。

图 2-4-22 “远程”选项卡

3. 设置自动更新

(1) 打开“控制面板”窗口,单击“系统和安全”链接。

(2) 弹出“系统和安全”窗口,在 Windows Update 类别下面单击“启用或禁用自动更新”链接,如图 2-4-23 所示。

(3) 在打开的“更改设置”窗口中选择“自动安装更新(推荐)”方式,如图 2-4-24 所示。

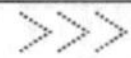

图 2-4-23 "系统和安全"窗口

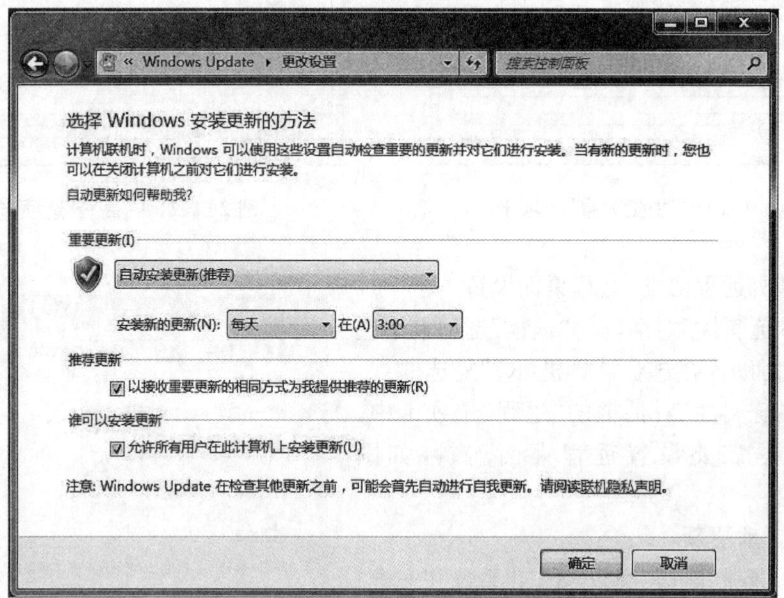

图 2-4-24 选择自动安装更新方式

4. 修改系统时间

(1) 单击任务栏中的"时间"图标,在弹出的窗口中单击"更改日期和时间设置"链接。

(2) 在弹出的"日期和时间"对话框中默认打开"日期和时间"选项卡,单击"更改日期和时间(D)..."按钮,如图 2-4-25 所示。

(3) 在弹出的"日期和时间设置"对话框中完成系统时间的修改,如图 2-4-26 所示。

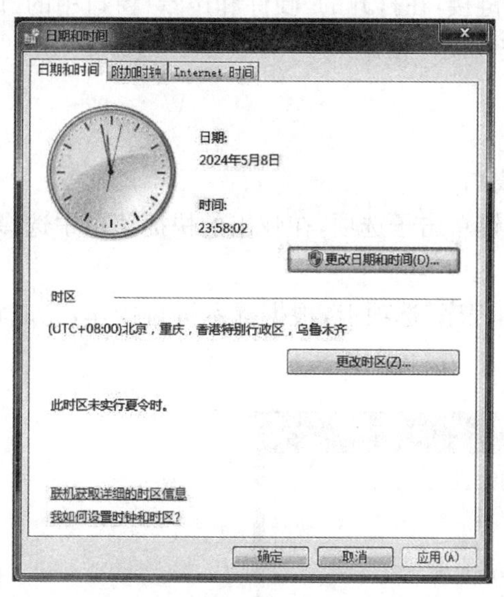

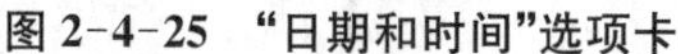
图 2-4-25 “日期和时间”选项卡

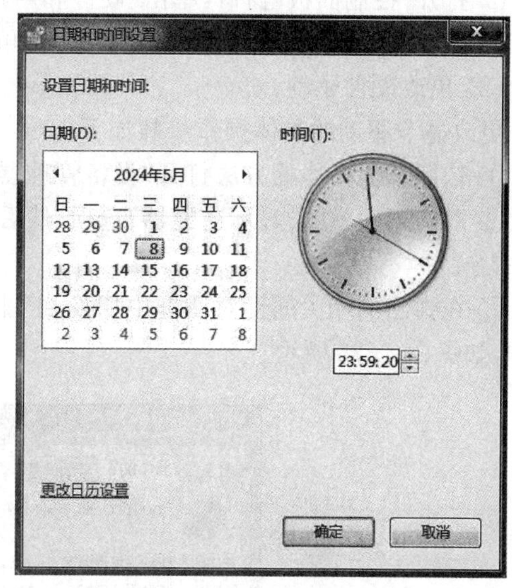

图 2-4-26 “日期和时间设置”对话框

5. 硬件设备管理

(1) 查看硬件信息

查看硬件信息有以下两种方式。

① 右键单击“计算机”图标，在弹出的快捷菜单中选择“属性”命令，然后在打开的“系统属性”窗口的左侧窗格中单击“设备管理器”链接，在打开的窗口中即可查看硬件信息，如图 2-4-27 所示。

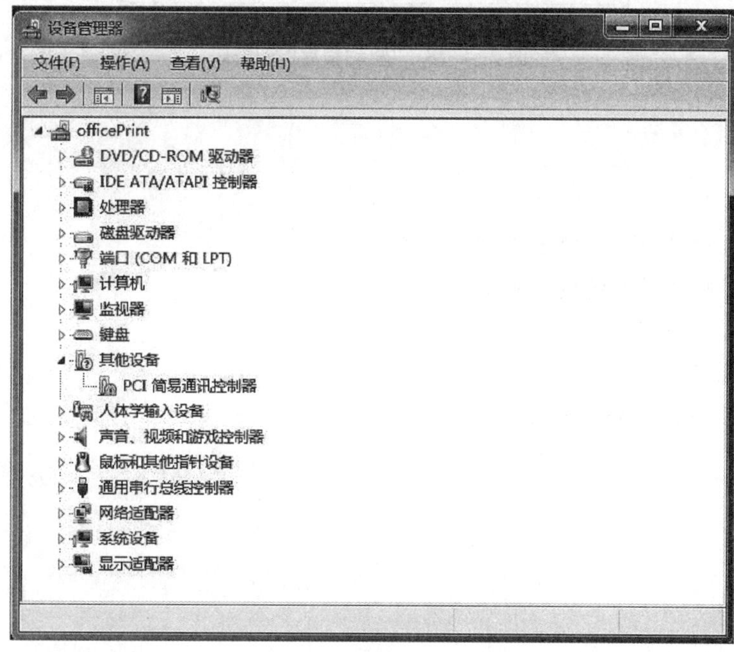

图 2-4-27 “设备管理器”窗口

② 打开“控制面板”窗口，单击“硬件和声音”链接，在打开的“硬件和声音”窗口中的“设备和打印机”类别下单击“设备管理器”链接，即可查看硬件信息。

(2) 更改硬件驱动

更改显卡驱动的具体操作步骤如下：

① 依照上面描述的方法打开“设备管理器”窗口。

② 双击列表中的“显示适配器”选项，然后右键单击子选项，在弹出的快捷菜单中选择“属性”命令。

③ 在弹出的相关属性对话框中切换到“驱动程序”选项卡，根据提示进行操作，完成相关操作，如图 2-4-28 所示。

图 2-4-28 “驱动程序”选项卡

思考题

1. 计算机的硬件系统由哪五个部分组成？
2. 简述计算机软件系统的组成。
3. 什么是操作系统？
4. 什么是窗口？
5. 如何设置 Windows 7 的桌面背景？

第 3 章

文字处理软件 Word 2016

Word 2016 是微软 Office 2016 办公软件套装中的一个核心组件，主要用于文字处理、文档编辑和排版。它提供了丰富的功能和工具，帮助用户快速创建、编辑和格式化文档，满足各种办公和学习需求。

3.1 Word 2016 入门

Word 2016 具有直观的用户界面和易于使用的操作方式，使得用户可以轻松地掌握其基本功能。它支持多种文件格式，包括.doc、.docx、.pdf 等，方便用户在不同平台和设备之间共享和编辑文档。

3.1.1 启动与退出

1. Word 2016 的启动

安装完 Office 2016 后，它会自动添加到“开始”菜单的程序列表中。用户只需点击“Word 2016”这个图标，就能迅速启动这个应用程序。当 Word 2016 成功打开后，系统会自动显示“新建”窗口，用户可以在这里创建新的文档或选择已有的模板进行操作，如图 3-1-1 所示。

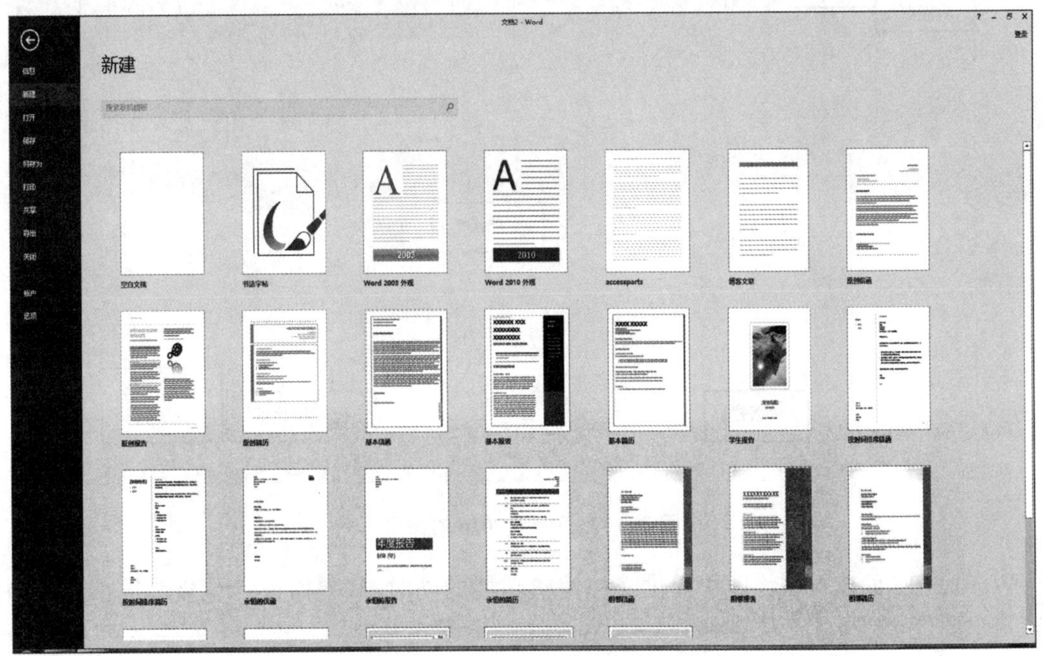

图 3-1-1 “新建”窗口

2. Word 2016 的退出

Word 2016 的退出方法有以下两种。

(1) 完成文档编辑后，若不打算保存所做的更改，可以直接点击窗口右上角的关闭按钮。在随后弹出的确认对话框中（图 3-1-2），选择“不保存”(N)选项，随后 Word 应用程序将会关闭，而不保存当前的编辑内容。这样，就能在不保存文档的情况下安全地退出 Word 应用程序。

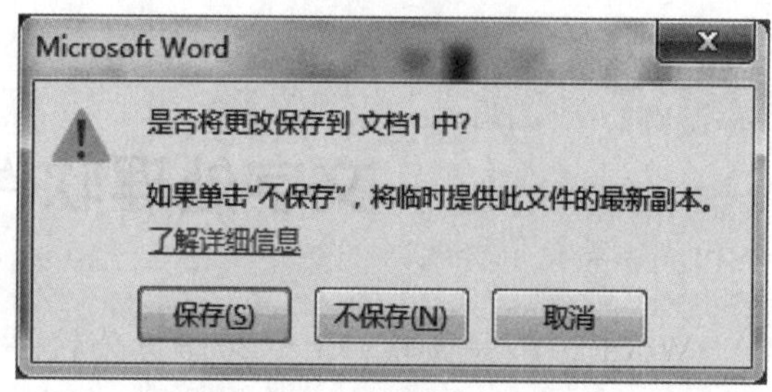

图 3-1-2　单击关闭按钮后弹出的对话框

(2) 点击菜单栏上的“文件”选项，接着选择“关闭”命令。此时，如果系统检测到未保存的更改，将会弹出一个对话框（图 3-1-2）。在该对话框中，只需点击“不保存(N)”按钮，Word 便会直接关闭，同时放弃对当前文档的未保存更改。

3.1.2　界面组成

Word 2016 提供了直观且用户友好的窗口界面，其中选项卡和功能区的设置使得操作更加便捷。当用户在“新建”窗口中点击“空白文档”图标时，系统便会立即为用户创建一个全新的空白文档，便于用户编辑和撰写内容。Word 2016 的窗口如图 3-1-3 所示。

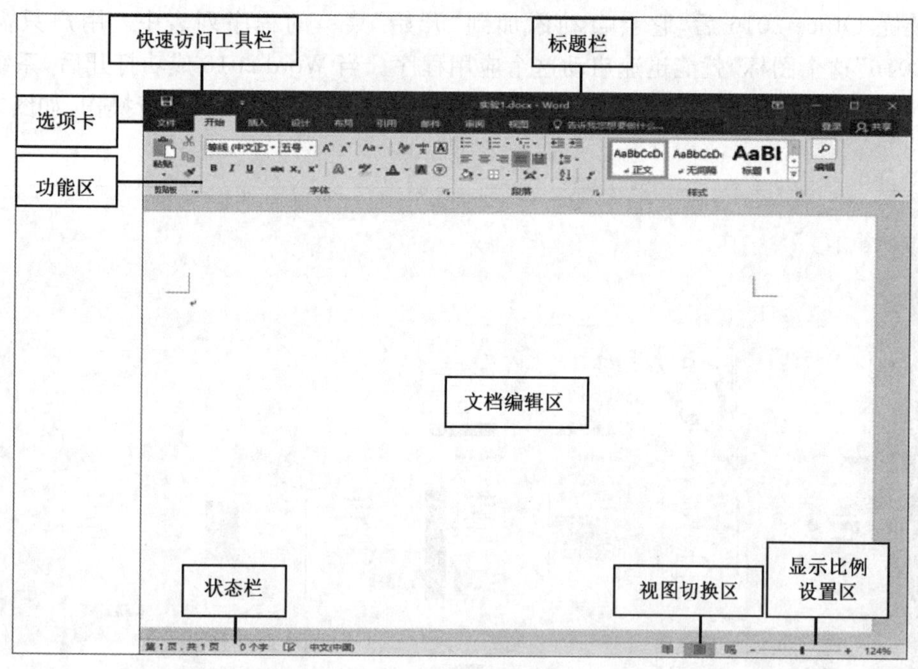

图 3-1-3　Word 2016 的窗口

Word 2016 的窗口在为用户提供文档编辑功能的同时，其界面设计也极为简洁和高效。该窗口主要包含以下七个关键部分：

(1) 快速访问工具栏：位于窗口的左上角，默认情况下包含保存、撤销和恢复三个常用按钮。若用户希望进一步自定义工具栏中的工具，只需点击其右侧的下拉箭头，便会弹出一个

“自定义快速访问工具栏”的选项列表。从列表中选取所需的选项，便可设置工具栏，以满足个人或工作的特定需求，使操作更加便捷高效，如图 3-1-4 所示。

(2) 标题栏：位于窗口的最上方。它主要承担着两项功能，一是清晰地展示当前正在编辑的文档的文件名，帮助用户快速识别；二是提供了一系列控制按钮，如最小化、最大化、还原窗口大小以及关闭窗口按钮，使用户能够方便地管理窗口的显示状态。

(3) 功能区：Word 2016 界面中的核心部分。它包含了多个选项卡，每个选项卡下又有多个命令组，这些命令组根据用户的需要提供了各种编辑和操作选项，如页面设置、段落排版等。“段落”对话框如图 3-1-5 所示。

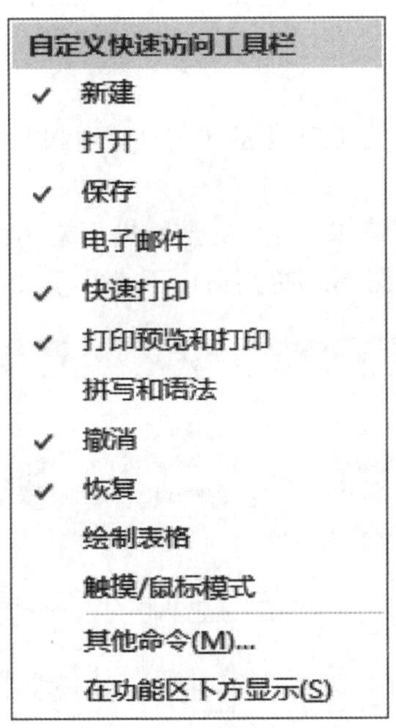

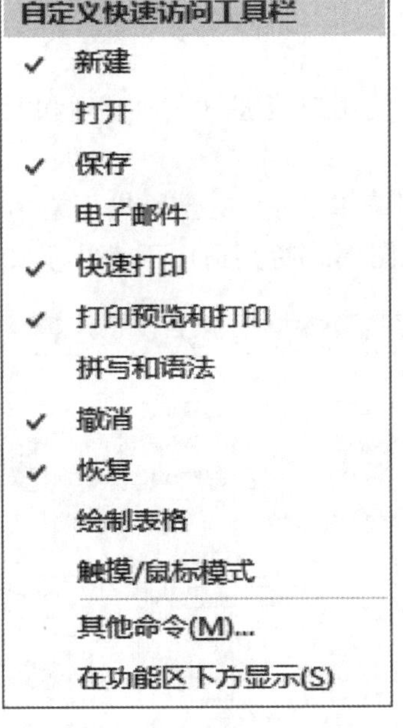

图 3-1-4 “自定义快速访问工具栏”下拉列表

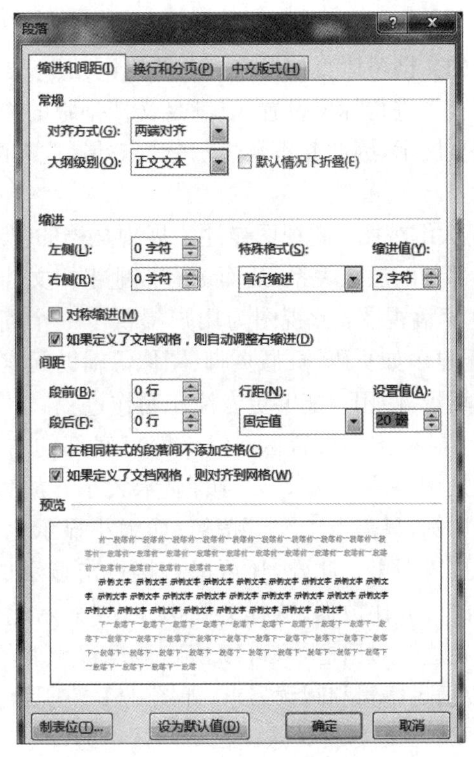

图 3-1-5 “段落”对话框

(4) 文档编辑区：位于窗口的核心位置，是用户进行文档内容显示和编辑的主要场所。当编辑的文档内容超出单页范围时，系统会自动显示垂直滚动条和水平滚动条，方便用户滚动查看和编辑文档。同时，若用户想要了解编辑区的大小，只需在“视图”选项卡下的“显示”组中选择“标尺”复选框，这样编辑区的尺寸就会以标尺的形式直观呈现，为用户提供更好的编辑体验。

(5) 状态栏：位于窗口的底部左侧，主要功能是实时展示当前编辑文档的关键信息。这些信息包括光标所在的页码、整个文档的页数和字数统计，以及当前使用的语言等。

(6) 视图切换区：位于窗口底部的右侧，主要作用是方便用户快速切换不同的文档视图模式。Word 2016 提供了五种视图模式，分别是阅读视图、页面视图、Web 版式视图、大纲视图和草稿视图。用户可以通过点击“视图”选项卡中的“视图”组来设置和选择所需的视图模式。

① 阅读视图：专门为文档浏览而设计的最佳视图模式。在此模式下，用户无法直接编辑文档内容，但可以轻松地浏览和阅读文档。通过点击左侧或右侧的翻页按钮，用户可以方便地实现前、后翻页操作，享受流畅的阅读体验。

② 页面视图：Word 2016 的默认显示模式，提供了文档编辑的完整环境。在此模式下，用户可以自由地对文档进行字符和段落的格式化，调整图文布局，以及进行页面设置。页面视图最显著的特点在于其显示效果与最终打印效果高度一致，这使得用户在编辑过程中就能清晰地预见文档的打印效果。此外，页面视图还具备显示标尺和分页显示的功能，这进一步增强了编辑时的直观性和便利性。

③ Web 版式视图：在 Web 版式视图模式下，用户能够直接对文档进行编辑操作，并且编辑完成的文档可以直接发布到互联网网站上，从而方便进行网络共享。此外，用户还可以在该视图模式下进行标尺设置，以满足文档排版的需要。不过，需要注意的是，Web 版式视图主要面向网页展示，因此并不会显示分页效果，这有助于确保文档在网络上呈现时的连贯性和阅读体验。

④ 大纲视图：此视图专注于展现文档的层级和结构，使用户能够直观地管理和调整文档中各个部分的层级关系，从而更有效地组织文档内容。

⑤ 草稿视图：此视图为用户提供了一个简洁的文档编辑环境，主要聚焦于文本编辑本身，而不显示如页码、页眉页脚、图像等辅助元素。这种视图模式特别适用于专注于文本内容编辑的场景，使用户能够更专注于写作过程。

(7) 显示比例设置区：位于窗口底部的右侧，主要功能是调整当前编辑文档的显示大小。放大文档的显示比例，只需点击“＋”按钮；而缩小显示比例，点击“－”按钮即可。此外，还可以直接点击显示比例设置区中的百分比数据，这样会弹出一个“显示比例”对话框。在这个对话框中，可以精确地设置想要的显示比例，以满足编辑和阅读需求，如图 3-1-6 所示。

注意：当鼠标指针悬停在功能区中的命令按钮或状态栏上的信息上时，系统将会自动显示相应的提示信息，为用户清晰地说明按钮的功能或状态栏中的信息内容，从而辅助用户更好地理解系统的各项功能。

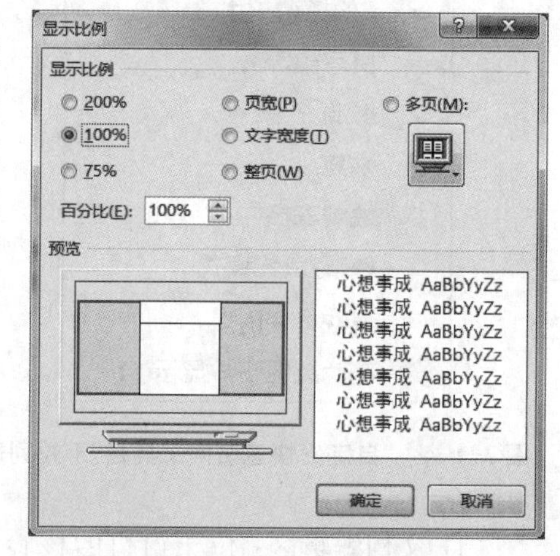

图 3-1-6 “显示比例”对话框

3.2 Word 2016 基本操作

3.2.1 新建文档

文档的创建和编辑流程始于新建一个文档，用户通常可以采用以下四种简化的方式来完成这一过程。

1. 快速创建空白文档

在桌面空白区域单击鼠标右键，在弹出的快捷菜单中，选择“新建”→“Microsoft Word 文档”，如图 3-2-1 所示。这样就能创建一个新的 Word 文档，其内容默认是空白的，随后可以开始输入和编辑文档内容。

如果默认的文档名称不符合需求，可以对其进行重命名，但请注意，不要修改文档扩展名，以免破坏文件的格式。若要编辑这个文档，只需对其进行双击，启动 Word 程序，文档打开后即可进行编辑。

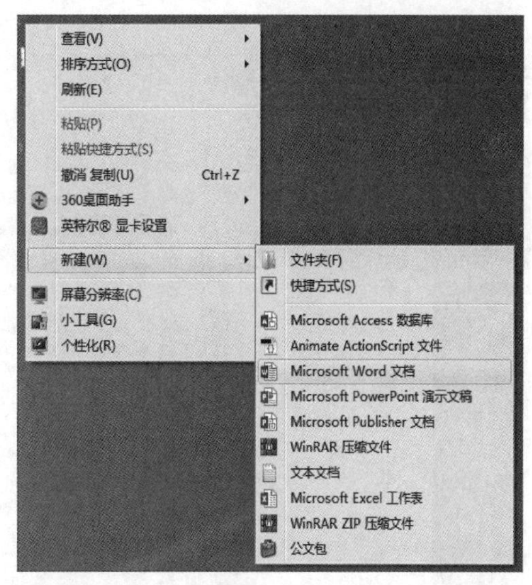

图 3-2-1　右键快捷菜单新建 Word 文档

2. 启动 Word 2016 并创建一个空白文档

点击“开始”菜单，从“所有程序”列表中选择“Word 2016”，随后 Word 2016 软件将启动，并自动打开一个名为“文档 1”的新空白文档，可以直接开始输入内容，并利用 Word 2016 的各种功能对其进行编辑和排版，满足文档处理需求。

3. Word 界面新建空白文档

在 Word 文档中点击“文件”选项卡，点击“新建”，点击“空白文档”图标按钮，即可创建一个新的空白文档。

4. 使用模板快速创建文档

Word 2016 提供了多样化的模板选择，除了基础的空白文档模板，Word 2016 还内置了多样化模板，如新闻稿、书法字帖等，这些模板预设了专业的格式和内容，极大提升了文档创建的效率和专业性。此外，用户不仅可以利用 Word 2016 内置的模板，还能通过网络下载更多样化的模板资源，以满足不同的文档制作需求。

3.2.2　打开文档

1. 打开最近使用的文件

系统具备记忆功能，会自动记录用户最近访问的文件，从而提升用户的工作效率。如果用户要继续编辑之前的文档，需要点击“文件”菜单，然后点击“打开”选项，选择“最近”命令，系统将展示最近使用过的 25 个文档及其存储位置。用户可便捷地从列表中选择所需文档，直接打开以继续编辑或查看，如图 3-2-2 所示。

注意：可以通过自定义设置来调整最近使用过的文件列表中显示的文档数量。具体操作：点击 Word 2016 界面上方的“文件”菜单，从下拉菜单中选择“选项”命令，将弹出“Word 选项”对话框，切换至“高级”选项卡。在“高级”选项卡下，寻找“显示”选项组，再找到“最近使用文档”设置项，在这个设置项右侧的文本框中，输入 1～50 之间的任意数字。这个数字将决定在最近使用过的文件列表中显示的文档数量，系统默认设置为显示 25 个文件。用户可以根据自己的需求进行调整。

2. 打开以前的文件

若用户在最近使用过的文件列表中未能找到所需的 Word 文档，可以通过点击“浏览”按钮来进一步搜索。点击后，系统将显示“打开”对话框，用户可以利用此对话框，导航至任

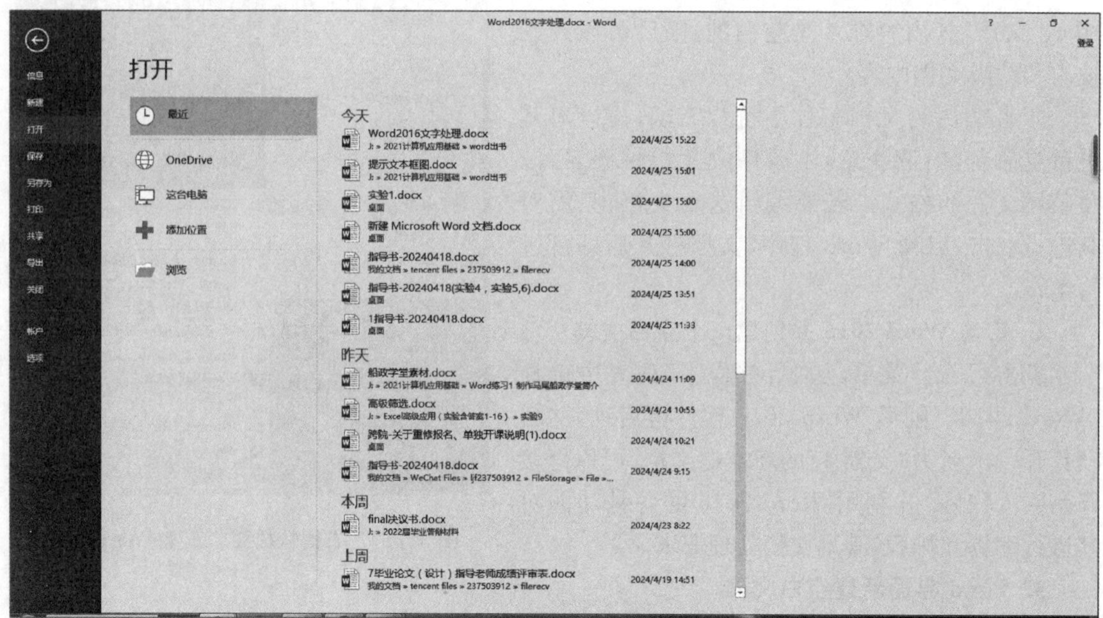

图 3-2-2　最近使用过的文件列表

何包含所需 Word 文档的存储位置，选择所需的文档，并点击“打开”按钮来加载和编辑该文档。

3. 打开 Word 文档

在 Word 2016 中，打开由早期版本创建的文档时，文档名称后可能会带有“兼容模式”的标记，这表示文档仍在使用旧版本的格式和特性。为了充分利用 Word 2016 的所有新功能和格式，用户可以将这些旧版文档转换为 Word 2016 的文档格式。转换格式的步骤：首先，点击“文件”菜单，然后选择“信息”选项。在“信息”界面中，点击“转换兼容模式”按钮后，系统将显示一个提示框以确认转换操作，询问用户是否确定进行转换，点击“确定”按钮即可开始转换过程。转换完成后，Word 文档将不再显示“兼容模式”字样，表明该文档已完全转换为 Word 2016 的格式，并可以利用 Word 2016 的所有功能和特性。

3.2.3　文本输入

在 Word 2016 中打开文档时，每个文档都至少包含一个段落标记。可以将光标放置在段落标记之前，然后使用键盘来输入文字。按下“Enter”键后，将自动插入一个段落标记。在输入文本时，请务必注意以下事项：

(1) 在文本排版过程中，应避免过度依赖空格键来对齐文本，优先采用制表符和段落缩进等专业的排版工具来确保文本的对齐整齐。使用这些工具不仅可以提高排版的准确性，还能使文本更加易读且易于维护。

(2) 当文字到达行尾时，系统会自动换行，无须手动按“Enter”键。在编辑文本时，段落末尾应明确按下“Enter”键来创建一个硬回车，以此明确标识一个段落的结束。而需要在文本中换行但不希望开始新段落时，可以使用"Shift+Enter"组合键来插入一个软回车（也称为换行符），这样可以在不改变段落结构的情况下实现换行。

（3）在 Word 2016 中，通过插入分页符来强制进行换页。插入分页符有两种常用的方法：一是直接切换到"插入"选项卡，然后在"页面"组中找到并点击"分页"按钮，这样即可在当前位置插入一个分页符；二是切换到"布局"选项卡，在"页面设置"组中找到"分隔符"下拉按钮，并从下拉列表中选择"分页符"选项，同样可以达到插入分页符的效果。这两种方法都简单易行，能够帮助用户快速实现文档的分页设置。

（4）在编辑 Word 文档时，如果需要在文本中间插入内容，应确保当前处于"插入"模式。这样，新输入的内容会插入光标所在位置，而不会覆盖掉现有的文本。

（5）要在文档中插入空行，首先应确保处于"插入"模式，然后将光标定位到需要插入空行的位置，按下"Enter"键即可。若想在文档开头插入空行，只需将光标置于文档起始处，再按"Enter"键即可。

（6）删除空行时，将光标定位到需要删除的空行上，然后，按"Delete"键即可删除该行。

3.2.4 保存和保护

1. 保存文档

在 Word 2016 中进行的所有编辑操作，如键入文字、添加图片和调整对象格式等，都是在计算机的内存中实时进行的。这意味着，如果在完成这些编辑后没有执行保存操作，那么这些编辑内容只会暂时保存在内存中，而不会永久保存到硬盘上。因此，如果发生任何意外情况，如电源中断、程序崩溃或计算机死机，内存中的数据将会丢失。

除了传统的文档格式，Word 2016 还提供了多种保存选项，允许直接将文档保存为 PDF、XPS 或网页格式，以便用户根据不同的需求和场景选择合适的文件格式。

保存文档的具体步骤如下：

（1）对于新建文档，可以通过点击"快速访问工具栏"中的"保存"图标或选择"文件"菜单下的"保存"命令来保存。首次保存时，由于系统尚未知道文档的命名和存储位置，会出现"另存为"对话框。在此对话框中，可以自定义文档的名称和保存路径。通常，推荐选择"Word 文档"格式以保留所有内容和格式信息。

（2）如果希望将文档保存在特定位置或使用不同的文件名，可以使用"文件"菜单下的"另存为"命令。这样，可以指定新的存储路径并为文档命名。这个过程实际上是在文件系统中创建文档的副本。

（3）对于已经保存过的文件，点击"保存"按钮，系统即会按照之前的设置自动保存文档。

（4）对于含有敏感信息的文档，可以在"另存为"对话框中设置打开和修改权限密码。点击"工具"下拉按钮，选择"常规选项"，然后在弹出的对话框中输入密码即可。

（5）如果不慎在未保存的情况下关闭了文档，Word 2016 通常会保留一个临时版本。可以通过执行"文件"→"打开"→"最近"命令或"文件"→"信息"→"管理文档"命令找到并恢复这个临时版本，然后再次保存。

（6）还可以通过"文件"→"更多"→"选项"命令，进入"Word 选项"对话框的"保存"选项卡，对文档的保存设置进行详细的定制和调整。

2. 保护文档

在完成文档的编辑后，为了确保文档的安全性和完整性，可以采取一系列的保护措施。比如，可以将文档标记为最终状态，这样其他人就无法再对其进行编辑，保证了文档内容的稳定。具体步骤如下：

(1) 通过按“F12”键，可以快速打开“另存为”对话框。在此对话框中，选择文档的保存位置，并设置合适的保存名称。接着，点击“工具”按钮，并从弹出的下拉列表中选择“常规选项”进行进一步设置，如图 3-2-3 所示。

(2) 弹出“常规选项”对话框，如图 3-2-4 所示，在该对话框中，选中“建议以只读方式打开文档”的复选框，然后点击“确定”按钮保存这一设置。之后，当尝试打开这个文档时，Word 将首先弹出一个提示对话框。用户点击该对话框中的“确定”按钮后，文档将以只读方式打开，确保文档内容不会被意外修改。

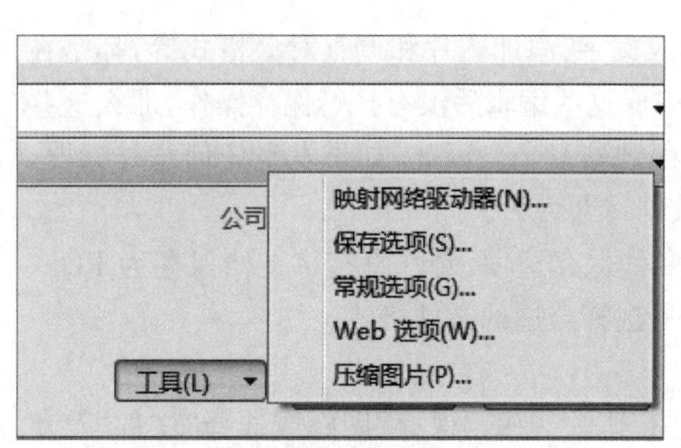

图 3-2-3　选择“常规选项”

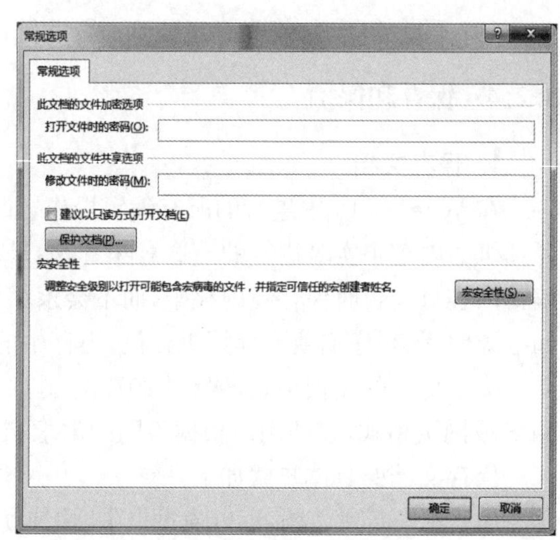

图 3-2-4　“常规选项”对话框

(3) 重新打开已另存的文档后，还可以为文档设置密码保护，增强文档的安全性。首先，在 Word 2016 的顶部菜单栏中，点击“文件”选项。其次，在弹出的文件菜单中，选择“信息”标签页。再次，在“信息”界面的相关选项中，找到并点击“保护文档”按钮。最后，从弹出的下拉列表中，选择“用密码进行加密(E)”选项，如图 3-2-5 所示。

执行上述步骤后，系统将提示用户输入一个密码，以便对文档进行加密保护。请注意，设置的密码应妥善保管，以免忘记密码后无法打开文档。

(4) 在选择了“用密码进行加密(E)”选项后，系统将立即弹出一个“加密文档”对话框，用于输入和确认文档的加密密码。在这个对话框的“密码(R)”文本框中，输入希望设定的密码，例如“123456”，然后单击“确定”按钮以完成密码设置，如图 3-2-6 所示。

(5) 在设置了文档密码后，系统会弹出一个“确认密码”对话框，以确保用户输入的密码准确无误。在这个对话框的“重新输入密码(R)”文本框中，再次输入之前设定的密码“123456”，然后单击“确定”按钮进行确认，如图 3-2-7 所示，保存文档后，加密生效。

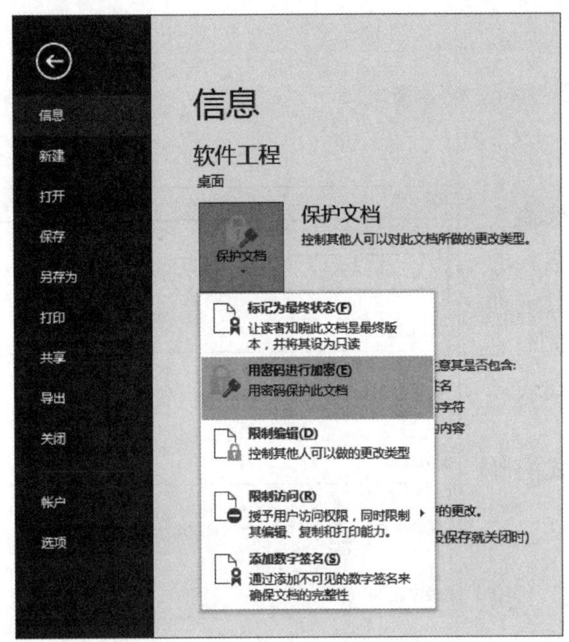

图 3-2-5 选择“用密码进行加密”选项

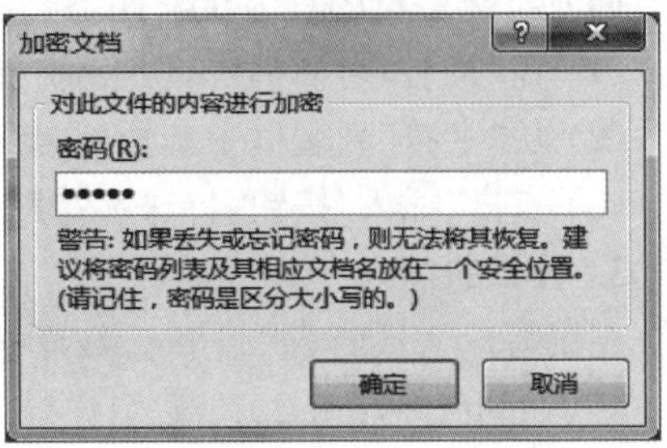

图 3-2-6 输入密码

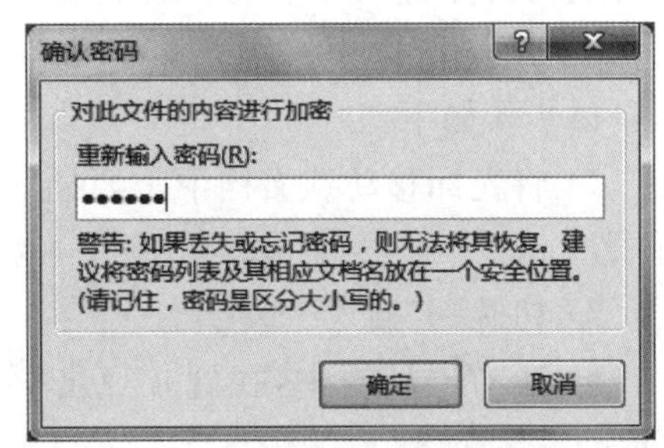

图 3-2-7 确认密码

3.2.5 基本编辑

1. 文本的修改

在 Word 2016 中编辑文档时，默认情况下是处于“插入”模式。在这种模式下，当在文档中的某个位置开始输入文字时，新输入的文字会自动出现在光标(即插入点)所在的位置。同时，该位置原有的文字会按照输入的顺序，逐一地向后移动，以便为新的文字腾出空间。

除了插入模式外，Word 文档编辑时还有一种改写模式。在这种模式下，输入的文字会直接替换掉光标所在位置的原有字符。使用改写模式在文本编辑中能够带来显著的益处。首先，它能够即时覆盖掉不再需要的文字，有效节约文本空间，防止文档过于冗长。其次，对于格式已经固定好的文档，使用改写模式可以确保在修改过程中不会破坏原有的格式，提高了修改效率。这些优点使得改写状态成为文本编辑中一种高效且实用的工具。“插入”和“改写”这两种编辑模式可以通过键盘上的“Insert”键切换。

若发现文本中有错误或多余的文字，可以利用键盘上的“Delete”键和“Backspace”键来进行删除操作。具体来说，“Delete”键能够删除光标后面的字符，而“Backspace”键则负责删除光标前面的字符。

2. 插入符号和特殊符号

编辑文档时，经常会遇到一些特殊字符，如数学符号等，这些字符用普通键盘是无法直接输入的。此时，Word 2016 插入符号的功能就显得尤为重要。插入符号的具体步骤如下：

(1) 点击“插入”选项卡中的“符号”组。

(2) 选择“符号”→“其他符号”命令，在弹出的“符号”对话框中浏览并选择所需的符号。

(3) 点击“插入”按钮，符号即会添加到文档中。

插入特殊字符的具体步骤如下：

（1）在“符号”对话框中，切换到“特殊字符”选项卡。

（2）从“字符”列表框中选择所需的特殊字符。

（3）点击“插入”按钮，特殊字符即会插入文档中。

3. 公式的插入

在撰写论文或特殊文档时，数学公式的输入往往必不可少。Word 2016 为用户提供了极大的便利，内置了如二次公式、二项式定理、勾股定理等常用公式，并且还可以从 Office. com 中选取更多公式。用户可以根据需求创建和插入公式对象，具体步骤如下：

（1）将光标移动到文档中需要插入公式的确切位置。

（2）切换到“插入”选项卡。

（3）在“符号”组中，找到并点击“公式”下拉按钮。

（4）从弹出的包含多种公式类别的下拉列表中，选择所需的公式类别，如图 3-2-8 所示。

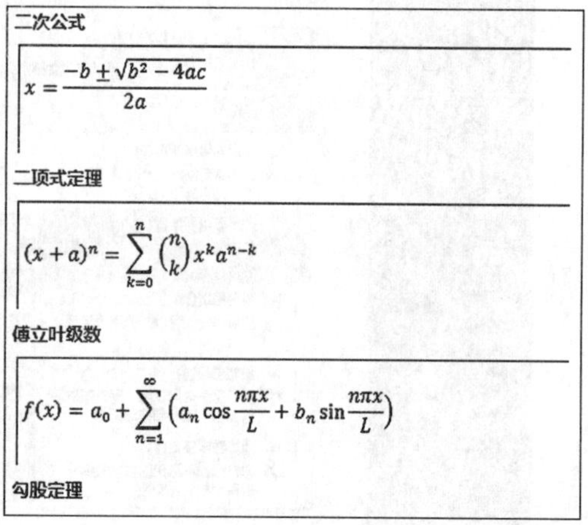

二次公式

$$x = \frac{-b \pm \sqrt{b^2 - 4ac}}{2a}$$

二项式定理

$$(x + a)^n = \sum_{k=0}^{n} \binom{n}{k} x^k a^{n-k}$$

傅立叶级数

$$f(x) = a_0 + \sum_{n=1}^{\infty}\left(a_n \cos\frac{n\pi x}{L} + b_n \sin\frac{n\pi x}{L}\right)$$

勾股定理

图 3-2-8　插入公式

（5）系统将自动插入所选类别的内置公式，用户可以根据需要进一步编辑和完善。

（6）也可以在“公式”下拉列表中选择“插入新公式”选项，然后切换到“设计”选项卡，从中设置公式结构或公式符号以创建公式对象，如图 3-2-9 所示。

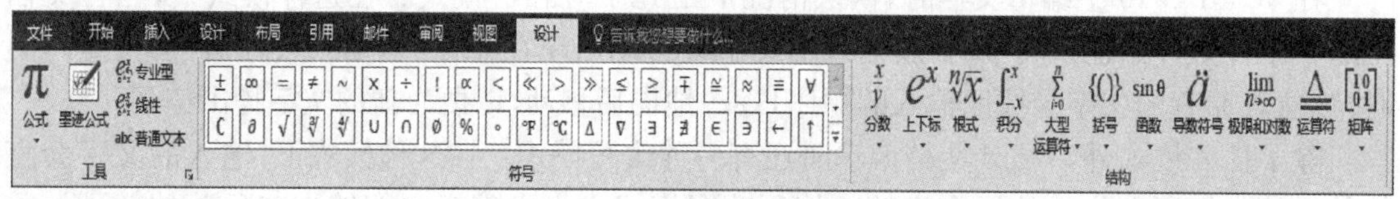

图 3-2-9　设置公式结构或公式符号

4. 插入屏幕截图

Word 2016 提供了便捷的屏幕截图功能，方便用户将屏幕上的内容添加到文档中。使用屏幕截图功能，用户需要首先切换到“插入”选项卡，并在“插图”组中找到并点击“屏幕截图”按钮。通过这个按钮，用户能够直接插入当前屏幕上未最小化到任务栏的程序窗口的完整截图。若用户只想截取窗口的一部分，可以选择使用“屏幕剪辑”工具，它允许用户自由选择并截取屏幕上的特定区域。然而，需要注意的是，屏幕截图功能无法捕获已最小化到任务栏的窗口。

5. 文本的选择

在选择文档中的文字时，常用的方法是利用鼠标进行拖动。具体来说，就是先找到想要选择的文字的起始位置，然后按住鼠标左键不放，接着将鼠标拖动到想要选择的结束位置。这样，从起始位置到结束位置的所有文字就会被选中，如图 3-2-10 所示。

除此之外，Word 2016 还提供了多种高效的文本选择方法，以满足用户的不同需求。

（1）对于多行文本的选择，用户只需在某行左侧的文本选择区单击并拖动鼠标，即可轻松选择多行。

(2) 要快速选择整个段落，可以在段落左侧的文本选择区双击，或在段落中连续单击三次。

(3) 若需选择特定句子，只需按住“Ctrl”键并单击句子中的任意文字即可。

(4) 双击某个词语中的文字，系统将自动选择整个词语。

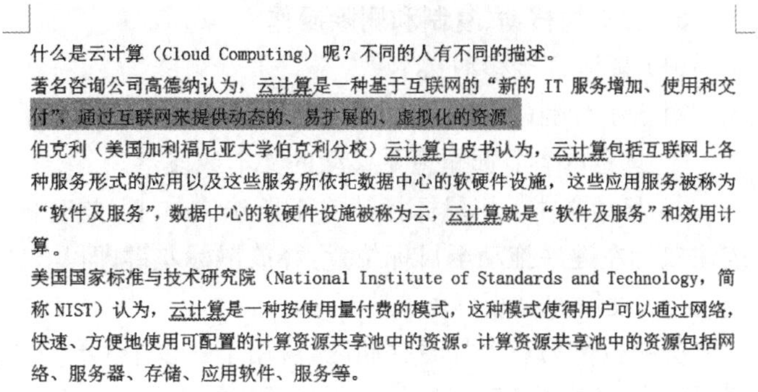

什么是云计算（Cloud Computing）呢？不同的人有不同的描述。
著名咨询公司高德纳认为，云计算是一种基于互联网的“新的 IT 服务增加、使用和交付”，通过互联网来提供动态的、易扩展的、虚拟化的资源。
伯克利（美国加利福尼亚大学伯克利分校）云计算白皮书认为，云计算包括互联网上各种服务形式的应用以及这些服务所依托数据中心的软硬件设施，这些应用服务被称为“软件及服务”，数据中心的软硬件设施被称为云，云计算就是“软件及服务”和效用计算。
美国国家标准与技术研究院（National Institute of Standards and Technology，简称 NIST）认为，云计算是一种按使用量付费的模式，这种模式使得用户可以通过网络，快速、方便地使用可配置的计算资源共享池中的资源。计算资源共享池中的资源包括网络、服务器、存储、应用软件、服务等。

图 3-2-10　选中一行文字后的效果

(5) 选择大段文本时，应先定位起始位置并点击，随后滚动至结束位置，同时按住“Shift”键并点击，即可快速选中二者之间的全部文本。

(6) 若需选择矩形文本块，应从起始点开始点击，然后按住“Alt”键同时拖动鼠标，即可形成一个矩形选区。

(7) 快速选择整篇文档的方法很简单，只需在文档左侧空白区域连续点击三次即可。

(8) 当用户需要选择格式相同的文本时，可以先选中一个具有所需格式的文本样本，随后在“开始”选项卡的“编辑”组中选择“选定所有格式类似的文本”选项，系统将自动选中所有格式相同的文本。

除了可以使用鼠标选定文本外，Word 2016 还提供了一整套利用键盘选择文本的方法。常用组合键及其功能见表 3-2-1。

表 3-2-1　常用组合键及其功能

组合键	功能
Shift+↑	选定插入点的当前位置至上一行相同位置之间的文本
Shift+↓	选定插入点的当前位置至下一行相同位置之间的文本
Shift+←	选定插入点左侧的一个字符
Shift+→	选定插入点右侧的一个字符
Shift+PageUp	选定插入点的当前位置及其之前的一屏文本
Shift+ PageDown	选定插入点的当前位置及其之后的一屏文本
Shift+Home	选定插入点的当前位置至所在行行首之间的文本
Shift+End	选定插入点的当前位置至所在行行尾之间的文本
Ctrl+A 或 Ctrl+5(小键盘)	选定整篇文档
Ctrl+ Shift+↓	到段尾
Ctrl+Shift+↑	到段首
Ctrl+Shift+→	到词尾
Ctrl+Shift+←	到词首
Ctrl+Shift+End	到文档末尾
Ctrl+Shift+Home	到文档开头
Ctrl+Shift+F8+方向键	选定纵向文本块

6. 文本的移动、复制和删除操作

(1) 鼠标直接移动文本

对于小范围的文本移动,可直接通过鼠标操作:

① 选定内容:选择想要移动的文本或段落。

② 移动文本:将鼠标指针置于所选文本上,此时鼠标通常会变为一个拖动图标。接着,按住鼠标左键并拖动至目标位置,释放鼠标左键即可。

(2) 使用剪贴板移动文本

剪贴板作为一个临时存储区,可用于在多个 Office 应用程序之间传输文本和图形。它最多可保存 24 项内容,直到关闭所有运行的 Office 程序。

① 剪切文本:选中想要移动的文本,在“开始”选项卡的“剪贴板”组中点击“剪切”按钮(或使用组合键“Ctrl+X”)。

② 移动光标:将光标移动到希望文本出现的新位置。

③ 粘贴文本:再次回到“开始”选项卡的“剪贴板”组,点击“粘贴”按钮(或使用组合键“Ctrl+V”),所选文本即会出现在新位置。

注意:从剪贴板粘贴文本并不会移除剪贴板中的内容,可以通过右键单击剪贴板中的项目并选择“删除”来手动移除。

(2) 复制文本

在文本编辑中,复制功能至关重要,可以通过以下三种方式实现。

① 使用鼠标与“Ctrl”键组合

a. 选定想要复制的文本。

b. 按住“Ctrl”键并同时按住鼠标左键,此时鼠标指针右下角会出现“+”符号。

c. 拖动鼠标至目标位置后释放鼠标左键,文本即被复制到新位置。

② 使用快捷键

a. 选定需复制的文本。

b. 按“Ctrl+C”组合键进行复制。

c. 将光标定位到目标位置。

d. 按“Ctrl+V”组合键,文本即被粘贴至新位置。

③ 利用剪贴板

a. 复制文字:选中文本后,可通过“开始”选项卡中的“剪贴板”组点击“复制”按钮或使用右键菜单中的“复制”命令,将文本复制到剪贴板。

b. 剪切文字:选中文本后,选择“剪贴板”组中的“剪切”按钮或右键菜单中的“剪切”命令,文本将被从原位置移除并放入剪贴板。

c. 粘贴文字:将光标移至目标位置后,点击“剪贴板”组中的“粘贴”按钮或右键选择“粘贴”命令,剪贴板中的文本即被插入文档中。

三种常用的粘贴方式如下:

保留源格式:使用该格式粘贴文本时,可确保目标位置的文本格式与原始位置的文本格式保持一致。

合并格式:使用该格式粘贴文本时,将原始文本的格式与目标位置的文本格式进行合并,使原始文本采用目标位置的格式。

纯文本粘贴：使用该格式粘贴文本时，仅粘贴文本内容，不保留任何原始格式，确保在目标位置放置的是目标位置的格式的纯文本。

(3) 删除文本

删除文本要先选定要删除的内容，然后可按需求选择进行如下的键盘操作。

① 按“Delete”键：删除光标右侧的一个字符。

② 按“Backspace”键：删除光标左侧的一个字符。

③ 按“Ctrl+Backspace”组合键：删除光标左侧的一句话或一个英文单词。

④ 按“Ctrl+Delete”组合键：删除光标右侧的一句话或一个英文单词。

7. 撤销、恢复和重复操作

在文档编辑过程中，若不小心执行了误操作，可以利用 Word 2016 的撤销功能来恢复。如果想要撤销刚刚进行的一次误操作，只需单击“快速访问工具栏”中的“撤销键入”按钮，如图 3-2-11 所示，或者按下“Ctrl+Z”组合键，就可以立即恢复到操作前的文本状态。如果需要撤销多次误操作，可以点击“撤销键入”按钮旁边的小三角按钮，这将会弹出一个列表，显示最近进行的所有可撤销操作。从这个列表中，可以选择一个特定的操作来撤销。而当执行了一次撤销操作后，会发现“快速访问工具栏”中原来的“撤销键入”按钮旁边出现了一个新的“恢复键入”按钮。这个按钮的功能是恢复刚刚撤销的操作。如果发现撤销了不应该撤销的内容，如图 3-2-12 所示，只需单击“恢复键入”按钮或按下“Ctrl+Y”组合键，就可以恢复之前撤销的内容。

除了撤销和恢复功能外，Word 2016 的“快速访问工具栏”还提供了一个非常实用的“重复键入”按钮。这个按钮的功能是重复执行最近一次的编辑操作。无论想要重复输入一段文本、重复插入一张图片，还是重复应用某种格式，都只需点击这个按钮，Word 2016 就会立即重复执行上一次的操作，如图 3-2-13 所示。

图 3-2-11 “撤销键入”按钮

图 3-2-12 “恢复键入”按钮

图 3-2-13 “重复键入”按钮

注意：

(1) Word 2016 的撤销功能确实能够记录最近执行的操作，但它并不支持选择性地撤销那些不连续的操作。也就是说，只能按照操作的先后顺序，逐一撤销，而不能跳过某些操作只撤销特定的部分。

(2) 在 Word 2016 中，“恢复键入”按钮并非始终可见。它仅在用户执行了“撤销键入”操作后才会显示出来。而在没有撤销操作的情况下，通常出现的是“重复键入”按钮，该按钮旨在快速重复之前输入的内容。这两个实用的功能按钮均位于“快速访问工具栏”中，便于用户随时调用。

尽管使用鼠标点击这些按钮进行操作非常便捷，但记忆并使用快捷键往往能更高效地完成任务，节省了在界面上寻找命令的时间。表 3-2-2 列出了常用的快捷键及其对应的功能。

表 3-2-2　常用的快捷键及其对应的功能

快捷键	功 能	快捷键	功 能
Ctrl+S	保存	Ctrl+A	全选
Shift+Enter	强制换行，软回车	Ctrl+Enter	强制分页
Ctrl+空格	中英文切换	Ctrl+Shift	输入法切换
Ctrl+C	复制	Ctrl+X	剪切
Ctrl+V	粘贴	Ctrl+Z	撤销
Ctrl+Y	重复	Ctrl+Shift+C	复制格式
Ctrl+Shift+V	粘贴格式		

8. 文档的查找与替换

在处理长篇文档时，如果需要修改某个特定部分却忘记了其具体位置，Word 中的"查找"功能无疑是一个高效的工具。这个功能不仅可以迅速定位到普通的文本内容，还允许针对具有特定格式的文本进行搜索，从而大大提高了搜索的精确度和效率。特别是在文档内容庞大、复杂的情况下，使用"查找"功能可以显著减少手动查找的耗时。

此外，Word 2016 还配备了强大的"查找与替换"功能，这使得用户可以轻松地对文档中的特定文本进行批量替换。只需在"开始"选项卡的"编辑"组中点击"替换"按钮，然后在弹出的对话框中分别填写需要替换的文本内容和替换后的内容，最后点击"全部替换"按钮，即可迅速完成大量文本的替换工作。

值得一提的是，Word 2016 的查找和替换功能不仅适用于文字内容，还支持对格式、段落标记、分页符等特殊符号的操作。在进行搜索时，如果只关注文字内容而不考虑格式，只需在搜索框中输入相应的文字即可。而如果需要查找具有特定格式的文本，则需在输入文字后进一步设置查找要求和格式即可。同样，利用替换功能，也可以方便地替换特定的格式或特殊字符，从而实现对文档内容的灵活编辑和调整。

将如图 3-2-10 所示的文档的第 2 段和第 3 段中的"云计算"替换为四号字"Cloud Computing"，具体操作步骤如下：

(1) 选中第 2 段和第 3 段内容，为后续查找和替换做准备。

(2) 在"开始"选项卡中，点击"替换"按钮，在弹出的"查找和替换"对话框中，选择"替换(P)"选项卡，并点击"更多(M)"按钮，以展示更多选项。

(3) 设置"查找内容(N)"为"云计算"，将"替换为(I)"内容设为"Cloud Computing"。

(4) 为"Cloud Computing"设置格式，点击"格式(O)"按钮，选择"字体"项，在"替换字体"对话框中调整字号为"四号"，确认后返回"查找和替换"对话框，如图 3-2-14 所示。

图 3-2-14　"查找和替换"对话框

(6) 单击"全部替换(A)"按钮后,系统会弹出一个确认对话框。在这个对话框中,点击"是"按钮,系统将会自动在整个文档中查找并替换所有指定的字符。完成替换后,点击"确定"按钮以确认操作,随后点击关闭按钮来关闭"查找和替换"对话框。这样,文档中的字符替换就完成了,如图 3-2-15 所示。

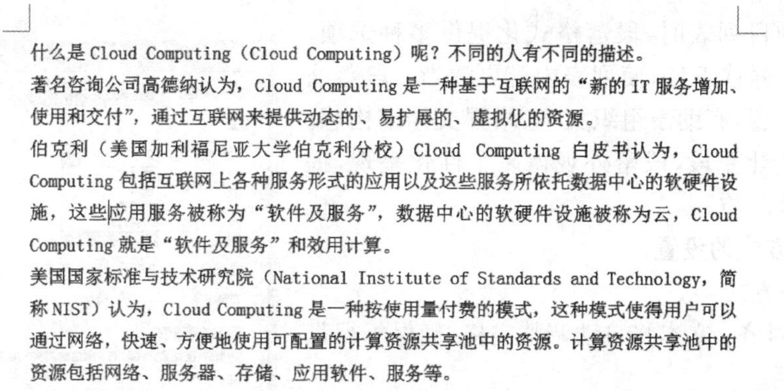

什么是Cloud Computing(Cloud Computing)呢?不同的人有不同的描述。
著名咨询公司高德纳认为,Cloud Computing是一种基于互联网的"新的IT服务增加、使用和交付",通过互联网来提供动态的、易扩展的、虚拟化的资源。
伯克利(美国加利福尼亚大学伯克利分校)Cloud Computing 白皮书认为,Cloud Computing包括互联网上各种服务形式的应用以及这些服务所依托数据中心的软硬件设施,这些应用服务被称为"软件及服务",数据中心的软硬件设施被称为云,Cloud Computing就是"软件及服务"和效用计算。
美国国家标准与技术研究院(National Institute of Standards and Technology,简称NIST)认为,Cloud Computing是一种按使用量付费的模式,这种模式使得用户可以通过网络,快速、方便地使用可配置的计算资源共享池中的资源。计算资源共享池中的资源包括网络、服务器、存储、应用软件、服务等。

图 3-2-15 替换后的文档效果

注意:

① 在"查找和替换"对话框内,用户可以根据当前插入点的位置,自定义搜索的方向,从而更加灵活地查找所需内容。

② 为了进一步提升查找和替换的便捷性和准确性,系统支持使用通配符进行高级搜索和替换操作。

③ 用户还可以对查找的内容和替换后的内容进行细致的格式调整,例如将蓝色的"云计算"文本一键替换为红色的"Cloud Computing",使文档呈现更加美观和专业。

3.3 排版技巧

Word 2016 具备卓越的文档排版功能,用户可轻松调整文字、段落及整体版面设置。这些功能帮助用户打造美观且符合需求的文档排版,使内容更加清晰易懂。Word 2016 的排版不仅优化了文档的视觉效果,还增强了其专业性和可读性,为用户带来极大便利。

3.3.1 文字格式

字符格式化即个性化定制文本外观的过程,涵盖多项设置选项,包括字体、字号、加粗、斜体、下划线、删除线、上标和下标等。同时,还能为文本添加颜色、边框和底纹,使其独具特色。

针对字符格式的设置,主要有两种途径:一是通过"开始"选项卡中的"字体"组进行操作。该组包含常用字符格式设置命令,基本满足排版需求,只需选中文本,执行相应命令即可完成设置;二是通过"字体"对话框进行更为详尽的设置。在"开始"选项卡的"字体"组中,点击对话框启动器即可打开该对话框。它提供了更为细致和精确的设置选项,特别适用于对格式要求较高的文档。同样,在设置前需先选中目标文本,然后在对话框中操作。

3.3.2 段落排版

段落格式化是文本排版的核心，用于打造段落独特的视觉效果。它涉及诸多设置，如文本对齐方式、段间距调整等。此外，行距设置关乎文本可读性，底纹和边框则用于突出重要内容或美化版面。

在呈现项目列表时，段落格式化提供多种选项，如添加项目符号或编号，使列表内容更清晰。段落缩进也是关键设置，有助于组织文本、增强文档结构感。通过这些格式化手段，段落外观得以个性化呈现，提升文档的整体品质。

1. 对齐方式的设置

(1) 对齐方式

① 两端对齐：文本将自动调整空格，确保每行都紧贴左右边距。

② 左对齐：文本全部靠左对齐。

③ 居中：段落内容会置于页面的中心，常用于标题或表格数据。

④ 右对齐：文本全部靠右对齐。

⑤ 分散对齐：文本在行内均匀分布，左右两侧都与边距对齐。

(2) 调整对齐方式的操作方法

方法 1：选定所需段落，进入“段落”对话框的“缩进和间距”选项卡，从“对齐方式”下拉列表中选择所需的对齐方式，最后点击“确定”按钮即可，如图 3-3-1 所示。

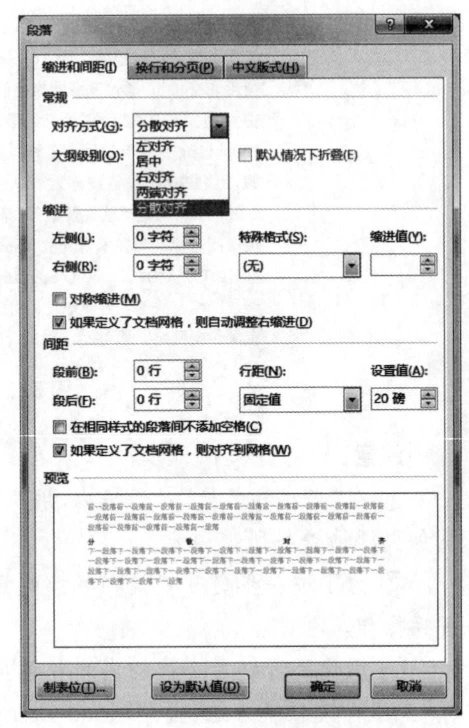

图 3-3-1 “段落”对话框

方法 2：选定目标段落，然后在“开始”选项卡中点击“段落”组对应的对齐方式按钮，即可快速设置所需的对齐格式，如图 3-3-2 所示。

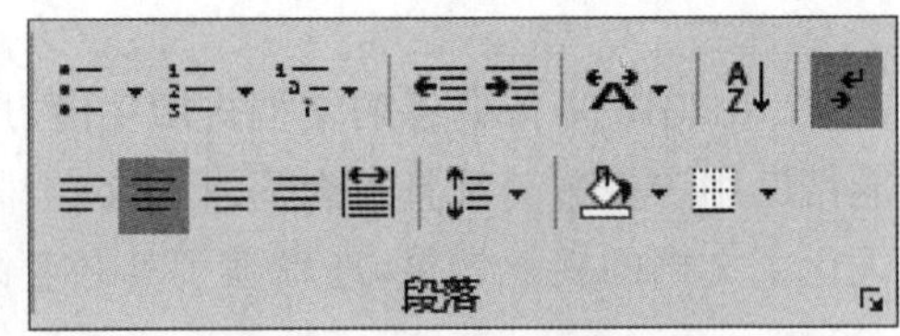

图 3-3-2 “段落”功能组

段落的对齐效果如图 3-3-3 所示。

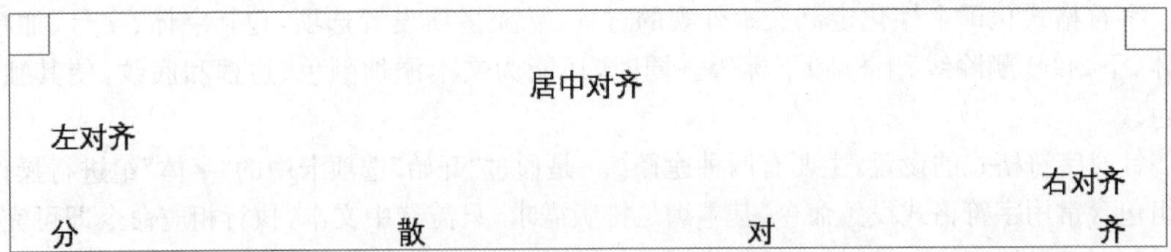

图 3-3-3 段落的对齐效果

2. 缩进方式的设置

(1) 缩进方式

段落缩进定义了段落文字与左右页边距之间缩进的距离,包含以下四种格式。

① 左缩进:缩进段落左侧与左页边距的间距。

② 右缩进:缩进段落右侧与右页边距的间距。

③ 首行缩进:缩进段落首行字符与左侧边界的间距。

④ 悬挂缩进:缩进段落中除首行外其他行与左侧边界的间距。

(2) 调整对齐与缩进的操作方法

使用标尺来调整缩进是一个直观且便捷的方式。选定需要调整的文本段落,若文本为横排,可拖动水平标尺上的滑块;若为纵排,则拖动垂直标尺上的滑块。将滑块移至合适位置,文本的缩进便会相应调整。在拖动滑块时按住"Alt"键,可以实时查看缩进的精确数值,从而更精确地控制文本的缩进距离。水平标尺上有三个缩进标记,但可以实现四种缩进设置,包括悬挂缩进、首行缩进、左缩进和右缩进,如图 3-3-4 所示。

使用鼠标拖动首行缩进标记,可以调整段落首行第一个字的起始位置;拖动左缩进标记,则能控制段落除首行外其他行的起始位置;而拖动右缩进标记,则可设置段落的右缩进位置。

另外,通过"段落"对话框也能进行缩进设置。首先选定需调整的段落,然后打开"段落"对话框,切换到"缩进和间距"选项卡。在"缩进"组中,输入相应的缩进值,最后点击"确定"按钮即可应用设置。如图 3-3-5 所示。

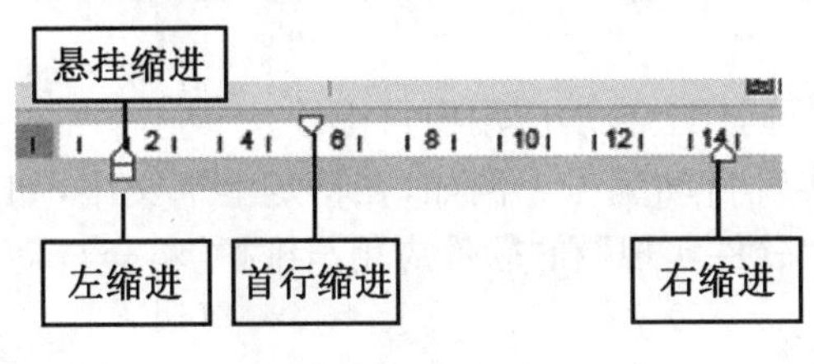

图 3-3-4　缩进滑块

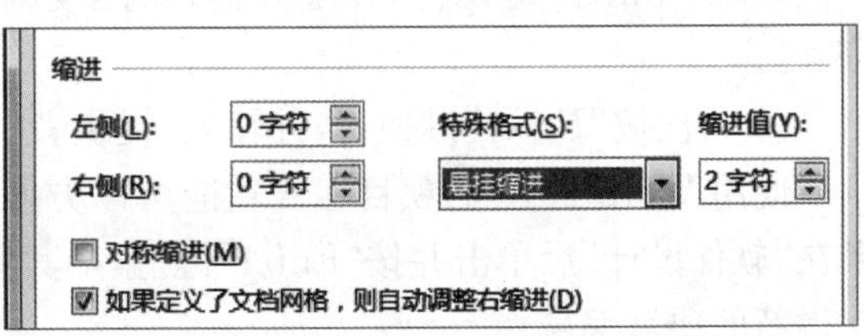

图 3-3-5　用对话框进行缩进设置

选定需要调整缩进的段落,随后可以通过单击"减少缩进量"或"增加缩进量"按钮来快速调整缩进。这种方式简单直接,便于快速进行缩进操作。

注意:

① "段落"对话框提供了多种距离单位选项,包括"字符""磅""行""厘米"等。用户可以根据需要直接在设置框中更改单位,例如,将"字符"单位更改为"厘米"。

② 针对中文文本,考虑到书写习惯,用户通常会将"特殊格式"选项设置为"首行缩进 2 字符"。

③ 在进行段落常用设置时,用户可以在"段落"对话框中切换到"缩进和间距"选项卡。

④ 调整段落格式时,用户无须选中整个段落,将光标置于段落内即可对插入点所在的段落进行相应调整。

3. 项目符号与编号

项目符号是置于文本前的点或其他符号,用于增强文本的视觉效果,用符号表示具有并列关系的多个段落。而项目编号则以数字形式标明具有顺序关系的多个段落。在 Word 2016

中，既可以实时自动生成项目符号和编号列表，也可以在已有文本的每一行中手动添加这些符号和编号，如图 3-3-6 所示。

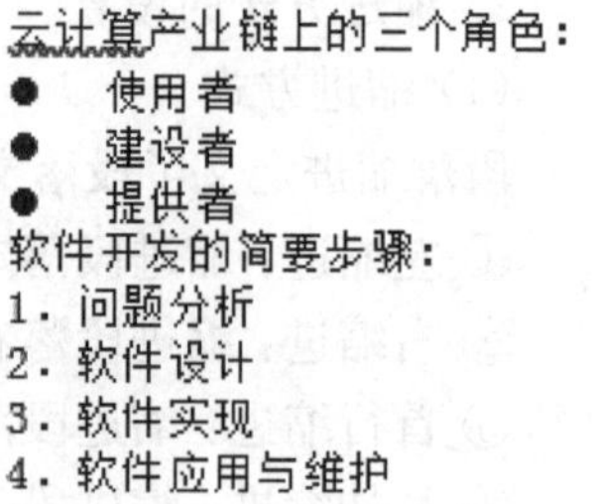

在 Word 2016 的“开始”选项卡中，用户可以利用“段落”组内的“项目符号”或“编号”的下拉按钮，浏览并应用各种项目符号样式和编号格式，以满足不同的文档排版需求。

对于需要构建层次结构的列表，如在图书、论文等长文档中，可以使用“多级列表”功能。通过点击“多级列表”下拉按钮，在下拉列表中选择合适的多级列表样式，用户可以轻松地为文档设置具有逻辑层次的结构。

云计算产业链上的三个角色：
- 使用者
- 建设者
- 提供者

软件开发的简要步骤：
1. 问题分析
2. 软件设计
3. 软件实现
4. 软件应用与维护

图 3-3-6　项目符号与编号

要获得图 3-3-6 所示的项目符号效果（“三个角色”），可以采用以下两种精简方法。

(1) 先编写文字再添加项目符号

① 输入完整文本：“云计算产业链……提供者”。

② 选定文本中“使用者……提供者”这一部分。

③ 在“开始”选项卡的“段落”组中，点击“项目符号”旁边的下拉按钮，并从“项目符号库”中选择黑色圆圈作为项目符号样式。

(2) 边输入文字边添加项目符号

① 输入“云计算产业链……使用者”，并选中“使用者”。

② 点击“段落”组中的“项目符号”下三角按钮，选择“项目符号库”中的黑色圆圈样式。

③ 按“Enter”键换行，并继续输入“建设者”，此时新行将自动应用相同的黑色圆圈项目符号。

④ 再次按“Enter”键换行，并输入“提供者”，新行同样会自动应用项目符号。

使用 Word 2016 的项目编号功能可以方便地实现自动编号。例如，在特定上下文中，如果在“软件设计”后单击并按“Enter”键，紧随其后的“软件实现”和“软件应用与维护”将会自动获得新的项目编号。

需要注意的是，如果某段文本已经应用了项目符号或编号，此时将光标置于该段文本中时，“段落”组中的“项目符号”或“编号”按钮会高亮显示（通常呈现为黄色），表明该功能当前处于激活状态。若要取消该段文本的项目符号或编号效果，只需单击该按钮即可。

对于已经应用了项目符号或编号的段落，用户可以直接在该段落上右击，并从弹出的快捷菜单中选择“调整列表缩进量”选项。接着，系统将打开一个对话框，允许用户对项目符号（或编号）以及文本的缩进大小进行自定义，如图 3-3-7 所示。

用户可以通过点击“段落”组中的“项目符号”或“编号”旁边的下三角按钮，在下拉列表中选择“定义新项目符号”或“定义新编号格式”选项，来自定义项目符号或编号的样式。在自定义过程中，用户可以调整项目符号或编号的样式、大小、颜色、缩进等属性。新的项目符号或编号一旦被定义，就可以直接在文档中使用，如图 3-3-8 所示。

单击“段落”组中的“多级列表”按钮，可以快速为文档中的多个段落设置具有层次关系的编号列表，如图 3-3-9 所示。

要实现如图 3-3-9 所示的具有层次关系的列表效果，首先，输入文本“分析……应用”，并选中“概要设计……详细设计”这部分内容。接下来，点击“段落”组中的“增加缩进量”按钮，为这部分内容增加缩进，以体现其层次关系。然后，再次选中整个“分析……应用”的文本段落

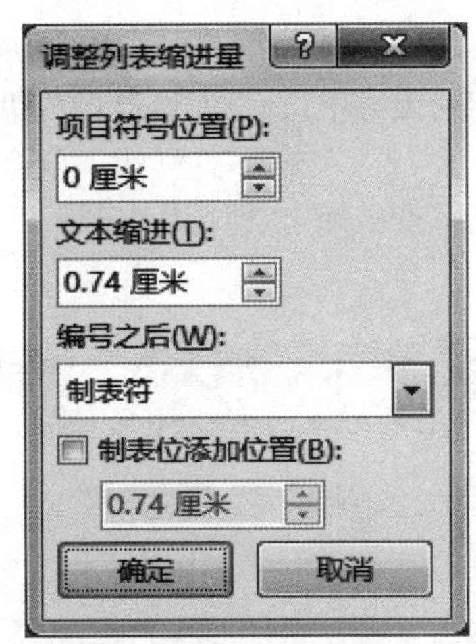

图 3-3-7 “调整列表缩进量”对话框

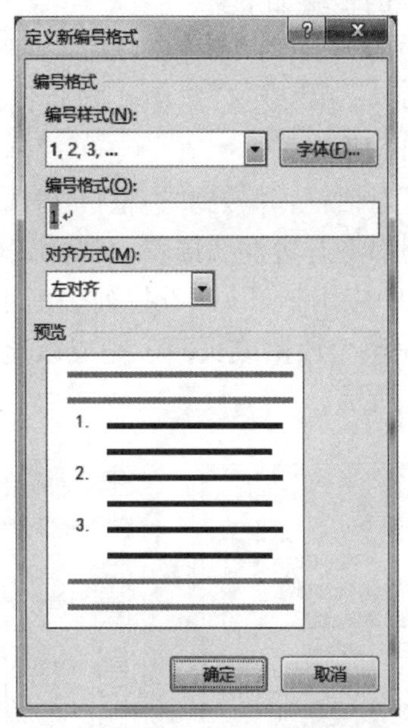

图 3-3-8 自定义项目编号

1 分析
2 设计
  2.1 概要设计
  2.2 详细设计
3 实现
4 应用

图 3-3-9 多级列表

(包括已缩进的“概要设计……详细设计”部分)。点击“段落”组中的“多级列表”下拉按钮,从弹出的下拉列表中选择一个合适的编号格式,以自动为文本添加具有层次结构的编号。

当然,也可以在输入文本的同时,直接为“概要设计……详细设计”部分增加缩进,并在需要时通过“多级列表”功能为整个列表添加编号,从而实现一边输入文字一边构建多级列表的效果。关键是在构建层次关系时,确保为相应的部分增加了适当的缩进。

4. 边框和底纹

(1) 边框设置

在 Word 文档中,用户可以为选定的文字、段落、页面、表格及单元格或图片添加边框(包括边框的颜色、粗细、线型等属性)和底纹,以丰富文档的视觉效果。通过点击“设计”选项卡中的“页面背景”组内的“页面边框”按钮,可以启动“边框和底纹”对话框。在该对话框中,用户可以为文字、段落或页面设置边框和底纹样式,从而实现多样化的文档格式设置。针对前文中图 3-2-10 所示的文本,为第 1 段中的“云计算”设置实线框(应用于文字),为第 2 段设置虚线框(应用于段落),效果如图 3-3-10 所示。

什么是云计算(Cloud Computing)呢?不同的人有不同的描述。

著名咨询公司高德纳认为,Cloud Computing 是一种基于互联网的“新的 IT 服务增加、使用和交付”,通过互联网来提供动态的、易扩展的、虚拟化的资源。

伯克利(美国加利福尼亚大学伯克利分校)云计算白皮书认为,云计算包括互联网上各种服务形式的应用以及这些服务所依托数据中心的软硬件设施,这些应用服务被称为“软件及服务”,数据中心的软硬件设施被称为云,云计算就是“软件及服务”和效用计算。

图 3-3-10 文字边框和段落边框效果

① “云计算”文本加框的步骤如下：

a. 选中文档第1段中的“云计算”文本。

b. 切换到“开始”选项卡，在“段落”组中找到并点击“边框”下拉按钮，选择“边框和底纹(O)...”选项，如图3-3-11所示。

c. 打开“边框和底纹”对话框，并转到“边框(B)”选项卡。在“设置”选项组中，选择“方框(X)”样式来确保文本四周都将有边框。接着，在“样式(Y):”列表框中，选择实线以设置边框的线条类型。最后，确保在“应用于(L):”下拉列表框中选择了“文字”选项，这样边框就会仅应用于选定的文本，而不是整个段落或页面。完成以上设置后，点击确定，即可为“云计算”文本添加边框，如图3-3-12所示。

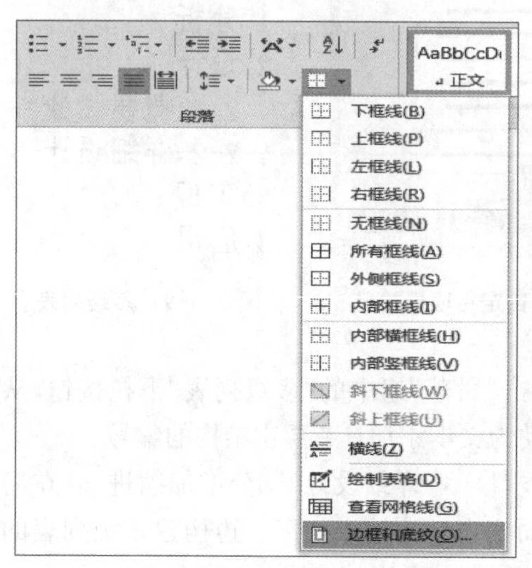

图3-3-11 选择“边框和底纹”选项

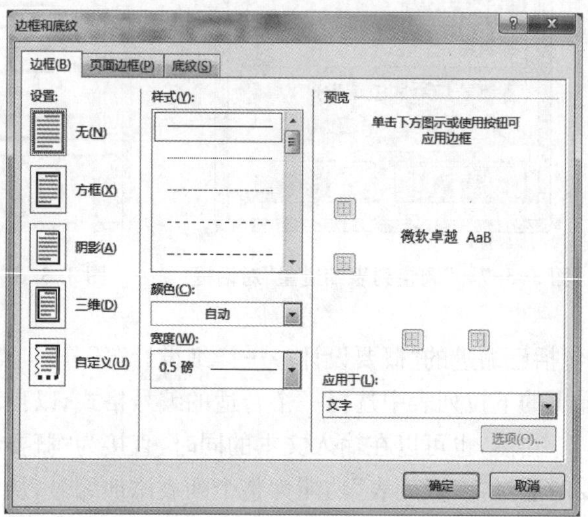

图3-3-12 设置“云计算”文字边框

d. 在完成边框的设置后，点击“确定”按钮，关闭“边框和底纹”对话框，此时选中的文本或段落将显示所设置的边框样式。

② 第2段虚线框设置的步骤如下：

a. 将光标定位在第2段中，或者选中整个段落。

b. 切换到“开始”选项卡，在“段落”组中单击“边框”下拉按钮，从弹出的下拉列表中选择“边框和底纹(O)...”选项。

c. 在“边框和底纹”对话框中，设置“方框(X)”样式，并从“样式(Y):”列表框中选择虚线，然后在“应用于(L):”下拉列表框中选择“段落”选项。

d. 点击“确定”按钮，关闭对话框，此时第2段将显示所设置的虚线边框。

(2) 底纹设置

底纹是用于强调文本或美化文档的填充色或图案，它可以应用于段落中的部分文字或整个段落。然而，在Word 2016的“开始”选项卡中，“字体”组提供的“字符底纹”和“以不同颜色突出显示文本”功能，虽然都能设置文字的底纹效果，但它们仅限于文字本身，无法直接应用于整个段落。这些功能允许用户对特定文字进行强调，但不适用于段落的整体底纹设置。

如果需要为段落或文字设置更详细的底纹效果，并选择应用对象(文字或段落)，可以使用

“段落”组中的“边框和底纹”功能。在“边框和底纹”对话框的“底纹”选项卡中，可以设置底纹的填充色、图案样式等属性，并指定应用对象。例如，针对前文图 3-2-10 所示的文本，为第 1 段中的“云计算”设置较浅的蓝色底纹（应用于文字），为第 2 段设置了较深的蓝色底纹（应用于段落），效果如图 3-3-13 所示。

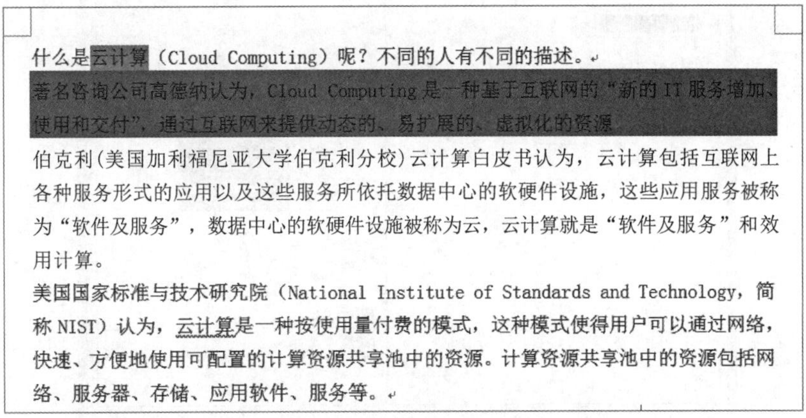

什么是云计算（Cloud Computing）呢？不同的人有不同的描述。

著名咨询公司高德纳认为，Cloud Computing 是一种基于互联网的“新的 IT 服务增加、使用和交付”，通过互联网来提供动态的、易扩展的、虚拟化的资源

伯克利（美国加利福尼亚大学伯克利分校）云计算白皮书认为，云计算包括互联网上各种服务形式的应用以及这些服务所依托数据中心的软硬件设施，这些应用服务被称为“软件及服务”，数据中心的软硬件设施被称为云，云计算就是“软件及服务”和效用计算。

美国国家标准与技术研究院（National Institute of Standards and Technology，简称 NIST）认为，云计算是一种按使用量付费的模式，这种模式使得用户可以通过网络，快速、方便地使用可配置的计算资源共享池中的资源。计算资源共享池中的资源包括网络、服务器、存储、应用软件、服务等。

图 3-3-13　文字底纹和段落底纹效果

① “云计算”文本底纹设置的步骤如下：

a. 在文档中，选中第 1 段中的“云计算”文本。

b. 将选项卡切换到“开始”，然后在“段落”组中，找到并点击“边框”的下拉按钮。从弹出的下拉列表中选择“边框和底纹(O)...”选项。

c. 在弹出的“边框和底纹”对话框中，找到并切换到“底纹(S)”选项卡。

d. 在“底纹(S)”选项卡中，将“填充”颜色设置为较浅的蓝色，并在“应用于(L):”下拉列表中选择“文字”选项。完成设置后，点击“确定”按钮，关闭对话框。此时，选中的“云计算”文本将显示所设置的浅蓝色底纹，如图 3-3-14 所示。

② 第 2 段段落底纹设置的步骤如下：

a. 将光标置于第 2 段或选中整个第 2 段文本。

b. 转到“开始”选项卡下的“段落”组，点击“边框”下拉按钮，选择“边框和底纹(O)...”选项。

c. 在弹出的“边框和底纹”对话框中，切换到“底纹(S)”选项卡。

d. 在“底纹(S)”选项卡中，设置“填充”颜色为深蓝色，并确保“应用于(L):”下拉菜单中选择的是“段落”。完成后点击“确定”按钮以应用深蓝色底纹至第 2 段。这样，第 2 段文本就会被填充上所选

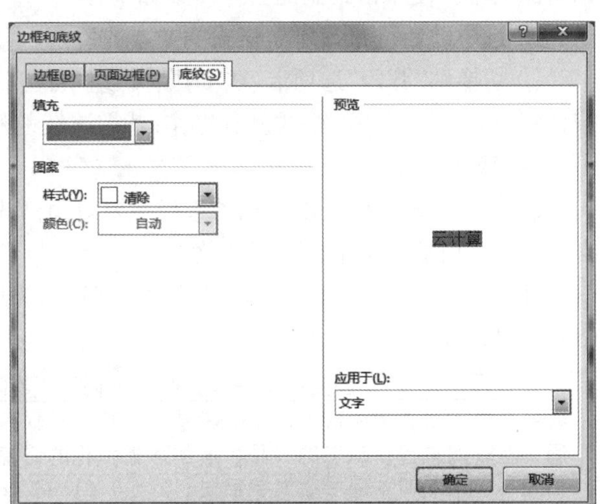

图 3-3-14　“底纹”选项卡

的深蓝色底纹，如图 3-3-15 所示。

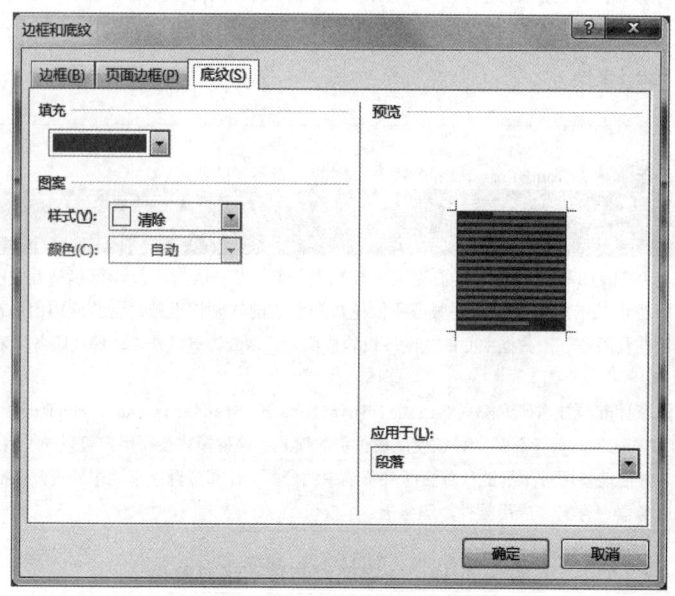

图 3-3-15　设置第 2 段段落底纹

注意：在“边框和底纹”对话框的“底纹(S)”选项卡中，用户还可以自定义“图案”设置，以使文档中的底纹具有更加丰富和个性化的视觉效果。

5. 格式刷和样式

(1) 使用格式刷工具

格式刷是一个便捷的工具，用于快速复制并应用特定文本或段落的格式(包括文字颜色、大小、段落行间距等)。通过格式刷，用户可以显著减少重复设置格式的工作量，从而提高文档编辑的效率。使用格式刷的具体步骤如下：

① 选中已经设置好所需格式的文本或段落。

② 切换到“开始”选项卡，在“剪贴板”组中找到并点击“格式刷”按钮。点击一次“格式刷”按钮将仅允许进行一次格式复制操作；若需连续复制格式，可双击“格式刷”按钮，直到再次单击以取消该功能。

③ 使用鼠标左键点击并拖动选择想要应用格式的文本或段落，被选定的文本或段落将会自动应用之前选定文本或段落的格式。

针对图 3-2-10 所示的文本，使用“格式刷”，为第 1 段中的“不同的描述”应用“云计算”的格式，效果如图 3-3-16 所示。

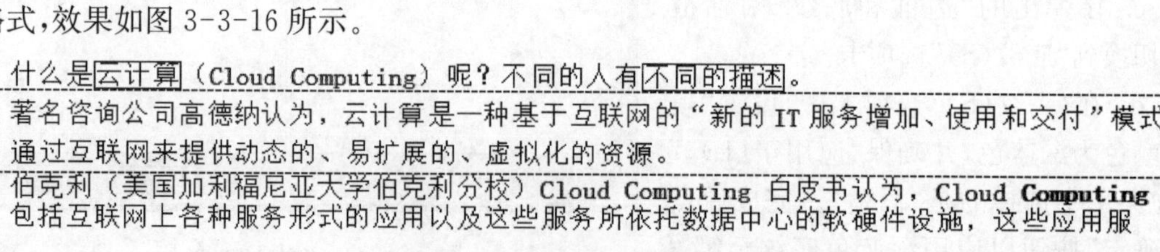

什么是云计算（Cloud Computing）呢？不同的人有不同的描述。
著名咨询公司高德纳认为，云计算是一种基于互联网的“新的 IT 服务增加、使用和交付”模式，通过互联网来提供动态的、易扩展的、虚拟化的资源。
伯克利（美国加利福尼亚大学伯克利分校）Cloud Computing 百度书认为，**Cloud Computing** 包括互联网上各种服务形式的应用以及这些服务所依托数据中心的软硬件设施，这些应用服

图 3-3-16　使用“格式刷”后的效果

实现如图 3-3-16 所示的“格式刷”效果的步骤如下：

① 选中包含“云计算”的文本(或者通过单击将插入点定位于“云计算”文字边框内)。

② 切换至“开始”选项卡,在“剪贴板”组中找到并点击“格式刷”按钮。

③ 使用鼠标拖动选择需要应用相同格式的“不同的描述”文本。

(2) 样式功能的应用

在文档编辑过程中,常常需要为多个段落或文本设置相同的格式。例如,在论文中,每一小节的标题可能都需要采用相同的字体、字形、大小和段落间距等。如果每次都手动设置这些格式,不仅会增加工作量,还可能导致格式不一致。为此,Word 2016 提供了“样式”功能,用户可以通过定义和应用样式,快速、一致地设置文本的格式,从而提高工作效率。

Word 2016 内置了多种预设样式供用户选择使用,同时,为了满足特定文档的格式需求,用户还可以创建自定义样式。在“开始”选项卡的“样式”组中,点击对话框启动器按钮,可以打开“样式”任务窗格,如图 3-3-17 所示。

图 3-3-17 “样式”组

在该窗格中,用户可以点击“新建样式”按钮,在弹出的“根据格式设置创建新样式”对话框中,自定义新样式的各种格式设置,如字体、字号、颜色、段落间距等。此外,用户还可以基于已有样式进行修改,以快速创建适应文档需求的新样式,如图 3-3-18 所示。这种方式为用户提供了极大的灵活性,使得文档的格式设置更加高效和一致。

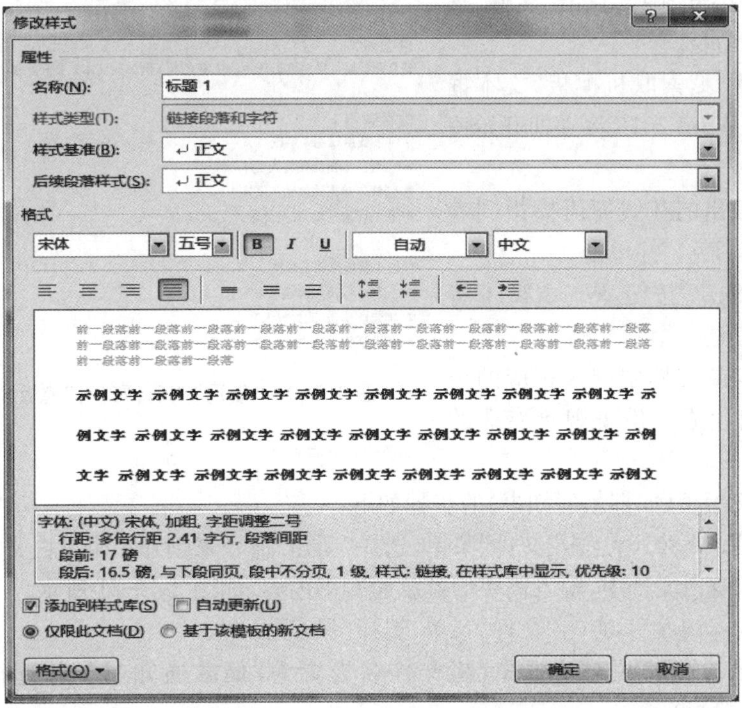

图 3-3-18 “修改样式”对话框 1

针对图 3-2-16 所示的文本，为第 1 段应用“明显引用”样式，效果如图 3-3-19 所示。

<u>什么是云计算（Coud Computing）呢 1 不同的人有不同的描述。</u>

图 3-3-19 “明显引用”样式效果

要实现特定文本样式的应用，可以选中第 1 段（或者将光标置于第 1 段中），接着切换到“开始”选项卡，在“样式”组中找到并选择“明显引用”样式，以此来快速应用所需的文本格式。

3.3.3 版面设置

1. 模板应用

在 Word 2016 中，文档的创建与编辑均依赖模板来帮助用户高效创建和编辑文档，这些模板为文档提供了标准化的框架和预设设置。模板内嵌有自动图文集词条、字体样式、宏命令、自定义菜单项以及特定的格式和排版样式等元素，这些元素共同决定了文档的整体外观和编辑功能。Word 2016 中的模板主要分为两类：共用模板（包括默认的 Normal 模板）和特定文档模板（如备忘录和传真模板）。

共用模板的设置会应用于所有新建的文档，而特定文档模板则仅适用于以该模板为基础创建的文档。虽然 Word 2016 已经内置了多种模板样式，但为了满足用户的特殊需求，用户也可以自行创建并保存新的模板，或者从网络上下载其他模板资源。这些自定义或下载的模板能够为用户提供更加个性化且高效的文档编辑体验。

图 3-3-20 所示为使用“简历（彩色）”模板创建的一个新文档。

快速创建的简历模板步骤如下：

(1) 打开 Word 2016，点击“文件”菜单，选择“新建”命令。

(2) 在右侧“搜索联机模板”文本框中输入“简历”，Word 2016 将立即开始搜索。

(3) 从搜索出的在线简历模板列表中，选择“简历（彩色）”并单击。

(4) 点击“创建”按钮，Word 2016 将基于所选模板创建一个新文档。

(5) 可以在新文档中键入相应的个人信息，以快速生成一份美观且专业的简历。

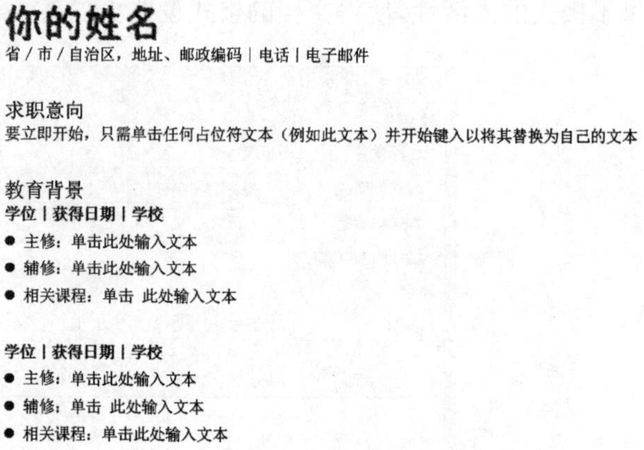

你的姓名

省 / 市 / 自治区，地址、邮政编码 | 电话 | 电子邮件

求职意向

要立即开始，只需单击任何占位符文本（例如此文本）并开始键入以将其替换为自己的文本

教育背景

学位 | 获得日期 | 学校

- 主修：单击此处输入文本
- 辅修：单击此处输入文本
- 相关课程：单击 此处输入文本

学位 | 获得日期 | 学校

- 主修：单击此处输入文本
- 辅修：单击 此处输入文本
- 相关课程：单击此处输入文本

图 3-3-20 使用“简历（彩色）”模板创建的新文档

创建自定义模板（如催款通知书）的步骤如下：

(1) 打开 Word 2016，点击“文件”菜单，选择“新建”命令来创建一个空白文档。

(2) 在这个空白文档中，输入需要的催款通知书内容，如图 3-3-21 所示。

(3) 完成内容输入后，点击“文件”菜单，选择“保存”命令。

(4) 在弹出的“保存”对话框中，将文件名设置为“催款通知书”，并选择文件类型为“. docx”（Word 模板）。

催款通知书

________厂财务部：

你单位于_____年____月_____日向我厂订购_____，贷款共计金额___元，发票号为____________。该货款至今尚未支付我厂。接到此通知后，请即结算，逾期按约定加收______%的罚金。如有特殊情况，望及时和我厂财务部________联系。我厂地址：电话：

厂财务部（盖章）
年　月　日

图 3-3-21　创建自定义模板

(5) 点击“保存”按钮，然后关闭该模板文件。

成功创建了名为“催款通知书.docx”的模板后，每当需要制作催款通知书时，只需在文件资源管理器中双击该模板文件，Word 2016 就会基于这个模板创建一个新的“.docx”格式文档，用户只需在此文档中填写具体细节。

2. 页眉、页脚、页码设置

页眉位于纸张的顶部边缘，而页脚则位于底部边缘。默认情况下，这些区域可能不允许直接输入内容，但可以通过特定的视图模式进行编辑。页眉和页脚常用于展示公司徽标、书名、章节标题、页码和日期等关键信息。

在文档中，可以选择在整个文档中保持统一的页眉和页脚设计，也可以根据文档的不同部分使用不同的设计。要创建或编辑页眉和页脚，在“插入”选项卡的“页眉和页脚”组中选择“页眉”或“页脚”下拉选项，如图 3-3-22 所示。从弹出的样式列表中选择合适的样式，并使用“页眉和页脚工具——设计”选项卡进行进一步的个性化编辑，如图 3-3-23 所示。

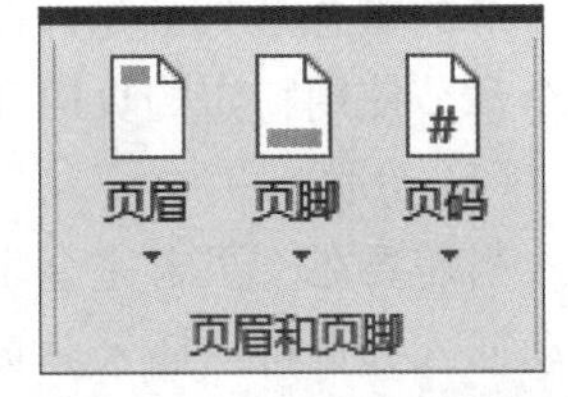

图 3-3-22　“页眉和页脚”组

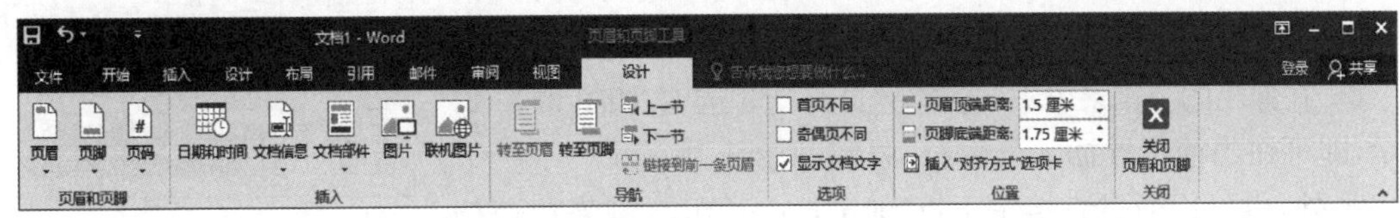

图 3-3-23　“页眉和页脚工具——设计”选项卡

针对图 3-2-10 所示的文本，在文档中的页眉位置插入文本信息，使得每一页都在页眉位置显示“云计算”文本，如图 3-3-24 所示；在页脚位置插入页码，使得每一页都在页脚位置显示当前页的页码。

云计算

什么是云计算（Cloud Computing）呢？不同的人有不同的描述

图 3-3-24　插入页眉

实现页眉和页脚编辑的步骤如下：

(1) 启动 Word 文档编辑，点击“插入”中的“页眉”下拉按钮，随后选择“编辑页眉”。此时，文档进入页眉和页脚的编辑模式，允许对页眉和页脚进行编辑操作。

(2) 在页眉编辑区域输入文本“云计算”，完成页眉文本的添加。

(3) 在“页眉和页脚”组中点击“页码”下拉按钮，从弹出的列表中选择“页面底端”的“普通数字 2”样式(用户可根据需求选择其他样式)，将页码添加到页脚位置。

(4) 完成编辑后，点击“关闭页眉和页脚”按钮，退出页眉和页脚的编辑模式，回到文档的正文编辑状态。

注意：

① 在页眉和页脚的编辑模式下，可以利用“页眉和页脚工具——设计”选项卡进行多种设置，包括但不限于删除、编辑页眉和页脚内容，插入日期、时间、图片等元素，以及调整页眉顶端和页脚底端的距离。

② 如果需要文档的首页不显示页眉和页脚内容，可以在“页眉和页脚工具——设计”选项卡的“选项”区域中勾选“首页不同”选项，以实现此效果。

3. 分隔符

在 Word 2016 中，分隔符主要分为三种：分页符、分栏符和分节符。分页符的主要功能是分隔页面，明确标识一页的结束以及下一页的开始，确保后续内容被放置在新的页面上。分栏符用于在已经设置了分栏的文档中，指示文本从当前栏的末尾跳到下一栏的顶部。分节符则用于在文档中创建不同的节，以便对各个部分应用不同的页面设置。

节的概念是为了允许在同一文档中拥有不同版面设置的部分而引入的。例如，可能希望某个章节使用特定的页眉和页脚，或者改变页面方向、纸张大小、页边距等。

(1) 分页

当需要在一页未完全填满的情况下强制开始新页时，可以手动插入分页符。插入分页符的步骤如下：

① 将光标定位到希望开始新页的位置。

② 切换到“布局”选项卡，在“页面设置”组中找到“分隔符”按钮并点击其下拉箭头。

③ 在弹出的下拉菜单中，选择“分页符(P)”选项，如图 3-3-25 所示，即可在当前位置插入分页符，强制开始新页。

另外，也可以通过直接按下“Ctrl＋Enter”组合键来快速插入分页符。

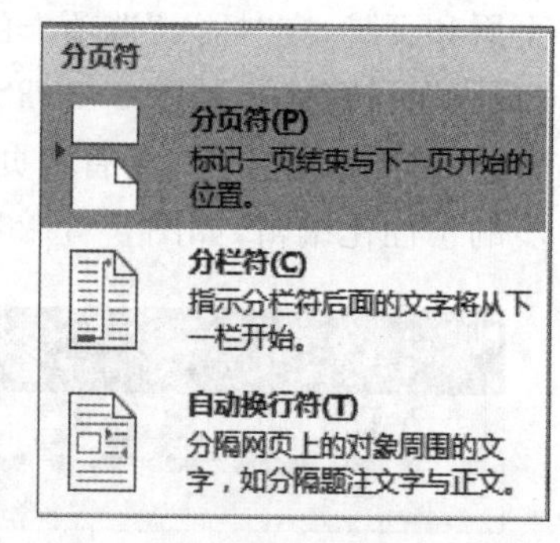

图 3-3-25　选择“分页符”选项

(2) 分节

为了更有效地对文档进行格式化和布局，可以将文档分割成多个节，并为每个节独立设置不同的样式和格式。默认情况下，新文档被视作一个单一的节。分节处理的步骤如下：

① 将光标移动到文档中需要分节的位置。

② 转到“布局”选项卡，并在“页面设置”组中找到“分隔符”选项，点击其下拉按钮。

③ 在下拉列表中，会看到四种分节符选项：

a. “下一页”：选择此选项将在当前位置插入分节符，并在紧接着的下一页开始新节；

b. “连续”：此选项会在当前位置插入分节符，但新节将从同一页继续，不会强制分页；

c. “偶数页”：如果希望新节从下一个偶数页开始，则选择此选项；

d. “奇数页”：类似地，选择此选项将在下一个奇数页开始新节。

根据需求选择相应的分节符类型，即可在文档中完成分节设置。

4. 设置页面背景和页面水印

(1) 设置页面背景

设置页面背景可以增强文档的视觉效果。Word 2016 文档设置底层颜色的步骤如下：

① 启动 Word 2016 并打开目标文档，随后切换到“设计”选项卡。

② 在“页面背景”部分，点击“页面颜色”的下拉按钮，从弹出的颜色选项中选择所需的背景色，如图 3-3-26 所示。

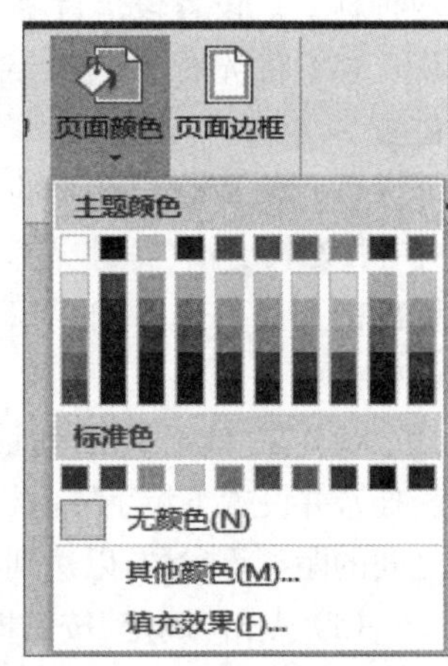

图 3-3-26 “页面颜色”下拉列表

(2) 设置页面水印

在 Word 2016 文档中，设置一种隐约可见的文字或图案背景（即水印）的步骤如下：

① 启动 Word 2016 并打开目标文档，然后切换到“设计”选项卡。

② 在“页面背景”组中，点击“水印”的下拉按钮。

③ 选择“自定义水印”选项，随后在弹出的“水印”对话框中，选择添加图片水印或输入自定义的文字水印，并设置其格式和布局，如图 3-3-27 所示。

5. 分栏

Word 2016 中的分栏功能允许用户将文档内容划分为几个平行的区域，从而优化页面布局。用户可以根据实际需求设定分栏的数量，调整每栏的宽度，甚至添加分隔线以增强可读性。

要应用分栏功能，用户只需在“布局”选项卡的“页面设置”组中点击“分栏”下拉按钮。在弹出的列表中，可以选择预设的分栏效果，如两栏、三栏等。若需进一步自定义分栏设置，可以选择“更多分栏”选项，这将打开一个对话框，允许用户详细调整栏数、栏宽、栏间距等参数。

如果在分栏后对文档的视觉效果不满意，用户可以随时撤销分栏设置，恢复为单栏版式。这可以通过在“分栏”对话框的“预设”选项组中选择“一栏(O)”选项来实现，如图 3-3-28 所示。

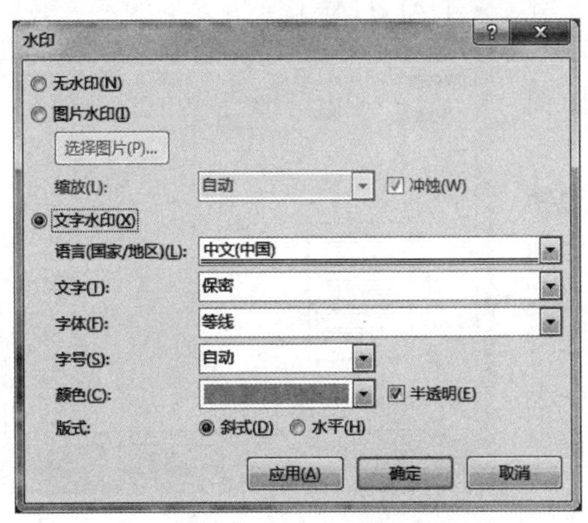

图 3-3-27 “水印”对话框

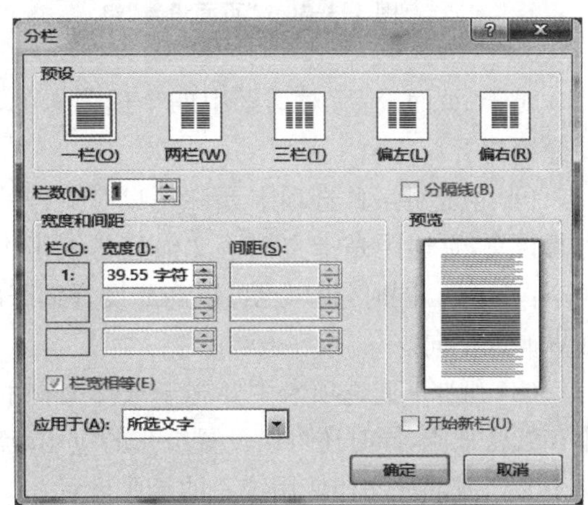

图 3-3-28 “分栏”对话框

6. 首字下沉

首字下沉是一种排版技巧，用于将文档中某段落的开头一个或几个字放大，以吸引读者的注意力。它提供了下沉和悬挂两种样式。设置段落首字下沉的步骤如下：

(1) 将光标放置在希望应用首字下沉效果的段落起始位置。

(2) 在 Word 2016 的顶部菜单中，切换到“插入”选项卡，并在“文本”组中找到“首字下沉”选项。点击其下拉按钮后，从弹出的列表中选择“首字下沉”命令，这将会触发“首字下沉”对话框的弹出。

(3) 在“首字下沉”对话框中，可以选择下沉的方式(下沉或悬挂)，并设置下沉字体的样式、下沉的行数以及下沉文字与正文之间的距离等参数，以达到期望的视觉效果，如图 3-3-29 所示。

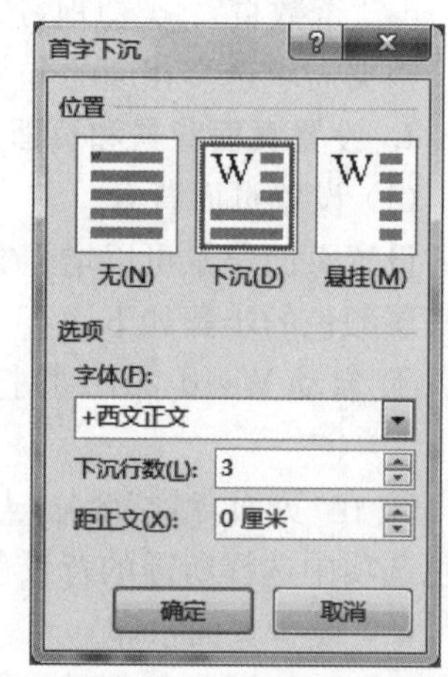

图 3-3-29 “首字下沉”对话框

(4) 点击“确定”按钮即可完成首字下沉的设置。

7. 页面设置

页面设置是文档准备打印前必不可少的一步，它涉及页边距、纸张大小、纸张来源以及版面布局等多个方面的调整。用户可以在 Word 2016 的“布局”选项卡下找到“页面设置”组，其中包含了一系列相关设置选项，如“文字方向”“页边距”“纸张方向”和“纸张大小”等，便于用户根据需要进行调整，并快速定制文档的打印效果，如图 3-3-30 所示。用户还可以点击“布局”选项卡中“页面设置”组内的对话框启动器按钮，打开完整的“页面设置”对话框，如图 3-3-31 所示。从而进一步调整页边距、纸张大小、纸张来源、版面布局等设置，以满足特定的文档打印需求。

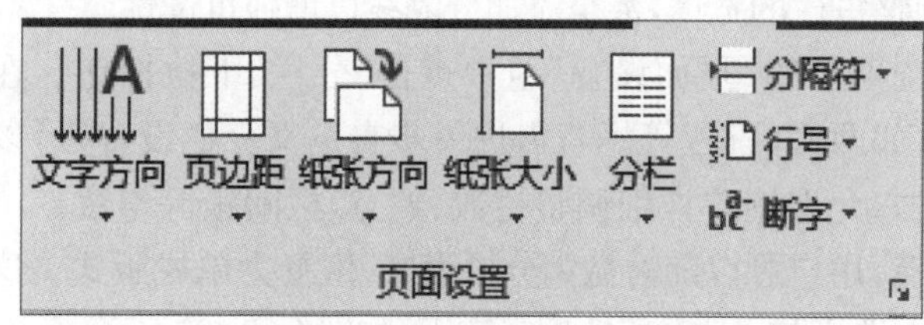

图 3-3-30 “页面设置”组

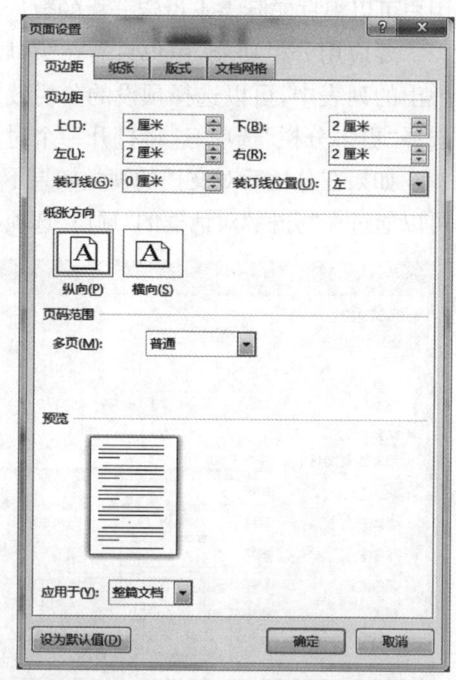

图 3-3-31 “页面设置”对话框

对于“页面设置”对话框中四个选项卡的功能，简要介绍如下：

(1) 页边距：此选项卡允许用户对文档的页边距进行设置，页边距是指文档正文内容与纸张边缘之间的空白区域。同时，用户也可以在此设置纸张的方向，如纵向或横向。

(2) 纸张：此选项卡主要用于选择文档的纸张大小和纸张来源，同时还可以设置纸张的应用范围，确保整个文档或部分文档使用统一的纸张设置。

(3) 版式：版式选项卡专注于页眉和页脚的设置。

用户可以在这里定义页眉和页脚的样式、内容以及它们与正文之间的距离，确保文档的格式统一且符合要求。

(4) 文档网格：此选项卡允许用户对文档中的网格进行设置，用于控制文档的排版。用户可以设置每行的字符数或每页的行数，以确保文档的排版整齐、易读。这些设置对于排版要求严格的文档（如报告、论文等）尤为重要。

3.3.4 图文混排

1. 插入图片

为了增强文本的视觉效果，可以在指定的文本位置插入一张相关的图片，如图 3-3-32 所示。

什么是云计算（Cloud Computing）呢？不同的人有不同的描述。

著名咨询公司高德纳认为，云计算是一种基于互联网的“新的 IT 服务增加、使用和交付”，通过互联网来提供动态的、易扩展的、虚拟化的资源。

伯克利（美国加利福尼亚大学伯克利分校）云计算白皮书认为，云计算包括互联网上各种服务形式的应用以及这些服务所依托数据中心的软硬件设施，这些应用服务被称为“软件及服务”，数据中心的软硬件设施被称为“云”，云计算就是“软件及服务”和效用计算。

图 3-3-32　插入图片示例

实现图文混排的具体步骤如下：

(1) 将想要插入的图片保存到本地磁盘。

(2) 将光标定位到想要插入图片的位置。

(3) 在 Word 2016 文档界面上，切换到“插入”选项卡，然后在“插图”组中点击“图片”按钮。在弹出的文件选择对话框中，浏览并选中之前保存的图片。

(4) 图片插入后，选中该图片，图片四周会出现控制点。拖动右下方的控制点，调整图片大小至适合文档布局的大小。

(5) 激活“图片工具——格式”选项卡（图片被选中时通常会自动激活）。

(6) 在“图片工具——格式”选项卡的“排列”组中，点击“位置”下拉按钮，从弹出的位置设置菜单中选择“文字环绕”子菜单，并进一步选择“四周型”环绕方式，以确保图片与周围的文本能够和谐共存。

注意：

① 通过“图片工具——格式”选项卡，用户可以对图片进行多种格式设置，包括删除背景、调整亮度和对比度、锐化或柔化效果、色调和饱和度的调整，以及图片压缩和预设样式的应用。

② “联机图片”是 Office 提供的一项便捷功能，它包含了大量内置的图片资源。用户只需切换到“插入”选项卡，在“插图”组中点击“联机图片”按钮，即可打开“联机图片”窗格。通过这个窗格，用户可以浏览并选择插入所需的联机图片。

2. 绘制图形

Word 2016 允许用户通过内置的绘图工具绘制多种形状，如矩形、圆形、三角形等。图

3-3-33即为使用Word 2016绘制的图形，该图概述了软件工程的核心流程。

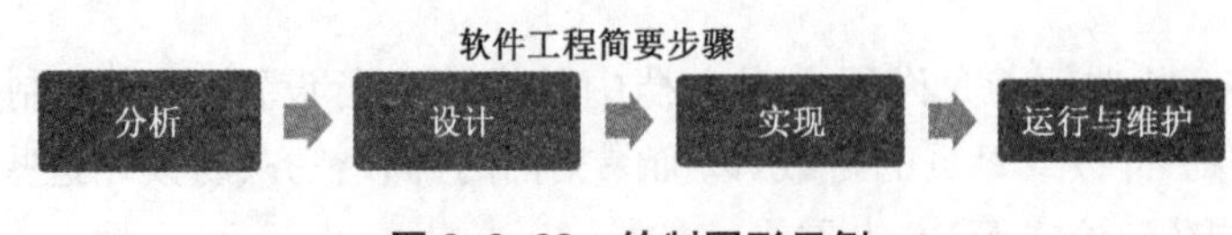

图3-3-33　绘制图形示例

绘制如图3-3-33所示图形的具体步骤如下：

(1) 在Word 2016中，切换到“插入”选项卡，点击“形状”并从下拉菜单中选择“矩形”样式。

(2) 点击“文本框”并从下拉菜单中选择“简单文本框”，输入标题“软件工程简要步骤”，并设置文本格式(如四号字体、加粗)。随后，根据需求调整文本框的大小和位置。

(3) 为了去除文本框的边框，选中该文本框，并转到“绘图工具—格式”选项卡。在“形状样式”组中，点击“形状轮廓”并选择“无轮廓”。

(4) 重复“插入”形状的操作，选择“矩形”并输入相应的文本，如软件工程的各个步骤，然后调整每个矩形的大小和位置。

(5) 为了表示步骤之间的流程关系，插入3个“右箭头”形状，并根据需要调整它们的大小和位置。

注意：

① “绘图工具——格式”选项卡为用户提供了丰富的形状格式设置选项，这些功能包括应用不同的形状样式和文本样式，以定制和美化文档中的图形元素。

② 当需要在文档中处理多个形状并希望它们作为一个整体进行移动、调整等操作时，可以将这些形状组合在一起。通过点击“绘图工具——格式”选项卡中的“排列”组内的“组合”按钮，可以实现形状的组合。同时，也可以随时取消形状的组合状态，以便进行单独编辑。

3. 插入SmartArt

SmartArt图形是Word 2016中一项功能全面、种类繁多的可视化工具，共包含八种主要类别。

(1) 列表类别：适用于展示无序或分组的信息块，强调信息的重点。

(2) 流程类别：用于描绘任务、流程或工作中的连续步骤。

(3) 循环类别：体现阶段、任务或事件的循环序列，强调重复过程。

(4) 层次结构类别：展现组织中的层级关系或上下级结构。

(5) 关系类别：表示两个或多个项目或信息集合之间的相互关系。

(6) 矩阵类别：以象限形式显示部分与整体之间的关系。

(7) 棱锥图类别：显示与顶部或底部最大部分之间的比例关系。

(8) 图片类别：将图片与信息列表结合，以图形化方式展示信息和观点。

尽管Word 2016提供了多种形状用于绘图，但对于大多数用户而言，快速创建具有专业设计感的图形仍然具有挑战性。而SmartArt图形提供了多种类型的图形，用户可以根据逻辑和信息表达需求选择合适的类型，从而轻松解决这一难题。而且SmartArt图形通过直观的形式表达信息和观点，有助于用户理解和接受。图3-3-34为使用SmartArt图形描述软件工程的简要步骤的效果。

图 3-3-34　使用 SmartArt 图形描述软件工程的简要步骤的效果

使用 SmartArt 图形创建如图 3-3-34 所示流程图的操作步骤如下：

(1) 点击“插入”选项卡，在“插图”组中找到并点击 SmartArt 按钮。

(2) 在弹出的 SmartArt 图形选择对话框中，浏览至“流程”类别，并选择“基本流程”样式（或其他所需样式）。选择样式后，可以查看关于该样式的简单描述。

(3) 选定样式后，Word 2016 将在文档中插入一个带有“在此键入文字”占位符的 SmartArt 图形。在此占位符中输入与流程图相关的文本内容即可。

注意： 点击 SmartArt 图形后，会自动激活“SmartArt 工具”选项卡，其中包含两个重要的子选项卡：“设计”和“格式”。在“设计”选项卡中，用户可以修改文本级别、调整 SmartArt 图形的布局，并应用不同的 SmartArt 样式。而“格式”选项卡则提供了修改形状样式和文本外观的选项，以满足用户的个性化需求。

4. 插入文本框

文本框是一种灵活的图形对象，其主要作用是为文本或图形提供一个可编辑、可排版的容器。用户可将其放置在页面的任何位置，并根据实际需要调整其大小。文本框由于其高度的灵活性和便利性备受用户青睐。

对于已插入的文本框，用户可以通过调整其形状样式来美化其外观。例如，通过“形状填充”选项，用户可以为文本框选择各种填充颜色，以美化视觉效果，如图 3-3-35 所示。同时，利用“形状轮廓”选项，用户还可以为文本框选择轮廓颜色，以突出其边界或与其他元素形成对比，如图 3-3-36 所示。

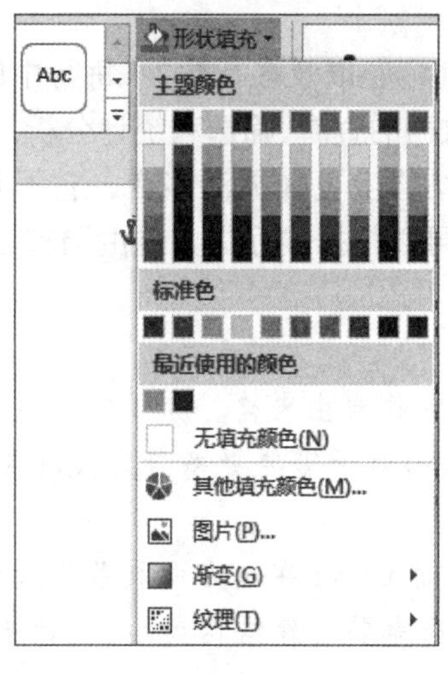

图 3-3-35　“形状填充”下拉列表

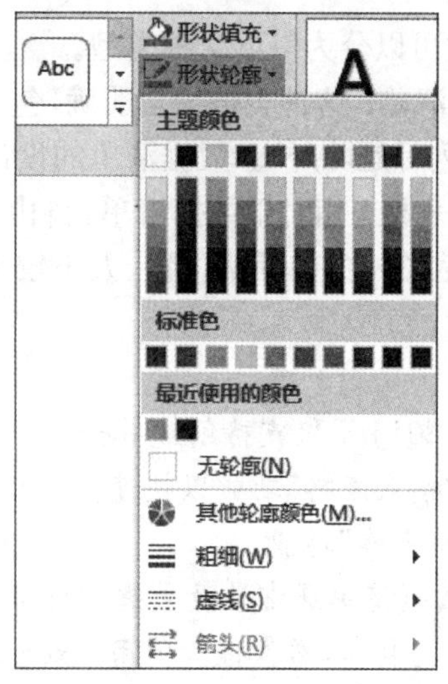

图 3-3-36　“形状轮廓”下拉列表

5. 插入艺术字

Word 2016 的艺术字功能为用户提供了对文字进行个性化处理的强大工具。通过这一功能,用户可以对文字的字形、字号、形状和颜色添加独特的视觉效果,使文字以图形或图片的形式呈现,从而增强文档的吸引力和表现力。

Word 2016 内置了 20 种预设的艺术字样式,如图 3-3-37 所示,这些样式为用户提供了快速应用艺术字效果的便捷途径。用户可以根据实际需求选择合适的样式,轻松实现文字的艺术化处理。

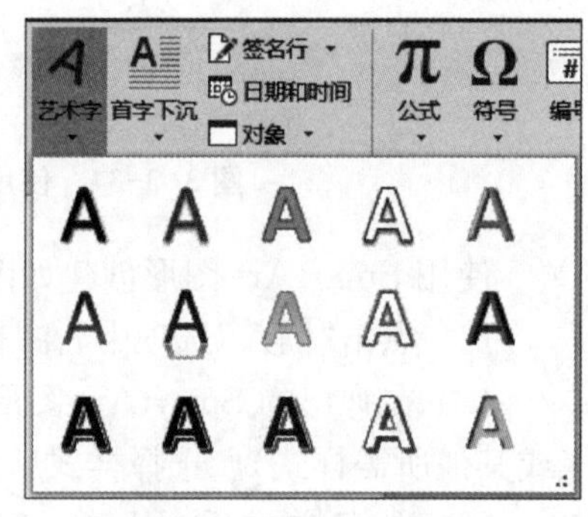

图 3-3-37 艺术字样式

为文本添加艺术字效果,可以通过以下两种方法实现。

(1) 直接插入艺术字:在 Word 2016 的“插入”选项卡下,找到“文本”组并点击“艺术字”按钮,从弹出的样式列表中选择一个合适的艺术字样式。随后,会出现一个艺术字文本框,可以在其中直接输入所需的文本内容。

(2) 为现有文本应用艺术字样式:首先选中已经存在于文档中的文本。接着,在“绘图工具—格式”选项卡中,找到“艺术字样式”组,并点击“其他”按钮以展开更多样式选项。从弹出的下拉列表中选择一个艺术字效果,即可将所选样式应用到文本上。

3.4 表格处理

在 Word 2016 文档中制作表格,首先需熟练掌握快速插入表格的技巧。接着,学会对表格的行、列进行增减、调整表格样式、设置边框和底纹等美化操作。同时,还应掌握表格内数据的排序和计算方法,以便更有效地处理和分析表格中的数据。

3.4.1 创建表格

表格通常可以分为以下两种类型。

(1) 数据清单:这种表格结构明确,包含一行列标题以及多行数据,每行中同列的数据类型通常相同(列标题除外)。数据清单的设计便于数据的查看、筛选和统计分析。

(2) 自由表格:相对于数据清单,自由表格在结构上更加灵活多变。它不具备严格的数据清单特点,表格中的单元格位置、大小较为随意,可以根据实际需要自由调整,适用于非结构化数据的展示。

注意:

① Word 2016 不仅支持创建数据清单,还支持制作自由表格。为了实现这两种表格的制作,推荐使用“插入表格”功能以快速生成标准表格,而对于需要更多自定义和灵活性的表格,可以采用“绘制表格”功能。

② 鉴于数据清单通常涉及数据的计算和分析,而 Excel 在这方面具备强大的功能,因此,对于数据清单的制作,通常推荐使用 Excel。然而,当需要创建结构灵活、设计自由的表格时,Word 则是一个更为合适的选择。

1. 创建数据清单

图 3-4-1 所示为成绩单,它也是一个数据清单。

制作图 3-4-1 所示成绩单表格的步骤如下:

成绩单

学号	姓名	数学	语文	外语
201503050001	张三	87	80	78
201503050002	李四	90	84	86
201503050003	王五	78	82	72

图 3-4-1 成绩单

(1) 在 Word 文档中输入标题“成绩单”。对“成绩单”这一标题进行文字格式设置：字体选择宋体，字号设置为小二，加粗，并确保文字居中对齐（根据用户需求设置即可）。按下“Enter”键另起一行，以输入表格前的其他文字或说明。

(2) 对新一行的文字进行格式设置：字体选择宋体，字号设置为五号，确保文字不加粗，并设置为左对齐。

(3) 切换到“插入”选项卡中的“表格”组。点击“表格”下拉按钮，在弹出的选项中选择“插入表格(I)...”。在弹出的对话框中，根据需求设置列数为 5，行数为 4。另一种快速插入表格的方式是，直接在下拉列表中选择对应的行数和列数来插入表格，如图 3-4-2 所示。

(4) 成功执行上述步骤后，将生成一个包含 5 列 4 行的表格，总计有 20 个单元格。每个单元格内部都包含一个段落标记，便于用户输入或编辑数据。

(5) 根据实际需求，在相应的单元格中输入成绩单的数据。

注意：一旦表格被插入文档中，点击表格的任意位置都会激活 Word 2016 的“表格工具”选项卡。这个选项卡包含两个重要的子选项卡：“设计”和“布局”。通过这些选项卡，用户可以对表格进行样式设计、格式调整和布局优化。

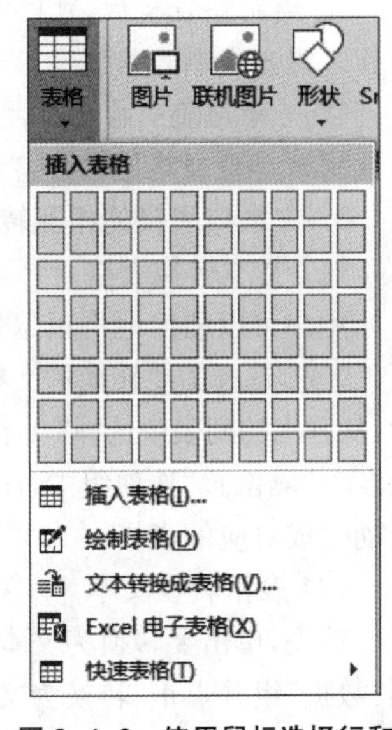

图 3-4-2 使用鼠标选择行和列插入表格

2. 创建自由表格

图 3-4-3 是一张电费通知单的空白模板，这张表格并不具备数据清单的格式化特点，因此它可以视为一个自由表格。

电费通知单

户名					
地址					
上次抄见		本次抄见		减后预收	
加需补收		本月实计		应交电费	
其它留言					

图 3-4-3 电费通知单空表

制作电费通知单表格的步骤如下：

(1) 在文档中键入“电费通知单”作为标题，并为其设置文字样式为：宋体、字号为小二、加粗效果，并确保标题文本居中对齐。

(2) 按“Enter”键开始新的一行，然后设置该行文字的格式为：宋体、字号为五号、不加粗，并使其左对齐。

(3) 切换到“插入”选项卡，在“表格”组中找到“表格”的下拉按钮，从中选择“绘制表格”功能来手动绘制表格。

(4) 鼠标指针变为铅笔形状。利用鼠标拖动绘制表格的外框，并在表格内部绘制所需的直线以形成单元格。

(5) 完成表格绘制后，在相应的单元格中输入电费通知单的数据。

注意：

① 绘制完表格后，可以按“Esc”键或再次点击“表格工具—设计”选项卡中的“绘制表格”按钮来退出绘制表格状态。

② 若需调整表格中单元格的大小，可单击并拖动表格中的线条边界。这一操作同样适用于数据清单型表格的单元格大小调整。

3. 文本与表格的相互转换

(1) 文本转换表格

用户可以便捷地将以逗号、制表符或其他特定字符分隔的文本转换为表格。操作步骤如下：首先，选择需要转换的文本；然后，在“插入”选项卡的“表格”组中，点击“表格”下拉按钮；最后，从弹出的列表中选择“文本转换成表格”选项即可。此后，会弹出一个对话框(图 3-4-4)，在“文字分隔位置”选项组中，需要选择文本中所使用的分隔符号。最后，点击“确定”按钮，即可自动生成对应的表格。

(2) 表格转换文本

首先，单击要转换为文本的表格的任意位置。然后，在 Word 2016 的“布局”选项卡中，找到“数据”组并点击“转换为文本”按钮。此时，会弹出一个对话框(图 3-4-5)，提示选择一种文字分隔符。在选择合适的文字分隔符后，点击“确定”按钮即可完成转换。这样，原本的表格内容就被转换成了纯文本格式。

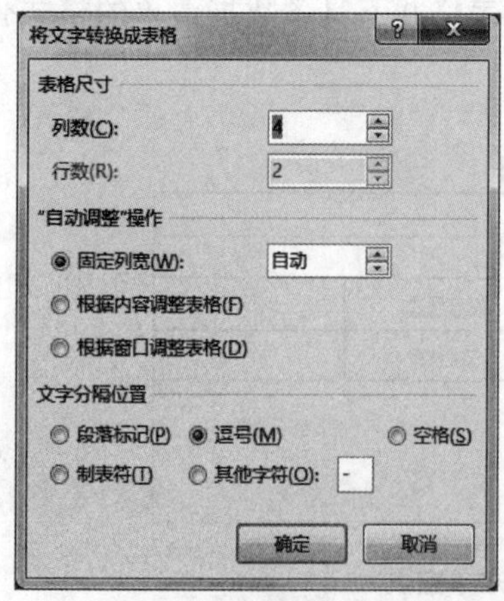

图 3-4-4 “将文字转换成表格”对话框

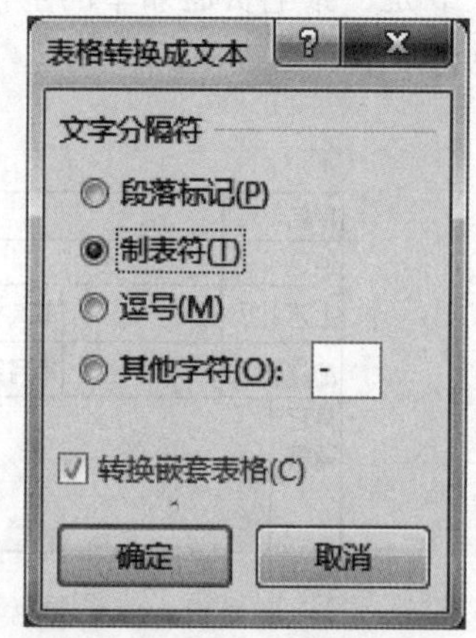

图 3-4-5 “表格转换成文本”对话框

4. 重复标题行

在插入表格时，如果表格内容跨越多页显示，为了方便阅读，通常需要在每一页的顶部重复显示表格的标题行。具体步骤如下：

(1) 鼠标定位到原始表格的标题行。

(2) 在“表格工具”的“布局”选项卡中，找到“数据”组。

(3) 在“数据”组内，点击“重复标题行”按钮。

完成上述步骤后，当表格内容在文档中分页显示时，系统会自动在每一页的首行重复显示表格的标题行，以便用户能够快速识别表格的内容和数据结构。

3.4.2 编辑与修饰

1. 表格、单元格、行和列的选择

单元格是构成表格的基本单位，在表格编辑中，可以选择整个表格或其组成部分。

(1) 选择整个表格：将鼠标指针移至表格左上角的图标处，单击即可快速选中整个表格。

(2) 选择单个单元格：将鼠标指针定位到要选中的单元格上，连续单击三次，或者当鼠标指针变为黑色实心箭头时，单击即可选中该单元格。

(3) 选择连续多个单元格：通过拖动鼠标，可以直接选中多个连续的单元格。

(4) 选择不连续多个单元格：按住“Ctrl”键的同时，分别单击不同的单元格，即可选中这些不连续的单元格。

(5) 选择连续的行或列：单击某行的左边界或某列的上边界，然后拖动鼠标，即可选中连续的多行或多列。

(6) 选择不连续的多行或多列：在按住“Ctrl”键的同时，分别单击不同的行或列，即可选中这些不连续的行或列。

2. 合并、拆分单元格

利用“表格工具—布局”选项卡的“合并”组，用户能够实现单元格的合并、拆分以及整个表格拆分。

3. 插入行、列和单元格

在“布局”选项卡的“行和列”组中，用户可以选择多种插入方法以添加行或列。此外，还可以通过点击该组右下角的对话框启动器按钮，来打开“插入单元格”对话框。在这个对话框中，用户可以根据需要选择合适的选项，以精确控制单元格的插入方式和位置，如图 3-4-6 所示。

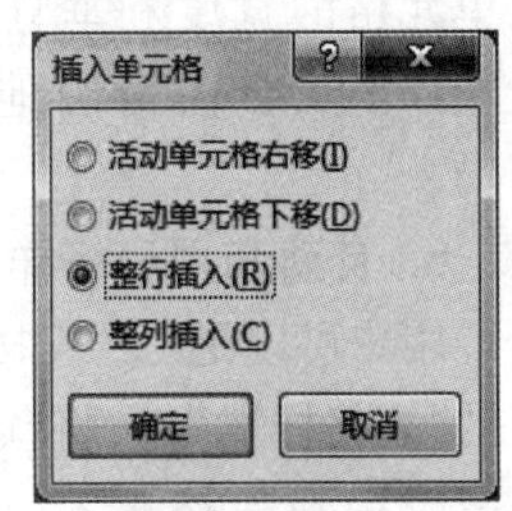

图 3-4-6 “插入单元格”对话框

4. 删除行、列和单元格

编辑表格时，删除单元格的步骤如下：

(1) 选中需要删除的特定单元格或单元格区域。

(2) 在“表格工具”的“布局”选项卡中，定位到“行和列”组。

(3) 点击“删除”下拉按钮。

(4) 在弹出的列表中，选择适合的删除选项，如“删除单元格”“删除行”或“删除列”，如图 3-4-7 所示。

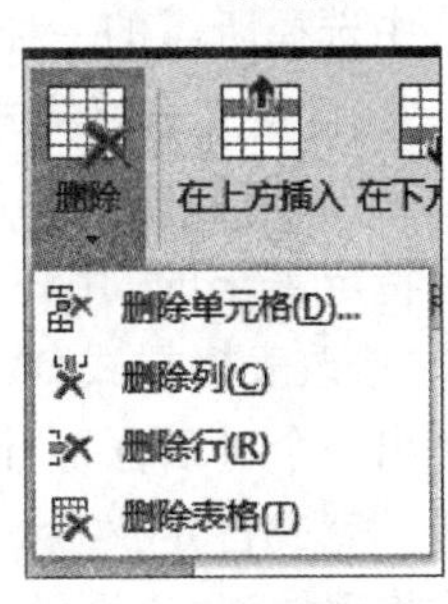

图 3-4-7 “删除”下拉列表

通过以上步骤，可以删除表格中的特定单元格或单元格区域。

5. 调整行高和列宽

在编辑表格时，如果不需要精确设定单元格的大小，可以直接通过拖动单元格边框来调整其大小。方法是按住鼠标左键，然后上下或左右拖动单元格的边框。

然而，如果需要更精确地根据数据来调整单元格大小，可以使用“表格工具—布局”选项卡中的“单元格大小”组。在这里，可以设置具体的单元格高度和宽度数据，单元格的大小将根据输入的数据进行精确调整。

6. 单元格的对齐方式与文字方向

单元格的对齐方式是指内容在单元格内的相对位置设置。在“表格工具—布局”选项卡中，“对齐方式”组提供了多种对齐选项，包括上部两端对齐、上部居中对齐、上部右对齐、居中对齐(垂直和水平)、中部两端对齐、水平居中、中部右对齐、下部两端对齐、下部居中对齐、下部右对齐，如图 3-4-8 所示。选择适当的对齐方式可以确保表格内容更加清晰易读。用户可以根据需要选择合适的对齐方式。

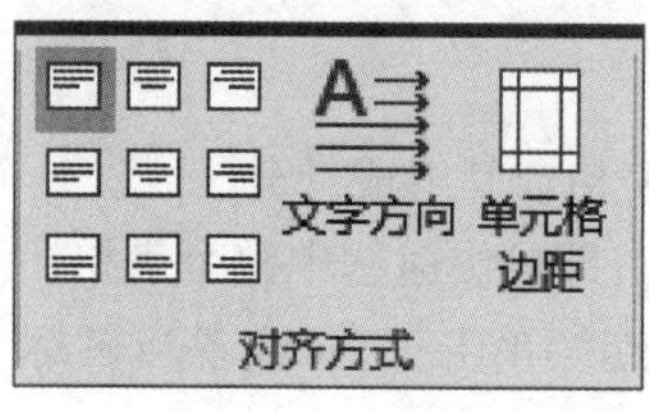

图 3-4-8 单元格对齐方式

“文字方向”功能允许用户调整所选单元格中文本的排列方向。

“单元格边距”则用于设置单元格与其相邻单元格之间的间距，以及单元格与其内部内容之间的间隔。

7. 表格属性设置

在“表格工具—布局”选项卡的“单元格大小”组中，点击对话框启动器按钮将打开“表格属性”对话框，如图 3-4-9 所示。这个对话框提供了多个选项卡，用于详细设置表格的属性。其中，“表格(T)”选项卡允许用户指定表格的整体大小、对齐方式以及文字环绕方式；“行(R)”选项卡用于调整行的高度；“列(U)”选项卡用于设定列的宽度；“单元格(E)”选项卡允许用户设定单元格的宽度和垂直对齐方式。通过这些设置，用户可以精确地控制表格的外观和布局。

8. 自动套用表格样式

用户可以通过“表格工具—设计”选项卡中的“表格样式”组，将预先定义好的表格样式快速应用到表格上，从而快速定义表格的外观。只需点击“表格样式”下拉按钮，从列出的样式中选择所需的一种即可。

9. 自定义表格样式

当“表格样式”下拉列表中的预设样式不满足特定需求时，用户可以自定义表格样式。选择“修改表格样式”或“新建表样式”选项后，会弹出一个对话框，允许用户进行详细的样式设置。完成自定义后，点击“确定”按钮，新的样式将添加到“表格样式”下拉列表中，供用户随时选择和应用。

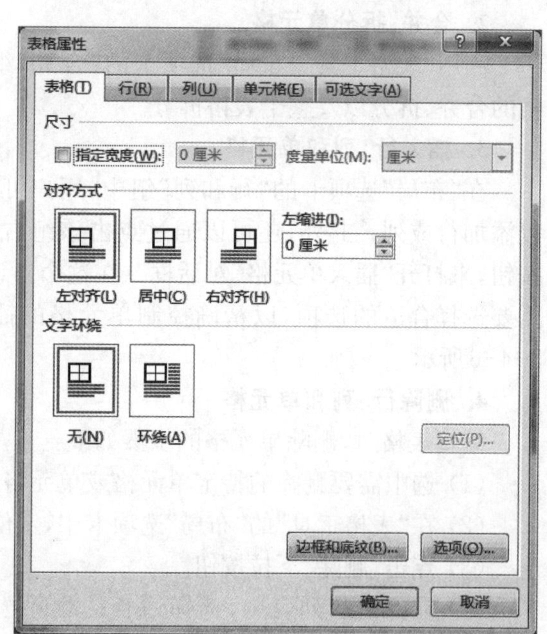

图 3-4-9 “表格属性”对话框

10. 边框和底纹

用户可以为表格增添丰富的外观效果，如色彩和边框样式。首先，选择需要设置边框的单元格，然后在"表格工具—设计"选项卡的"边框"组中选择所需的线型、粗细和颜色。接着，选择合适的框线来应用这些设置。若需设置底纹，可点击"底纹"下拉按钮进行操作。

另外，用户也可以通过点击"边框"组中的对话框启动器按钮，打开"边框和底纹"对话框进行更详细的设置。在"边框(B)"选项卡中，用户可以详细定义边框的样式；而在"底纹"(S)选项卡中，则可以设置表格的底纹效果。这些功能为用户提供了更多自定义表格外观的选项。

针对图 3-4-1 所示的成绩单，为了增强其视觉效果，可以为其设置边框和底纹，效果如图 3-4-10 所示。

成绩单

学号	姓名	数学	语文	外语
201603050001	张三	87	80	78
201503060002	李四	90	84	86
201503050003	王五	78	82	72
平均分				

图 3-4-10　为表格添加边框与底纹

图 3-4-10 所示成绩单为在图 3-4-1 所示成绩单的基础上，进行了一些格式调整。实现该特定格式调整的步骤如下：

(1) 选中表格的最后一行任意一个单元格。

(2) 使用"表格工具—布局"选项卡中的"行和列"组，点击"在下方插入"以在表格底部添加新行。

(3) 选择新插入行的前两个单元格，并通过"表格工具—布局"的"合并"组进行合并。在合并后的单元格中输入"平均分"。

(4) 选择整个表格的所有单元格，然后利用"表格工具—布局"的"对齐方式"组，点击"水平居中"以确保所有内容在单元格内水平和垂直居中。

(5) 单独选中表格的第 1 行，即列标题或字段属性行。

(6) 切换到"表格工具—设计"选项卡，点击"边框"组中的"边框"下拉按钮，并选择"边框和底纹"选项。

(7) 在"边框和底纹"对话框的"边框(B)"选项卡中，选择"自定义(U)"设置。在"宽度"(W)选项中选择"2.25 磅"，并只在下方"预览"区域选择横线以设置为 2.25 磅的单实线。在"应用于(L)："选项中选择"单元格"以确保设置仅应用于选定的列标题单元格，如图 3-4-11 所示。

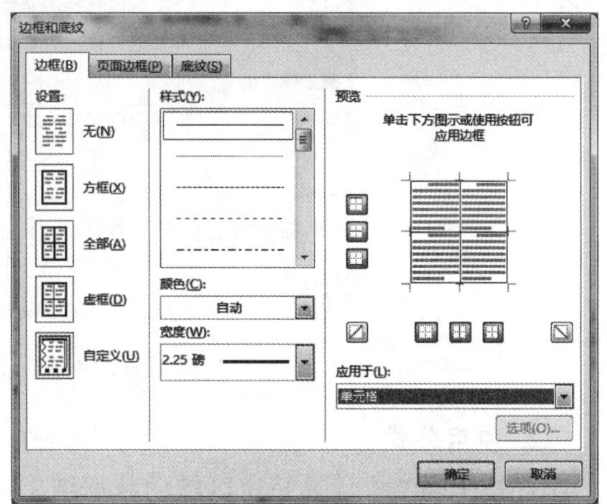

图 3-4-11　为表格设置边框

(8) 在"边框和底纹"对话框中进一步调

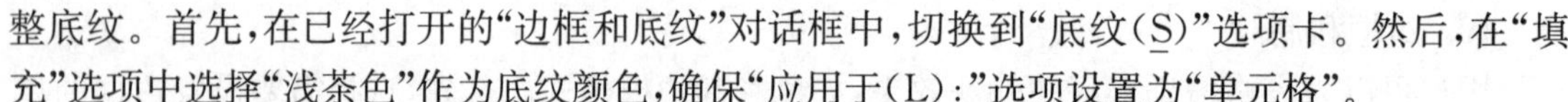

整底纹。首先,在已经打开的“边框和底纹”对话框中,切换到“底纹(S)”选项卡。然后,在“填充”选项中选择“浅茶色”作为底纹颜色,确保“应用于(L):”选项设置为“单元格”。

(9) 点击“确定”按钮,完成边框和底纹的设置。

注意:

① 如需删除表格,应单击表格中的任意单元格,随后在“表格工具—布局”选项卡的“删除”组中,点击“删除表格”按钮即可。

② Word 2016 已内置多种预设的表格样式,这些样式位于“表格工具—设计”选项卡下的“表格样式”库中,用户可以选择这些样式以快速改变表格的外观。

3.4.3 数据计算

数据清单中,排序和计算是常见的操作手段。排序是根据特定条件调整数据行(除标题行外)的排列顺序。而计算则涉及在单元格中填入基于其他单元格内容计算得出的结果。

在表格的构成上,Word 2016 遵循了标准的行列编号规则。行从上至下依次编号为 1、2、3、……,列从左至右则采用字母 A、B、C、……进行标识。每个单元格的位置由其所在的列号和行号共同确定,如 A1、C3。表格的区域范围通过指定左上角的起始单元格和右下角的结束单元格的行列号来定义,例如“A1:C3”。

1. 排序

要对表格中的数据进行排序,首先将光标定位在表格内,然后在“表格工具—布局”选项卡的“数据”组中点击“排序”按钮。这将打开一个对话框,如图 3-4-12 所示,在该对话框中,可以设置主要关键字、排序的类型(如文本、数字等)以及排序方式(升序或降序)。完成设置后,点击“确定”按钮,系统将根据所选条件对表格数据进行排序。

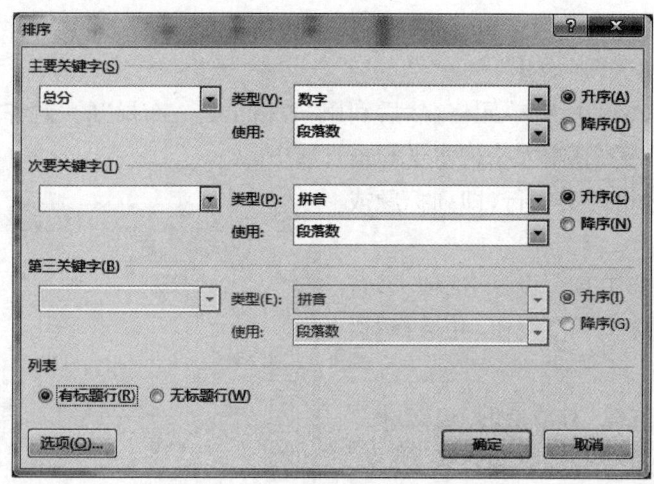

图 3-4-12 “排序”对话框

2. 使用公式

若要在表格中计算特定区域的数据结果,首先将光标定位到需要显示计算结果的单元格。然后,在“表格工具—布局”选项卡的“数据”组中,点击“公式”按钮。在弹出的对话框(图 3-4-13)中,从“粘贴函数(U)”下拉列表框中选择所需的函数,例如 SUM 用于求和。接下来，在“公式”文本框中输入相应的参数，指明参与计算的单元格范围，如“B2:B4”，这表示对 B2 到 B4 单元格的数据进行求和。完成输入后，点击“确定”按钮，系统自动根据公式计算出结果并显示在单元格中。

如图 3-4-14 所示成绩单中按照外语成绩降序排列，并计算填入平均分的操作步骤如下：

(1) 通过鼠标拖动选择表格的前四行，包括标题行和紧随其后的三名学生数据行，这些选定的单元格将成为排序的范围。

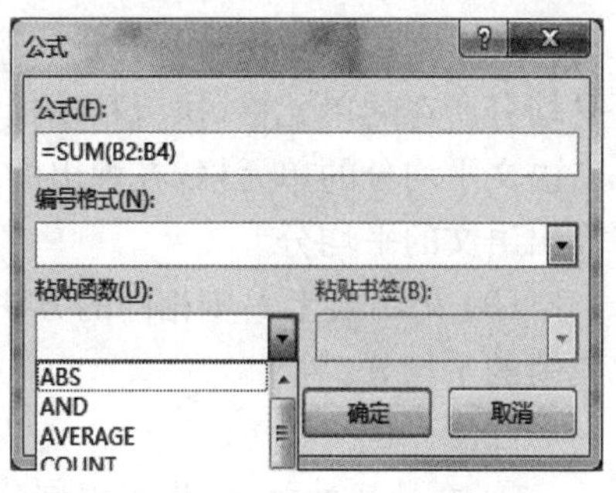

图 3-4-13 “公式”对话框

成绩单

学号	姓名	数学	语文	外语
201503050002	李四	90	84	86
201503050001	张三	87	80	78
201503050003	王五	78	82	72
平均分		85	82	78.67

图 3-4-14 成绩单

(2) 将选项卡切换至“表格工具—布局”，在“数据”组中找到“排序”按钮并点击。

(3) 在打开的“排序”对话框中，确认已勾选“有标题行(R)”选项，确保排序时不包括标题。随后，将“主要关键字(S)”设为“外语”，并将“类型(Y):”指定为“数字”。最后，选择“降序(D)”排序方式，以完成设置，这将使外语成绩从高到低进行排序。完成设置后，点击“确定”按钮以应用排序，如图 3-4-15 所示。

(4) 系统将根据设定的条件对表格数据进行排序。

(5) 定位到“数学”列的最下方单元格，表示此处将填入即将计算得到的数学平均分。

(6) 将选项卡切换到“表格工具—布局”，并在“数据”组中点击“公式”按钮。

(7) 在弹出的“公式”对话框中，设置“公式(F):”为“=AVERAGE(ABOVE)”，这将计算当前单元格上方所有单元格中数值的平均值。完成后，点击“确定”按钮，系统将自动计算并填入平均分到指定的单元格中，如图 3-4-16 所示。

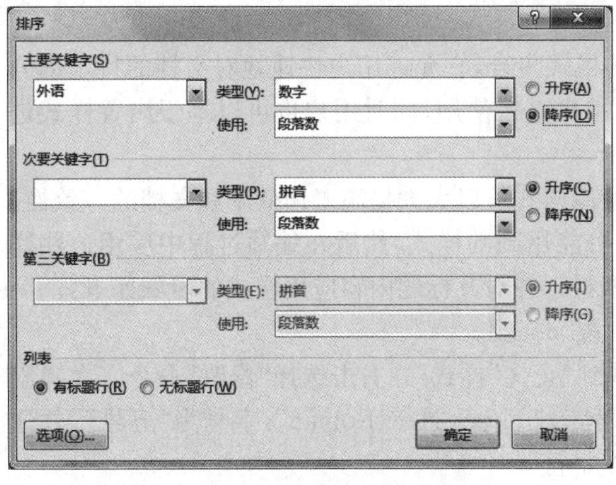

图 3-4-15 按外语成绩降序排序

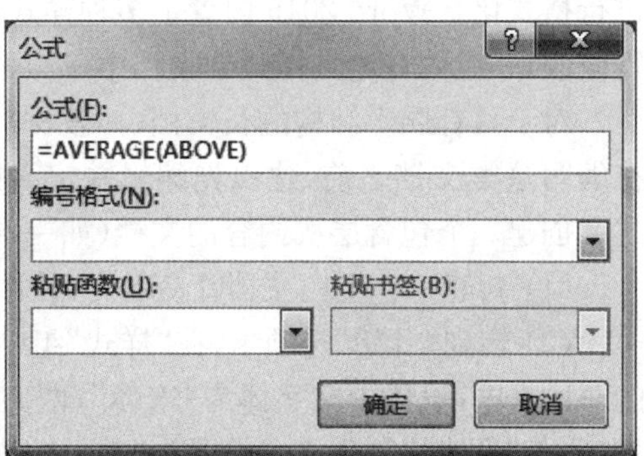

图 3-4-16 计算平均分

(8) 计算得到数学平均分"85"后，首先，选中该单元格并复制其内容。然后，定位到语文平均分所在的单元格，执行粘贴操作，并在弹出的"粘贴选项"中选择"保留源格式"。最后，右击语文平均分的单元格，在弹出的快捷菜单中选择"更新域"命令，系统将自动根据已有数据计算出语文的平均分。

(9) 采用与上一步相同的方法，将数学平均分的计算方法应用于"外语"列，以计算出外语成绩的平均分。

注意：

① 在排序数据时，应根据字段类型选择合适的排序类型。对于数值型字段(如"外语"成绩)，通常选择"数字"作为排序类型；对于文本型字段(如"姓名")，通常选择"拼音"排序；而对于日期型字段(如出生年月日)，则选择"日期"排序。

② 排序时，可以设定多个关键字以进一步细化排序规则。例如，当"主要关键字"设为"外语"时，可以添加"次要关键字"如"语文"，这样当"外语"成绩相同时，将根据"语文"成绩来确定这些行的相对次序。

③ 函数是执行特定计算任务的程序段，由函数名和参数组成。函数名定义了其功能，而参数则指定了计算所需的输入数据。Word 2016 内置了一系列函数，可以快速应用于表格中的计算。如"＝AVERAGE(ABOVE)"就是一个函数示例，它计算当前单元格上方所有单元格的平均值，其中"AVERAGE"是函数名，"ABOVE"是函数参数，且等号与参数都必须正确使用。

④ 单元格在表格中有特定的名称或引用，称为"单元格引用"。它基于列号和行号来标识，如"B1"表示第二列第一行的单元格。在计算平均分时，虽然可以使用函数如"＝AVERAGE(C2,C3,C4)"或直接表达式"＝(C2＋C3＋C4)/3"，但这些特定引用在复制到其他单元格时可能不适用，因为引用的单元格会随之改变。

⑤ 排序和函数计算是数据清单处理中常用的操作，特别是排序，它能帮助用户快速整理和分析数据。

3.5 高级应用

3.5.1 样式使用

样式是 Word 2016 中一组预先定义好的格式集合，它允许用户快速地对文档的特定部分进行格式化。Word 2016 内置了多种样式供用户直接使用，同时用户也可以基于内置样式进行修改，并应用自定义样式到文档中。

对于具有层次结构的长文档(如教材)，使用样式可以大大提高工作效率和文档的一致性。在编写这类文档之前，建议先编辑并定义好可能用到的样式，然后在编写过程中应用这些样式。创建一个包含层次内容的文档(如一部教材)，并对其标题内容应用样式的步骤如下：

(1) 新建一个空白文档并命名为"软件工程. docx"。

(2) 转到"开始"选项卡，在"样式"组中找到"正文"样式，并右击选择"修改"命令。在弹出的对话框中，设置中文字体为"宋体"，西文字体为"Times New Roman"，字号为"五号"，并通过"段落"设置将特殊格式设置为"首行缩进 2 字符"。

(3) 同样在"样式"组中，找到"标题 1"样式并右击选择"修改"。在对话框中，将"样式基准”设置为“无样式”，并设置对齐方式为“居中”。接下来，设置中文字体为“宋体”，西文字体为“Times New Roman”，字号为“小二”。

(4) 修改“标题 2”样式，设置“样式基准”为“无样式”，对齐方式为“左对齐”。设置中文字体为“宋体”，西文字体为“Times New Roman”，字号为“三号”。

(5) 在文档中输入“软件工程”，并为每个字设置单独的段落。将这些文字的格式设置为“宋体、72 号、加粗、居中对齐”，并取消所有段落的特殊格式(即取消首行缩进)。

(6) 在文档末尾添加新页并设置格式：

① 定位光标到文档末尾。

② 切换至“布局”选项卡，点击“分隔符”选择“下一页”，插入新页。

③ 在新页上输入“目录”，并应用“正文”样式。

④ 设置“目录”格式为“宋体、小二号、加粗、居中对齐”。

⑤ 重复步骤②，在文档末尾再插入一页。

⑥ 在新页中，选择文本并应用“正文”样式。

通过上述步骤，可以在文档末尾添加新的页面，设置特定的格式，并应用相应的样式，效果如图 3-5-1 所示。

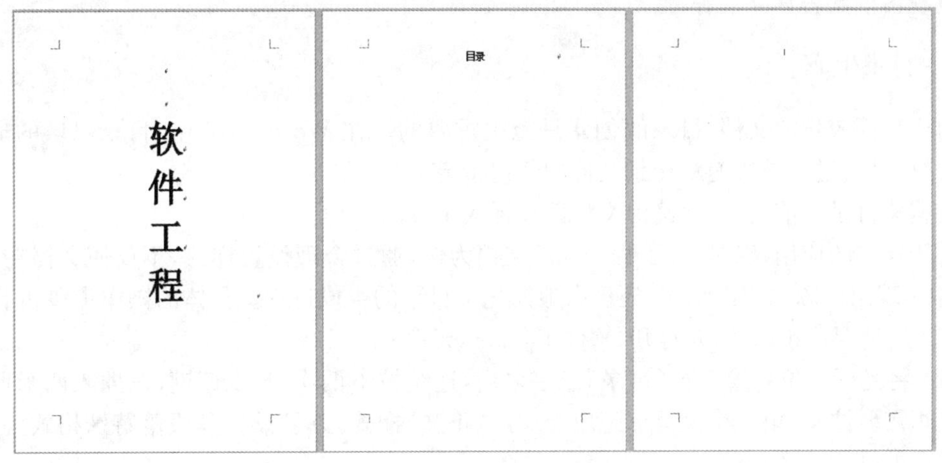

图 3-5-1　加入目录页与正文页

(7) 从第 3 页起，开始输入简短的文本内容，包含教材的标题和正文，确保标题间体现清晰的层次结构，如图 3-5-2 所示。

(8) 为章标题“第 1 章　软件工程概述”应用“标题 1”样式，以统一格式并强调其层级。

(9) 将所有节标题(如“1.1 软件工程基本概念”)统一应用“标题 2”样式，以确保层级清晰。

(10) 修改“标题 3”样式：在“开始”选项卡下的“样式”组中，右击“标题 3”样式并选择“修

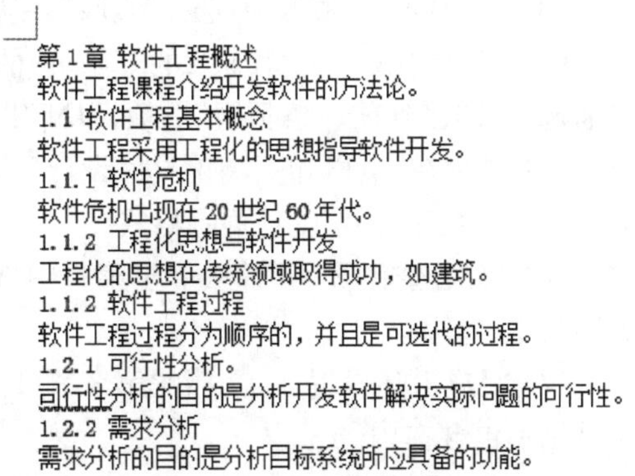

第 1 章 软件工程概述
软件工程课程介绍开发软件的方法论。
1.1 软件工程基本概念
软件工程采用工程化的思想指导软件开发。
1.1.1 软件危机
软件危机出现在 20 世纪 60 年代。
1.1.2 工程化思想与软件开发
工程化的思想在传统领域取得成功，如建筑。
1.1.2 软件工程过程
软件工程过程分为顺序的，并且是可迭代的过程。
1.2.1 可行性分析。
可行性分析的目的是分析开发软件解决实际问题的可行性。
1.2.2 需求分析
需求分析的目的是分析目标系统所应具备的功能。

图 3-5-2　教材标题及正文

改”。在对话框中，取消“样式基准”的样式设置，并将对齐方式设为“左对齐”。进一步，通过“格式”下拉列表选择“字体”，设置中文字体为“宋体”，西文字体为“Times New Roman”，并调整文字大小为“四号”。

(11) 对文档中所有节标题(如“1.1.1　软件危机”)应用已修改的“标题 3”样式，以保持格式一致性。

(12) 快速浏览和定位文档结构：在“视图”选项卡下，勾选“导航窗格”复选框。在打开的“导航窗格”中，选择“标题”选项卡，可清晰查看文档结构，并快速跳转到所需部分。

(13) 保存文档。

注意：

① 在制作文档时，建议首先定义并设置可能会频繁使用的样式，随后在撰写过程中应用这些样式。

② 分节符是一个重要的工具，它可以将文档切分为多个独立的节。例如，通过插入两个分节符，文档可以被划分为三个独立的节，这为后续为不同部分设置不同的页面属性(如方向、纸型、页边距、页眉、页脚以及页码格式等)提供了便利。通常，在页面的常规视图模式下，分节符是隐藏的，但在草稿视图模式下可以被看到(表现为双虚线)。若需要删除某个分节符，只需在草稿视图下点击该分节符，然后按“Delete”键即可。

3.5.2　目录生成

对于篇幅较长的文档，目录的创建是至关重要的。在 Word 2016 中，目录以域的形式存在，用户可以通过目录快速跳转到文档的任何特定部分。

在构建目录之前，首先要确保文档已经插入了页码。

关于样式的应用，以“软件工程. docx”文档为例，通过合理设置样式，不仅使文档在 Word 2016 中呈现出清晰的层次结构，还极大地简化了目录的生成过程。具体的操作步骤如下：

(1) 启动 Word 2016，并打开“软件工程. docx”文档。

(2) 将光标定位到第 2 页“目录”二字之后，连续按下两次“Enter”键，以插入两个段落标记。这里需要注意，第二个段落标记应当应用“正文”样式，并且设置其段落特殊格式为无，以确保目录的排版整齐一致。

通过上述两个步骤，便可以为“软件工程. docx”文档构建出层次清晰、便于查阅的目录。

(3) 在“插入”选项卡中，选择“页脚”并从下拉菜单中选择“编辑页脚”以进入页脚编辑模式。

(4) 定位到第 3 页(第 1 章的开始页)的页脚处，并在“页眉和页脚工具—设计”选项卡中，取消选中“链接到前一条页眉”选项，以断开与前一页页脚的链接。

(5) 继续在“页眉和页脚工具—设计”选项卡中，选择“页码”并从下拉菜单中选择“页面底端”→“普通数字 2”来设置页码格式。

(6) 再次选择“页码”并从下拉菜单中选择“设置页码格式”，在弹出的对话框中设置起始页码为 1。

(7) 完成上述设置后，文档的第 3 节(即正文部分)将开始从页码 1 进行编号，而封面和目录页则不包含在内。

(8) 完成页码设置后，退出页眉和页脚编辑模式。

(9) 将光标定位到第 2 页(目录页)的第二个段落标记前，这是目录的插入位置。在“引用”选项卡中，选择“目录”并从下拉菜单中选择合适的目录样式以插入目录。

(10) 目录插入完成后，保存文档，结果如图 3-5-3 所示。

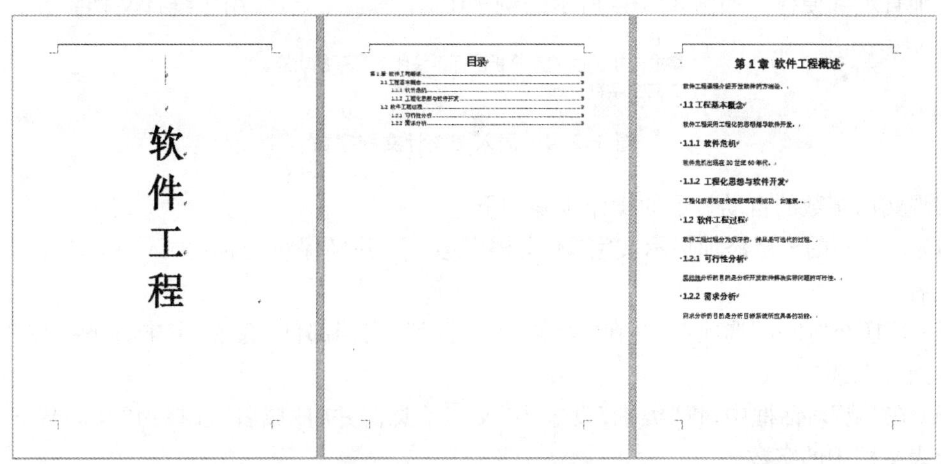

图 3-5-3　插入目录

注意： 确保每个章节的内容都始于一个新的页面，并且为章节标题应用相应的样式，以保持文档的一致性和层次结构。这样的设置可以轻松地为整个文档生成准确的目录，并便于用户快速导航到所需章节。

3.5.3　域和宏

1. 域

在 Word 文档中，通过插入域，可以在特定位置显示动态或静态的信息。这些域可以显示为域代码或域结果，其中域代码是包含在花括号“{}”中的一串字符，而域结果则是根据域代码生成的、用户期望在文档中看到的形式。

例如，通过插入日期域，如“{DATA \\@”yyyy’年’M’月’d’日”\\ * MERGEFORMAT}”，可以自动显示当前日期，如“2024 年 5 月 5 日”。

Word 2016 的域功能非常强大，可以用于自动编页码、图表题注、脚注、尾注，插入日期和时间，链接与引用其他文档的内容，保持文字更新，创建目录、索引、图表目录，邮件合并和数学运算等。

对于域的操作，主要包括更新和删除。

更新域：确保域结果保持最新状态。

更新单个域：直接点击该域，然后按“F9”键；或右键单击后选择“更新域”。

更新所有域：使用“Ctrl＋A”全选文档后，按“F9”键；或全选后右键单击，选择“更新域”。

显示或隐藏域代码：可以通过“Shift＋F9”组合键切换单个域的显示模式；或使用“Alt＋F9”组合键切换整个文档的域代码显示。

解除域链接：若要将域结果转换为静态文本，不再更新，可以选中域(单个域)后按“Ctrl＋Shift＋F9”组合键或全选(所有域)后按此组合键。

删除域：与删除常规文本相同，直接删除即可。

对于初学者来说，手动插入和编辑域可能较为复杂，但 Word 2016 提供了“可视化”工具来帮助用户更轻松地操作和管理域。这些工具通常位于“插入”或“引用”等选项卡中，使域的使用更加直观和便捷。如图 3-5-4 所示的例子中，添加了一个域，用于统计文档字数。

需求分析的目的是分析目标系统所应具备的功能。
本文档字数：254

图 3-5-4　插入域统计文档字数

实现文档字数的自动显示的操作步骤如下：

(1) 在文档的末尾添加提示文字“本文档字数：”，并确保将光标（插入点）定位在该提示文字之后。

(2) 切换至“插入”选项卡，并在“文本”组中找到“文档部件”选项，点击其下拉按钮后，从弹出的列表中选择“域”。

(3) 在“域”对话框中，将“类别”设置为“文档信息”，并将“域名”选择为“NumWords”，该域名代表文档中的字数。

完成上述设置后，Word 2016 将自动在指定位置插入当前文档的字数，实现字数的动态显示。

注意：

Word 2016 内置了多种域类型，用户可以在“域”对话框中浏览并选择它们。一旦选中某个域，对话框通常会提供关于该域的简要说明信息，以帮助用户理解其功能。对于常见的或复杂的域应用，Word 2016 已经将它们整合为直观的命令，如插入页码、题注等，以方便用户快速使用。对于不熟悉域代码语法的用户，特别是初级用户，建议通过“域”对话框来插入和编辑域，以避免直接编辑域代码可能带来的复杂性。

2. 宏

宏是自动化一系列动作和命令的工具，特别适用于那些机械性、重复性的操作。宏的功能通过宏代码实现，这些代码可以由高级用户手动编写以实现特定的复杂功能，而 Word 2016 也为初级用户提供了创建和编辑宏的可视化方法。

创建一个名为“外框加粗 2×2 表格”的宏，这个宏将在文档中快速插入一个 2 行 2 列的表格，并设置表格的外框线比内框线粗。具体步骤如下：

(1) 新建一个空白文档，并将其命名为“m. docx”。

(2) 转到“视图”选项卡，在“宏”组中选择“录制宏”命令。在弹出的“录制宏”对话框中，设置“宏名”为“外框加粗 2×2 表格”，并将宏指定保存在当前文档“m. docx”中。

(3) (可选)宏的启动方式可以通过按钮或快捷键设置，但在此例中，不进行这些设置。

(4) 点击“开始录制”后，鼠标指针会变为磁带形状，表示录制开始。

(5) 切换到“插入”选项卡，选择“表格”并插入一个 2 行 2 列的表格。

(6) 使用“表格工具—设计”选项卡中的“边框”选项，设置表格的外框线为比内框线更粗的线条。

(7) 录制完成后，再次转到“视图”选项卡，在“宏”组中选择“停止录制”。

使用宏时，只需在文档中的适当位置按“Enter”键另起一行，然后再次转到“视图”选项卡，选择“宏”并查看已录制的宏。选中“外框加粗 2×2 表格”宏并点击“运行”，即可在文档中插入所需的表格，效果如图 3-5-5 所示，其中第一个表格是在录制名为“外框加粗 2×2 表格”的宏时创建的示例，用于演示宏的录制过程；而第二个表格则是通过运行该宏自动生成的，它展示了宏的功能，即快速插入一个具有加粗外框的 2 行 2 列表格。

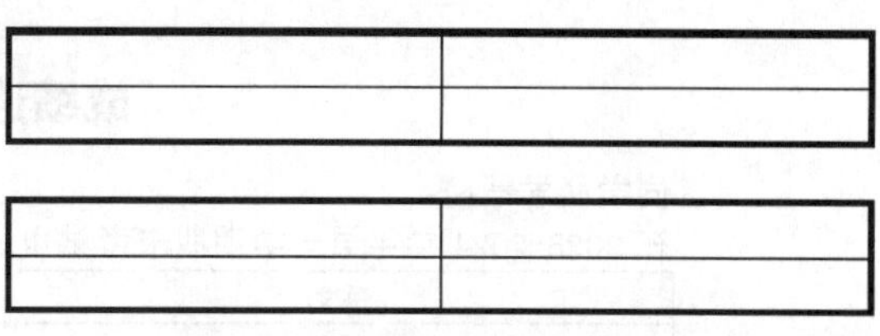

图 3-5-5　使用宏自动生成表格

注意：

在“宏”对话框中，用户可以运行、编辑（需在新窗口中打开宏代码进行编辑，但此方法对初级用户而言并不推荐）或删除已录制的宏。当尝试保存包含宏的“m. docx”文档时，如果文档内容已编辑完成，直接点击“是”按钮将会保存文档但不包含宏，且文档将以传统格式保存。若希望保存宏以便后续使用，出于安全性的考虑，需要将文档保存为支持宏的格式。在保存时弹出的对话框中，应选择“否”按钮，随后在“另存为”对话框中将“保存类型”设置为“启用宏的 Word 文档”。这样，下次打开该文档时，用户就可以继续使用之前录制的宏了。

3.5.4　邮件合并

邮件合并功能通过结合两个文档，一个主文档（包含共享内容）和一个数据源（包含可变信息），来实现文档的个性化批量处理。该功能允许用户在主文档中插入来自数据源的变化信息，从而生成多个定制的文档。这些文档既可以保存为 Word 格式进行打印，也可以通过电子邮件发送。

邮件合并功能广泛应用于多个领域，以下列举了一些常见的应用实例。

批量信封打印：以统一格式，从电子表格中提取邮编、收件人地址等信息，进行快速打印。

批量信件处理：基于电子表格数据，自动调用收件人信息，改变称呼，同时保持信件内容不变。

批量请柬制作：通过电子表格数据调用请柬模板，自动替换称呼，保持请柬内容固定。

工资条打印：自动从电子表格中提取员工数据，用于工资条的批量打印。

个人简历生成：根据电子表格中的不同字段数据，为每个人生成一份独特的简历。

学生成绩单制作：从成绩表中提取学生个人信息，并添加个性化评语，生成成绩单。

获奖证书打印：结合电子表格中的姓名、奖项和等级，快速生成和打印多个获奖证书。

个人报表打印：如准考证、明信片和信封等，均可通过邮件合并功能快速批量打印。

总地来说，只要拥有数据源（如电子表格或数据库），且数据呈现为标准的二维表格形式，即可利用 Word 2016 中的邮件合并功能，打印出所需文档。邮件合并功能的操作通常位于“邮件”选项卡中。

批量制作成绩通知单的具体步骤如下：

（1）在 Word 中新建一个空白文档，并将其命名为“成绩通知单. docx”。然后，根据需求在文档中输入相应的内容，如图 3-5-6 所示。

（2）创建一个新的空白 Excel 工作簿（即通常使用的 Excel 文档），并将其命名为“成绩清单. xlsx”，并在 Sheet1 中输入图 3-5-7 所示的内容。

（3）关闭“成绩清单. xlsx”文件，并返回到“成绩通知单. docx”。

（4）在“成绩通知单. docx”中，切换到“邮件”选项卡，选择“开始邮件合并”下拉列表中的“信函”选项。

成绩通知单

同学（学号：）：

在 2023-2024 学年第一学期期末考试中，你的成绩如下：

语文	
数学	
外语	
政治	
平均分	

下学期开学时间为 2024 年 2 月 26 日。

祝假期愉快。

XX 学院

2024 年 1 月 30 日

图 3-5-6　成绩通知单主文档内容

	A	B	C	D	E	F	G
1	学号	姓名	语文	数学	外语	政治	平均分
2	2018001	张三	78	85	86	93	85.5
3	2018002	李四	86	88	94	90	89.5
4	2018003	王五	64	74	68	70	69

图 3-5-7　数据源

(5) 选择“选择收件人”下的“使用现有列表”选项，并从弹出的“选取数据源”对话框中选择“成绩清单. xlsx”作为数据源(确保选择的是 Sheet1 工作表，其中存储了学生的成绩信息)。

(6) 在称呼前的适当位置(如“同学”前)，使用“插入合并域”功能插入“姓名”域。类似地，为学号、各科成绩、平均分等也插入相应的合并域，使文档能够动态地从“成绩清单. xlsx”中获取信息，并生成个性化的成绩通知单。最终布局如图 3-5-8 所示。

成绩通知单

«姓名»同学（学号：«学号»）：

在 2023-2024 学年第一学期期末考试中，你的成绩如下：

语文	«语文»
数学	«数学»
外语	«外语»
政治	«政治»
平均分	«平均分»

下学期开学时间为 2024 年 2 月 26 日。

祝假期愉快。

XX 学院

2024 年 1 月 30 日

图 3-5-8　插入合并域

(7) 在“邮件”选项卡中,点击“完成”组内的“完成并合并”下拉按钮。在弹出的选项中选择“编辑单个文档”命令。然后,在随后的对话框中,选择“全部”以合并所有学生的成绩通知单。完成邮件合并后,可以打印该文档,并根据需要将各个学生的成绩通知单邮寄出去。

注意: 数据源中的数据通常应以数据清单的形式组织,以便在邮件合并等任务中有效使用。而“成绩清单. xlsx”中的平均分可以通过在 Excel 中使用适当的公式(如 AVERAGE 函数)来计算得到。

3.5.5 打印文档

在设置打印任务时,用户需要考虑多个因素,包括所需的打印份数、选择特定的打印机、确定文档中的打印范围、选择单面或双面打印模式、设置纸张的方向(横向或纵向)、选择合适的纸张大小,以及调整页边距等。其中,一些设置项如页边距的调整,也属于页面设置的范畴。

为了确保打印输出符合预期效果,建议在正式打印之前使用打印预览功能。这一功能允许用户预先查看文档的打印效果,从而判断页面格式是否满足要求。

打印文档的操作步骤:选择“文件”菜单,接着点击“打印”命令;随后,打开的打印设置窗口将分为左右两部分,左侧用于配置各种打印参数,而右侧则展示打印预览效果。

思考题

1. 在编辑文档时,如何快速找到并使用常用的编辑工具(如字体、字号、颜色等)?
2. 如何在 Word 2016 中插入和编辑文本、图片、表格和图表?
3. 如何设置文档的页边距、页眉页脚和页码?
4. 段落缩进、行距和对齐方式如何影响文档的外观和可读性?
5. 如何使用分栏、分页和分节符来控制文档的页面布局?
6. 如何在 Word 2016 中创建和编辑表格?如何调整表格的大小、列宽和行高?
7. 如何使用表格的排序和计算功能?
8. 简述 Word 2016 中的“邮件合并”功能,并说明它适用于哪些场景。

第4章 电子表格 Excel 2016

Excel 2016 是一款功能强大的电子表格软件，它为用户提供了丰富的数据处理和分析工具。

4.1 初识 Excel 2016

Excel 2016 是微软公司推出的办公软件 Office 2016 系列的一个组件，主要用于处理电子表格。Excel 2016 具有界面直观、操作简单、数据即时更新、数据分析函数丰富等特点，广泛应用于管理、财经、统计、金融、教学和科研等领域。

4.1.1 Excel 2016 的启动和退出

1. 启动 Excel 2016

确认 Excel 2016 软件已经安装到计算机后，单击操作系统桌面左下角的“开始”按钮，在弹出的菜单中找到“所有程序”或“Microsoft Office”文件夹，在该文件夹中单击“Excel 2016”图标即可启动软件，如图 4-1-1 所示。

图 4-1-1 通过“开始”菜单启动 Excel 2016

除了上述启动 Excel 2016 的方法外，用户还可以通过双击工作簿的桌面快捷图标启动，这种方式在启动软件后将直接打开该工作簿。而在“开始”菜单中启动后将需要新建一个空白的工作簿，待用户编辑。若用户经常使用 Excel 2016，还可以将 Excel 2016 快捷键图标添加到快速启动栏以快速启动它。

2. 退出 Excel 2016

退出 Excel 2016 程序常见的方式有以下两种。

(1) 如果当前只打开了一份工作簿表格，单击 Excel 2016 工作界面标题栏中的关闭按钮 ×，即可关闭当前打开的文件并退出 Excel 2016。

(2) 执行"文件"→"关闭"命令，如图 4-1-2 所示，即可退出 Excel 程序。

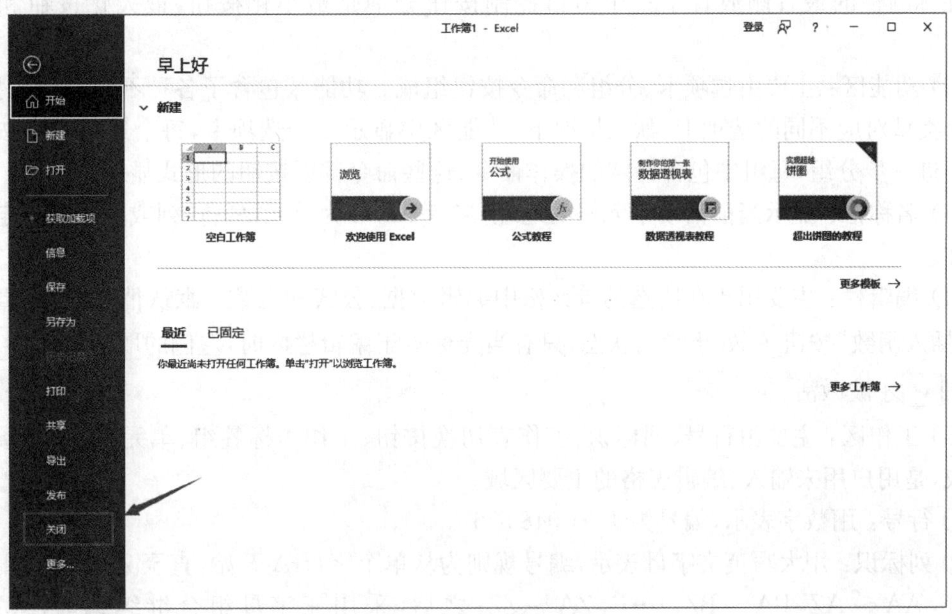

图 4-1-2　退出 Excel 2016

4.1.2　Excel 2016 的工作界面介绍

1. 工作界面布局

Excel 2016 的工作界面主要由标题栏、功能区、名称框、编辑栏、工作区、状态栏和视图栏等组成，如图 4-1-3 所示。

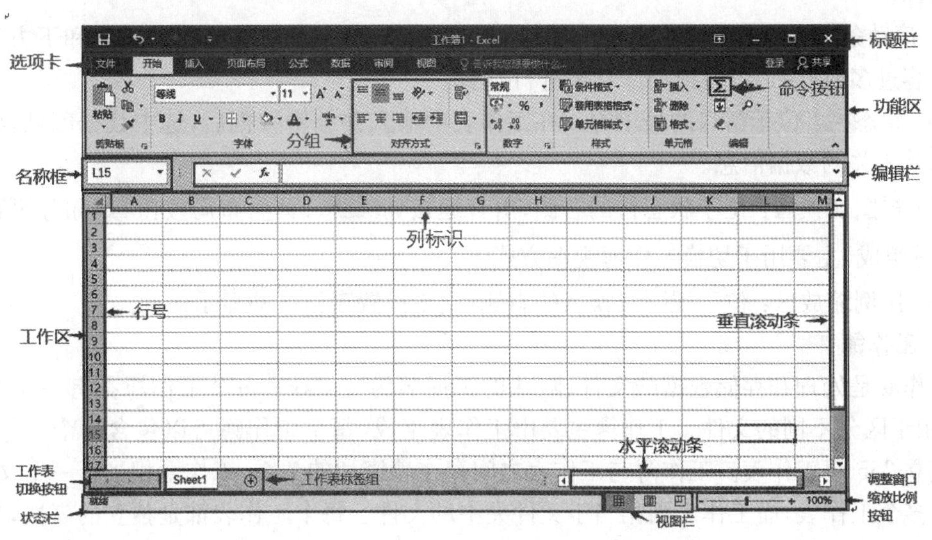

图 4-1-3　Excel 2016 工作界面

(1) 标题栏：位于操作界面的顶端，主要由文件的名称、应用程序名称和窗口控制按钮组成，默认新建空白工作薄的文件名称为“工作薄 1”。标题栏的最左端是快速访问工具栏，用于放置常用的命令按钮，默认情况下只包含三个按钮，分别为保存按钮、撤销按钮和恢复按钮。在标题栏的最右侧放置了三个窗口控制按钮分别是最小化按钮，最大化按钮和关闭按钮。

(2) 功能区：主要由选项卡、分组和命令按钮组成。功能区包含了各种不同类型的操作，每一个类型对应不同的选项卡，默认情况下，功能区中显示 8 个选项卡，每个选项卡中按功能的种类进一步分组，每组中包含特定的操作命令，这些命令都以按钮的形式显示。

(3) 名称框：显示当前活动单元格的地址，或者 Excel 为单元格、行、列或区域等指定的一个名称。

(4) 编辑栏：主要用于在所选的单元格中编辑数据、公式和函数。默认情况下，编辑栏左侧的“插入函数”按钮 fx 处于激活状态，只有当光标置于编辑栏内时，左侧的取消按钮 × 和输入按钮 ✓ 才被激活。

(5) 工作区：主要由行号、列标识、工作表切换按钮、工作表标签组、单元格、滚动条等部分组成，是用户用来输入、编辑表格的主要区域。

① 行号：用数字表示，编号为 1～1 048 576。

② 列标识：用大写英文字母表示，编号规则为从单个字母 A 开始，直至 Z；随后采用双字母组合，AA～AZ，BA～BZ，……，ZA～ZZ；之后，采用三字母组合继续编写，AAA～AAZ……，以此类推，共 16 384 列。

③ 工作表切换按钮：当工作簿包含多张工作表时，工作表标签栏无法完全显示每一个工作表的标签，单击该按钮可对工作表进行切换。

④ 工作表标签组：该标签组包含本工作簿中所有的工作表标签，每个标签显示该工作表的名称。点击新工作表按钮 ⊕，可快速新建工作表。

⑤ 单元格：每一个行和列的交叉点就是一个单元格，行号和列标识组成的地址就是单元格的名称。

⑥ 滚动条：滚动条分为垂直滚动条和水平滚动条，分别位于表格区的右侧和下方。当工作表内容过多时，用户可以拖动滚动条进行查看。

(6) 状态栏：位于窗口的最下方。在工作表中输入并编辑数据后，选中数据区域，状态栏将显示其相关的数据信息。

(7) 视图切换区：位于状态栏的右侧，由普通按钮 、页面布局按钮 和分页预览按钮 等组成，主要用于切换工作簿视图方式。

(8) 比例缩放区：位于视图切换区的右侧，用于设置表格区的显示比例。

2. 工作簿

工作簿是处理和存储数据的文件，默认的扩展名为“. xlsx”，每个工作簿都有一个唯一的名称，用于区分不同的文件。工作簿主要由工作表组成，每个工作簿可以包含多个工作表，最多可建立 255 个工作表。工作簿与工作表之间存在着密切的关系，工作簿相当于一个文件夹，可包含多个工作表，而工作表则相当于文件夹中的文件。每个工作表都是独立的表格，都可以用来存储、管理和分析数据。

3. 工作表

Excel 工作表是 Excel 存储和处理数据的最重要的部分，它显示在 Excel 工作簿窗口中，是工作簿的组成部分，从外观看，工作表是由排列在一起的行和列，即单元格构成的。每个单元格都是数据的容器，可以存储文本、数字、公式、图表等各种类型的信息。一个工作表可以由 1 048 576 行和 256 列构成，行的编号从 1 到 1 048 576，列的编号依次用字母 A、B、……、IV 表示，行号显示在工作簿窗口的左边，列号（列标识）显示在工作簿窗口的上边。默认情况下，每张工作表都有相对应的标签，如 Sheet1、Sheet2、Sheet3、……，数字依次递增。

4. 单元格

单元格是表格中行与列的交叉部分，它是组成表格的最小单位，可拆分或者合并。单个数据的输入和修改都在单元格中进行，并在编辑栏中显示。单元格按所在的行列位置来命名，例如：地址“B5”指的是“B”列与第 5 行交叉位置上的单元格。用户可根据需求在其中输入合适的数据类型，并对单元格进行格式化操作，如设置字体、颜色、边框、对齐方式等以适应不同的需求。

5. 活动单元格和活动工作表

活动单元格是指 Excel 表格中处于激活状态的单元格。它可以是正在编辑的单元格，也可以是选取的范围中的单元格，在活动单元格的外围，通常会有一个绿色的方框（旧版本为黑色）作为标识。

活动工作表是指工作簿中用户当前正在查看或编辑的工作表。在 Excel 的界面中，活动工作表的标签通常会以不同的颜色或字体显示，以便于用户识别。

4.2 工作簿、工作表和单元格的基本操作

4.2.1 新建、打开与保存工作簿

1. 新建工作簿

通过系统“开始”菜单或桌面快捷方式启动 Excel 2016，在启动后的工作窗口中自动创建一个名为“工作薄 1”的空白工作薄。默认情况下，Excel 2016 为每个新建的工作簿创建了 1 个工作表，其标签名称为 Sheet1。除了在启动 Excel 2016 时可新建工作簿之外，用户还可以使用以下方法来创建工作簿。

（1）新建空白工作簿

启动 Excel 2016，在欢迎界面直接点击“空白工作薄”即可创建一个空白工作簿。用户若需要再建一个空白工作簿，可以执行“文件”→“新建”命令或按“Ctrl＋N”组合键，在弹出的窗口中，单击右侧模板列表中的“空白工作簿”选项，即可快速新建一个工作簿，如图 4-2-1 所示。创建新工作簿后，Excel 2016 将自动按工作簿 1、工作簿 2、工作簿 3……的默认顺序为新工作簿命名。

（2）根据模板新建工作簿

点击“文件”按钮，在弹出的下拉菜单中选择“新建”菜单项，然后根据需要在右侧的可选模版区域选择已安装好的模版，这种方法提高了工作效率并确保了工作簿之间的一致性，比较适用于需要频繁进行类似任务或项目的场景。

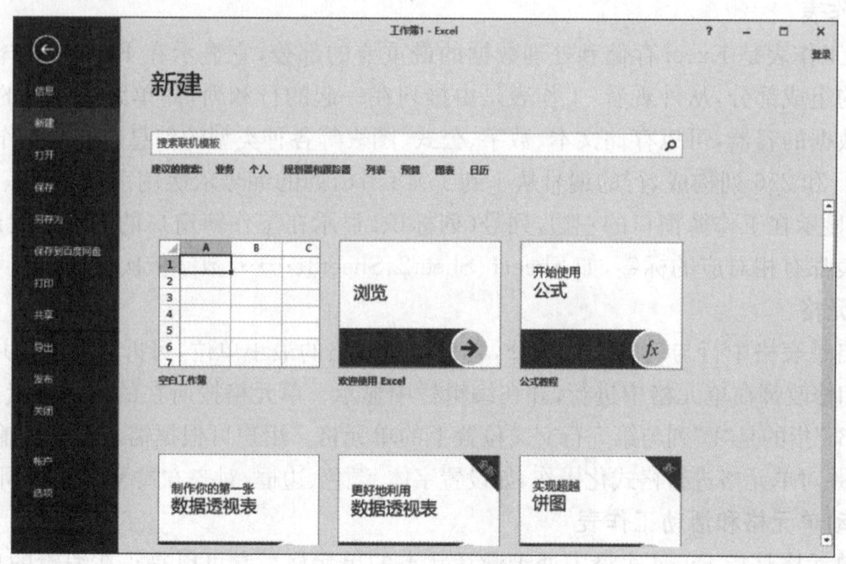

图 4-2-1 “新建”窗口

2. 打开工作簿

打开“打开”窗口的方法一般有以下三种。

(1) 执行“文件”→“打开”命令。

(2) 点击快速访问工具栏中的“打开”按钮。

(3) 按“Ctrl＋O”组合键。

在“打开”窗口中点击“浏览”按钮，打开“打开”对话框，选择所需打开的工作簿，然后点击“打开”按钮即可。如果要打开最近打开过的工作簿，可以执行“文件”→“打开”→“最近”命令，在列表中选择需要打开的工作簿。

3. 关闭工作簿

当打开了多个工作簿时，每个工作簿都要耗费一定的内存，从而导致电脑的运行速度降低，因此用户应及时关闭一些不需要的工作簿。关闭工作簿的方法一般有以下六种。

(1) 执行“文件”→“关闭”命令。

(2) 双击快速访问工具栏左侧区域。

(3) 点击标题栏右侧的关闭按钮 × 。

(4) 按“Alt＋F4”组合键。

(5) 按“Ctrl＋W”组合键。

(6) 按“Ctrl＋F4”组合键。

注意： 如果在关闭工作簿之前未对编辑的工作簿进行保存，系统将弹出一个提示信息框询问用户是否进行保存，点击“保存”按钮将其保存并关闭，点击“不保存”按钮不保存并关闭，单击“取消”按钮取消关闭工作簿。

4. 保存工作簿

制作好一份电子表格或完成工作簿的操作后，就应该将其保存起来，以供日后查看或编辑使用。用户应养成定期存盘的良好习惯，每隔一段时间主动存盘，以确保在意外停电或系统崩溃时,能够最大限度地降低损失。

(1) 手动保存工作簿

执行“文件”→“保存”命令或点击快速访问工具栏中的“保存”按钮,即可保存工作簿,如图 4-2-2 所示。

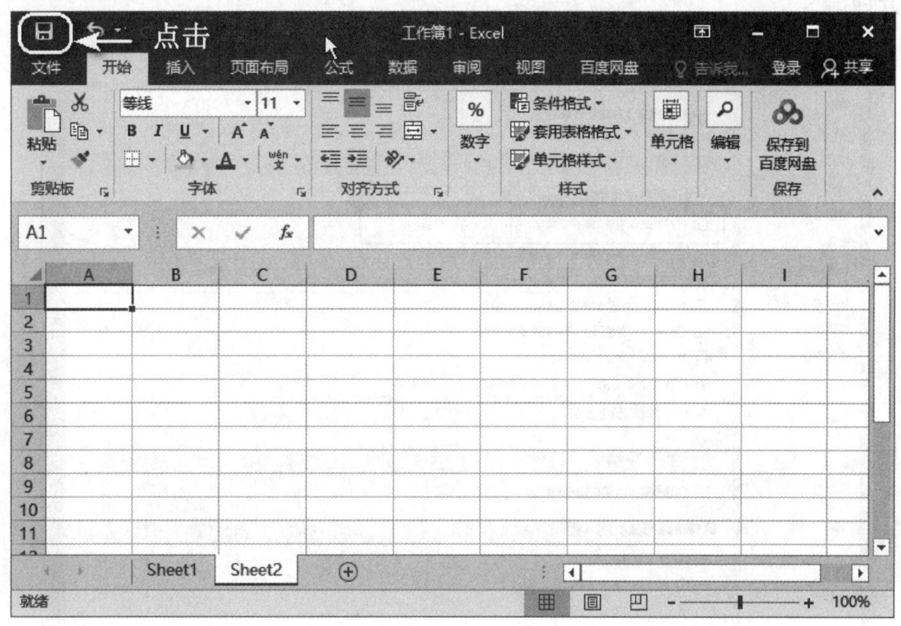

图 4-2-2 点击“保存”按钮

如果是首次保存,则会弹出“另存为”对话框,如图 4-2-3 所示。从该对话框中设置要保存的路径,在“文件名”文本框中输入要保存的工作簿的名称后,点击“保存(S)”按钮即可。

注意: 在 Excel 2016 工作界面中,用户还可以通过使用快捷键来完成另存为操作,具体方法为按下“F12”键,在弹出的对话框中设置相应的位置、名称和类型等选项,然后点击“保存(S)”按钮即可。

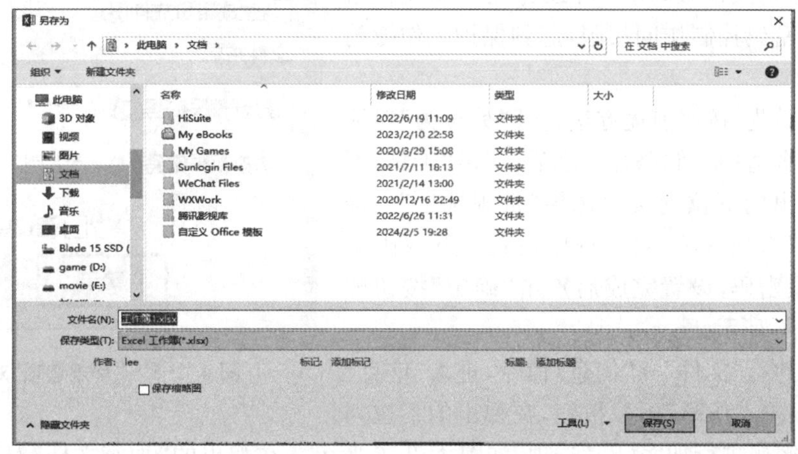

图 4-2-3 “另存为”对话框

(2) 自动保存工作簿

执行“文件”→“选项”命令，弹出“Excel 选项”对话框，如图 4-2-4 所示。在左侧窗格中选择“保存”选项，在右侧窗格的“保存工作簿”选项组中选中“保存自动恢复信息时间间隔(A)”复选框，并设置间隔时间，然后点击“确定”按钮即可，默认情况下，Excel 2016 自动保存间隔时间为 10 分钟。

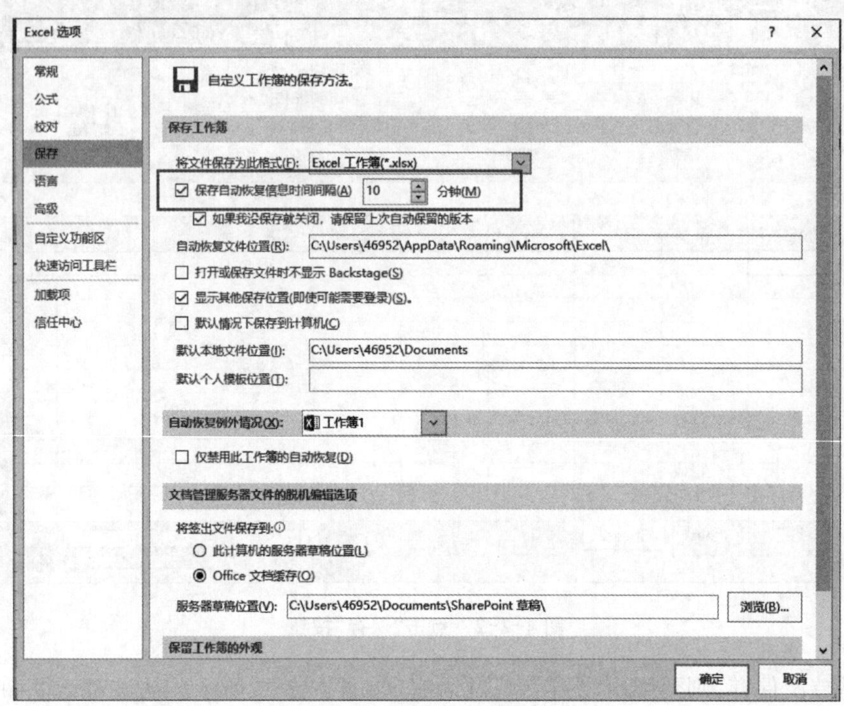

图 4-2-4 “Excel 选项”对话框

(3) 加密保存工作簿

在 Excel 2016 中，对于重要且敏感的工作簿，为防止未授权访问及修改，用户可以为工作簿设置密码，从而利用密码控制访问权限，起到保护工作簿的作用。

方法 1：首先，按照前述方法打开“另存为”对话框，从中设置合适的存储路径。然后，点击“工具”下拉按钮，在弹出的下拉列表中选择“常规选项”。最后，在弹出的“常规选项”对话框中设置打开权限密码和修改权限密码，设置完成后点击“确定”按钮即可，如图 4-2-5 所示。

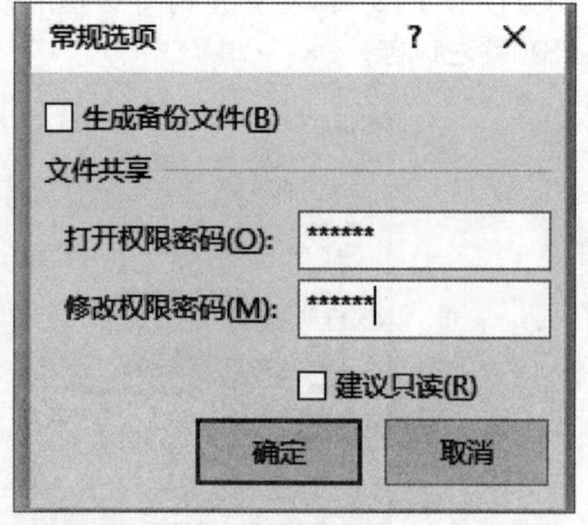

图 4-2-5 “常规选项”对话框

方法 2：执行“文件”→“信息”命令，进入“信息”窗口，点击“保护工作簿”下拉按钮，在弹出的下拉列表中选择“用密码进行加密(E)”选项，如图 4-2-6 所示。在弹出的“加密文档”对话框中设置密码后，点击“确定”按钮即可。

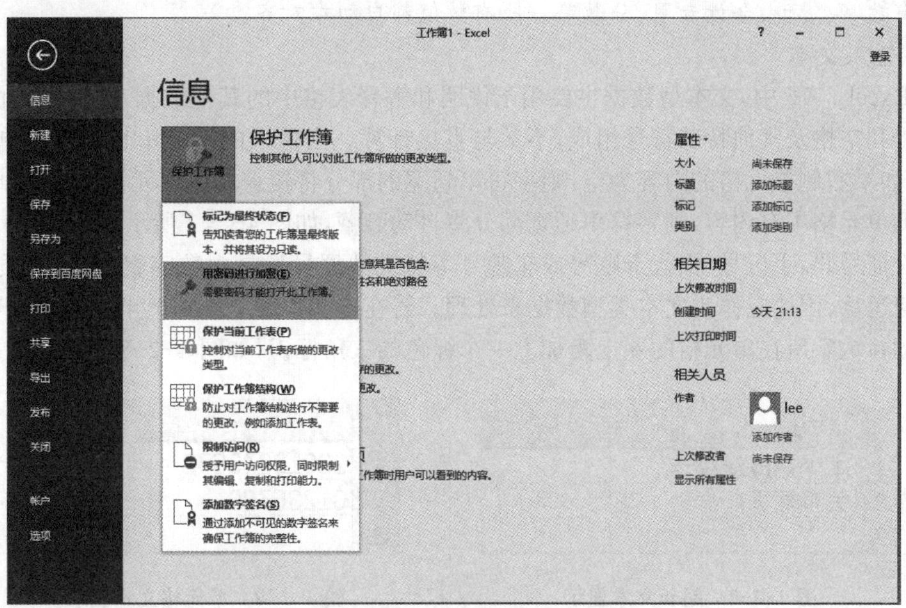

图 4-2-6　选择“用密码进行加密(E)”选项

取消工作簿的密码的操作步骤为：再次打开“常规选项”对话框，删除之前所设置的密码。

4.2.2　输入和编辑工作表数据

1. 输入数据

在 Excel 2016 中输入数据之前必须先选择单元格。输入的数据同时出现在当前活动单元格和编辑栏中，当输入完毕时应按“Enter”键结束输入。可以输入的数据包含多种类型，包括数值、文本、日期与时间等。

(1) 输入数值

在 Excel 2016 中可作为数值使用的字符包括：0～9，＋，－，( )，/，＄，％，E。在输入的数值中，Excel 2016 将忽略数字前面的正号“＋”，并将单个句点“.”视为小数点。所有其他数字与非数字的组合均作为文本处理。在默认状态下，数值型数据在单元格中均右对齐显示。

注意：

① 输入分数时，应在分数之前加“0”和一个空格，以区别于日期，也可以先输入小数表示的分数，然后再应用分数格式。例如，要输入“1/2”，可以输入“01/2”，或者先输入“0.5”，然后将单元格的格式定义为分数格式。

② 带括号的数字也被 Excel 2016 认为是负数，例如输入“(12)”，在单元格中显示的是“－12”。

如果输入的数字整数部分长度超过 11 位，将自动转换成科学计数法表示，如 123456789123，在单元格中显示为“1.23457E＋11”。

③ Excel 中的数值也可以使用科学计数法表示，例如，若输入“1E3”，那么 Excel 会认为输入的内容为 10 的 3 次方。

④ 若在单元格中输入数据的长度大于所在列的宽度，Excel 或者舍入显示或者显示一连串“#”，这与用户使用的显示格式有关，这时可以适当调整此单元格的列宽。单元格的数值格

式类型有数字、货币、会计专用、分数等。所有数值都自动右对齐。

（2）输入文本

在 Excel 2016 中，文本型数据主要用于说明和解释表格中的其他数据，这些数据由汉字、英文字母和空格及其他特殊符号组成，不参与直接计算。当输入的字符串长度超过单元格的列宽时，如果右侧单元格的内容为空，则字符串超宽的部分将覆盖右侧单元格，成为宽单元格；如果右侧单元格中有内容，则字符串超宽部分将自动隐藏，如图 4-2-7 所示。

身份证号码、手机号、银行卡账号或车牌号等特殊数据虽然是由数字组成，但实质上并不进行任何运算，因此应作为文本类型数据来处理。若在这些数字之前加上半角的单引号，则系统会自动在数字所在单元格的左上角加上一个绿色的三角标识，如图 4-2-8 所示。

	A	B	C
1	本学期成绩统计		
2	关系数据	78	
3			

图 4-2-7　超长文本显示

	A	B
1	20012345678	
2	01236789	
3		

图 4-2-8　单元格文本显示

（3）输入日期与时间

输入日期的方法为：在年、月、日之间用斜线“/”或分隔符“-”来分隔。例如如 2024-1-12 或者 2024/1/12，在单元格完成输入后，就会自动显示为日期格式。

如果要在单元格中输入时间，可以以时间格式直接输入，如输入“11:10:30”，系统默认按 24 小时制输入，如果要按照 12 小时制输入，就需要在输入时间后加上“am”或“pm”字样表示上午或下午。

另外，还可以通过组合键来快速输入日期和时间及格式化日期和时间：

① 组合键“Ctrl＋;”：可快速输入当前日期。

② 组合键“Crtl＋Shift＋;”：可快速输入当前时间。

③ 组合键“Ctrl＋#”：可以使用默认的日期格式对单元格格式化。

④ 组合键“Ctrl＋@”：可以使用默认的时间格式来格式化单元格。

（4）特殊数据输入技巧

① 在数据范围内对空白单元格输入数据：可通过按组合键“Ctrl＋G”定位空白单元格，在选中状态下输入一个数据，然后按“Ctrl＋Enter”组合键。

② 在多张工作表中的同一位置输入相同内容：首先按住“Ctrl”键，鼠标点击要同时处理的工作表，然后在要输入数据的单元格输入数据，再逐个点开各个工作表，数据就会自动填写到选中的各个工作表中的单元格中。

③ 快速输入特殊符号：按住“Alt”键的同时输入西文字符的 ASCII 码或汉字内码，再释放“Alt”键，即可得到相应的符号。

2. 填充数据

在制作表格的过程中，经常会需要输入一些相同的或有规律的数据，如序号、编号、等比序列、等差序列等，当有大量这样的数据存在时，手动输入不仅容易出错，且需花费大量时间，而使用 Excel 强大的填充数据的功能可以轻松高效地完成这项工作。

(1) 填充一组相同数据

当要在工作表的某行或某列单元格区域中填充一组重复的数字或文本时，可以通过拖动填充柄快速填充。操作步骤：首先选中被复制的单元格，然后将鼠标指针移动到该单元边框的右下角，当鼠标指针变成黑色十字加号“✚”(填充柄)形状时，可以分别向上、下、左、右 4 个方向拖动填充柄，则可以在相应的单元格中填充相同的数据，如图 4-2-9 所示的填充“专业”列。

	A	B	C	D	E	F	G
1	班级	学号	专业	姓名	语文	数学	英语
2	初三(1)	20313002	市场营销	陈明明	54	96	78
3	初三(1)	20312003		洪雅利	96	83	99
4	初三(1)	20321025		张傅锋	55	58	56
5	初三(1)	20313005		高铁树	97	78	89
6	初三(1)	20321020		黄飞龙	63	99	56
7	初三(2)	20313003		郑英	79	66	65
8	初三(2)	20312011		黄飞飞	78	45	60
9	初三(2)	20310020		李海宁	86	90	78
10	初三(2)	20321027		黄华英	50	40	54
11	初三(3)	20321022		刘小红	57	83	58
12	初三(3)	20312013		张小巧	45	45	59
13				市场营销			
14							

图 4-2-9　填充序列

(2) 填充一个序列

对于数字序列，先选中起始数字所在的单元格，按住“Ctrl”键，此时拖动填充柄滑过要填充的区域，则该区域的单元格形成一个步长值为“1”的等差数列，也可以先输入数字序列中的两个数字，选中这两个数字所在的单元格后拖动填充柄即可。如图 4-2-10 所示。

对于系统中已经定义好的其他序列，只要在第一个单元格中输入该序列中的任意一个元素，拖动该单元格右下角的填充柄，向任意方向拖动鼠标即可循环填充序列，如图 4-2-11 所示。

	A	B
1	1	1
2	2	3
3	3	5
4	4	7
5	5	9
6	6	11
7	7	13
8	8	15
9	9	17
10	10	19
11	11	21

图 4-2-10　自动产生等差数列

	A
1	星期一
2	星期二
3	星期三
4	星期四
5	星期五
6	星期六
7	星期日
8	

图 4-2-11　系统已定义序列和序列填充

(3) 自动产生一个序列

使用菜单的填充功能在单元格区域生成一个数字或日期等比序列。

例如，在 A1：A10 的单元格区域中建立等比序列：2，4，8，16，……的操作步骤如下：

① 选定 A1 单元格，在单元格中输入初始值“2”，然后选定单元格区域 A1：A10。

② 切换到“开始”选项卡，选择“编辑”分组中“填充”命令按钮，单击其下拉按钮，在弹出的二级下拉菜单中选择“序列”选项。

③ 在弹出的“序列”对话框中，设置“序列产生在”“列(C)”，类型选择为“等比数列(G)”，输入步长值为“2”。

④ 单击"确定"按钮后，步长为 2 的等比序列就自动填充完成，如图 4-2-12 所示。

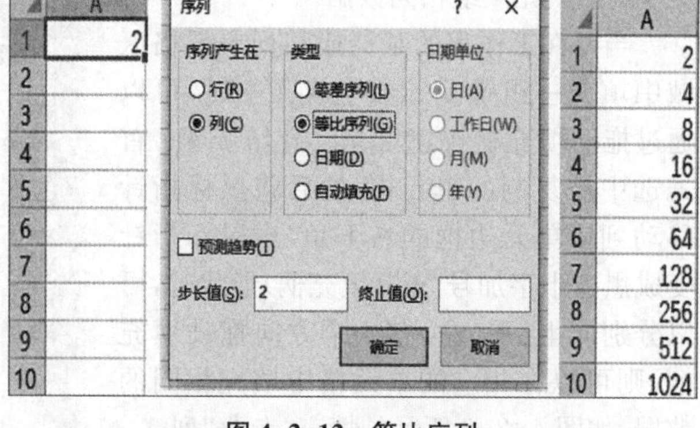

图 4-2-12　等比序列

(4) 自定义一个序列

如果需要经常使用某个数据序列，而 Excel 2016 系统中对此内容没有定义，则可以将其创建为自定义序列，之后在需要使用这个序列时就可以用拖动填充柄的方法快速输入，操作步骤如下：

① 执行"文件"→"选项"命令，弹出"Excel 选项"对话框，在左侧窗格中选择"高级"选项，然后在右侧窗格中向下拖动垂直滚动条，单击"编辑自定义列表"按钮，弹出"自定义序列"对话框。

② 在"输入序列(E)："文本框中输入需要的自定义填充序列项目，各项目之间通过按"Enter"键隔开。单击"添加(A)"按钮，即可将新序列自动添加到左侧的自定义序列中，新的自定义序列设置完成，如图 4-2-13 所示。

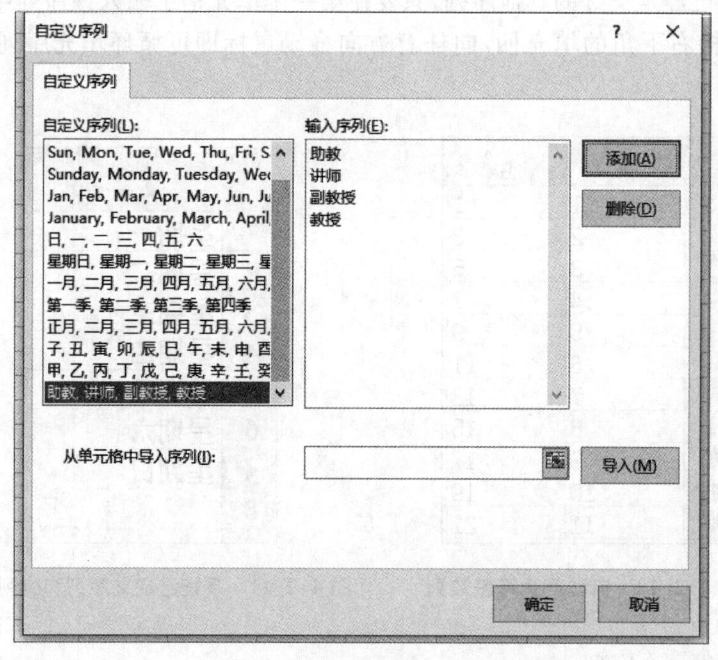

图 4-2-13　输入自定义的序列

3. 修改数据

对于输入的数据，如果出现错误，可根据情况进行修改。数据修改包括修改全部数据和修改部分数据两种情况，可在单元格和编辑栏中进行处理。

修改全部数据：如果遇到原数据与新数据完全不一样的情况，可以重新输入数据，即修改全部数据。选择要修改数据的单元格，双击将光标定位到该单元格中，再按"Backspace"键或"Delete"键将字符删除，然后再输入新数据，并按"Enter"键确认。

修改部分数据：在编辑栏中修改。首先，选择要修改数据的单元格(该单元格中的内容会显示在编辑栏中)，然后将文本插入点定位到单元格或者编辑栏中，并对其中的要修改内容进行修改即可。当单元格中的数据较多时，利用编辑栏来修改数据更方便。

4. 清除、删除数据

Excel 2016 提供了多种删除和清除数据的方法，根据不同的需求选择合适的方法可以高效地进行数据的管理和整理。

(1) 删除单个单元格数据

选中需要删除数据的单元格，单击鼠标右键，在弹出的菜单中选择“删除”，再选择相应的选项。

(2) 删除多个连续单元格数据

选中需要删除数据的起始单元格，按住“Shift”键，同时点击需要结束删除的单元格，再单击鼠标右键，在弹出的菜单中选择“删除”，再选择相应的选项。

(3) 删除多个非连续单元格数据

选中需要删除数据的第一个单元格，按住“Ctrl”键，同时点击其他需要删除的单元格，再单击鼠标右键，在弹出的菜单中选择“删除”，再选择相应的选项。

使用在“开始”选项卡的“编辑”组中的“清除”按钮，既可以完成数据内容的清除，也可以完成其他内容的清除，其功能包括：

(1) 全部清除：清除所选单元格所有内容和格式。

(2) 清除内容：清除所选单元格的内容和但保留格式。

(3) 清除格式：清除所选单元格格式设置，但不清除内容和批注。

(4) 清除批注：清除所选单元格批注。

(5) 清除超链接：清除所选单元格超链接。

5. 查找和替换数据

在数据处理阶段，完成表格创建后，为了提高效率和减少错误，应优先考虑利用 Excel 2016 的查找与替换功能。这一功能不仅允许迅速定位并更新数据内容，还能对单元格的格式错误进行批量修正，从而确保数据处理的准确性和高效性。相比之下，手动查找不仅效率低下，而且极易因人为疏忽导致错误。

查找并替换特定数据的具体操作步骤如下：

(1) 选择需要查找替换数据的单元格区域，点击“开始”选项卡，在“编辑”分组中点击“查找和选择”命令按钮的下拉按钮，在弹出的下拉列表中选择“替换(R)...”命令，如图 4-2-14 所示。

(2) 弹出“查找和替换”对话框，在该对话框中，点击“选项(I)<<”按钮，显示更多的参数项。

(3) 在“查找内容(N)：”文本框中输入要查找的文本或数值，点击“查找下一个(F)”按钮开始查找。

查找有错误格式的数据，并把它替换为正确的格式的操作如下：

(1) 如果要设置具体的查找或替换的数据格式，则点击“查找内容(N)：”右侧的“格式(M)...”下拉按钮，在弹出的下拉列表中选择“从单元格选择格式(C)...”命令，如图 4-2-15 所示。

(2) 此时光标变成为中形状✚🖊(图 4-2-16)，单击一个数据格式有误的单元格。

(3) 在自动弹出“查找和替换”对话框中，点击“替换为(E)：”右侧的“格式(M)...”下拉按钮，并在弹出的下拉列表中选择“格式”选项。

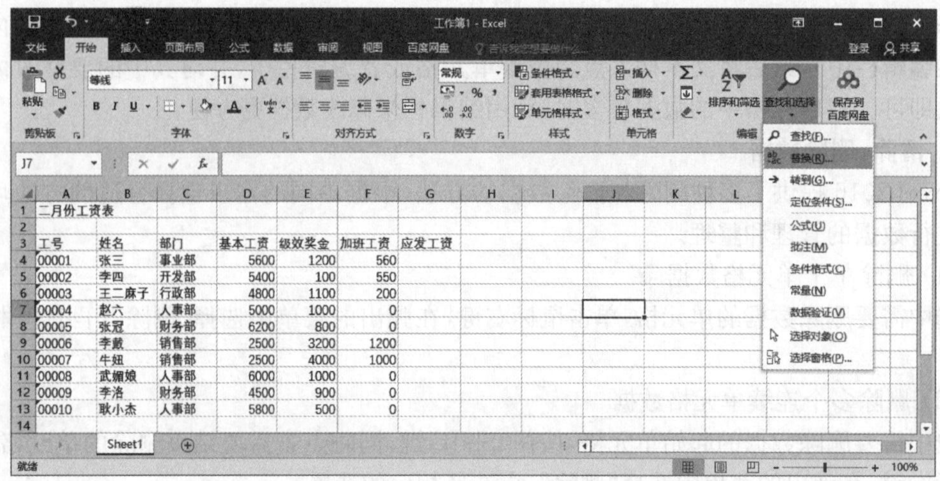

图 4-2-14　选择“替换”选项

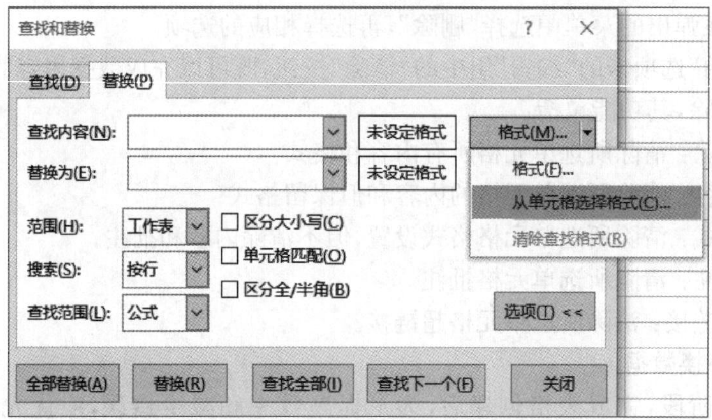

图 4-2-15　选择“从单元格选择格式(C)...”命令

	A	B	C	D	E	F	G
1	二月份工资表						
2							
3	工号	姓名	部门	基本工资	级效奖金	加班工资	应发工资
4	00001	张三	事业部	5600	1200	560	
5	00002	李四	开发部	5400	100	550	
6	00003	王二麻子	行政部	4800	1100	200	
7	00004	赵六	人事部	5000	1000	0	
8	00005	张冠	财务部	6200	800	0	
9	00006	李戴	销售部	2500	3200	1200	
10	00007	牛妞	销售部	2500	4000	1000	
11	00008	武媚娘	人事部	6000	1000	0	
12	00009	李洛	财务部	4500	900	0	
13	00010	耿小杰	人事部	5800	500	0	

图 4-2-16　单击一个数据格式有误的单元格

（4）在弹出的“查找格式”对话框中选择一种正确的格式（这里选择“货币”）。

（5）点击“确定”按钮，返回“查找和替换”对话框，再点击“全部替换(A)”按钮，即可完成替换单元格中数据格式的操作。还可以加大各列的列宽，以显示出完全的数据内容，如图 4-2-17 所示。

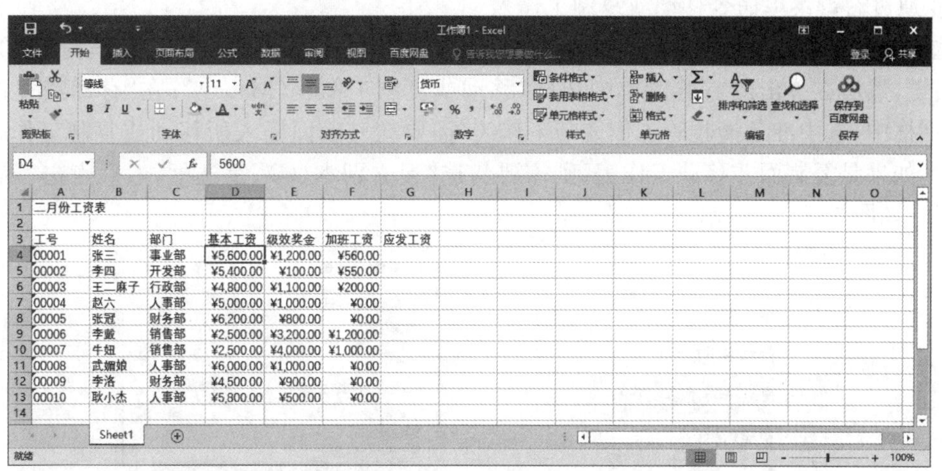

	A	B	C	D	E	F	G
1	二月份工资表						
2							
3	工号	姓名	部门	基本工资	级效奖金	加班工资	应发工资
4	00001	张三	事业部	¥5,600.00	¥1,200.00	¥560.00	
5	00002	李四	开发部	¥5,400.00	¥100.00	¥550.00	
6	00003	王二麻子	行政部	¥4,800.00	¥1,100.00	¥200.00	
7	00004	赵六	人事部	¥5,000.00	¥1,000.00	¥0.00	
8	00005	张冠	财务部	¥6,200.00	¥800.00	¥0.00	
9	00006	李戴	销售部	¥2,500.00	¥3,200.00	¥1,200.00	
10	00007	牛妞	销售部	¥2,500.00	¥4,000.00	¥1,000.00	
11	00008	武媚娘	人事部	¥6,000.00	¥1,000.00	¥0.00	
12	00009	李洛	财务部	¥4,500.00	¥900.00	¥0.00	
13	00010	耿小杰	人事部	¥5,800.00	¥500.00	¥0.00	
14							

图 4-2-17　替换数据格式效果

4.2.3　使用工作表与单元格

1. 工作表的基本操作

（1）工作表的选择

工作表是工作簿的重要组成部分，工作簿总是包含一张或多张工作表。如图 4-2-18 所示的工作簿中包含 2 个工作表，分别是员工基本信息表和部门职务表。单击“员工基本信息表”工作表标签后，按住“Shift”键再单击“部门职务表”工作表标签就可以选定这两张连续的工作表。若按住“Ctrl”键，再单击其他多个工作表标签则可选定不连续的工作表。

	A	B	C	D	E	F	G	H
1	民族	出生年月	学历	籍贯	联系电话	部门	职务	
2	汉	1977年02月12日	硕士	绵阳	1314456****	行政部		
3	汉	1984年10月23日	专科	郑州	1371512****	财务部		
4	汉	1982年03月26日	本科	泸州	1581512****			
5	汉	1979年01月25日	本科	西安	1546255****			
6	汉	1981年05月21日	专科	贵阳	1885652****			
7	汉	1981年03月17日	本科	天津	1324578****			
8	汉	1983年03月07日	本科	杭州	1304453****			
9	汉	1978年12月22日	专科	佛山	1384451****			
10	汉	1984年04月22日	专科	咸阳	1334678****			
11	汉	1983年12月13日	专科	唐山	1398066****			
12	汉	1985年09月15日	硕士	大连	1359641****			
13	汉	1982年09月15日	本科	青岛	1369458****			
14								

员工基本信息表　部门职务表

按住“Shift”键同时选中两张

就绪

图 4-2-18　选定多张表

(2) 工作表的复制与移动

Excel 2016 提供了灵活高效的移动与复制工作表功能,用户不仅能够通过右键菜单命令快速执行,还能利用鼠标拖放直接操作,这些方式大大增强了电子表格的通用性和使用效率,便于数据的整理与分析。

① 通过右键菜单命令移动或复制工作表

选中准备移动或复制的工作表(可以移动多张工作表,只要先选定多张工作表即可),单击鼠标右键,然后在弹出的右键菜单中选择“移动或复制工作表(M)...”;在“移动或复制工作表”对话框中,选中准备接收的工作簿与工作表(需要在其前面插入所移动或复制工作表的工作表)。如果是复制而非移动工作表,则需要勾选“建立副本(C)”复选框,然后点击“确定”按钮即可。如图 4-2-19 所示。

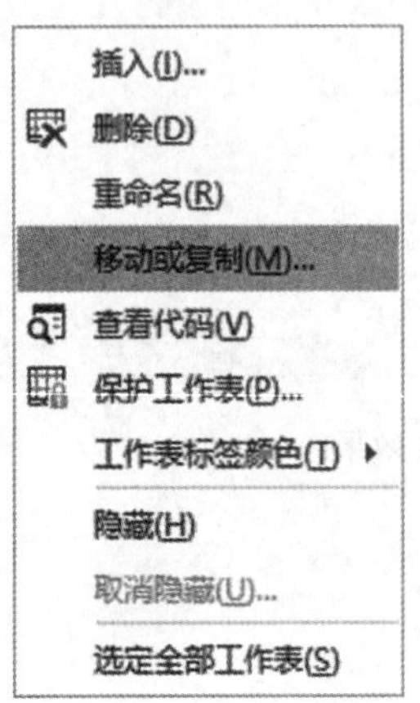

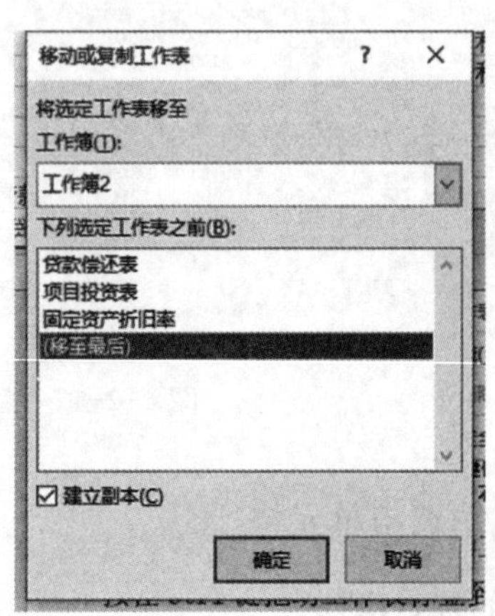

图 4-2-19　移动或复制工作表

② 拖动工作表

拖动工作表标签到目标位置后,释放鼠标可以快速移动工作表,按住“Ctrl”键拖动工作表标签到目标位置可以快速复制工作表。

(3) 添加工作表

添加工作表的方法主要有四种。

① 利用“开始”功能区中“插入”→“插入工作表(S)”命令,如图 4-2-20 所示。

② 利用“插入工作表”按钮(工作表标签的右侧)。

③ 选中工作表标签并右键单击,在菜单中选择“插入(I)...”选项,在“插入”对话框中选择工作表或工作表模板,则在此工作表前插入一个新的工作表。

④ 组合键:按“Shift+F11”键。

(4) 重命名工作表

为了便于记忆,通常在建立工作表时将其更改为合适的名字。Excel 工作表重命名的方法主要有两种。

① 双击准备更名的工作表标签,输入新名称后,按“Enter”键确认即可。

② 右键单击要重命名的工作表标签,在弹出的菜单中选择“重命名(R)”选项即可。

(5) 删除工作表

删除工作表的方法主要有三种。

① 利用“开始”功能区中“删除”→“删除工作表(S)”命令,如图 4-2-21 所示。

② 右键单击要删除的工作表标签,在弹出的菜单中选择“删除(D)”选项。

③ 组合键:先按“ALT+E”,再按“L”键,即可删除当前工作表。

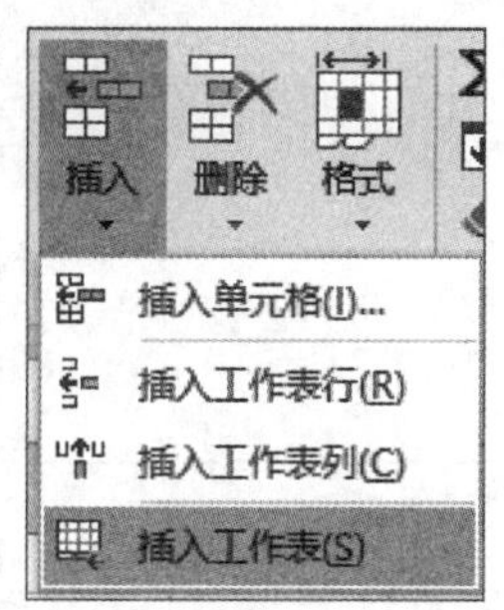

图 4-2-20　选中“插入工作表”命令

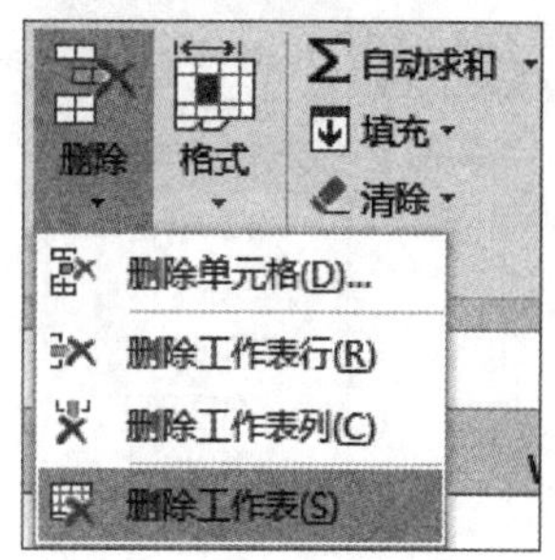

图 4-2-21　选中“删除工作表”命令

(6) 隐藏或取消隐藏工作表

借助右键菜单可以实现隐藏或取消隐藏工作表:右键单击工作表标签,在弹出的菜单中选择“隐藏”选项,选中的工作表将被隐藏。如果选择“取消隐藏”,则将取消对隐藏工作表的隐藏(如果没有工作表被隐藏,则该命令为不可用状态),如图 4-2-22 所示。

2. 单元格的基本操作

(1) 选择单元格

要进行单元格操作,首先需要选择目标单元格。在 Excel 2016 中,有多种选择单元格的方法。

① 选择一个单元格

方法 1:鼠标直接点击相应单元格。

方法 2:在 Excel 2016 左上角名称框中输入单元格地址,如输入“B5”,按“Enter”键后,即可将 B5 单元格选中,如图 4-2-23 所示。

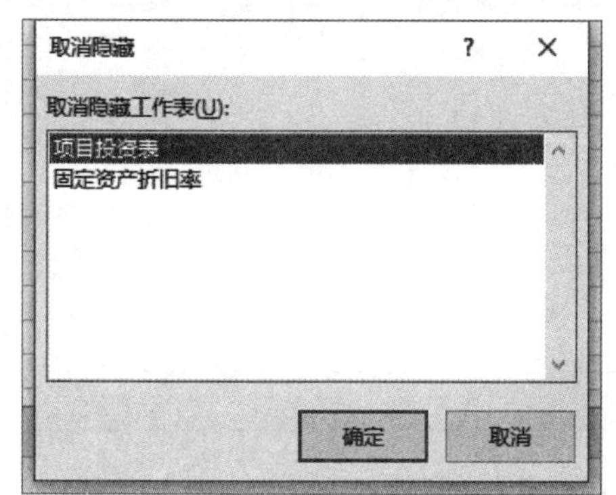

图 4-2-22　“取消隐藏”对话框

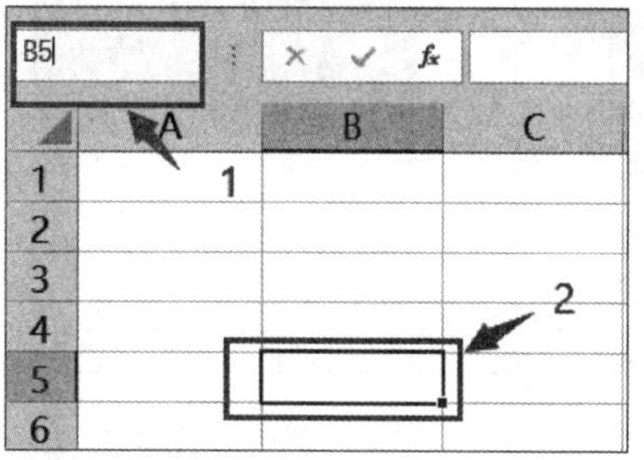

图 4-2-23　利用名称框选择单元格

方法 3:切换到“开始”选项卡,在“编辑”组中点击“查找和选择”下拉按钮,在弹出的下拉列表中选择“转到(G)”命令,弹出“定位”对话框,在“引用位置(R):”文本框中输入单元格名称，然后再点击“确定”按钮，如图 4-2-24 所示。

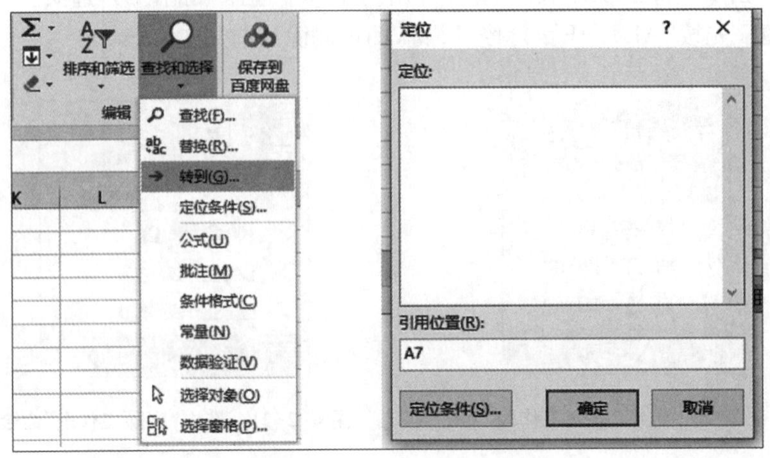

图 4-2-24 “定位”选择单元格

② 选择多个单元格

具体操作步骤如下：

a. 选择连续的多个单元格。点击要选择的第一个单元格，然后按住鼠标左键拖动，即可选择多个连续的单元格。或者，点击要选择的第一个单元格，然后按住“Shift”键，再点击要选择的最后一个单元格，也可选择多个连续的单元格，如图 4-2-25 所示。

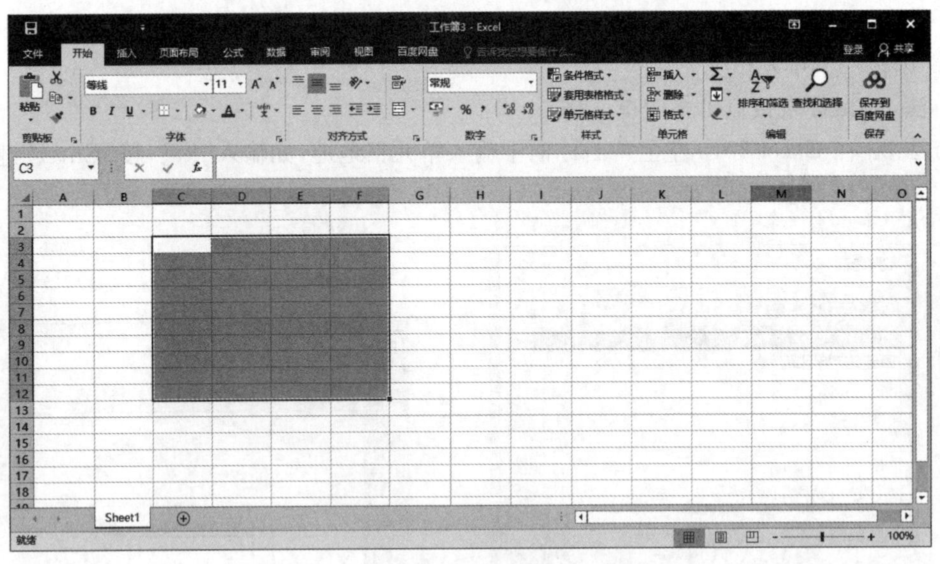

图 4-2-25 选择连续的多个单元格

b. 选择不连续的多个单元格。按住“Ctrl”键，依次点击要选择的单元格，即可选择多个不连续的单元格，如图 4-2-26 所示。

c. 选择全部单元格。选择工作表中的全部单元格有以下两种方法。

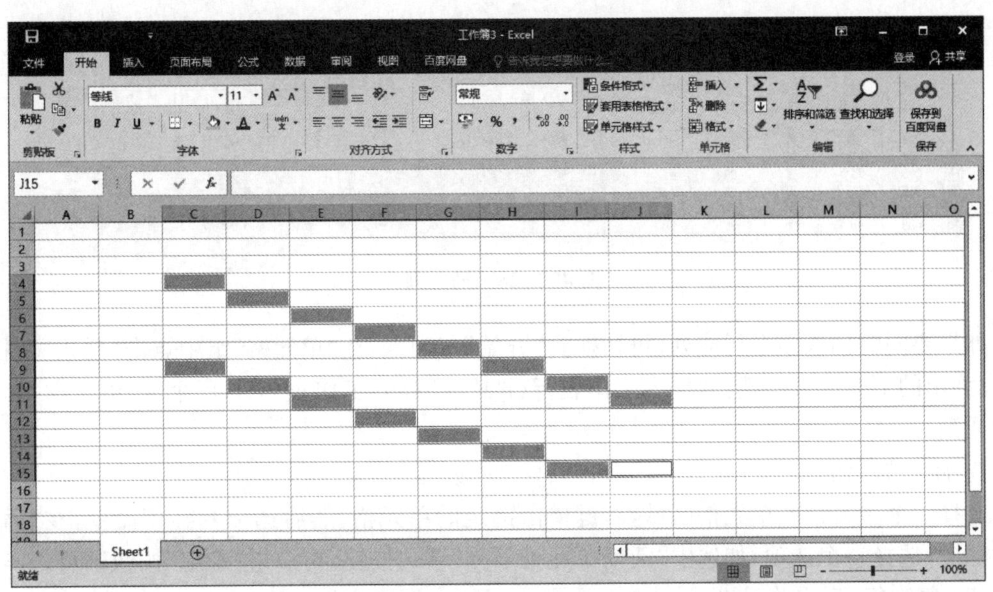

图 4-2-26　选择不连续的多个单元格

方法 1：点击工作区左上角行号和列标识的交叉处的“全选”按钮。

方法 2：按下“Ctrl＋A”键，或者在工作表的任意单元格右键单击，在弹出的菜单中选择“选择全部”。

(2) 插入行、列或单元格

如果用户拥有表格的编辑权限，则可以在表格中插入或删除行、列，也可以单独插入或删除单元格，灵活地处理表格数据。

① 插入行

要在工作表的某单元格上方插入行，可选中该单元格，并右键单击，在弹出的菜单中选择“插入行”命令。或者切换到“开始”选项卡，在“单元格”分组中点击“插入”下拉按钮，在弹出的下拉菜单中选择“插入工作表行(R)”命令，即可在当前行上方插入空行，原有的行自动下移，如图 4-2-27 所示。

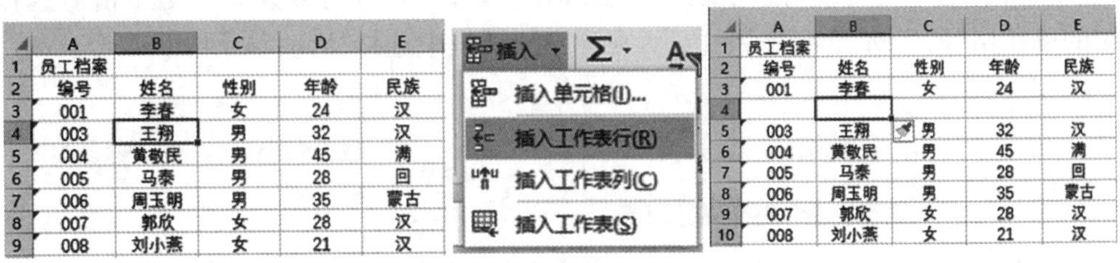

图 4-2-27　插入行

② 插入列的操作

要在工作表插入一列，可先通过选择列顶部的字母来选中列，或选中该列的某一个单元格，然后，切换到“开始”选项卡，在“单元格”分组中点击“插入”命令的下拉按钮，在弹出的下拉菜单中选择“插人工作表列(C)”命令，此时原有的列自动右移，如图 4-2-28 所示。

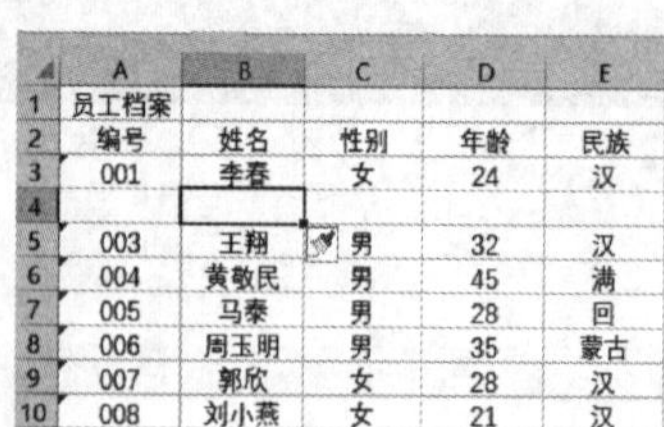

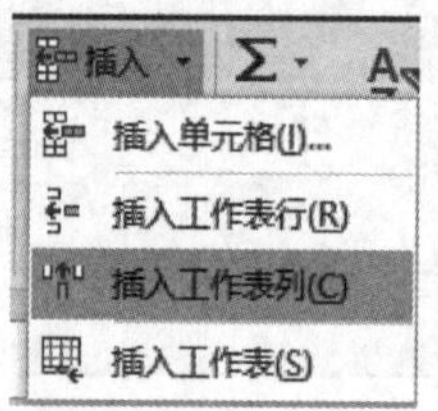

图 4-2-28 插入列

如果要同时插入多个行或列，可切换到“开始”选项卡，在“单元格”组中点击“插入”下拉按钮，在弹出的下拉列表中选择“插入工作表行(R)”或“插入工作表列(C)”命令，可一次插入多个行或列。

③ 插入单元格

选择一个单元格或单元格区域，右键单击选定的单元格，然后选择“插入”命令，在“插入”对话框中，选择一个选项，如选中“活动单元格下移”单选按钮，再点击“确定”按钮即可。

(3) 复制行、列或单元格

① 复制单元格数据

应用按钮复制：选择需要复制的单元格，在“开始”面板的“剪贴板”选项板中点击“复制”按钮，然后选择要复制到的目标单元格，再点击“剪贴板”选项区中的“粘贴”按钮，即可复制单元格数据。

应用选项复制：选中需要复制的单元格，并右键单击，在弹出的快捷菜单中选择“复制”命令；选中要粘贴的目标单元格，并右键单击，在弹出的快捷菜单中选择“粘贴”命令即可完成复制并粘贴单元格的操作。

应用快捷键复制：按“Ctrl＋C”组合键和“Ctrl＋V”组合键实现快速复制与粘贴。

应用鼠标复制：按住“Ctrl”键的同时，拖动鼠标，将需要复制的单元格拖拽至目标单元格即可复制单元格数据。

② 复制一行或一列

使用复制功能：选中需要复制的行或列，在开始选项卡下点击“复制”按钮，或右键单击后选择“复制(C)”，选中的行或列边框线变成虚线；然后选中目标行或列并右键单击后选择“插入复制的单元格(E)”，如图 4-2-29 所示，在弹出对话框中选择“活动单元格下移”。

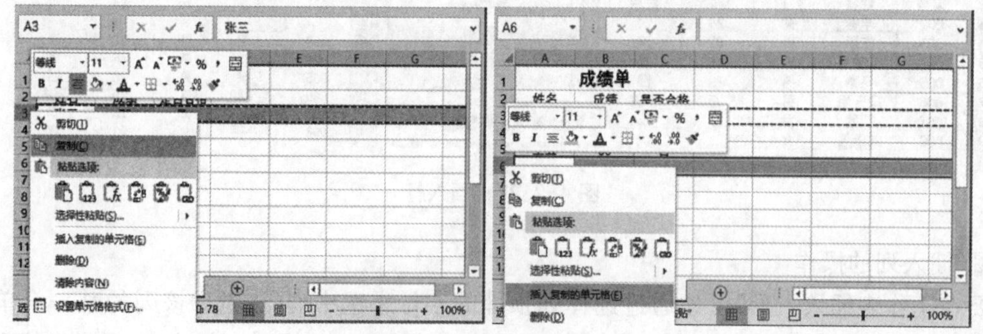

图 4-2-29 菜单“复制”“粘贴”行

通过鼠标拖动：选中需要复制的行或列，将鼠标移到边框线上，当界面上的鼠标变成十字光标时按住"Ctrl"键，此时鼠标右上角会有一个小小的加号，然后按住鼠标左键即可复制拖放到目标行或列。

注意：通过鼠标拖动来复制目标，如果目标行或列有数据，则会把原数据替换掉。

(4) 移动行、列或单元格

① 移动单元格

单元格的移动一般是将选择的单元格或单元格区域中的内容移动到其他位置，移动单元格与复制单元格的操作基本类似。

按钮移动单元格：选中要移动的单元格，点击"剪贴板"选项板中的"剪切"按钮，选择要移动到的目标单元格，点击"粘贴"按钮即可完成移动操作。

选项移动单元格：选中需要移动的单元格，并右键单击，在弹出的快捷菜单中选择"剪切"命令；选中要移动到的目标单元格，再右键单击，在弹出的快捷菜单中选择"粘贴"命令即可完成移动单元格的操作。

快捷键移动单元格：按"Ctrl＋X"组合键和"Ctrl＋V"组合键，即可移动单元格。

鼠标移动单元格：选择需要移动的单元格，直接按住鼠标左键，同时拖拽鼠标，将单元格移动至目标单元格中，再释放鼠标左键即可。

② 移动一行或一列

使用剪切功能：选中需要移动的行或列，在开始选项卡下点击"剪切"按钮，选中的行或列边框线变成虚线，然后选中目标行或列并右键单击后选择"插入剪切的单元格(E)"，如图 4-2-30 所示。

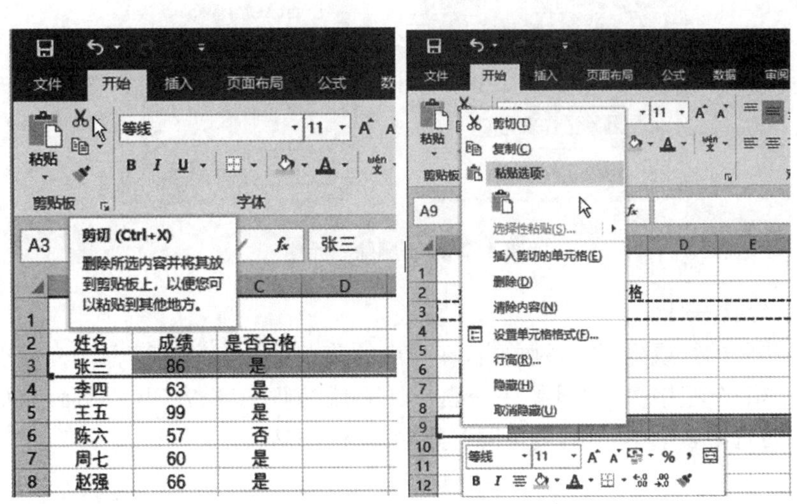

图 4-2-30 右键菜单的"剪切"和"粘贴"命令

通过鼠标拖动的方式来实现：同样选中需要移动的行或列，然后将鼠标移动到边框线上，当界面上的鼠标变成十字光标形状时，按住鼠标左键并将其拖动到需要移动的地方。此时原来的行或列会变成空白，如图 4-2-31 所示。

注意：使用剪切来移动一行或者一列不会留下一个空白行，也不会替换掉目标行里的数据，使用鼠标拖动来移动一行或者一列会留下一个空白行，同时也会替换掉目标行里面的数据。

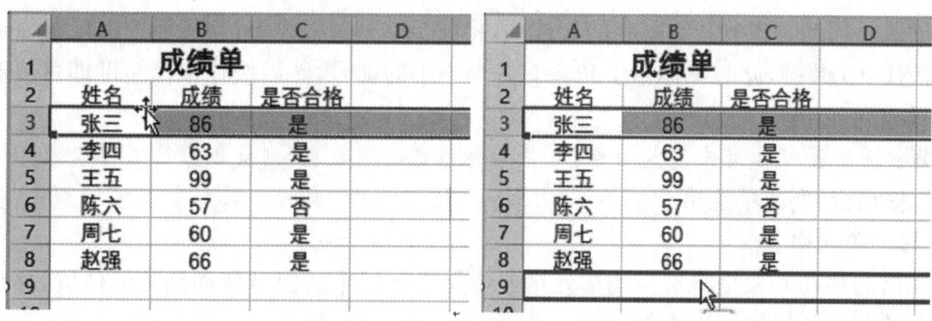

图 4-2-31　鼠标拖动剪切行

(5) 删除行、列或单元格

对于表格中不需要的单元格、行或列，可以将其删除，删除后空出的位置由周围的单元格补充。

① 删除单元格

选中要删除的单元格或单元格区域，然后切换到“开始”选项卡，在“单元格”组中点击“删除”下拉按钮，在弹出的下拉列表中选择“删除单元格(D)...”命令。

在打开的“删除”对话框中可选择由哪个方向的单元格补充空出来的位置，如选中“下方单元格上移(U)”单选按钮，单击“确定”按钮，如图 4-2-32 所示。

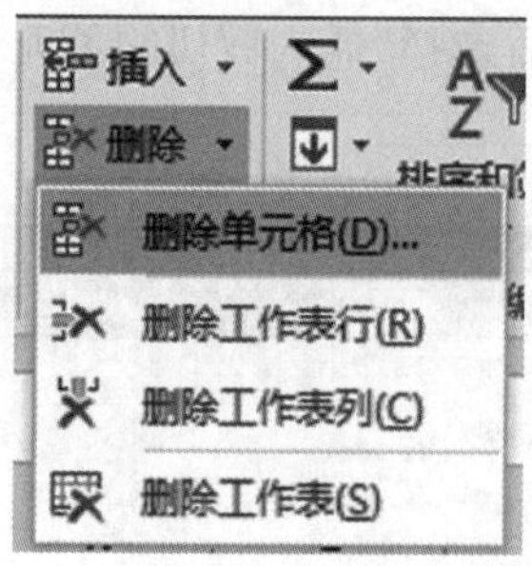

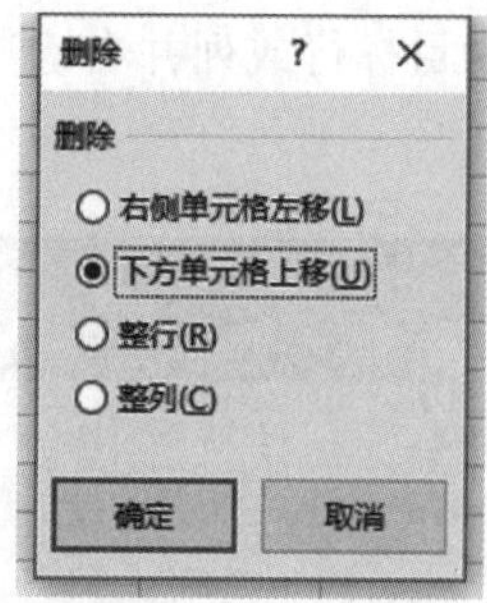

图 4-2-32　删除单元格

② 删除一行或一列

选中想要删除的行或列，并右键单击，在弹出的菜单中执行“删除”命令。或者，在“开始”选项卡的“单元格”分组中执行 “删除工作表行(R)”或“删除工作表列(C)”命令，如图 4-2-33 所示。如果同时选中多个单元格，则可同时删除多行或多列。

图 4-2-33　删除工作表行或列

4.3　设置表格格式

在单元格中输入数据后，还需要对数据格式进行设置。例如，设置字体、字号、对齐方式等。设置数据格式可以美化表格内容。

4.3.1　设置单元格格式

1. 单元格数字格式设置

在 Excel 2016 中，通过应用不同的数字格式，可将数字以百分比、日期、货币等格式显示。单元格默认的数字格式为“常规”格式，系统会根据输入数据的具体特点自动设置为适当的格式。

右键单击所选单元格或区域，选择“设置单元格格式”，在弹出的“设置单元格格式”对话框左侧的“数字”选项卡中，列出了多种可用的数字格式。用户可根据需要选择合适的格式类别，如“常规”“数值”“货币”“日期”“时间”“百分比”等，即可完成设置。在单元格输入的数据“789”时，当选择“数字”选项卡“会计专用”时，显示为如图 4-3-1 所示。如图 4-3-2 所示，数据单元格内输入的数据都是“123”，但当单元格设置的数字格式不同时，数据显示的形式也不同。

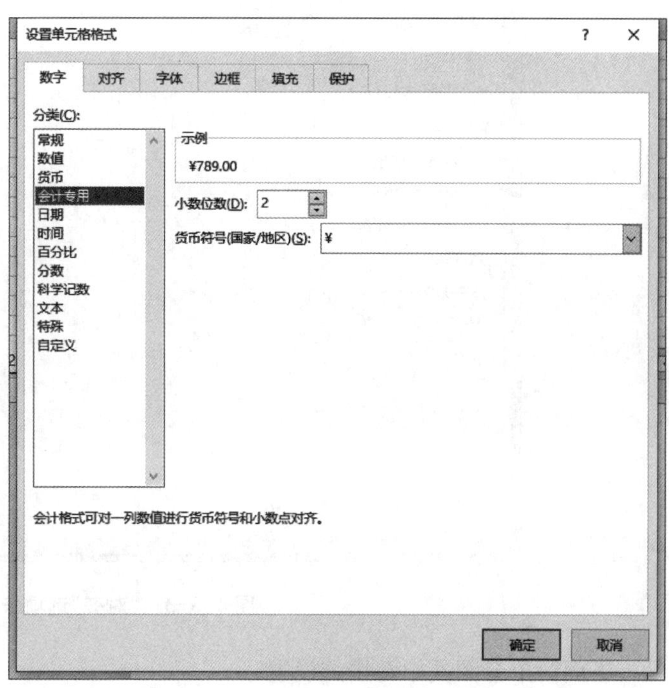

图 4-3-1　“设置单元格格式”对话框

	A	B	C	D
1	数值	货币	会计专用	日期
2	123.00	¥123.00	¥123.00	1900/5/2
3				
4	百分比	科学记数	文本	特殊格式
5	12300.00%	1.23E+02	123	123
6				一百二十三
7				壹佰贰拾叁

图 4-3-2　设置为不同数字格式的单元格显示

2. 对齐方式设置

在 Excel 2016 的单元格中，文本默认为左对齐，数字默认为右对齐。为了保证工作表中数据的整齐，可以为数据重新设置对齐方式，选中需要设置的单元格，点击在“开始”选项卡中“对齐方式”组右下角的功能扩展按钮，在弹出的“设置单元格格式”对话框中的“对齐”选项卡中，可对单元格的对齐方式进行设置，如图 4-3-3 所示。

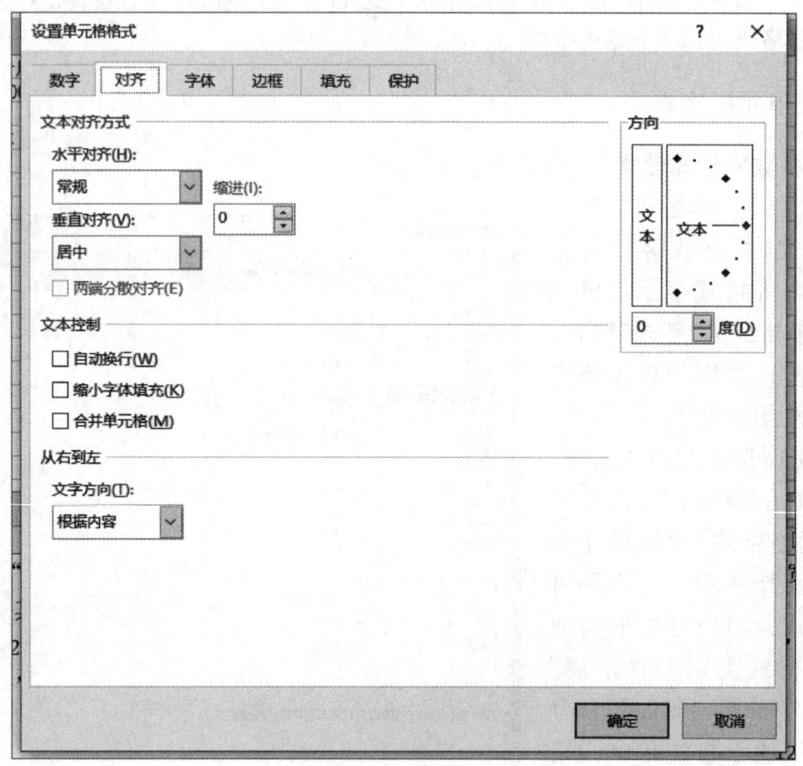

图 4-3-3 “对齐”选项卡

下面简单介绍其中常用的设置。

(1)“水平对齐”：包含“常规”“靠左”“靠右”“填充”“两端对齐”“跨列居中”等。“填充”是水平对齐方式中比较有意思的一种对齐方式，选择了“填充”对齐方式以后，单元格就会展示能展示的最多个输入的文本，但是单元格的内容本身不变，只是展示内容变化了。

(2)“垂直对齐”：包含“靠上”“居中”“靠下”“两端对齐”“分散对齐”等。

(3)“方向”选项组：可以设置文本的方向或倾斜角度。

(4)“文本控制”选项组：具体包括以下三种功能。

① 自动换行：根据单元格的列宽自动换行，确保文本内容能够完整地显示在一个或多个单元格内，而不会因为过长而超出单元格边界。

② 缩小字体填充：当单元格内容过长，无法完全显示时，该选项可以根据单元格的列宽自动缩小字符的大小，以确保文本内容全部正常显示在单元格中。这种调整是自动的，无须用户手动更改字体大小。

③ 合并单元格：允许用户将多个相邻的单元格合并为一个单元格，从而可以跨越多个单元格、多行或多列显示文本内容。这一功能在制作表格时尤为实用且高效。

另外，“开始”选项卡中的“对齐方式”分组还提供了命令按钮组的方式，用于设置数据的对齐方式。该按钮组包括："左对齐"按钮、"右对齐"按钮 和"居中"按钮，可以快速设置水平对齐方式；"合并并居中"按钮和"自动换行"按钮，可以设置单元格的合并与拆分及自动换行操作。

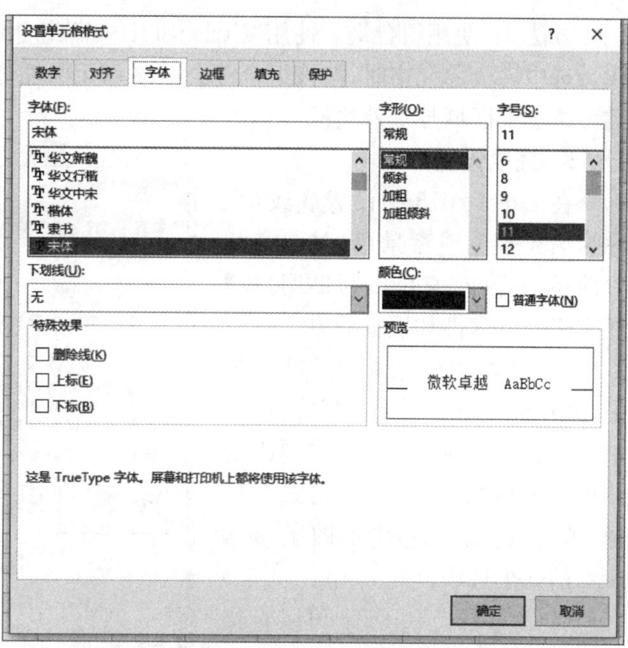

图 4-3-4 "字体"选项卡

3. 字体格式设置

在 Excel 2016 中，输入的文本字体默认为"宋体(标题)"，为了制作出美观的电子表格，用户可以修改对工作表中单元格或单元格区域中的字体、字号或颜色等格式的设置。设置字体格式的方式有以下三种。

方法 1：选定单元格或单元格区域后，打开"设置单元格格式"对话框，切换到"字体"选项卡，从中可以进行格式设置，如图 4-3-4 所示。

方法 2：在"字体(F)："组中单击相关按钮，即可自由设置字体的格式。

方法 3：通过浮动工具栏设置：选中需要设置字体的单元格，并右键单击，在出现的浮动工具栏中点击其按钮，即可设置文本的字体格式。

4. 边框设置

在 Excel 2016 中，单元格四周的灰色网格线在默认情况下是无法被打印的，工作中为了使表格更加规范美观，可以为表格设置边框。

方法 1：利用功能选项卡按钮。首先，打开 Excel 2016 并选中需要添加边框的单元格或单元格区域。在 Excel 2016 的"开始"选项卡上，找到"字体"组中的"边框"按钮。点击该按钮旁边的三角标，展开边框设置菜单。在边框设置菜单中可以选择各种边框样式，如"所有框线""无框线""外边框"和"内部"等。

方法 2：使用设置单元格格式对话框。选中需要添加边框的单元格或单元格区域，然后，右键单击选中的单元格并选择"设置单元格格式"(或按"Ctrl＋1"组合键)，在弹出的设置单元格格式对话框中，选择"边框"选项卡。用户可以自定义边框的线条样式、颜色和位置。完成自定义后，点击"确定"按钮，应用边框设置到选中的单元格或单元格区域。如图 4-3-5 所示。

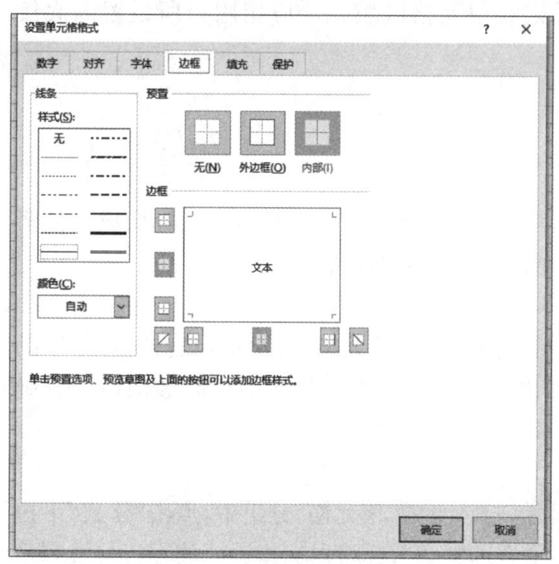

图 4-3-5 "边框"选项卡

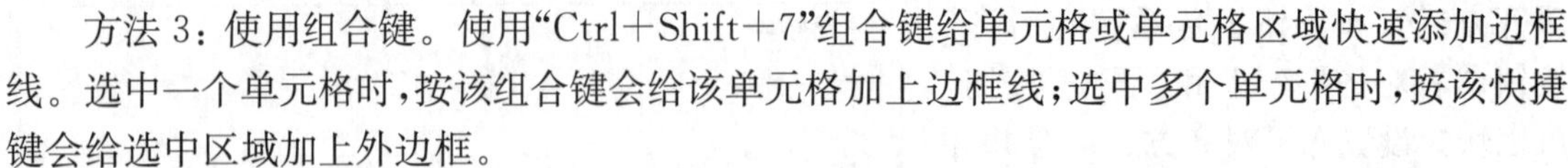

方法 3：使用组合键。使用“Ctrl+Shift+7”组合键给单元格或单元格区域快速添加边框线。选中一个单元格时，按该组合键会给该单元格加上边框线；选中多个单元格时，按该快捷键会给选中区域加上外边框。

5. 底纹设置

在 Excel 2016 中设置底纹（也称为填充颜色或背景色）是一个相对简单的操作，它可以帮助用户增强表格的可读性和视觉效果。

在“设置单元格格式”对话框中，选中想要设置底纹的单元格或单元格区域并右键单击，在弹出的菜单中选择“设置单元格格式”，选择“填充”选项卡，包含如图 4-3-6 所示的几个选项。

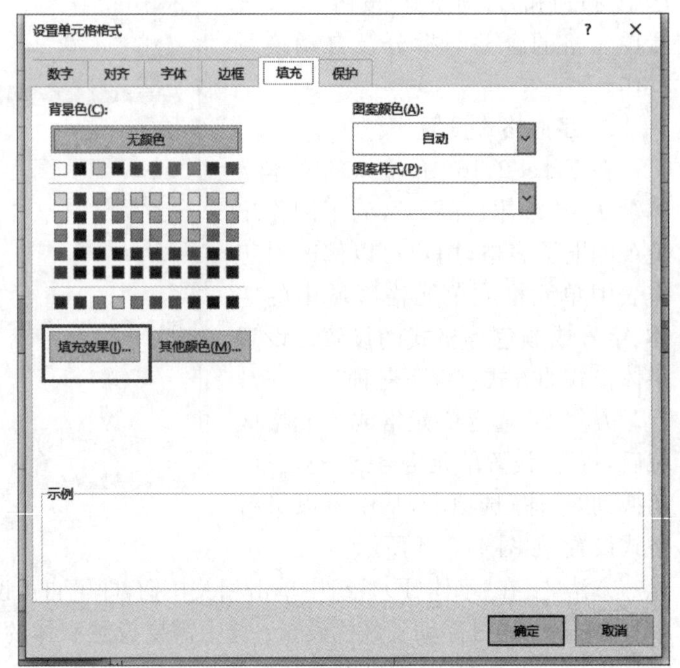

图 4-3-6 “填充”选项卡

(1)“背景色(C)：”：可以直接点击选择一个颜色，或者使用“其他颜色”选项来选择更多的颜色选项。

(2)“图案样式(P)：”：如果想要一个带有图案的底纹，可以点击“图案样式”下拉选项，从中选择喜欢的图案样式。另外，用户还可以设置“图案颜色”。

(3)“填充效果(I)...”：点击“填充效果”按钮，可以打开“填充效果”对话框，在该对话框中可以设置渐变填充效果，包括渐变的颜色、方向等。

设置完成后，点击“确定”按钮，选中的单元格或单元格区域就会应用用户所设置的底纹效果。

4.3.2 设置行高和列宽

1. 鼠标调整法

确定需要调整行高的单元格或整行，将光标移动到对应行号的下边缘，当光标变成拖拽箭头时，按住鼠标左键拖动，即可调整行高。同理可以完成列宽的调整。

2. 精确调整法

选中需要调整行高的单元格或整行，在“开始”选项卡的“单元格”分组中，点击“格式”中的“行高”按钮。在弹出的菜单中选择“行高”，在弹出的对话框中输入具体的行高数值，点击“确定”即可。同理可以完成列宽的调整，如图 4-3-7 所示。

3. 自动调整法

选中需要自适应调整的单元格或区域，在“开始”选项卡的“单元格”分组中，点击“格式”下拉按钮，在弹出的菜单中选择“最适合的行高”或“最适合的列宽”；或将鼠标指针停放在行号或列号的边界处，当鼠标指针变成上下方向的黑箭头时双击，即可自动调整为最适合的行高或列宽。

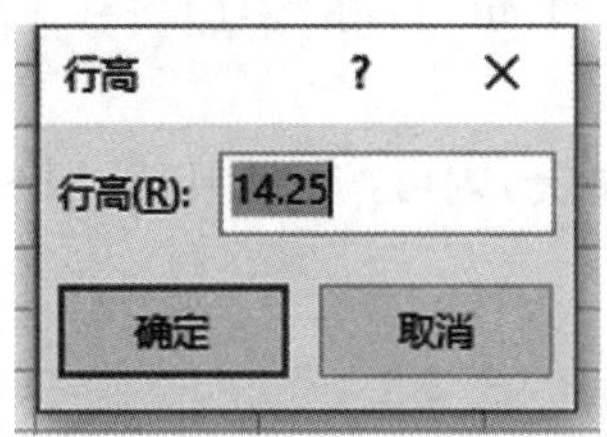

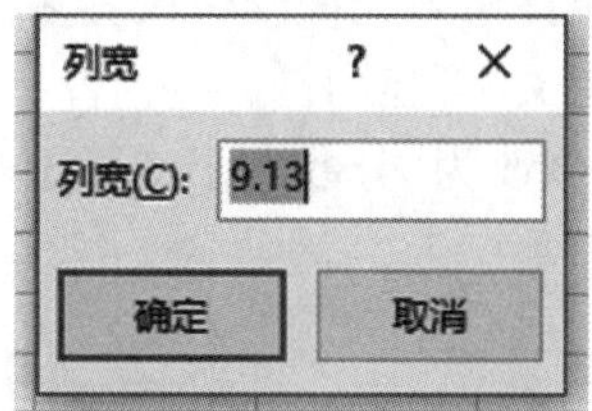

图 4-3-7 "行高"与"列宽"对话框

4.3.3 设置条件格式

1. 条件格式的设置

条件格式的设置是在数据处理和分析中过程中常用的工具，它允许用户根据特定的条件改变数据的显示方式，从而更直观地展示数据的特点和趋势。通过设置不同的条件来改变单元格的显示格式，如颜色、字体、边框等，以突出显示满足特定条件的数据。

设置条件格式的注意事项如下：

(1) 条件格式允许用户根据具体情况创建多个规则，因此可以组合使用不同规则。

(2) 如果数据范围中的数据发生变化，条件格式会动态更新，使格式与数据保持一致。

(3) 设置条件格式的目的是增强数据的可读性和分析能力。

图 4-3-8、图 4-3-9、图 4-3-10 为当成绩不及格时，设定条件格式为以浅红填充色深红色文本的具体步骤。

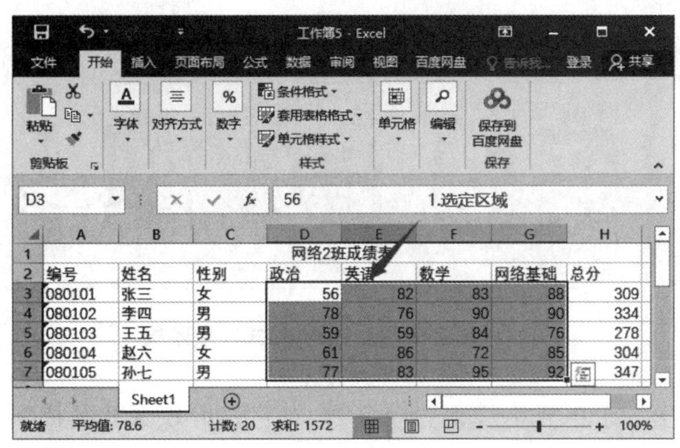

图 4-3-8 选定成绩区域

图 4-3-9 突出显示单元格规则

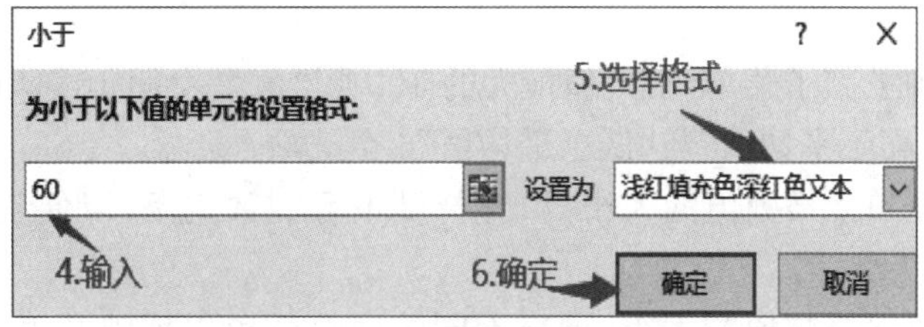

图 4-3-10 设置为"浅红填充深红色文本"

根据规则，条件格式允许同时设置多个条件，例如，可以同时添加当分数高于 90 分时，以“绿填充色深绿色文本”显示。

若要将条件修改为“分数大于或等于 90 分”的情况，则可按如图 4-3-11～图 4-3-14 所示的步骤进行操作。

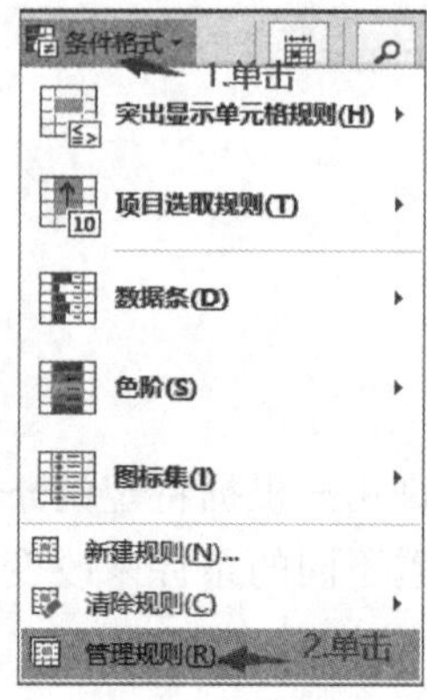

图 4-3-11　条件格式管理规则

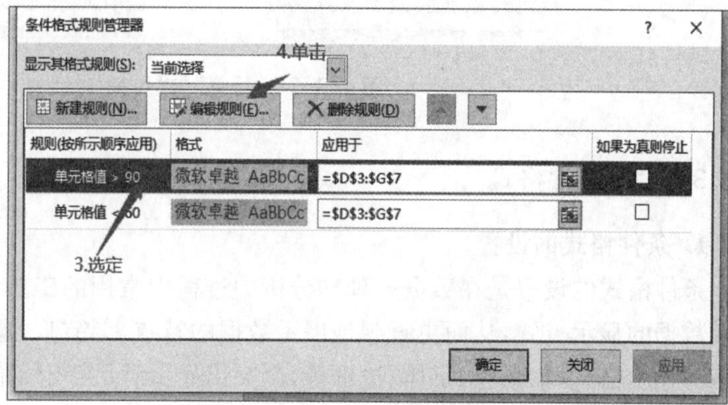

图 4-3-12　编辑规则

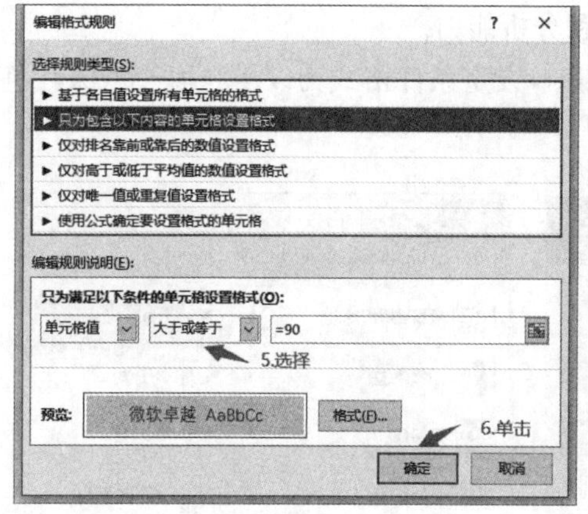

图 4-3-13　编辑格式规则

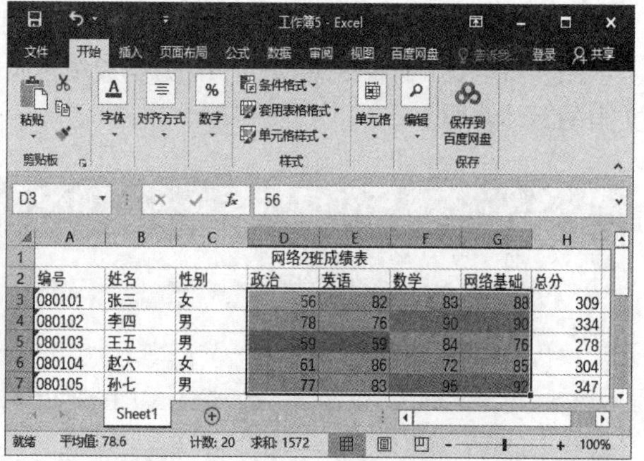

图 4-3-14　条件格式设置效果

条件格式的类型除本例使用的“突出显示单元格规则”外，还有“项目选取规则”“数据条”“色阶”“图标集”等类型。

① 突出显示单元格规则：其子菜单基于比较运算符，如大于、小于、等于、介于等常用的各种条件选项。

② 项目选取规则：其子菜单包含“值最大的 10 项”“值最大的 10%项”“值最小的 10 项”“值最小的 10%项”“高于平均值”与“低于平均值”6 个选项。

③ 数据条：根据单元格数值的大小，填充长度不等的数据条，以便直观地显示所选区域数据间的相对关系。

④ 色阶：根据单元格数值的大小，填充不同的底纹颜色以反映数值的大小，例如，“红—黄—绿”色阶的 3 种颜色分别代表数值的“高—中—低”三部分显示，每一部分又以颜色的深浅

进一步区分数值的大小。

⑤ 图标集：根据单元格数据在所选区域的相对大小，在所选图标集的 3～5 图标中，自动地在每个单元格之前显示不同的图标，以反映各单元格数据在所选区域中所处的区段。

⑥ 新建规则：用于创建自定义的条件格式规则。

⑦ 清除规则：删除已设置的条件规则。

⑧ 管理规则：用于创建、删除、编辑和查看工作簿中的条件格式规则。

2. 条件格式的管理和清除

① 管理条件格式

操作步骤如下：

a. 选择设置条件格式的区域。

b. 选择“开始”选项卡→“样式”组→“条件格式”按钮，在打开的下拉列表中选择“管理规则(R)”选项，弹出“条件格式规则管理器”对话框，如图 4-3-11、图 4-3-12 所示。

c. “条件格式规则管理器”对话框中列出了所选区域的条件格式，可以在此新建、编辑和删除设置的条件规则。

注意： 在“条件格式规则管理器”对话框中单击“新建规则(N)...”按钮，弹出“新建格式规则”对话框，可设置新建的规则格式；单击“编辑规则(E)...”按钮，弹出“编辑格式规则”对话框，可编辑规则格式；单击“删除规则(D)”按钮可实现条件格式规则的删除。

② 清除条件格式

除了在“条件格式规则管理器”对话框中删除条件规则外，还可通过以下步骤删除。

a. 选择设置条件格式的区域。

b. 选择“开始”选项卡→“样式”组→“条件格式”按钮，在打开的下拉列表中选择“清除规则(C)”→“清除所选单元格的规则”选项，即可实现该条件规则的删除。

下面是三色阶的例子，如图 4-3-15 所示中显示了带有条件格式的温度数据，该条件格式使用红、黄、绿三色阶来区分高、中、低 3 个数值范围。读者可根据上述内容管理和删除条件格式。

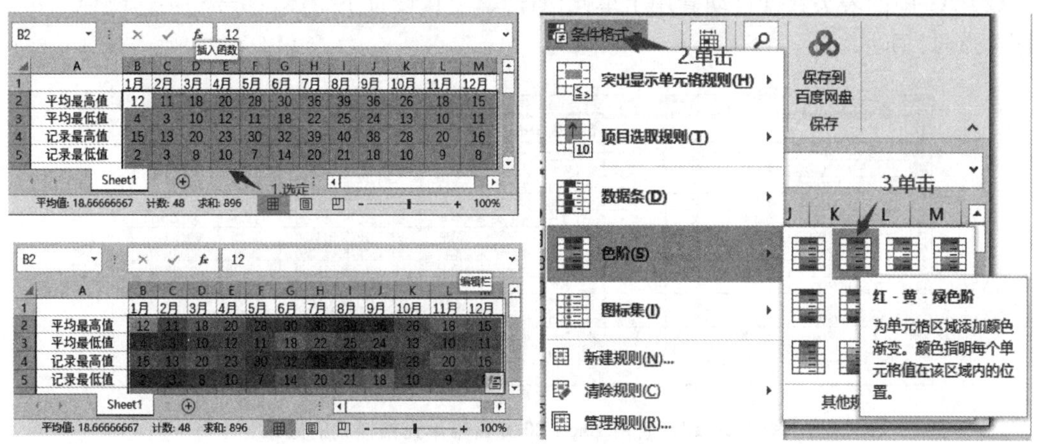

图 4-3-15　红、黄、绿三色阶温度数据

4.3.4 使用样式

1. 内置单元格样式

单元格样式是一组特定单元格格式的组合，使用单元格样式可以快速地对应用相同样式的单元格进行格式化，从而使工作表格式规范统一并提高工作效率。Excel 2016 预置了一些典型的单元格样式，用户可以直接套用这些样式以快速设置单元格格式。

下面以标题行应用单元格样式为例进行介绍。

(1) 以"恒泰集团员工信息表. xlsx"为例，选择 A1：K1 单元格区域，在"开始"选项卡的"样式"组中，单击"单元格样式"下拉按钮。在弹出的下拉列表中选择"标题"下的"标题 1"选项，如图 4-3-16 所示。

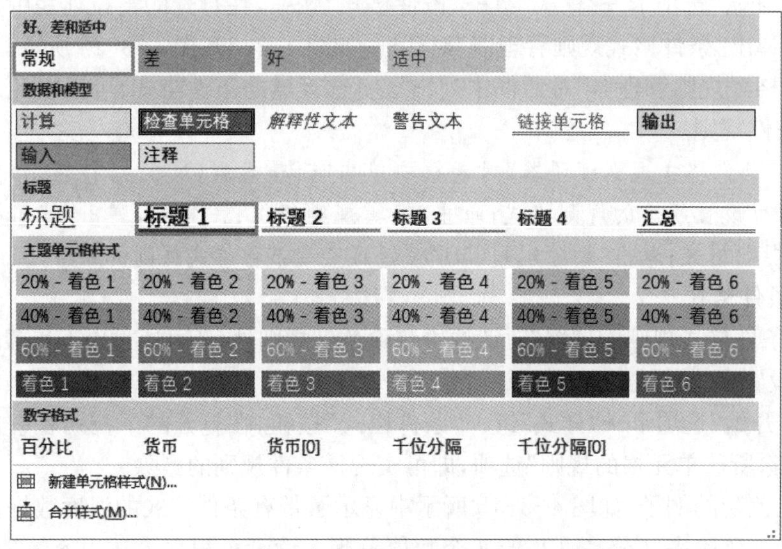

图 4-3-16 选择要套用的单元格样式

(2) A1 中的表头数据自动套用了单元格样式，直接设置了字体、字号和字体颜色等格式，如图 4-3-17 所示。

	A	B	C	D	E	F	G	H	I	J	K
1	恒泰集团员工信息表										
2	序号	ID号	姓名	性别	年龄	籍贯	部门	学历	身份证号	基本工资	入厂时间
3	1	YZ0001	李美丽	男	35	浙江杭州	人事部	硕士	5321319750011200	4200	2000/3/15
4	2	YZ0002	刘一水	女	50	浙江舟山	生产部	本科	5321319750011240	2500	2003/2/21
5	3	YZ0003	张啸华	女	30	浙江杭州	销售部	大专	5321319750011270	4200	2004/1/9
6	4	YZ0004	赵晓思	女	47	浙江温州	财务部	中专	5321319750011230	5000	2007/9/1
7	5	YZ0005	吴晓敏	女	27	浙江温州	人事部	高中	5321319750011290	3500	2005/5/5
8	6	YZ0006	王宁清	男	44	浙江温州	生产部	本科	5321319750011260	2500	2008/8/9
9	7	YZ0007	关弱夏	女	35	浙江温州	销售部	硕士	5321319750011250	3500	2002/9/11
10	8	YZ0008	车雪梅	女	24	浙江嘉兴	财务部	专科	5321319750011210	2500	2001/3/5
11	9	YZ0009	朴成贤	男	28	浙江杭州	人事部	本科	5321319750011260	4500	2000/8/2
12	10	YZ0010	钱进	男	29	浙江舟山	生产部	高	5321319750011270	2500	2004/6/1
13	11	YZ0011	任富贵	男	48	浙江衢州	销售部	硕士	5321319750011210	4700	2005/7/8

"标题1"样式

Sheet1

就绪

图 4-3-17 套用 Excel 2016 自带单元格样式的效果

2. 自定义单元格样式

除了 Excel 2016 内置的单元格样式外，用户还可以根据需求创建自己的单元格样式，在使用时就能轻松地重复选择自定义的单元格样式。

首先，在"开始"选项卡中选择"样式"分组，点击"单元格格式"下拉按钮，接着选择"新建单元格样式"。并在样式框顶部为自定义样式命名；然后，单击"格式(O)..."，在"设置单元格格式"窗口中，使用其中的选项卡来选择数字、字体、边框和填充的样式；最后，选择所需的格式后点击"确定"按钮，返回"样式"窗口；在"包括样式(例子)"中可以看到刚刚选择的格式。用户还可以取消选中不想使用的任何格式，并在完成后点击"确定"按钮，如图 4-3-18 所示。

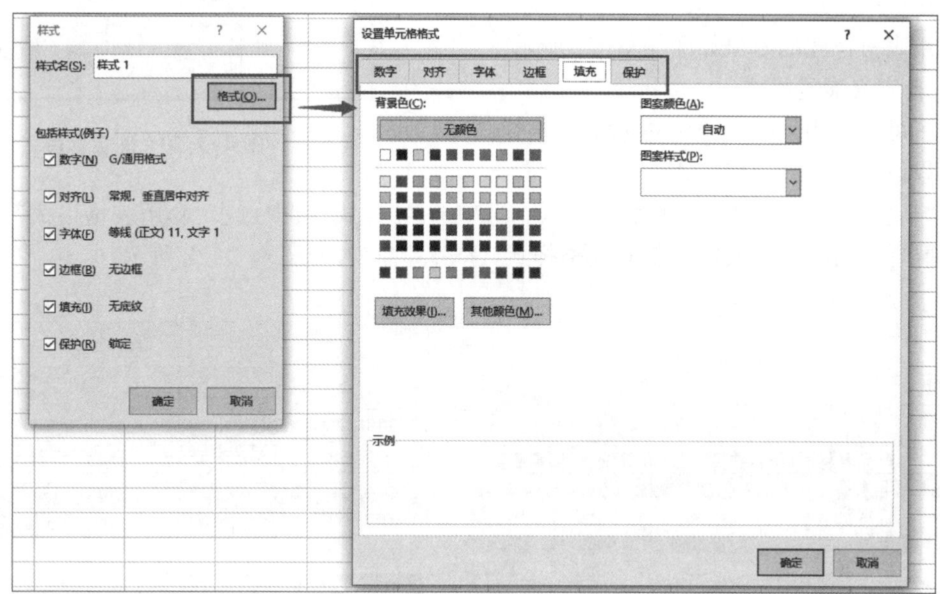

图 4-3-18　新建单元格样式

若用户要使用自定义的单元格样式，需选择单元格，转到"主页"选项卡，然后单击"单元格格式"。然后在"自定义"下的选择框顶部找到并选择新创建的样式，从而将其应用于单元格。

注意： 用户自定义的单元格样式仅在创建它的 Excel 2016 工作簿中可用。

4.3.5　自动套用格式

1. 套用表格格式

通过系统提供的多种不同的表格样式可快速为所选单元格区域设置边框和填充格式。以"销售表. xlsx"表格为例，在"开始"选项卡的"样式"组中点击"套用表格格式"下拉按钮，在弹出的下拉列表中选择合适的样式选项即可，如图 4-3-19 所示。

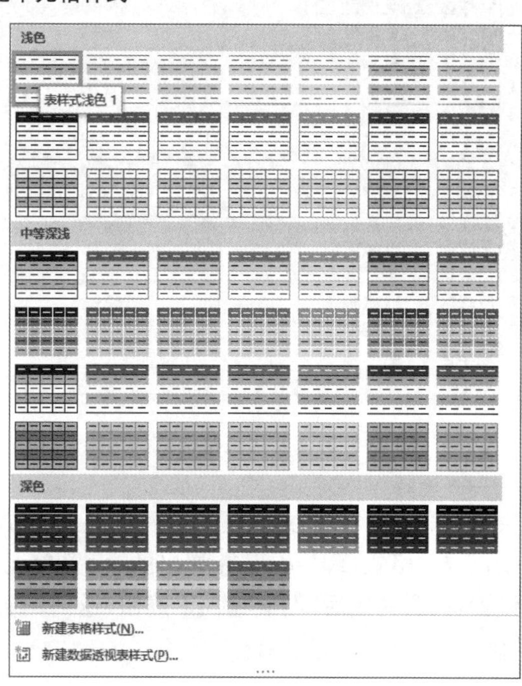

图 4-3-19　套用表格样式

选择表格样式后，将打开“套用表格式”对话框，默认选中“表包含标题(M)”复选框，点击“确定”按钮后，标题单元格将被拆分，且在拆分的单元格中自动将标题套用所选格式，如图 4-3-20 所示。如果取消选中“表包含标题(M)”复选框，系统会自动在选择区域的顶部添加一空白行作为首行，并为其添加“列 1”“列 2”……的表头。

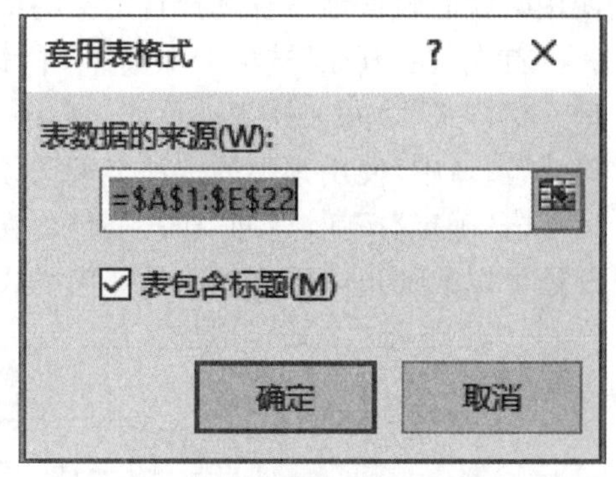

图 4-3-20　确定套用

套用表格样式的效果如图 4-3-21 所示。

2. 自定义表格格式

除了可以套用 Excel 2016 内置的表格样式外，用户还可以设置自定义表格样式。

以“销售表.xlsx”工作表为例，在“开始”选项卡的“样式”组中点击“套用表格格式”下拉按钮，在弹出的下拉列表中选择“新建表格样式(N)...”命令，如图 4-3-22 所示。

	A	B	C	D	E
1	地区	产品名称	销售数量	产品单价	销售金额
2	成华区	电冰箱	41	108	4428
3	成华区	饮水机	43	2460	105780
4	金牛区	电磁炉	36	5600	201600
5	金牛区	热水器	53	360	19080
6	云龙区	饮水机	189	200	37800
7	新城区	电冰箱	63	108	6804
8	新城区	电视机	24	3400	81600
9	锦江区	豆浆机	75	6800	510000
10	锦江区	电磁炉	98	550	53900
11	成华区	热水器	59	128	7552
12	郫都区	电冰箱	52	1800	93600
13	金牛区	热水器	117	120	14040
14	郫都区	电冰箱	41	2808	115128
15	郫都区	豆浆机	52	880	45760
16	云龙区	豆浆机	67	330	22110
17	云龙区	电磁炉	88	118	10148
18	新城区	热水器	90	1688	151920
19	成华区	电冰箱	80	4398	351840
20	新城区	热水器	89	1999	177911
21	成华区	电冰箱	56	108	6048
22	成华区	饮水机	41	2460	100860

图 4-3-21　套用表格样式的效果

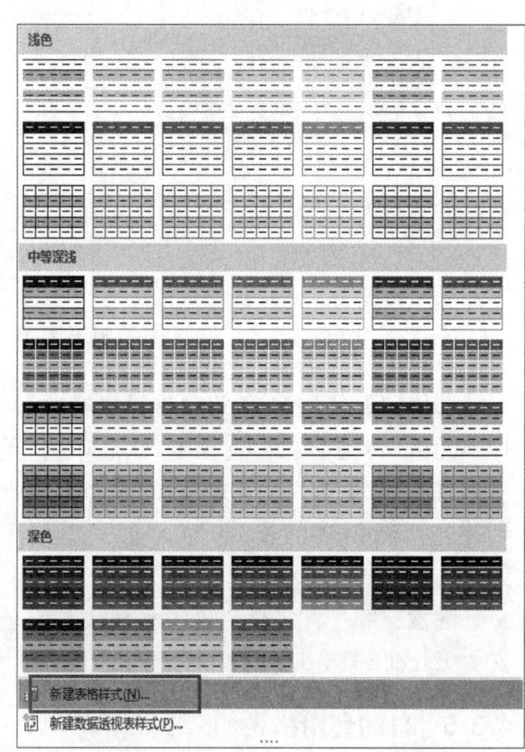

图 4-3-22　启用新建表格样式功能

在“名称(N):”文本框中输入自定义样式的名称，在“表元素(T):”列表框中选择相应的选项，点击“格式(F)”按钮，在弹出的“设置单元格格式”对话框中，对“字体”“边框”“填充”分别设置，设置完成后，点击“确定”按钮，返回“新建表样式”对话框，如图 4-3-23 所示，最后点击“确定”按钮即可完成新样式的定义。

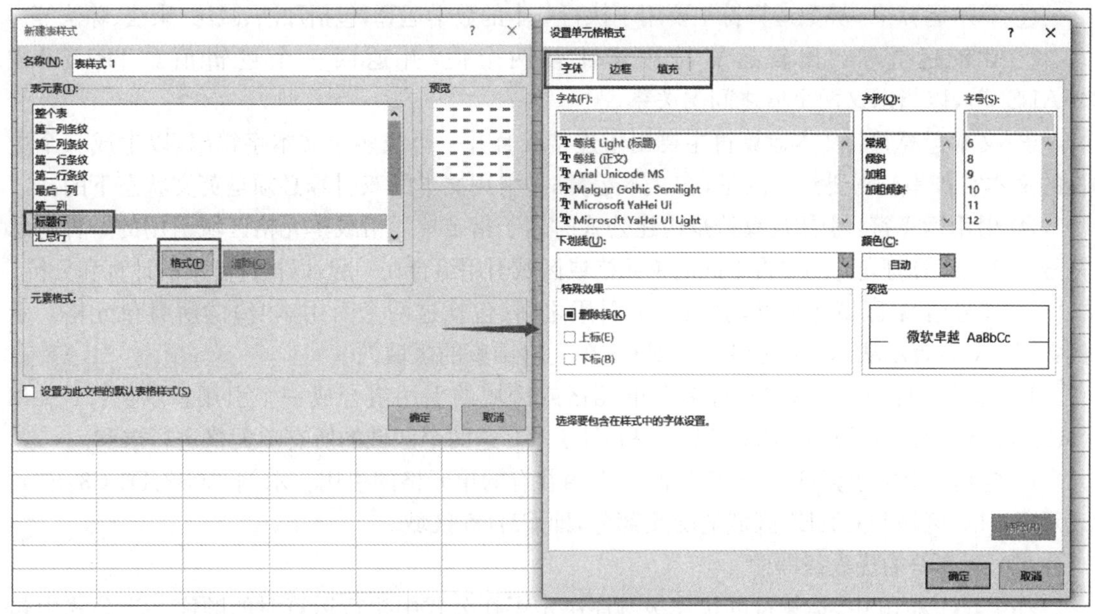

图 4-3-23 新建表格样式

4.4 计算数据

计算数据是数据处理的重要步骤，在计算数据的过程中，通常会用到公式、函数和数组公式等，本节将详细介绍使用公式和函数进行计算的相关知识，以及一些常用函数的应用。

4.4.1 公式的使用

1. 公式的概念

公式是一个等式，是一个由单元格内数据和运算符（加减乘除）组成的运算法则。公式必须以“＝”开始，之后紧接数据和运算符。

2. 运算符

(1) 运算符的类型

运算符类型分为四种：算术运算符、比较运算符、文本运算符和引用运算符，见表 4-4-1。

表 4-4-1 运算符

算术运算符		比较运算符		文本运算符		引用运算符	
+	加	>	大于	&	文本连接符	:	区域
−	减	<	小于			,	联合
*	乘	>=	大于等于			空格	交叉
/	除	<=	小于等于				
%	百分号	=	等于				
^	乘方	<>	不等于				

① 算术运算符：算数运算符主要用于执行基本的数学运算，包括加法、减法、乘法、除法等。

② 比较运算符：比较运算符用于比较两个值，并返回一个逻辑值（“TRUE”或“FALSE”），以指示这两个值之间的关系。

③ 文本运算符：文本运算符主要用于连接或合并一个或多个文本字符串，以生成一个更长的文本字符串。需要注意的是，在文本运算时，引用文本的双引号必须是英文状态下的。

④ 引用运算符：引用运算符是构建公式时用于指定单元格或单元格区域引用的一种特殊符号。这些运算符允许用户将不同的单元格或区域引用组合在一起，以执行复杂的计算和分析。

a. 冒号(:)：区域运算符，引用两个引用之间（包括这两个引用本身）的所有单元格。示例：(A1:C3)表示从 A1 单元格开始到 C3 单元格结束的区域。

b. 逗号(,)：联合运算符，将多个单元格或区域的引用组合成一个引用。示例：“(SUM(A1:A5, C1:C5))”表示对 A1 到 A5 和 C1 到 C5 这两个区域的所有单元格进行求和。

c. 空格：交叉运算符，用于产生两个引用共有的单元格的引用。示例：“(B2:D5 C3:E7)”表示 B2:D5 区域和 C3:E7 区域的交叉部分，即 C3:D5 区域。

(2) 运算符的优先级顺序

在 Excel 2016 中，运算符的优先级顺序决定了在公式中执行运算时的顺序。当公式中包含多个运算符时，Excel 2016 会按照特定的优先级顺序来执行计算。运算符的优先级及说明见表 4-4-2，其中，优先级的数字越小，其优先级越高。

表 4-4-2　运算符的优先级及说明

优先级	运算符	说明
1	:	引用运算符
2	,	
3		
4	−	负号
5	%	百分比
6	^	乘幂
7	* 和/	乘和除
8	＋和−	加和减
9	&	文本连接符，连接两个文本字符串（串连）
10	=	比较运算符
	<>	
	<=	
	>=	
	<>	

注意：使用括号可以强制改变运算符的优先顺序，因为表达式中括号的优先级最高。如果公式中包含多个优先级相同的运算符，则 Excel 2016 将从左向右计算。

3. 单元格的地址

在 Excel 2016 中，单元格地址是每个单元格在工作表中的唯一标识符。

(1) 相对引用地址

默认情况下，Excel 2016 使用相对引用来引用单元格。当公式被复制到其他单元格时，相对引用会自动调整以引用相对于新位置的单元格。例如，在 A1 单元格中输入公式“=B1”，然后将该公式复制到 A2 单元格，A2 单元格中的公式会自动变为“=B2”。

(2) 绝对引用地址

通过在列字母和行数字前添加美元符号“$”来创建绝对引用。绝对引用不会随着公式的复制而改变。例如，“A1”表示绝对引用第一列第一行的单元格，被复制或移动到新位置后，公式中引用的单元格地址保持不变。

(3) 混合引用地址

可以创建仅对行或列进行绝对引用的混合引用。如果公式所在单元格的位置发生改变，相对引用部分会变，而绝对引用部分不变。例如，“$A1”表示对列的绝对引用和对行的相对引用，而“A$1”则表示对行的绝对引用和对列的相对引用。

在 Excel 2016 中，用户在进行单元格地址的引用时，还应注意跨工作表和跨工作簿的引用。

(1) 引用跨工作表的单元格

格式：=工作表名！单元格地址(若是当前工作表，可省略“工作表名!”)。

示例：“Sheel！A1+B2”表示引用工作表 Sheet1 中的单元格 A1 和当前工作表中的单元格 B2。

(2) 引用跨工作簿的单元格

格式：=[工作簿名]工作表！单元格地址(若是当前工作簿，可省略“[工作簿名]”)。

示例：“=[工作簿 1]Sheetl！A1+Sheet2！B2”表示引用工作簿 1 中工作表 Sheet1 中的单元格 A1 和当前工作簿中工作表 Sheet2 中的单元格 B2。

4. 输入公式

输入公式的目的是使系统自动进行数据计算、数据分析或数据验证。通过输入公式，用户可以快速地得到计算结果，而无须手动进行繁琐的计算。同时，公式还可以根据工作表中数据的变化而自动更新结果，大大提高了工作效率和准确性。

输入公式的操作步骤如下：

(1) 在选定的单元格中，输入一个等号“=”。

(2) 在等号后面可以输入想要执行的数学运算或函数，引用其他单元格的值(如 A1、B2 等)，也可以使用内置函数(如 SUM、AVERAGE 等)。

(3) 按下“Enter”键，在选定单元格中显示计算的结果，在编辑栏中显示输入的公式。

5. 复制公式

复制公式是指在 Excel 2016 中，将一个已经输入并验证无误的公式，快速应用到其他单元格或单元格区域中，以实现相同或类似计算的过程。

复制公式的方法有直接复制粘贴、使用填充柄、使用“Ctrl”键辅助、选择性粘贴等。

其中使用填充柄复制公式的操作步骤如下：

(1) 选中想要复制公式的单元格。

(2) 将鼠标指针移动到填充柄上，当待鼠标指针变为一个小黑十字加号。

(3) 按住鼠标左键并拖动到目标单元格或区域，目标单元格中将会显示相应的值。

6. 输入、复制公式示例

以下是“二月工资表”的“应发工资”栏中，利用公式“应发工资＝基本工资＋绩效奖金＋加班工资”，计算每个员工的应发工资的例子。操作步骤如下：

(1) 选中 G3 单元格→输入“＝”号→输入公式“D3＋E3＋F3”。

(2) 按“Enter”键或用点击编辑栏中的“✓”按钮。如图 4-4-1 所示。

随后，计算结果将显示在单元格 G3 中，而公式显示在编辑栏中。计算其他职工的应发工资可直接使用填充柄进行操作，步骤如下：

(1) 选定单元格 G3；

(2) 将填充柄拖至 G12 单元格并释放。此时就完成了每个职工的实发工资的计算，如图 4-4-2 所示。

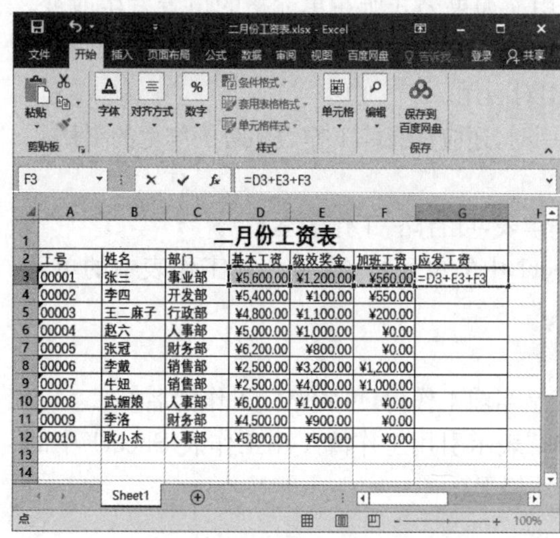

图 4-4-1 输入公式操作结果

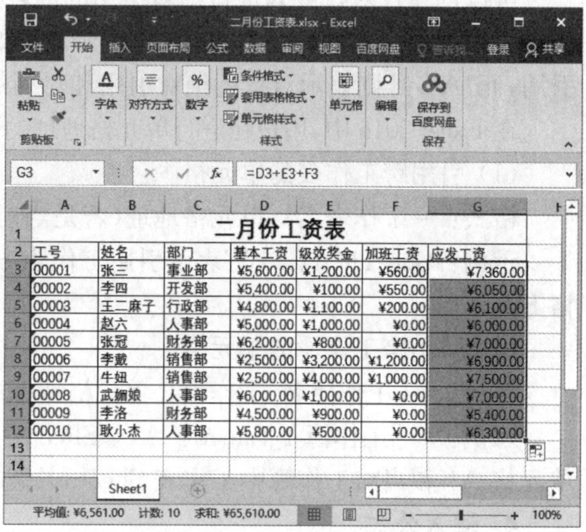

图 4-4-2 复制公式的操作结果

4.4.2 使用函数计算数据

1. 认识函数

在 Excel 2016 中，函数是一种内置的工具，用于执行特定的计算或操作，并返回一个值。这些函数基于用户提供的参数(也称为自变量或输入)进行计算，并在单元格中显示结果。

2. 函数的组成

在 Excel 2016 中，一个完整的函数主要由函数名称、括号和函数参数组成。函数执行计算后，返回的结果显示在包含函数的单元格中。

函数名称：每个函数都有一个唯一的名称，用于标识其功能。例如，SUM 函数用于计算一系列数值的总和。

括号：函数名后通常跟着一对括号，用于包含函数的参数。

函数参数：函数参数是函数的输入值，可以是单元格引用、常量值、其他函数的结果等。函数参数不一定是必需的，具体取决于函数的定义。

3. 函数的分类

Excel 2016 的函数库提供了多种函数，按函数的功能，可以对其进行分类。

(1) 数学和三角函数

这些函数用于执行基本的数学运算，如加、减、乘、除、乘方、平方根等。常见的函数包括：SUM、AVERAGE、MAX、MIN、PRODUCT、ROUND、INT、ABS、SQRT 等。

(2) 文本函数

这些函数用于处理文本字符串，如合并文本、查找和替换文本、提取子字符串等。常见的文本函数包括 CONCATENATE（或 TEXTJOIN）、LEN、LEFT、RIGHT、MID、UPPER、LOWER、FIND、REPLACE。

(3) 逻辑函数

这些函数用于执行逻辑比较和判断，根据条件返回“TRUE”或“FALSE”，或者基于条件执行其他函数。常见的逻辑函数包括 IF、AND、OR、NOT、IFERROR。

(4) 查找和引用函数

这些函数用于在数据表中查找和引用特定数据，如根据值查找位置、根据位置查找值等。常见的查找和引用函数包括 VLOOKUP、HLOOKUP、INDEX、MATCH、OFFSET、CHOOSE、INDIRECT 等。

(5) 统计函数

这些函数用于对数据集进行统计和分析，如计算平均值、标准偏差、计数等。常见的统计函数包括 COUNT、COUNTA、COUNTIF、COUNTBLANK、AVERAGE、AVERAGEIF、MEDIAN、MODE、STDEV。

(6) 日期和时间函数

这些函数用于处理日期和时间数据，如获取当前日期和时间、计算日期间隔、将文本转换为日期等。常见的日期和时间函数包括 NOW、TODAY、DATE、TIME、YEAR、MONTH、DAY、WEEKDAY、DATEDIF 等。

(7) 财务函数

这些函数用于进行财务计算和分析，如计算贷款支付额、投资回报率等。常见的财务函数包括 PMT、IPMT、PPMT、FV、RATE、IRR、NPER。

(8) 数据库函数

这些函数通常与 Excel 的数据表(列表)一起使用，以执行数据库查询和管理任务。常见的数据库函数包括 DAVERAGE、DCOUNT、DCOUNTA、DGET、DMAX、DMIN、DPRODUCT、DSTDEV、DSUM、DVAR。

(9) 信息函数

这些函数用于返回单元格的特定信息，如数据类型、格式等。常见的信息函数包括 ISNUMBER、ISTEXT、ISBLANK、ISERROR、CELL。

(10) 工程函数

这些函数用于执行工程和科学计算，如复数运算、贝塞尔函数等。常见的工程函数包括 IMREAL、IMAGINARY、COMPLEX、BESSELI、BESSELJ。

(11) 数组函数

这些函数处理数组，即一系列值或单元格引用。它们允许用户执行复杂的计算，特别是在处理大量数据或进行高级数据分析时。常见的数组函数包括 SUMIFS(在较新版本的 Excel 中,它是作为数组公式实现的)、MMULT。

(12) 用户定义函数(UDF)

用户可以通过 Excel VBA(Visual Basic for Applications)编写自定义函数,以满足特定的计算需求。这些函数可以在工作表中像内置函数一样使用。

4. 函数的输入方法

(1) 通过编辑栏输入

对于比较简单的函数,可以在编辑栏中手动输入,其方法是:将光标置于编辑栏,先键入一个等号"=",然后输入函数名称和成对的括号。例如,在编辑栏依次输入"=SUM(B2:B5)",以计算 B2 到 B5 单元格中所有值的和。

(2) 通过"插入函数"对话框输入

选择想要在其中输入函数的单元格,点击编辑栏左侧的"插入函数"按钮 f_x,弹出"插入函数"对话框,如图 4-4-3 所示。

在"插入函数"对话框中,用户可以从"或选择类别"的下拉列表中选择函数所属的类别,如"数学与三角函数""统计""日期与时间"等。选择函数类别后,对话框下方的"选择函数"列表中会显示该类别下的所有函数,用户可以从中选择需要的具体函数。

选择了具体函数后,会弹出对应的"函数参数"对话框,如图 4-4-4 所示为 SUM 函数对应的"函数参数"对话框,在对话框的下方会显示该函数的参数说明。按照说明,在相应的输入框中输入参数值。这些参数值可以是数字、文本、逻辑值、单元格引用等。

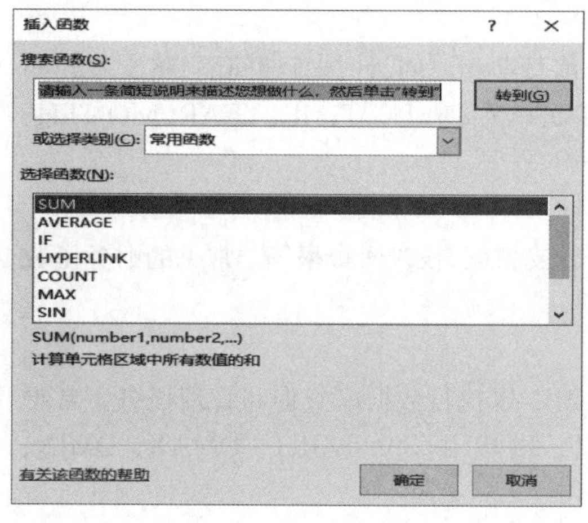

图 4-4-3 "插入函数"对话框

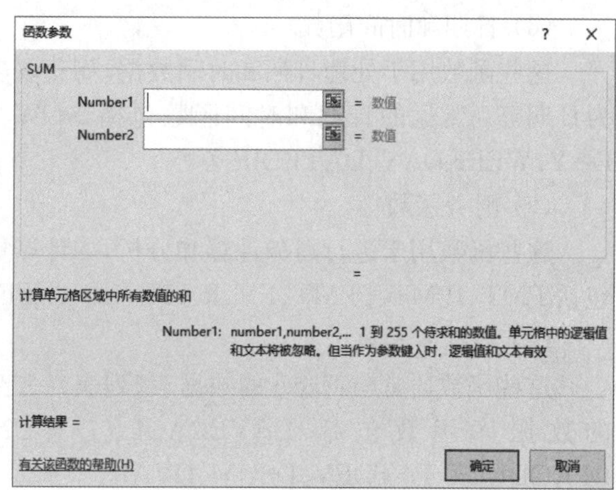

图 4-4-4 "函数参数"对话框

例如,如果要使用 SUM 函数计算 A1 到 A10 单元格的和,只需在参数框中输入"A1:A10"即可。如果函数需要多个参数,需在参数之间使用逗号分隔。

5. 常见的错误分析

如果工作表中的公式不能计算出正确的结果,系统会自动显示出一个错误值,如"###""#VALUE!"等。下面介绍一些常见的错误字符的含义。

(1) ＃＃＃＃

错误原因：日期运算结果为负值、日期序列超过系统允许的范围或在显示数据时，单元格的宽度不够。

(2) DIV/0!

错误原因：出现数字除以零(0)的现象。例如，用户在某个单元格中输函数式："＝A1/B1"，当 B1 单元格为 0 或为空时，确认函数式后将返回上述错误。

(3) VALUE!

错误原因可能为如下三种之一：①为需要单个值(而不是区域)的运算符或函数提供了区域引用；②当函数式需要数字或逻辑值时，输入了文本；③输入和编辑的是数组函数式，但却用"Enter"键进行确认。

(4) ＃NUM!

错误原因：公式或函数中使用了无效的数值。

(5) ＃REF!

错误原因：单元格引用无效时，如函数引用的单元格(区域)被删除、链接的数据不可用等。

(6) ＃N/A

错误原因：无法得到有效值，即当数值对函数或公式不可用时，会出现此错误。

6. Excel 2016 中的常用函数

Excel 2016 为用户提供了大量的函数，下面介绍一些常用的函数。

(1) SUM 函数

函数格式：SUM(num1，num2，……)。

函数功能：计算单元格区域中所有数值的和。函数参数可以是数值也可以是单元格地址引用。

例如，单元格 B1、B2 的值分别为 7 和 8，公式"＝SUM(B1，B)"的返回值为 15。

(2) AVERAGE 函数

函数格式：AVERAGE(num1，num2，……)。

函数功能：用于计算一组数值平均值的函数。函数参数可以是数值也可以是单元格地址引用。

例如，F1：F4 单元格区域的内容为 6，9，2，7，则公式"＝AVERAGE(F1：F6)"的返回值为 6。

(3) COUNT 函数

函数格式：COUNT(num1，num2，……)。

函数功能：用于计算区域中单元格数量的函数，但它仅计数包含数字的单元格。

例如，A1、B1、C1 和 D1 单元格的值分别为：李四、21、0、79。公式"＝COUNT(A1：D1)"的返回值为 3。

(4) MAX 函数

函数格式：MAX(num1，num2，……)。

函数功能：用于从提供的数据/数组中检索最大值或最大值。

例如，A1：D1 的值分别为 88、45、24、99，则公式"＝MAX(A1：D1)＝99"。

(5) MIN 函数

函数格式：MIN(num1,num2,……)。

函数功能：用于返回一组数据 1 数值中的最小值。

例如,A1：D1 的值分别为 88、45、24、99,则公式“＝MIN(A1：D1)＝24”。

(6) ROUND 函数

函数格式：ROUND(num1,num_digits)。

函数功能：主要用于对数值进行四舍五入到指定的位数。如果第二个参数为负数,则对第一个参数的整数部分进行四舍五入。

例如,公式“＝ROUND(1.1415926,3)”的返回值为 1.142,ROUND(13.14159,－1)的返回值为 1。

(7) AND 函数

函数格式：AND(logical1,logical2,……)。

函数功能：用于测试多个条件是否同时满足,所有条件参数的逻辑值均为真时返回“TRUE”,否则返回“FALSE”。

例如,公式“＝AND(7＞5,7＞11,11＝5＋6)”的返回值为“FALSE”,因为 7＞11 的值为假。

又如,在图 4-4-5 所示表格的 H 列增加“完成情况”字段,通过使用 AND 函数,实现当右侧三项“是否填报”“是否审核”“是否通知客户”条件全部为“是”时,H 列显示“完成”,否则显示“未完成”。

H2 =IF(AND(E2="是",F2="是",G2="是"),"完成","未完成")

	A	B	C	D	E	F	G	H
1	报告文号	客户简称	报告收费（元）	报告修改次数	是否填报	是否审核	是否通知客户	完成情况
2	001	创新印刷	1900	2	是	是	是	完成
3	002	上海蓝调科普	3000	0	是	是	是	完成
4	003	北京卡罗里尼	2500	1	是	是	是	完成

图 4-4-5　AND 函数应用示例

(8) OR 函数

函数格式：OR(logical1,logical2,……)。

函数功能：用于判断多个条件是否至少有一个为真。如果参数中的任何一个参数逻辑值为“TRUE”,则 OR 函数返回“TRUE”;只有当所有参数的逻辑值都为“FALSE”时,OR 函数才返回“FALSE”。

例如,公式“＝AND(7＜5,7＞11,11＝5＋6)”的返回值为“TRUE”。

(9) COUNTIF 函数

函数格式：COUNTIF(range,criteria)。

函数功能：计算某个区域内满足单个指定条件的单元格数量.第一个参数为目标统计区域,第二个参数为条件,可以是数字、表达式或文本。

例如,公式“＝ COUNTIF(A1:H1,“＞500”)”其功能是统计 A1:H1 这 6 个单元格中数值大于 500 的单元格数目。

(10) IF 函数

函数格式：IF(logical_test,value_if_true,value_if_false)。

函数功能：用于测试某个条件是否满足，根据条件的真假返回不同的结果。第一个参数 logical_test 是条件，当条件为真时，返回第二个参数 value_if_true；当条件为假时，返回第三个参数 value_if_false。

例如，公式"=IF(22>56,0,1)"的返回值为 1。

(11) SUMIF 函数

函数格式：SUMIF(range,criteria,sum_range)。

函数功能：对条件区域中满足条件的求和区域求和。第一个参数为需要统计的单元格区域；第二个参数为条件，可以是数字、表达式或文本；第三个参数为需要求和的单元格区域。

例如，公式"=SUMIF(D4：D12,"男",E4：E12)"，其中"D4：D12"是性别列所在的单元格区域，"E4：E12"是实发工资所在的单元格区域，其功能是求男老师的实发工资总和。

(12) RANK 函数

函数格式：RANK(number,ref,order)。

函数功能：返回某数字在数字列表中相对于其他数值的大小排名。第一个参数为需要计算排名的数字；第二个参数为一组数或对一个数据列表的引用，非数字值将被忽略；第三个参数为降序或升序，数字 0 表示降序，非 0 表示升序。

例如，公式"= RANK(H4,H4：H12,1)"，其中，"H4"是某位教师的附加工资，"H4：H12"是所有教师附加工资所在的单元格区域，1 表示升序，其功能是求某位教师的附加工资在所有教师附加工资中的升序排名。

(13) VLOOKUP 函数

函数格式：VLOOKUP(lookup_value,table_array,col_index_num,range_lookup)。

函数功能：VLOOKUP 函数是 Excel 2016 中的一种查找函数，其全称为"垂直查找"函数，通过 VLOOKUP 函数，用户可以在一个指定的区域中搜索某个数值，并返回该数值所在行中与之对应的其他数值。其中，第一个参数 lookup_value 为要查找的值，第二个参数 table_array 为要进行查找的单元格区域，第三个参数 col_index_num 为要返回的列索引号，第四个参数 range_lookup 为一个逻辑值，用于指定是否进行近似匹配，如果省略第四个参数 range_lookup 或者将其设置为"TRUE"(或 1)，则函数会进行近似匹配，如果将其设置为"FALSE"(或 0)，则函数会进行精确匹配。

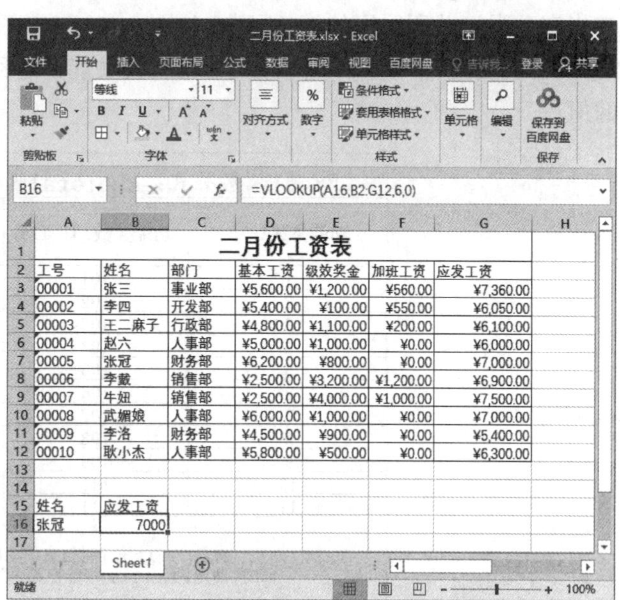

图 4-4-6　VLOOKUP 函数的应用示例

例如，公式"= VLOOKUP(A16,B2：G12,6,0)"是表示在如图 4-4-6 所

示的“二月份工资表. xlsx”中，查找 A16 单元格中员工“张冠”所对应的应发工资。其中，“A16”中的值是要查找的员工姓名；“B2:G12”是要进行查找的单元格区域。这里要注意的是在查找的单元格区域中，要以查找的值所在的列作为查找的单元格区域的第一列；“6”表示查找到的对应的值在查找的单元格区域中所在的列的索引号；“0”表示的是函数会进行精确的匹配。

(14) row 函数和 column 函数

函数格式：row(reference)。

函数功能：返回一个引用的行号。reference 为准备求取其行号的单元格或单元格区域，如果忽略，则返回包含 row 函数的单元格。

例如，公式“=row(B1)”，其功能是求 B1 单元格所在的行号。

函数格式：column(reference)。

函数功能：返回一个引用的列号。reference 准备求取其列号的单元格或单元格区域，如果忽略，则返回包含 column 函数的单元格。

例如，公式“=column(F1:G1)”，其功能是返回 F1 单元格所在的列号。

(15) indirect 函数

函数格式：indirect(ref_text,a1)。

函数功能：返回文本字符串所指定的引用。ref_text 为单元格引用，该引用所指向的单元格中存放有对另一单元格的引用，引用的形式为 A1、R1C1 或是名称。A1 是逻辑值，用以指明 ref_text 单元格中包含的引用方式。其中，R1C1 格式=FALSE；A1 格式=TRUE 或忽略。

例如，公式“=indirect(A1)”，其功能是返回 A1 单元格里的值。

(16) subtotal 函数

函数格式：subtotal(function_num,ref1)。

函数功能：返回一个数据列表或数据库分类汇总，function_num 为从 1 到 11 的数字，用来指定分类汇总所采用的汇总函数，如图 4-4-7 所示，ref1 为要进行分类汇总的区域或引用。

例如，公式“=subtotal(9,A1:A9)”，其功能是返回 A1:A9 单元格区域里所有值的累加和的值。

Excel函数公式：subtotal函数（功能代码）			
功能参数1-11	功能参数101-111	对用功能函数	备注
1	101	AVERAGE	
2	102	COUNT	
3	103	COUNTA	
4	104	MAX	
5	105	MIN	
6	106	PRODUCT	
7	107	STDEV	
8	108	STDEVP	
9	109	SUM	
10	110	VAR	
11	111	VARP	
重点：1-11统计时包含手动隐藏的行 如果使用101-111，排除已筛选掉的单元格。			

图 4-4-7 subtotal 函数-功能参数

4.5 使用图表分析数据

在 Excel 2016 中，图表(Chart)将表格中的数据以图形化的方式显示，图表对象由一个或多个以图形方式显示的数据系列组成。使用 Excel 2016 提供的图表向导，可以方便、快速地建立图表。创建图表之后，如果对图表不满意还可以对其进行修改。

4.5.1 图表的组成和类型

1. 图表的组成

图表是一种图形结构，它是将对象属性数据直观、形象地进行可视化的手段，帮助用户更直观地理解和分析数据。图表的基本组成部分如图 4-5-1 所示，主要包括：

(1) 图表区：是图表的空白位置，单击图表区可以选择整个图表。

(2) 绘图区：是图表的整个绘制区域，显示图表中的数据状态。

(3) 图表标题：是图表性质的大致概括和内容总结，可以根据需要自定义；能够自动与坐标轴对齐或居中于图表的顶端，在图表中起到说明性的作用。

(4) 坐标轴：用于标记图表中的数据名称。

(5) 数据系列：是图表中具有相同颜色或图案的相关数据点。

(6) 图例：是图表中标识的方框，每个图例左边的标识和图表中相应数据的颜色与图案一致。

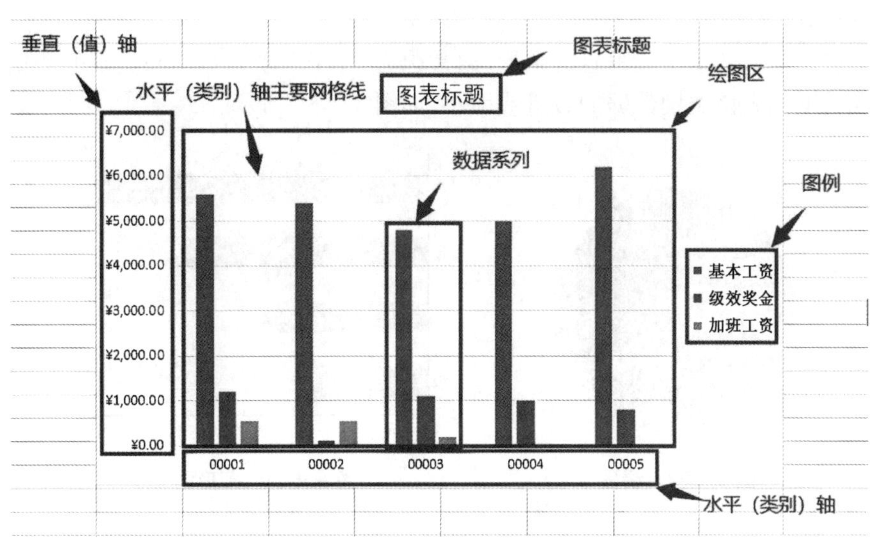

图 4-5-1　图表的基本组成部分

2. 图表的类型

图表的类型繁多，每种类型都有其特定的用途和展示效果。下面介绍一些常见的图表类型。

(1) 柱形图

柱形图(Bar Chart 或 Bar Graph)是一种常见的数据可视化图表，它使用垂直或水平的条形(柱子)来展示不同类别的数据。每个条形的高度或长度代表相应类别的数值大小，而条形的

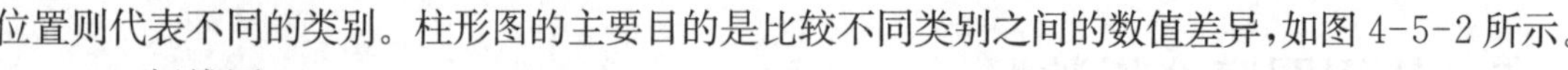

位置则代表不同的类别。柱形图的主要目的是比较不同类别之间的数值差异，如图 4-5-2 所示。

(2) 折线图

折线图是通过连接一系列数据点的线段来展示数据随时间或其他变量的变化趋势。在折线图中，每个数据点通常表示一个独立的数据值，而线段则用于连接这些点，从而形成一个连续的图形，使得数据的整体变化趋势一目了然，如图 4-5-3 所示。

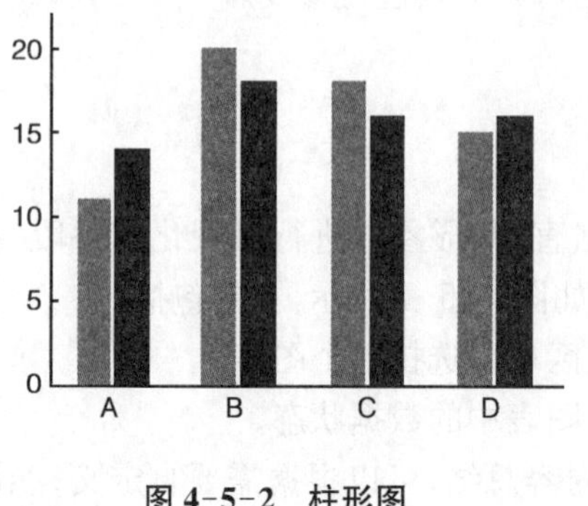

图 4-5-2　柱形图

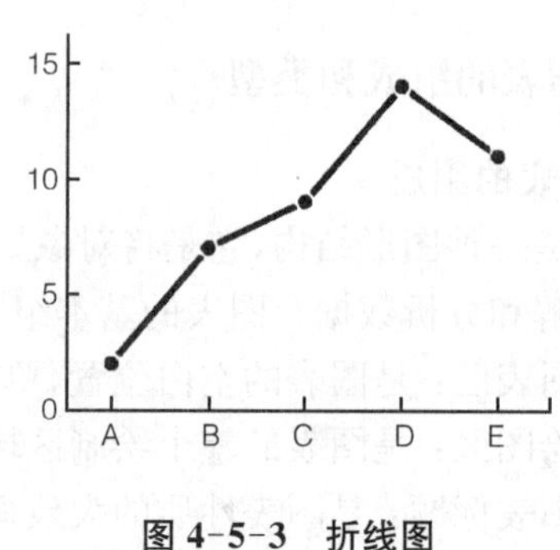

图 4-5-3　折线图

(3) 饼图

饼图是一种用于显示数据分类及比例的图形表示方法，其中每个类别通常由饼的一个扇区来表示，扇区的大小(角度)通常与该类别在总体中的比例相对应。饼图主要用于展示一个整体中各个部分所占的比例关系，如图 4-5-4 所示。

(4) 条形图

条形图使用一系列水平或垂直的条形(通常称为“柱子”)来展示不同类别的数据。每个条形的高度或长度代表该类别数据的数量或大小，如图 4-5-5 所示。

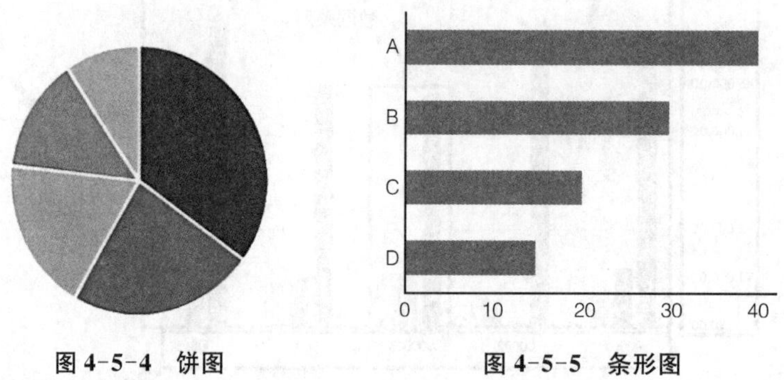

图 4-5-4　饼图

图 4-5-5　条形图

(5) 面积图

面积图是在折线图的基础上，对折线以下的区域进行颜色填充(即面积颜色)，用于在连续间隔或时间跨度上展示数值。它通过填充折线与坐标轴之间的区域来强调数据随时间或其他变量的累积效应，如图 4-5-6 所示。

(6) XY 散点图

XY 散点图是一种通过绘制一系列数据点来展示两个变量(X 和 Y)之间关系的图表。每个数据点代表一个观测值，其位置由 X 和 Y 的坐标值确定，如图 4-5-7 所示。

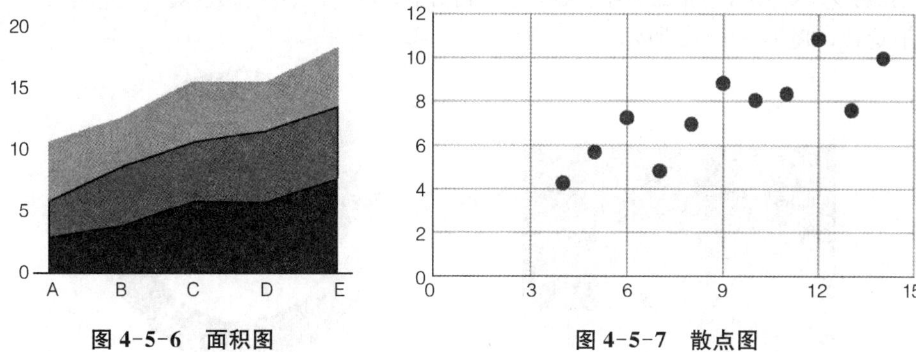

图 4-5-6　面积图　　　　图 4-5-7　散点图

(7) 股价图

股价图是通过图形方式展示股票价格随时间变化的工具。它通常包括开盘价、收盘价、最高价和最低价等关键信息,有助于投资者快速了解股票的价格波动情况和市场趋势,如图 4-5-8 所示。

(8) 雷达图

雷达图是以从同一点开始的轴上表示的三个或更多个定量变量的二维图表的形式来展示多变量数据的图形。每个轴代表一个变量,而轴上的点或线段表示该变量在不同维度上的取值或得分,如图 4-5-9 所示。

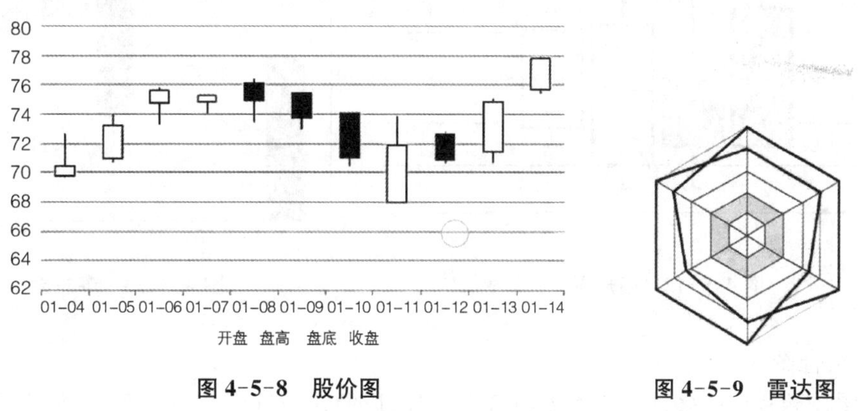

图 4-5-8　股价图　　　　图 4-5-9　雷达图

(9) 树状图

树状图是一种通过树形结构来展示数据或信息的层次关系的图形。它通常包含一个根节点(起始点)和若干个子节点(分支点),每个子节点又可以进一步分支,形成一个树状的层级结构,如图 4-5-10 所示。

(10) 环形图

环形图,又称为圆环图或甜甜圈图,是由两个及两个以上大小不一的饼图叠在一起,挖去中间的部分所构成的图形。这种图形主要用于展示一个总体的分布,以及各个部分的占比,同时允许在同一图形中展示多个样本或类别的数据的占比情况,如图 4-5-11 所示。

(11) 箱形图

箱形图因形状如箱子而得名,它通过绘制数据的四分位数来显示数据的分布情况。四分位数将数据分为四等份，包括最小值(Q0)、下四分位数(Q1)、中位数(Q2)、上四分位数(Q3)和最大值(Q4)，如图 4-5-12 所示。

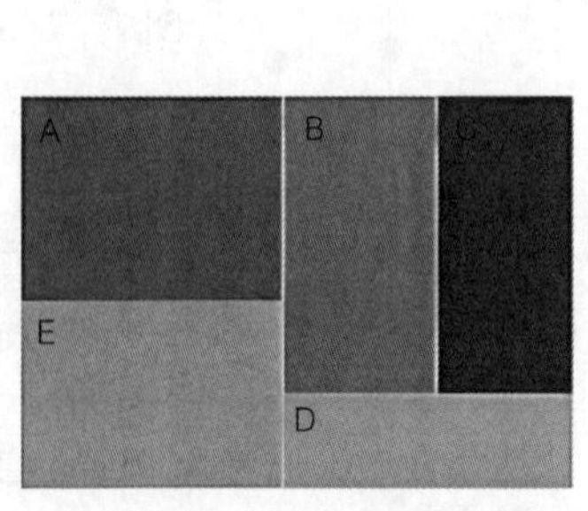

图 4-5-10　树状图

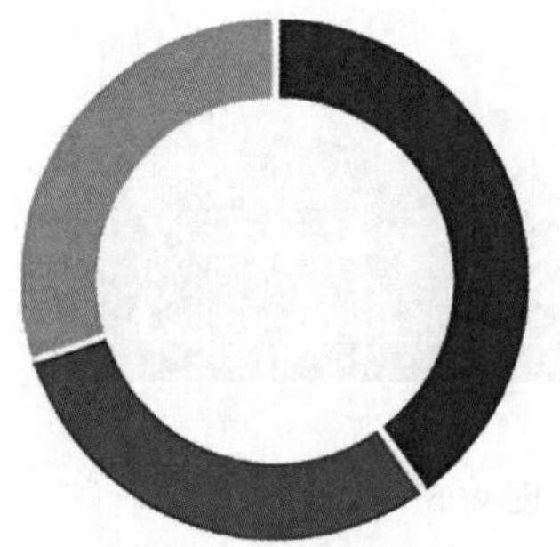

图 4-5-11　环形图

(12) 瀑布图

瀑布图是一种由麦肯锡咨询公司所独创的图表类型，因其形似瀑布流水而得名。瀑布图具有自上而下的流畅效果，也可以称为阶梯图或桥图，通常用于经营分析和财务分析，如图 4-5-13所示。

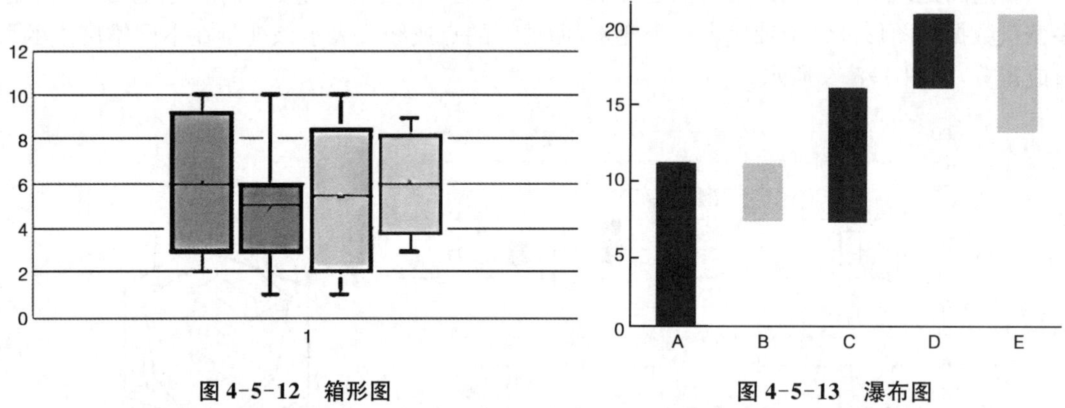

图 4-5-12　箱形图

图 4-5-13　瀑布图

(13) 组合图

组合图将两种或更多种图表类型组合在一起，以便让数据更容易被理解，尤其是当数据变化范围较大时。这种图表一般会采用次坐标轴，更易看懂，如图 4-5-14、图 4-5-15 所示。

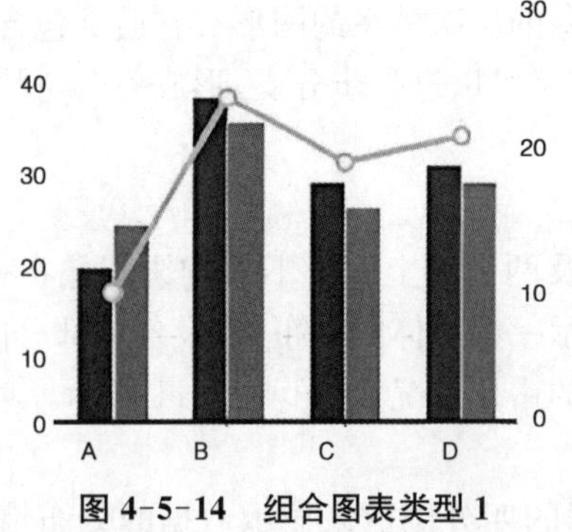

图 4-5-14　组合图表类型 1

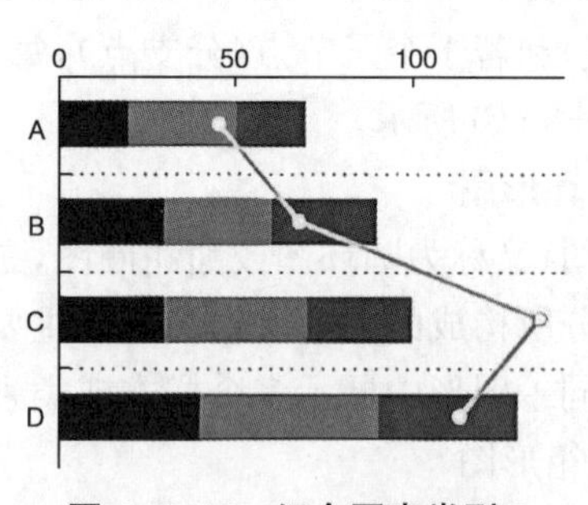

图 4-5-15　组合图表类型 2

4.5.2 创建和编辑图表

1. 创建图表

在创建图表之前，首先需要确定数据源。如果分析的目的不同，所选择的数据源也会有差异。根据需要对创建的图表的图表区、绘图区、分类(X)轴、数值(Y)轴和图例项等组成元素进行美化。

下面以创建不同商品的销售金额对比图表为例，介绍创建和编辑图表的具体操作。

(1) 打开素材“一季度销售统计表”，如图 4-5-16 所示，选择要创建图表的“商品名称”和“销售金额”两列数据。

(2) 在“插入”选项卡的“图表”分组中，点击右下角“查看所有图表”按钮，然后从图表类型中选择图表类型并预览，点击“确定”按钮，结果如图 4-5-17 所示。

一季度销售统计表		
商品编号	商品名称	销售金额
B20031	佳能照相机IXUS95 IS	220000
B20032	华为P40	350000
B20033	海尔冰箱BCD-215TDGA	450000
B20034	LG彩电42LG31FR	197000
B20035	伊莱克斯空调EAS26HP7DA	250000
B20036	西门子洗衣机WS08M360TI	320000
B20037	惠普上网笔记本电脑Mini 1131TU	300000
B20038	三洋洗衣机XQ660-M808	200000

图 4-5-16 一季度销售统计表

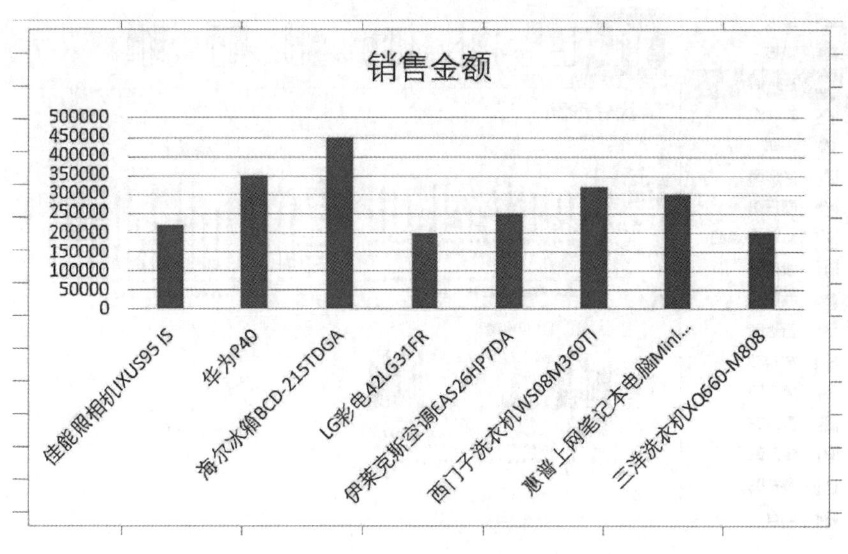

图 4-5-17 创建图表

2. 编辑图表

在插入图表后，图表中的各个组成部分都是按照所选择的图表类型的默认格式显示的。

用户还可以在此基础上根据具体的情况对图表进行编辑，如更改图表类型、添加数据标签、添加和隐藏网格线等，使图表信息更加完善。

(1) 更改图表位置

① 在同一张工作表中更改图表位置：选中图表，鼠标指向图表区，当指针变成移动符号时，按住鼠标左键并拖动，即可更改图表位置。

② 将图表移动到其他工作表：选中图表，点击“图表工具”→“设计”选项卡→“位置”组→“移动图表”按钮，或右键单击图表区，在弹出的快捷菜单中选择“移动图表”命令，打开如图 4-5-18 所示的“移动图表”对话框，选中“新工作表(S):”单选按钮，将图表移动到新工作表 Chart1 中；单击“对象位于(O):”下拉按钮，选择工作簿中的其他工作表，点击“确定”按钮，即可将图表移动到选定的工作表中。

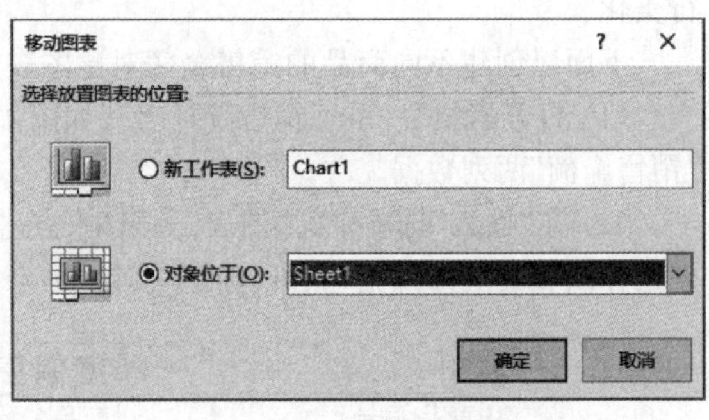

图 4-5-18　更改图表位置

(2) 更改图表类型

更改图表类型有如下三种方法。

方法 1：使用图表工具。选中图表，点击“图表工具”→“设计”选项卡→“类型”组→“更改图表类型”按钮，弹出“更改图表类型”对话框，如图 4-5-19 所示，在其中选择所需的图表样式即可。

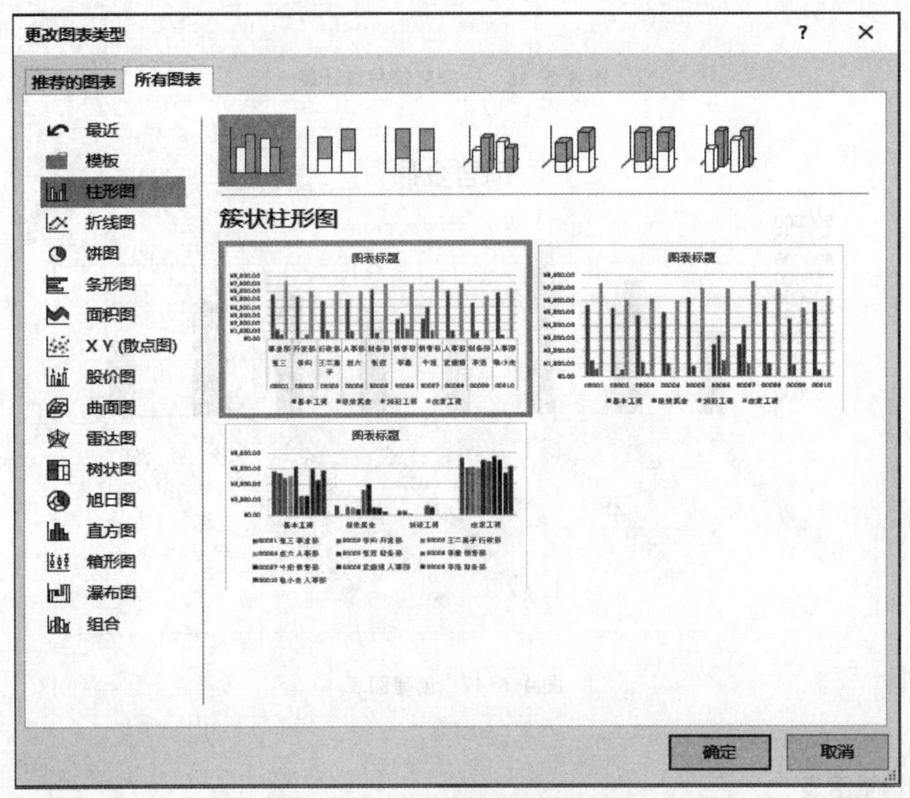

图 4-5-19　“更改图表类型”对话框

方法 2：使用快捷菜单。右击图表，在弹出的快捷菜单中选择“更改图表类型”命令，也可打开“更改图表类型”对话框，实现图表类型更改。

方法 3：使用“插入”选项卡。选中图表，点击“插入”选项卡→“图表”组→相应图表类型下拉按钮，选择所需图表样式。

(3) 更改数据源

更改数据源常使用“选择数据源”对话框，打开“选择数据源”对话框的方法有以下两种。

方法 1：使用图表工具。选中图表，点击“图表工具”→“设计”选项卡→“数据”组→“选择数据”按钮，弹出“选择数据源”对话框，如图 4-5-20 所示，在其中可实现数据源的更改。

方法 2：使用快捷菜单。右击图表，在弹出的快捷菜单中选择“选择数据”命令，也可打开“选择数据源”对话框。

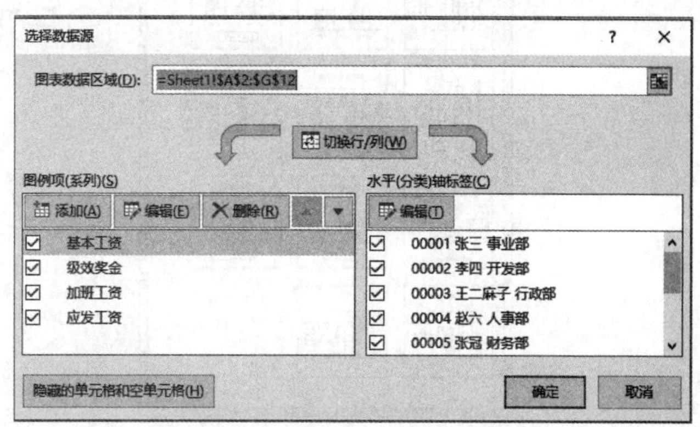

图 4-5-20　更改图表数据源

在“选择数据源”对话框中，点击“图表数据区域(D):”文本框右侧的折叠按钮，可返回工作表的数据区域重新选择数据源；在“图例项(系列)(S)”栏下点击“添加(A)”按钮或“删除(R)”按钮，可添加或删除某一系列数据；点击“编辑(E)”按钮可对该系列的名称和数值进行修改；在“水平(分类)轴标签(C)”列表框中可点击“编辑(T)”按钮，对分类轴标签区域进行选择。

(4) 更改图表布局

图表布局指的是图表中标题、坐标轴、图例、数据标签等元素的排列方式。Excel 2016 提供了系统内置的布局方式，供用户快速选择，也可以手动更改图表布局方式。

① 系统内置布局方式

选中图表，点击“图表工具”→“设计”选项卡→“图表布局”组→“快速布局”下拉按钮，从下拉列表中选择所需的布局方式，如图 4-5-21 所示。

② 手动更改图表布局

在“图表工具”的“图表布局”选项卡中，点击“添加图表元素”组中的相应按钮，如图 4-5-22所示，可根据需要对图表中的元素(图表标题、坐标轴标题、图例等)进行手动更改。

a. 更改坐标轴

选中图表，点击“图表工具”→“图表布局”选项卡→“添加图表元素”下拉按钮→“坐标轴”下级菜单，在其下拉列表中选择所需选项，即可设置坐标轴。

b. 更改坐标轴标题

选中图表，点击“图表工具”→“图表布局”选项卡→“添加图表元素”下拉按钮→“轴标题(A)”下级菜单，在其下拉列表中选择所需选项进行设置。

c. 更改图表标题

选中图表，点击“图表工具”→“图表布局”选项卡→“添加图表元素”下拉按钮→“图表标题(C)”下级菜单，在其下拉列表中选择所需选项，输入标题文字即可。

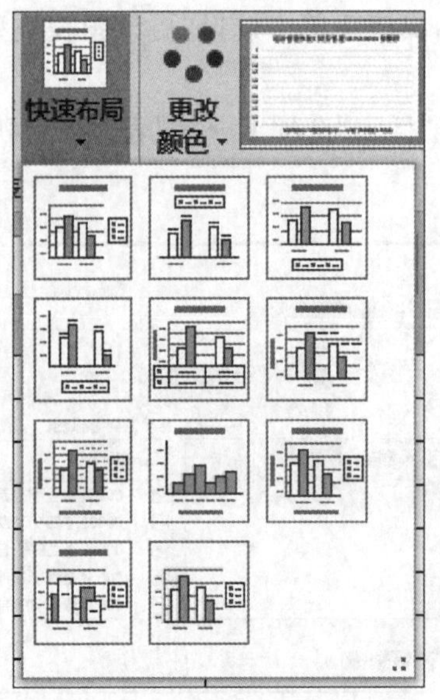

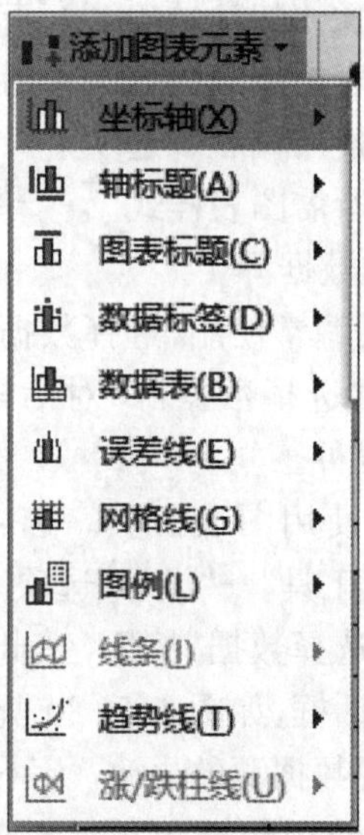

图 4-5-21　系统内置布局方式　　　　图 4-5-22　手动更改图表布局

d. 更改数据标签

选中图表,点击“图表工具”→“图表布局”选项卡→“添加图表元素”下拉按钮→“数据标签(D)”下级菜单,在其下拉列表中选择显示数据标签的位置。

e. 更改数据表

选中图表,点击“图表工具”→“图表布局”选项卡→“添加图表元素”下拉按钮→“数据表(B)”下级菜单,在其下拉列表中选择更改数据表的选项。

f. 更改误差线

选中图表,点击“图表工具”→“图表布局”选项卡→“添加图表元素”下拉按钮→“误差线(E)”下级菜单,在其下拉列表中选择设置误差计算。

g. 更改网格线

选中图表,点击“图表工具”→“图表布局”选项卡→“添加图表元素”下拉按钮→“网格线(G)”下级菜单,在其下拉列表中选择设置主轴网格线。

h. 更改图例

选中图表,点击“图表工具”→“图表布局”选项卡→“添加图表元素”下拉按钮→“图例(L)”下级菜单,在其下拉列表中选择设置图例。

i. 更改线条

选中图表,点击“图表工具”→“图表布局”选项卡→“添加图表元素”下拉按钮→“线条(I)”下级菜单,在其下拉列表中选择添加、删除系列线条。

j. 更改趋势线

选中图表,点击“图表工具”→“图表布局”选项卡→“添加图表元素”下拉按钮→“趋势线(T)”下级菜单,在其下拉列表中选择更改趋势线。

k. 更改涨/跌柱线

选中图表,点击“图表工具”→“图表布局”选项卡→“添加图表元素”下拉按钮→“涨/跌柱线(U)”下级菜单，在其下拉列表中选择设置涨/跌柱线。

3. 美化图表

图表编辑完成后，为了使图表更加美观，可以对图表元素(如标题、绘图区、图表区、图例等)的文字、颜色、外观等进行格式设置。Excel2016 提供了系统内置的图表格式，以供用户选择，也可以手动设置图表格式。

(1) 系统内置图表格式

选中图表，点击“图表工具”→“格式”选项卡→“形状样式”组→“其他”下拉按钮，从下拉列表中选择所需的图表格式，如图 4-5-23 所示。

(2) 手动设置图表格式

手动设置图表格式可根据需要对各个图表元素进行分别设置，有以下两种方法。

方法 1：使用快捷菜单。右键单击某一图表元素，如绘图区，在弹出的快捷菜单中选择“设置绘图区格式”命令，或双击绘图区，均会打开“设置绘图区格式”窗格，如图 4-5-24 所示，从而可对绘图区的填充效果、边框颜色和样式等进行设置。

方法 2：使用功能区。选中图表，点击“图表工具”→“格式”选项卡→“当前所选内容”组→“图表元素”下拉按钮，在其下拉列表中选择要设置格式的图表元素，选择“图表区”选项，然后点击“设置所选内容格式”按钮，在其打开的“设置图表区格式”对话框中进行相应的设置即可。

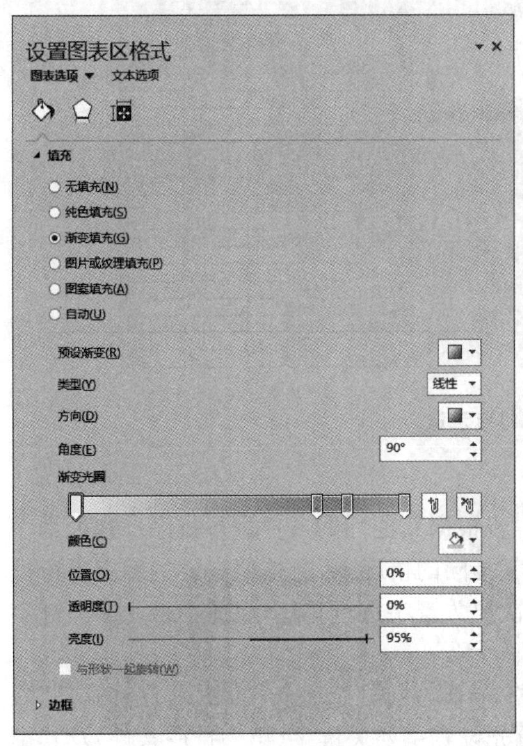

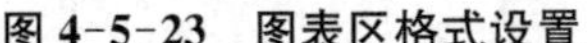
图 4-5-23 图表区格式设置

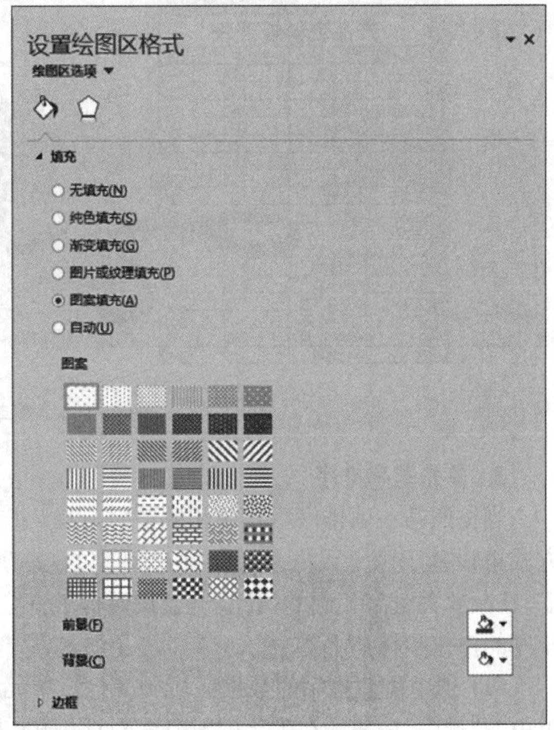

图 4-5-24 绘图区格式设置

4.6 管理和分析工作表数据

4.6.1 数据排序

在 Excel 2016 中，数据排序是指按照某一列或多列中的数据大小、字母顺序等规则，对整个数据表进行重新排列的操作。这种操作不仅能帮助用户更加高效地浏览和理解数据，还有助于后续的数据分析、汇总等工作的进行。

1. 简单排序

简单排序是指基于一个列的条件进行排序。例如，仅按照某列的数值大小或文本字母顺序进行排序，具体操作步骤如下：

(1) 选中需要排序的列中的任意单元格。

(2) 转到"数据"选项卡。

(3) 在"排序和筛选"组中，点击"升序"或"降序"按钮。

例如，将"产品资料管理表"按"产品成本"进行降序排列，具体操作步骤：选择"产品成本"列的任一单元格，转到"数据"菜单，在"排序与筛选"分组中直接单击"降序"按钮，如图 4-6-1 所示。

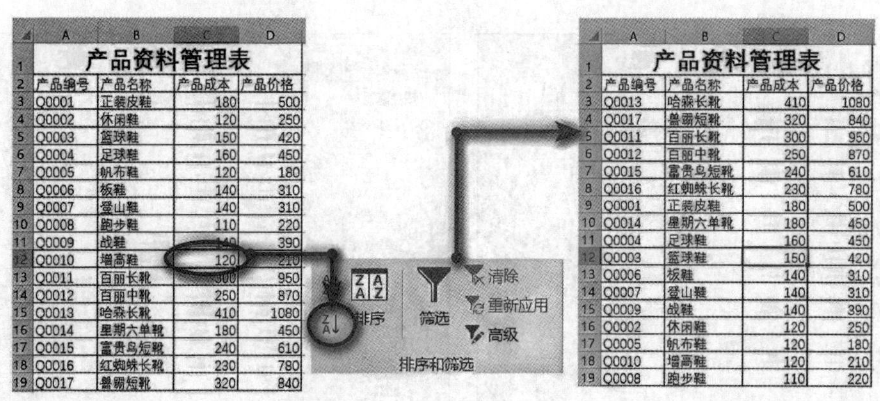

图 4-6-1 简单排序示意

2. 多关键字排序

当按照某一列排序后存在相同值时，可以进一步根据其他列的条件进行排序。这种排序方式可以基于两个或更多的条件，即在主要关键字相同的情况下，会按照次要关键字进行排序；在次要关键字相同的情况下，会按照再下一个次要关键字进行排序，以此类推。多关键字排序的操作步骤如下：

(1) 选中需要排序的数据区域中的任意单元格，转到"数据"选项卡，点击"排序和筛选"分组中的"排序"按钮。在弹出的"排序"对话框中，首先设置主要关键字(第一排序条件)及其排序方式(升序或降序)，如图 4-6-2 所示。

(2) 点击"添加条件(A)"按钮，添加次要关键字(第二排序条件)并设置其排序方式。如果需要，可以继续添加更多条件。点击"确定"按钮进行排序，如图 4-6-3 所示。

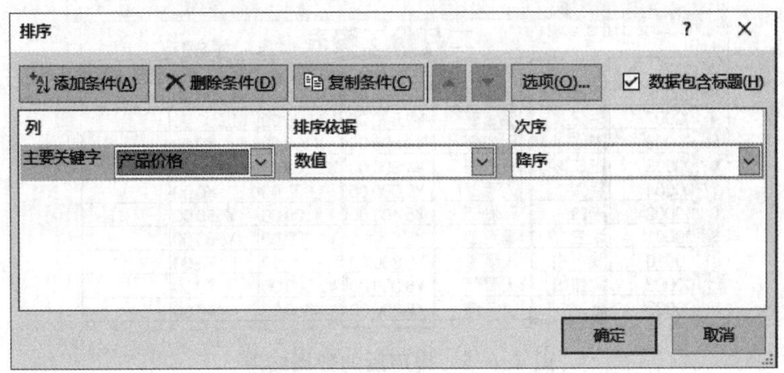

图 4-6-2 设置主要关键字

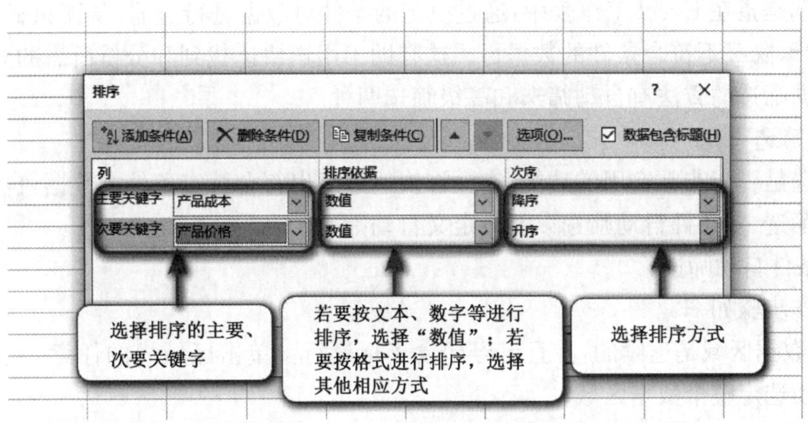

图 4-6-3 设置次要关键字

（3）选中或取消选中"数据包含标题(H)"复选框后，点击"确定"按钮。

3. 特殊排序

Excel 2016 还支持一些特殊的排序方式，如字母排序、笔划排序等，如图 4-6-4 所示。

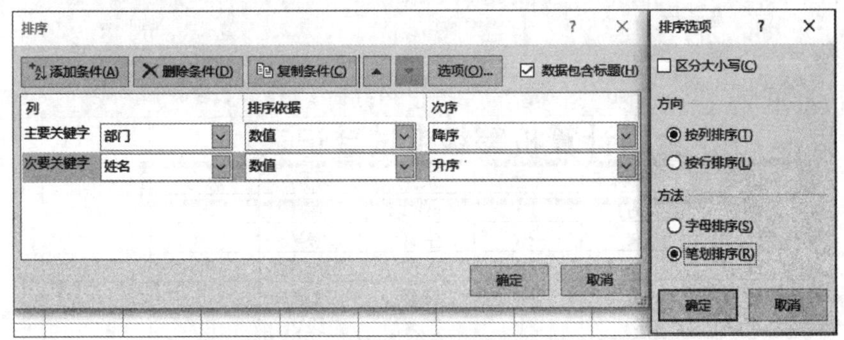

图 4-6-4 其他排序方式

以"二月份工资表"为例，按第一关键字 "基本工资"升序排；再按第二关键字"姓名"笔画降序排，排序后的数据结果如图 4-6-5 所示。

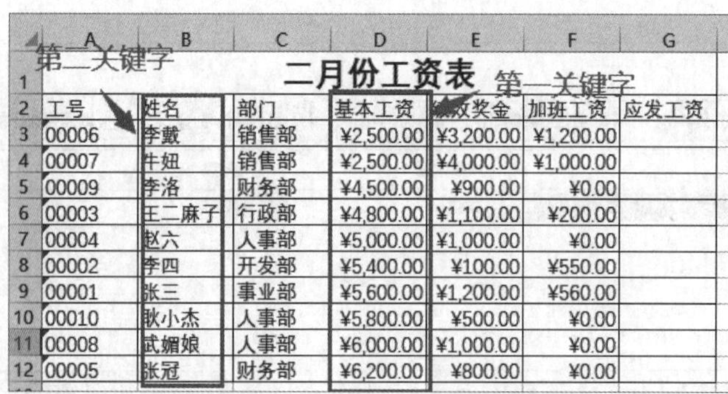

	A	B	C	D	E	F	G
1				二月份工资表			
2	工号	姓名	部门	基本工资	绩效奖金	加班工资	应发工资
3	00006	李戴	销售部	¥2,500.00	¥3,200.00	¥1,200.00	
4	00007	牛妞	销售部	¥2,500.00	¥4,000.00	¥1,000.00	
5	00009	李洛	财务部	¥4,500.00	¥900.00	¥0.00	
6	00003	王二麻子	行政部	¥4,800.00	¥1,100.00	¥200.00	
7	00004	赵六	人事部	¥5,000.00	¥1,000.00	¥0.00	
8	00002	李四	开发部	¥5,400.00	¥100.00	¥550.00	
9	00001	张三	事业部	¥5,600.00	¥1,200.00	¥560.00	
10	00010	耿小杰	人事部	¥5,800.00	¥500.00	¥0.00	
11	00008	武媚娘	人事部	¥6,000.00	¥1,000.00	¥0.00	
12	00005	张冠	财务部	¥6,200.00	¥800.00	¥0.00	

图 4-6-5　排序后的数据结果

4.6.2　数据筛选

数据筛选是指在 Excel 工作表中，通过设定的条件对数据进行过滤，从而只显示符合这些条件的数据行，隐藏不符合条件的数据行。这有助于用户快速找到和分析所需的数据，提高工作效率。数据筛选的方法有自动筛选和高级筛选两种。

1. 自动筛选

自动筛选是一个非常实用的功能，它允许快速过滤出符合特定条件的数据，自动筛选分为单条件自动筛选、多条件自动筛选以及自定义自动筛选。

(1) 单条件自动筛选

具体操作步骤如下：

① 确保数据区域是连续的，并且已经包含了标题行。单击区域内的任意一个单元格，或者用鼠标拖动选定整个数据区域；

② 点击"数据"选项卡→"排序和筛选"组→"筛选"按钮。此时，数据区域中每一列的标题单元格右侧都出现了一个下拉箭头，这表示已经启用了自动筛选功能，如图 4-6-6 所示。

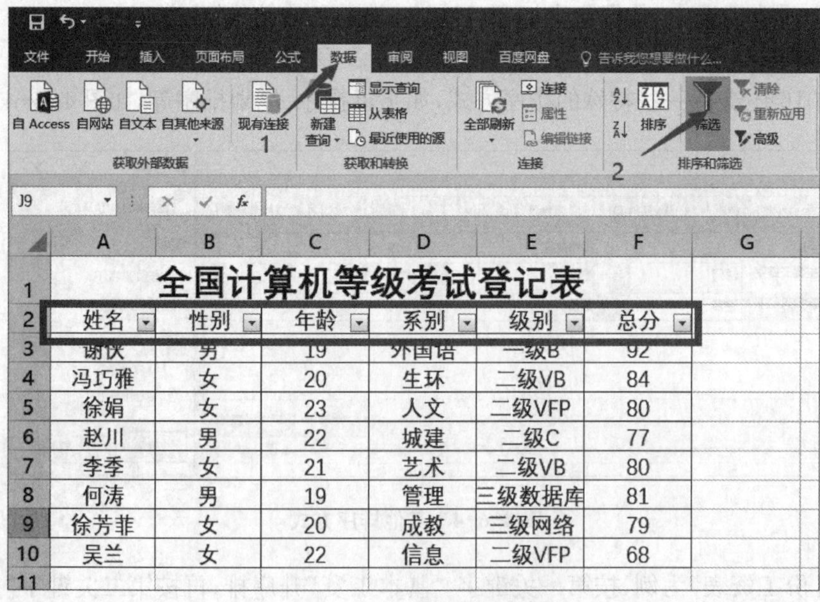

	A	B	C	D	E	F	G
1	全国计算机等级考试登记表						
2	姓名	性别	年龄	系别	级别	总分	
3	谢佚	男	19	外国语	一级B	92	
4	冯巧雅	女	20	生环	二级VB	84	
5	徐娟	女	23	人文	二级VFP	80	
6	赵川	男	22	城建	二级C	77	
7	李季	女	21	艺术	二级VB	80	
8	何涛	男	19	管理	三级数据库	81	
9	徐芳菲	女	20	成教	三级网络	79	
10	吴兰	女	22	信息	二级VFP	68	
11							

图 4-6-6　自动筛选数据

通过单击筛选条件列的标题右侧的下拉箭头的具体选项可以设置筛选条件。例如，将图 4-6-6 中女生的记录筛选出来，操作步骤如下：

① 选中“全国计算机等级考试登记”表的数据区域 A2：F10 中的任意一个单元格，或者利用鼠标拖动选定该数据区域。

② 转到“数据”选项卡，点击“排序和筛选”组中的“筛选”按钮，启动自动筛选，然后，单击 “性别”列右侧的下拉箭头，在弹出的下拉列表中选择“女”选项，设置完成后，点击“确定”按钮，筛选出性别为女的记录，其结果如图 4-6-7 所示。

	A	B	C	D	E	F
1	全国计算机等级考试登记表					
2	姓名	性别	年龄	系别	级别	总分
4	冯巧雅	女	20	生环	二级VB	84
5	徐娟	女	23	人文	二级VFP	80
7	李季	女	21	艺术	二级VB	80
9	徐芳菲	女	20	成教	三级网络	79
10	吴兰	女	22	信息	二级VFP	68

图 4-6-7　单条件自动筛选结果

(2) 多条件筛选及自定义筛选

例如，图 4-6-6 所示的表格中总分大于等于 80 且小于等于 90 分的女生记录筛选出来，这一操作包含了多条件筛选和自定义筛选两种筛选方法，具体操作步骤如下：

① 重复以上单条件筛选的步骤，筛选出女生的记录。

② 筛选第二个条件“总分”，单击标题列“总分”后的下拉箭头，在弹出的下拉列表中选择“数字筛选(F)”→“介于(W)...”命令(图 4-6-8)，弹出“自定义自动筛选方式”对话框(图 4-6-9)，按照条件设置，完成后，点击“确定”按钮，满足指定条件的记录将自动被筛选出来。

图 4-6-8　选择“数字筛选”与“介于”命令

筛选后的数据如图 4-6-10 所示。

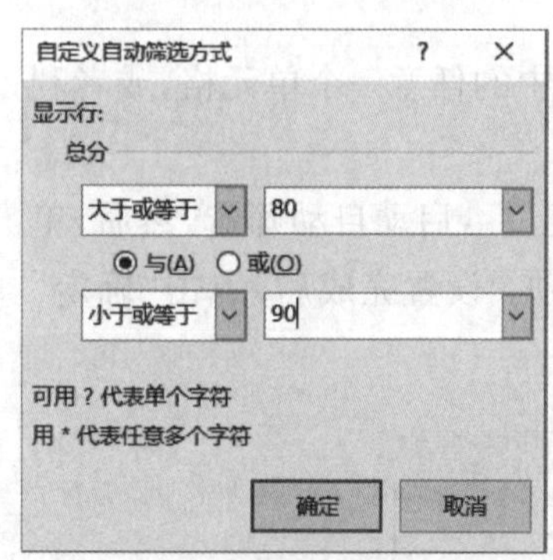

图 4-6-9 “自定义自动筛选方式”对话框

1	全国计算机等级考试登记表					
2	姓名	性别	年龄	系别	级别	总分
4	冯巧雅	女	20	生环	二级VB	84
5	徐娟	女	23	人文	二级VFP	80
7	李季	女	21	艺术	二级VB	80

图 4-6-10 自动筛选后的数据

要取消自动筛选功能，可以再次在“数据”选项卡的“排序和筛选”组中点击“筛选”按钮，它会再次变为未选中状态，同时所有列的筛选箭头也会消失，恢复显示所有的数据。

2. 高级筛选

当面对多个条件和大量数据的表格时，可以使用高级筛选来删除重复的数据、筛选出空值或特定范围内的数据等，以进行数据清洗和整理。

具体操作步骤如下：

(1) 构造高级筛选条件。在数据区域的旁边或下方空白处，设置筛选条件。条件区域的标题必须与数据区域的标题完全匹配。当两个条件是“与”的关系时，如图 4-6-11 中所示的“筛选条件 1”，表示“性别为女且总分≥80”这两个条件同时存在，则要写在同一行；当两个条件是“或”的关系时，如图 4-6-11 中，“筛选条件 1”中的“性别为女”或者“筛选条件 2”中的“性别为男”，这两个条件写在同一列。需要注意的是，条件区域与数据区域不能连接，必须用空行或空列隔开。

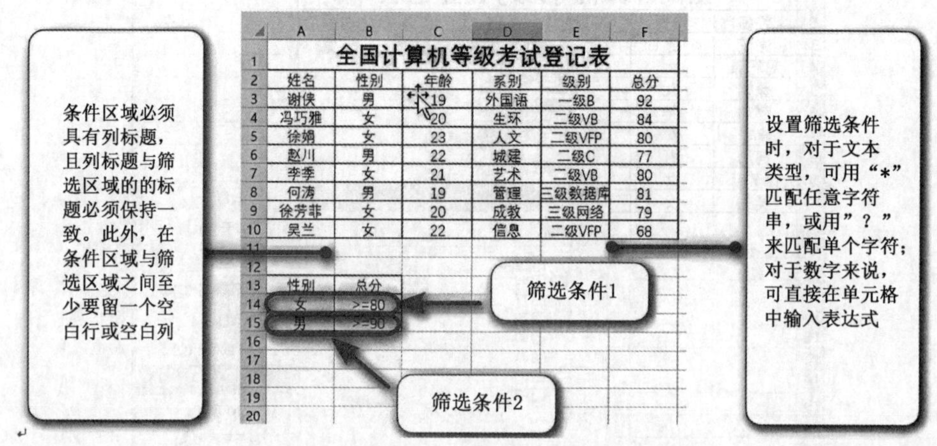

图 4-6-11 建立高级筛选条件

(2) 执行高级筛选。构造好条件后，选定要参与筛选数据区域的任意一个单元格，点击

“数据”选项卡的“排序和筛选”分组中的“高级”按钮，弹出“高级筛选”对话框，该对话框中各部分的功能与操作方法如下：

① “在原有区域显示筛选结果”单选按钮：选择此选项后，筛选结果将直接显示在原数据区域，不符合条件的数据将被隐藏。

② “将筛选结果复制到其他位置”单选按钮：选择此选项后，需要指定一个“复制到”的单元格位置，筛选结果将被复制到该位置。原数据区域的数据不会发生变化，筛选结果将单独显示。

③ “列表区域”文本框：在此文本框中，需要指定要进行筛选的数据范围。通常，通过鼠标拖动选择包含标题和数据的数据区域即可。

④ “条件区域”文本框：选择已经构造好的条件区域。

(3) 点击“高级筛选”对话框中的“确定”按钮完成数据的高级筛选。

例如，要将如图 4-6-12 所示的“产品资料管理表”中“产品名称”带“靴”字，且“产品成本”大于或等于 250 的记录筛选出来的操作步骤如下：

	A	B	C	D
1	产品资料管理表			
2	产品编号	产品名称	产品成本	产品价格
3	Q0001	正装皮鞋	180	500
4	Q0002	休闲鞋	120	250
5	Q0003	篮球鞋	150	420
6	Q0004	足球鞋	160	450
7	Q0005	帆布鞋	120	180
8	Q0006	板鞋	140	310
9	Q0007	登山鞋	140	310
10	Q0008	跑步鞋	110	220
11	Q0009	战鞋	140	390
12	Q0010	增高鞋	120	210
13	Q0011	百丽长靴	300	950
14	Q0012	百丽中靴	250	870
15	Q0013	哈森长靴	410	1080
16	Q0014	星期六单靴	180	450
17	Q0015	富贵鸟短靴	240	610
18	Q0016	红蜘蛛长靴	230	780
19	Q0017	兽霸短靴	320	840

图 4-6-12　产品资料管理表

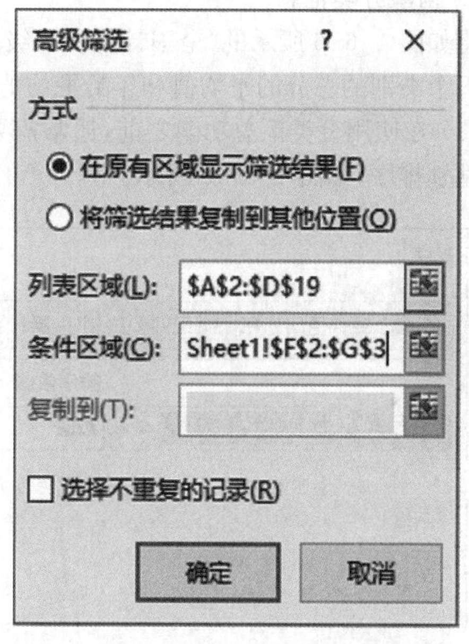

图 4-6-13　“高级筛选”对话框参数设置

a. 选择包括列标题在内的整个数据清单，点击功能区“数据”选项卡“排序和筛选”组中的“高级”命令按钮，弹出“高级筛选”对话框。

b. 在“高级筛选”对话框中，选中“方式”下的“在原有区域显示筛选结果(F)”，在“列表区域(L)：”中指定想要查找数据区域，注意确保包括数据清单的标题。如图 4-6-13 所示。

c. 点击“条件区域”文本框右侧的折叠按钮，选择已构建好的条件区域，再单击折叠按钮返回“高级筛选”对话框。

d. 在对话框中选择筛选结果的存放位置。

e. 设置完毕后点击“确定”按钮，即可完成筛选，结果如图 4-6-14 所示。

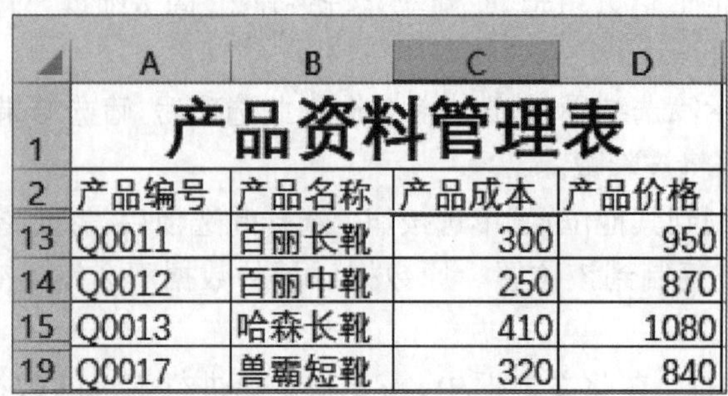

	A	B	C	D
1	产品资料管理表			
2	产品编号	产品名称	产品成本	产品价格
13	Q0011	百丽长靴	300	950
14	Q0012	百丽中靴	250	870
15	Q0013	哈森长靴	410	1080
19	Q0017	兽霸短靴	320	840

图 4-6-14　高级筛选结果

4.6.3　数据分类汇总

Excel 2016 的分类汇总就是将数据按一定的标准进行分类，然后对每个类别下的数据进行汇总统计，常见的统计项有：求和、求平均数、求最大值、求最小值。

1. 创建分类汇总

将如图 4-6-6 所示的"全国计算机等级考试登记表"中的数据按照男女不同的性别分类，统计每个类别的总分的平均值和年龄平均值，具体步骤如下：

（1）在使用分类汇总功能之前，通常需要对数据进行排序。此处按照单条件排序的方法进行性别排序，如图 4-6-15 所示。

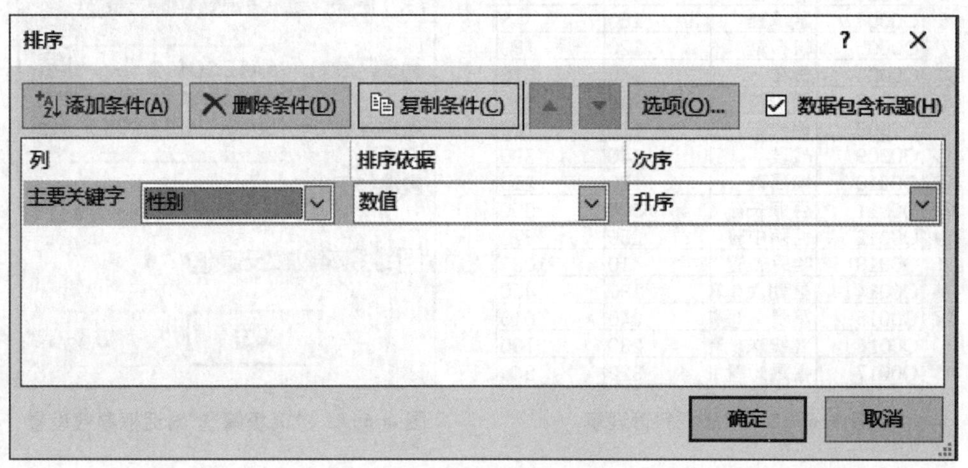

图 4-6-15　"排序"对话框

（2）转到"数据"选项卡，选择"分级显示"分组中的"分类汇总"按钮，弹出"分类汇总"对话框。

（3）设置"分类字段(A)："为"性别"，即排序的字段，设置"汇总方式(U)："为"平均值"，在"选定汇总项(D)："中勾选"年龄"复选框和"总分"复选框，勾选"替换当前分类汇总(C)"复选框和"汇总结果显示在数据下方(S)"复选框，点击"确定"按钮，即可完成简单的分类汇总。如图 4-6-16、图 4-6-17 所示。

	A	B	C	D	E	F
1	全国计算机等级考试登记表					
2	姓名	性别	年龄	系别	级别	总分
3	谢侠	男	19	外国语	一级B	92
4	赵川	男	22	城建	二级C	77
5	何涛	男	19	管理	三级数据库	81
6		男 平均值	20			83.33333
7	冯巧雅	女	20	生环	二级VB	84
8	徐娟	女	23	人文	二级VFP	80
9	李季	女	21	艺术	二级VB	80
10	徐芳菲	女	20	成教	三级网络	79
11	吴兰	女	22	信息	二级VFP	68
12		女 平均值	21.2			78.2
13		总计平均值	20.75			80.125

图 4-6-16 “分类汇总”对话框　　　　**图 4-6-17 分类汇总结果**

2. 显示分类汇总

在对数据清单进行分类汇总后，Excel 2016 会自动对数据清单进行分级显示。工作表窗口的左方将出现分级显示区，此时可利用分级显示符号“1”“2”“3”或“+”“−”控制显示汇总结果为只显示总计、显示分类汇总和总计及全部显示。如图 4-6-17 所示。

3. 清除分类汇总

当不再需要分类汇总的结果，而需要返回原始的数据清单状态时，可以删除当前的分类汇总，再次切换到“分类汇总”对话框后，点击“全部删除(R)”按钮即可，如图 4-6-18 所示。

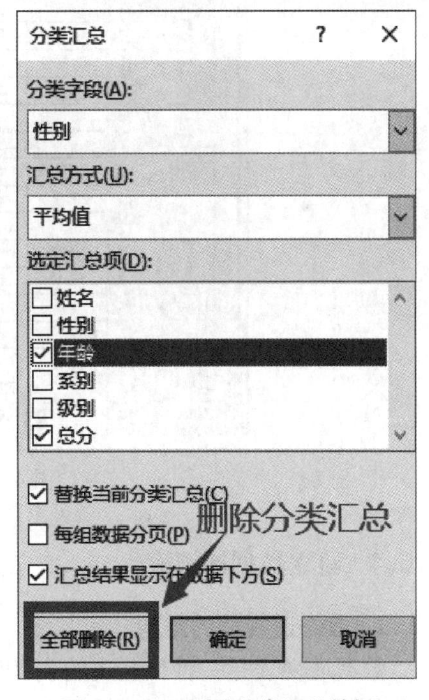

图 4-6-18 删除分类汇总按钮

4. 创建嵌套分类汇总

Excel 2016 表格中嵌套分类汇总是指，对已经建立了分类汇总的数据表，再按另一个字段对汇总后的数据进一步汇总，以细化数据的过程。在进行嵌套分类汇总时要注意 “分类汇总”对话框中要取消勾选“替换当前分类汇总(C)”复选框。下面以对如图 4-6-6 所示的“全国计算机等级考试登记表”中的平均总分和平均年龄的分类汇总为例，介绍嵌套分类汇总的具体操作步骤。

(1) 在已经对性别排序的基础上，在“排序”对话框中，再次点击“添加条件(A)”按钮，将“级别”字段作为次要关键字进行升序排序，如图 4-6-19 所示。

(2) 同理，切换到“数据”选项卡，点击“分级显示”分组中的“分类汇总”按钮，弹出“分类汇总”对话框。

(3) 在“分类汇总”对话框中，设置“分类字段(A)”为“级别”，设置“汇总方式(U)”为“平均值”；在“选定汇总项(D)”中 勾选“总分”复选框，取消勾选“替换当前分类汇总(C)”复选框，在

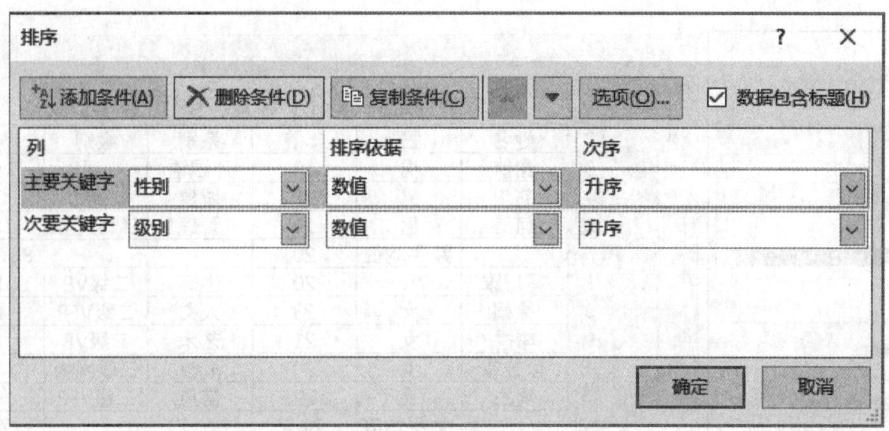

图 4-6-19　嵌套分类汇总排序

原有基础上创建下一级分类汇总。然后，选中“汇总结果显示在数据下方(S)”复选框，即完成了在原有按性别分类的基础上再细分不同级别的考生的平均总分的汇总，如图 4-6-20 所示。

	A	B	C	D	E	F
1	全国计算机等级考试登记表					
2	姓名	性别	年龄	系别	级别	总分
3	赵川	男	22	城建	二级C	77
4					二级C 平均值	77
5	何涛	男	19	管理	三级数据库	81
6					三级数据库 平均值	81
7	谢侠	男	19	外国语	一级B	92
8					一级B 平均值	92
9		男 平均	20			83.333
10	冯巧雅	女	20	生环	二级VB	84
11	李季	女	21	艺术	二级VB	80
12					二级VB 平均值	82
13	徐娟	女	23	人文	二级VFP	80
14	吴兰	女	22	信息	二级VFP	68
15					二级VFP 平均值	74
16	徐芳菲	女	20	成教	三级网络	79
17					三级网络 平均值	79
18		女 平均	21.2			78.2
19		总计平均	20.8			80.125

图 4-6-20　嵌套分类汇总结果

4.6.4　建立数据透视表

1. 数据透视表的结构

数据透视表是一种交互式的表，可以进行某些计算，如求和与计数等。所进行的计算与数据和数据透视表中的排列有关。之所以称为数据透视表，是因为可以动态地改变它们的版面布置，以便按照不同方式分析数据，也可以重新安排行号、列标识和页字段。每一次改变版面布置时，数据透视表会立即按照新的布置重新计算数据。另外，如果原始数据发生更改，则可以更新数据透视表，其结构如图 4-6-21 所示。

	A	B	C
1	年份	2018	
2			
3		值	
4	地区	求和项:常住人口数	平均值项:第三产业从业人员比重
5	东北	10431.58325	57.9832352
6	华北	16994.0134	62.323030
7	华东	41171.02	47.892564
8	华南	16369.68	57.6044444
9	华中	21400.52	53.6040476
10	西北	7478.63	62.459655
11	西南	16167.02	59.4439393
12	总计	130012.4667	55.6555087

筛选区域
列标签区域
行标签区域
值区域

图 4-6-21　数据透视表的结构

(1) 筛选区域：数据透视表中与行标题一行之隔的上面的标题。

(2) 列标签区域：数据透视表中最上面的标题。

(3) 行标签区域：数据透视表中最左面的标题。

(4) 值区域：数据透视表中的数字区域，用于执行计算。

2. 创建一张简单的数据透视表

数据透视表的创建方法很简单，只需连接到一个数据源，并输入报表的相应位置即可。下面介绍创建数据透视表的几种方法。

(1) 使用“推荐的数据透视表”功能

① 以“月销售报表.xlsx”为例，选择 A2 单元格，点击“插入”选项卡中的“表格”下拉按钮，选择“推荐的数据透视表”，如图 4-6-22 所示，弹出“推荐的数据透视表”对话框。

图 4-6-22　启用推荐透视表功能

② 在弹出的对话框中选择“求和项：销量，按　产品名称”选项，点击“确定”按钮，如图 4-6-23 所示。

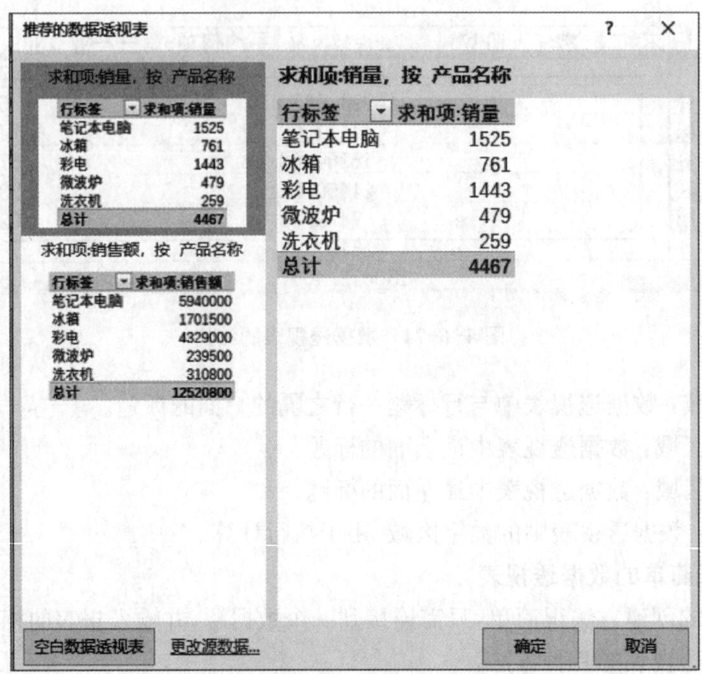

图 4-6-23　选择数据透视表

③ Excel 2016 自动完成月份销售报表的创建，如图 4-6-24 所示。

	A	B	C	D
1				
2				
3	行标签	求和项:销量		
4	笔记本电脑	1525		
5	冰箱	761		
6	彩电	1443		
7	微波炉	479		
8	洗衣机	259		
9	总计	4467		
10				
11				
12				
13				

图 4-6-24　插入的透视表样式

(2) 插入数据透视表

① 以“销售额分析.xlsx”为例，选择 A2 单元格。

② 转到“插入”选项卡，点击“表格”分组中的“数据透视表”按钮，如图 4-6-25 所示。

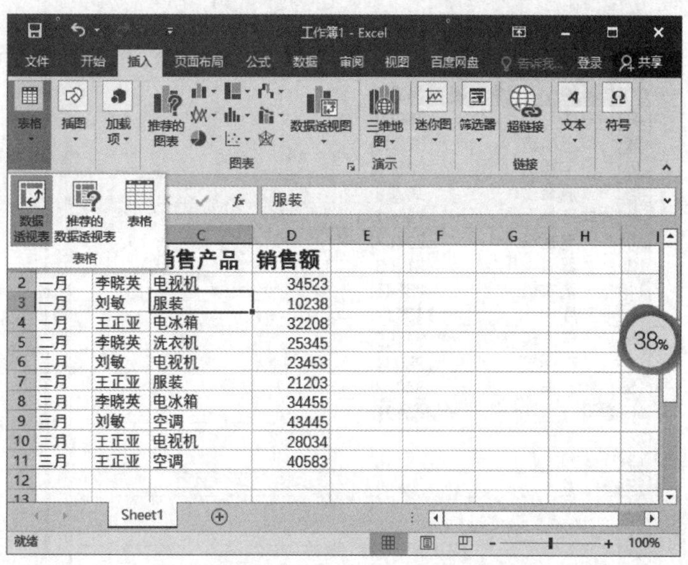

图 4-6-25　手动插入数据透视表

③ 在打开的"创建数据透视表"对话框中，点击"确定"按钮，如图 4-6-26 所示，打开"数据透视表字段列表"窗格。

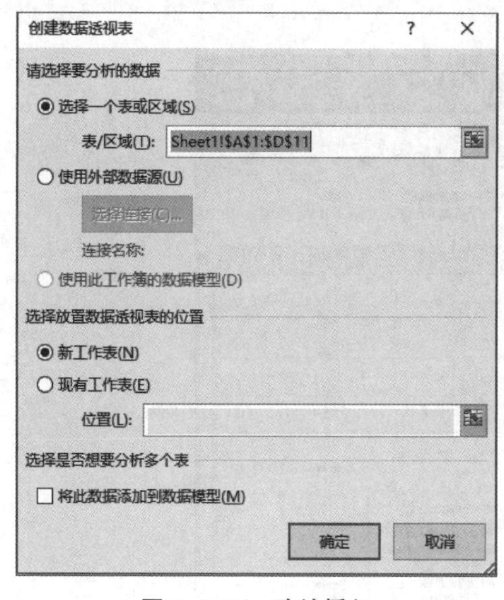

图 4-6-26　确认插入

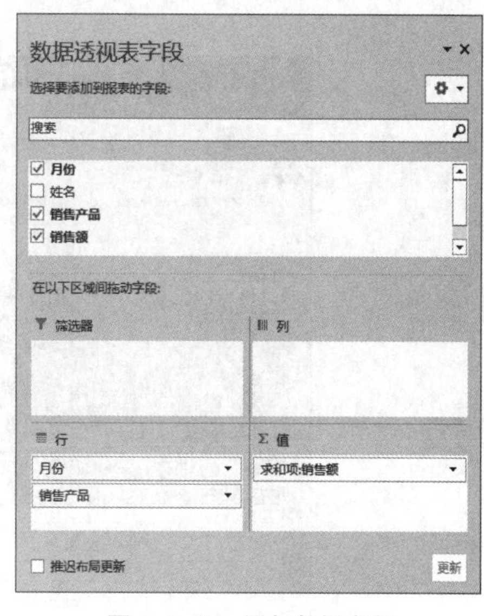

图 4-6-27　添加数据字段

④ 分别勾选"月份""销售产品"和"销售额"复选框，如图 4-6-27 所示。

⑤ 创建好的数据透视表效果如图 4-6-28 所示。

注意： 在数据透视表中添加字段时，不同的添加顺序可能导致数据透视表的结构和外观有所差异。这是因为数据透视表是根据字段的添加顺序来组织数据的。

(3) 通过分析工具库插入数据透视表

	A	B
3	行标签	求和项:销售额
4	⊟一月	76969
5	电冰箱	32208
6	电视机	34523
7	服装	10238
8	⊟二月	70001
9	电视机	23453
10	服装	21203
11	洗衣机	25345
12	⊟三月	146517
13	电冰箱	34455
14	电视机	28034
15	空调	84028
16	总计	293487

图 4-6-28 数据透视表效果

① 以“销售额分析.xlsx”为例，选择数据区域，点击浮现的“快速分析”按钮，如图 4-6-29 所示。

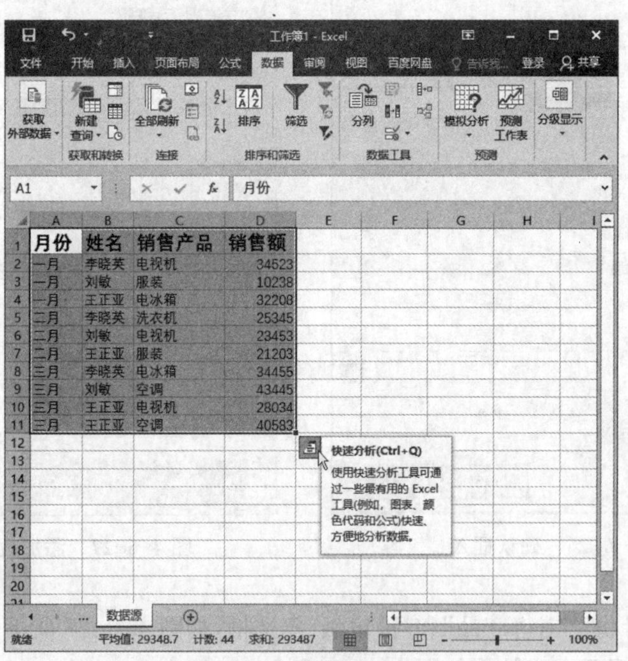

月份	姓名	销售产品	销售额
一月	李晓英	电视机	34523
一月	刘敏	服装	10238
一月	王正亚	电冰箱	32208
二月	李晓英	洗衣机	25345
二月	刘敏	电视机	23453
二月	王正亚	服装	21203
三月	李晓英	电冰箱	34455
三月	刘敏	空调	43445
三月	王正亚	电视机	28034
三月	王正亚	空调	40583

图 4-6-29 选择数据区域

② 在出现的面板中切换到“图表”选项卡，选择需要的图表选项，快速创建合适的图表，如图 4-6-30 所示。

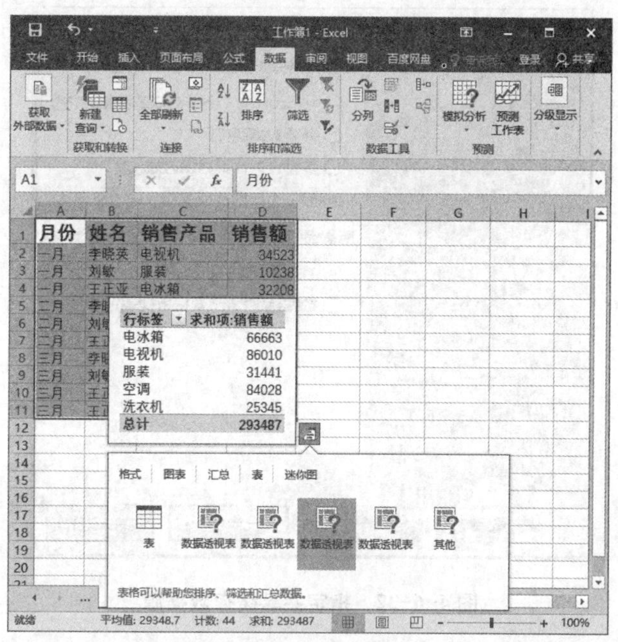

图 4-6-30　选择数据透视表样式

(4) 在已有的透视表上创建共享缓存数据透视表

① 打开“销售额分析. xlsx”文件，选择新建的数据透视表放置的起始空白位置，如图 4-6-31 所示，按“Alt+D+P”组合键，弹出“数据透视表和数据透视图向导”对话框。

	A	B	C	D	E
2					
3	行标签	求和项:销售额			
4	⊟一月	136969			
5	电冰箱	32208			
6	电视机	94523			
7	服装	10238			
8	⊟二月	70001			
9	电视机	23453			
10	服装	21203			
11	洗衣机	25345			
12	⊟三月	146517			
13	电冰箱	34455			
14	电视机	28034			
15	空调	84028			
16	总计	353487			
17					
18					

图 4-6-31　选择新建的数据透视表放置的起始位置

② 选中“另一个数据透视表或数据透视图”和“数据透视表”，点击“下一步(N) >”按钮，如图 4-6-32 所示。

③ 在弹出的对话框中，选择包含所需数据的数据透视表，点击“下一步(N) >”按钮，如图 4-6-33 所示。

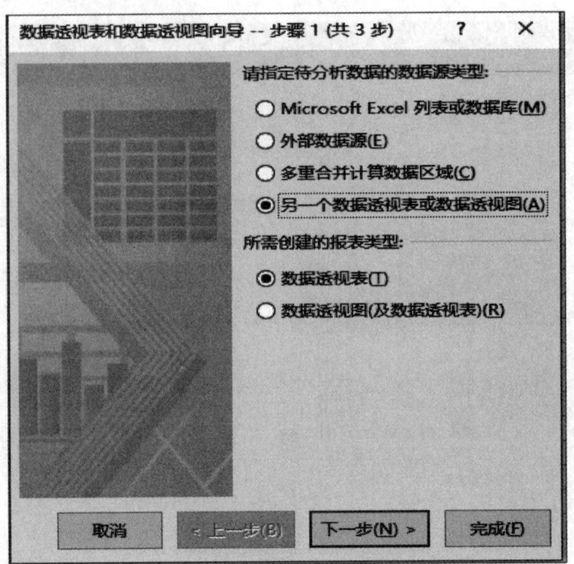

图 4-6-32　指定共享缓存数据源

④ 在弹出的对话框中，保持设置不变，点击“完成(F)”按钮，如图 4-6-34 所示。

⑤ 在打开的“数据透视表字段”窗格中，选中“姓名”“销售产品”和“销售额”复选框，将“销售产品”字段拖拽到“列”区域框中，如图 4-6-35 所示。

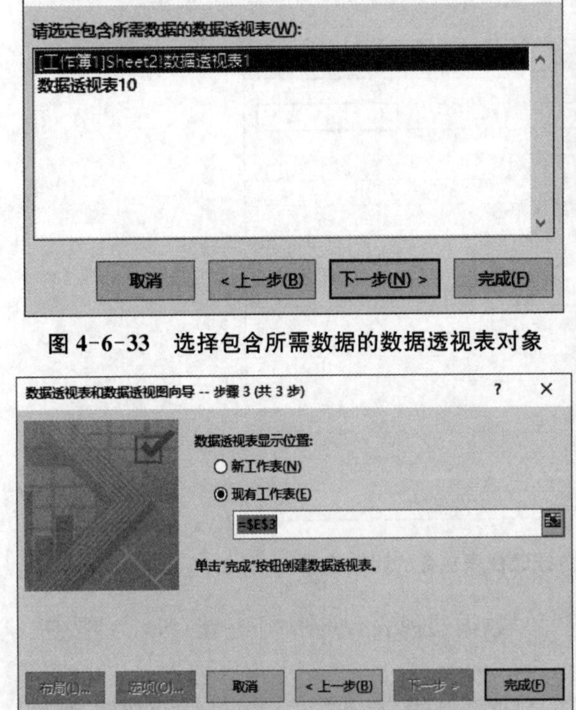

图 4-6-33　选择包含所需数据的数据透视表对象

图 4-6-34　确认设置完成操作

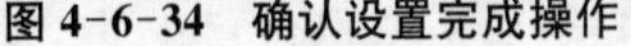

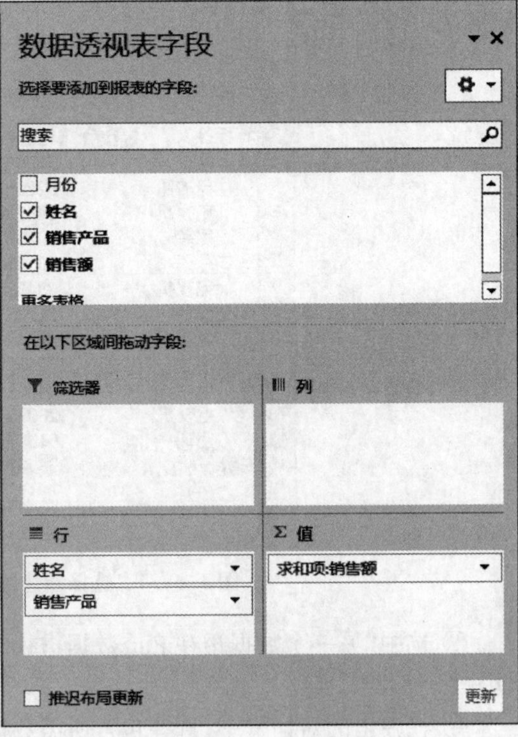

图 4-6-35　筛选字段

⑥ 在表格中可看到共享缓存数据透视表，如图 4-6-36 所示。

行标签	求和项:销售额
⊟一月	136969
电冰箱	32208
电视机	94523
服装	10238
⊟二月	70001
电视机	23453
服装	21203
洗衣机	25345
⊟三月	146517
电冰箱	34455
电视机	28034
空调	84028
总计	353487

求和项:销售额	列标签					
行标签	电冰箱	电视机	服装	空调	洗衣机	总计
李晓英	34455	94523			25345	154323
刘敏		23453	10238	43445		77[illegible]36
王正亚	32208	28034	21203	40583		122028
总计	66663	146010	31441	84028	25345	353487

图 4-6-36 共享缓存数据透视表

4.6.5 使用“表格”工具

1. 认识“表格”工具

Excel 2016 的“表格”又称为“智能表”，它可以自动扩展数据区域，还可以自动求和、极值、平均值等且不需输入任何公式，同时能随时转换为普通的单元格区域，从而极大地方便了数据管理和分析操作。用户可以将工作表的数据设置为多个“表格”，它们都相对独立，从而可以根据需要将数据划分为易于管理的不同数据集。

2. 创建“表格”

(1) 创建“表格”的方法：单击数据列表中的任意单元格，在“插入”选项中点击“表格”按钮，弹出“创建表”对话框，再点击“确定”按钮，即完成对“表格”的创建，此时的“表格”被套用默认的蓝白相间的表格样式，用户可以清楚地看到“表格”的轮廓，如图 4-6-37、图 4-6-38 所示。

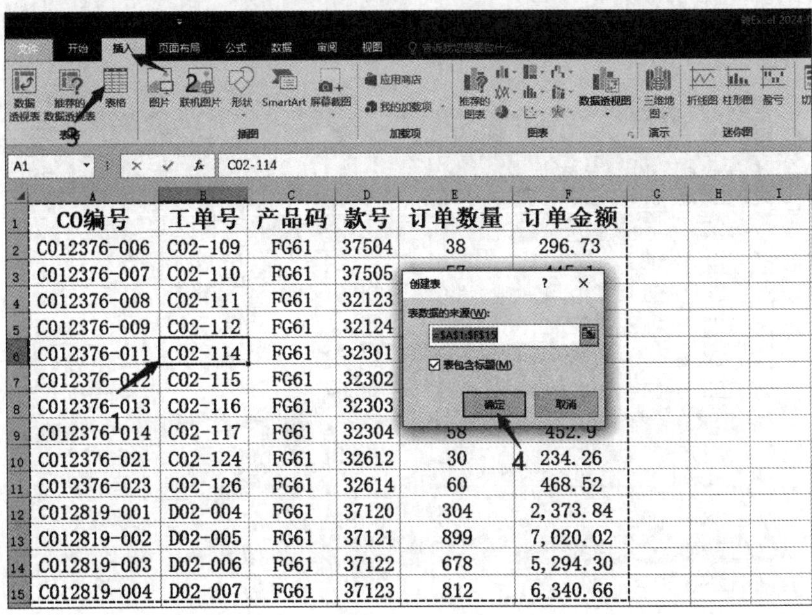

CO编号	工单号	产品码	款号	订单数量	订单金额
C012376-006	C02-109	FG61	37504	38	296.73
C012376-007	C02-110	FG61	37505		
C012376-008	C02-111	FG61	32123		
C012376-009	C02-112	FG61	32124		
C012376-011	C02-114	FG61	32301		
C012376-012	C02-115	FG61	32302		
C012376-013	C02-116	FG61	32303		
C012376-014	C02-117	FG61	32304	58	452.9
C012376-021	C02-124	FG61	32612	30	234.26
C012376-023	C02-126	FG61	32614	60	468.52
C012819-001	D02-004	FG61	37120	304	2,373.84
C012819-002	D02-005	FG61	37121	899	7,020.02
C012819-003	D02-006	FG61	37122	678	5,294.30
C012819-004	D02-007	FG61	37123	812	6,340.66

图 4-6-37 创建“表格”

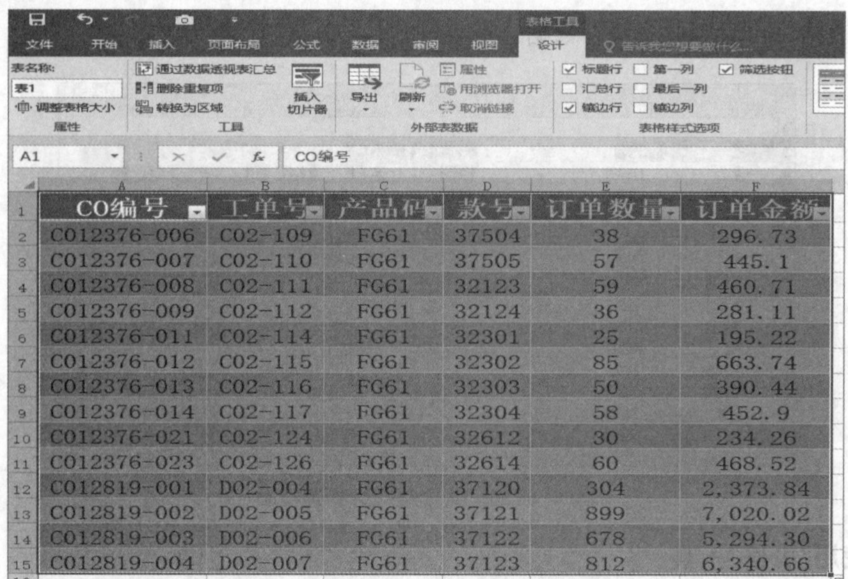

CO编号	工单号	产品码	款号	订单数量	订单金额
C012376-006	C02-109	FG61	37504	38	296.73
C012376-007	C02-110	FG61	37505	57	445.1
C012376-008	C02-111	FG61	32123	59	460.71
C012376-009	C02-112	FG61	32124	36	281.11
C012376-011	C02-114	FG61	32301	25	195.22
C012376-012	C02-115	FG61	32302	85	663.74
C012376-013	C02-116	FG61	32303	50	390.44
C012376-014	C02-117	FG61	32304	58	452.9
C012376-021	C02-124	FG61	32612	30	234.26
C012376-023	C02-126	FG61	32614	60	468.52
C012819-001	D02-004	FG61	37120	304	2,373.84
C012819-002	D02-005	FG61	37121	899	7,020.02
C012819-003	D02-006	FG61	37122	678	5,294.30
C012819-004	D02-007	FG61	37123	812	6,340.66

图 4-6-38　创建“表格”效果

注意：单击数据列表中的任意单元格后，按“Ctrl＋T”或“Ctrl＋L”组合键，也可以调出“创建表”对话框。

(2) 要将“表格”转换为原始的数据区域，单击“表格”中的任意单元格，在“表格工具—设计”选项卡中单击“转换为区域”按钮即可，如图 4-6-39 所示。

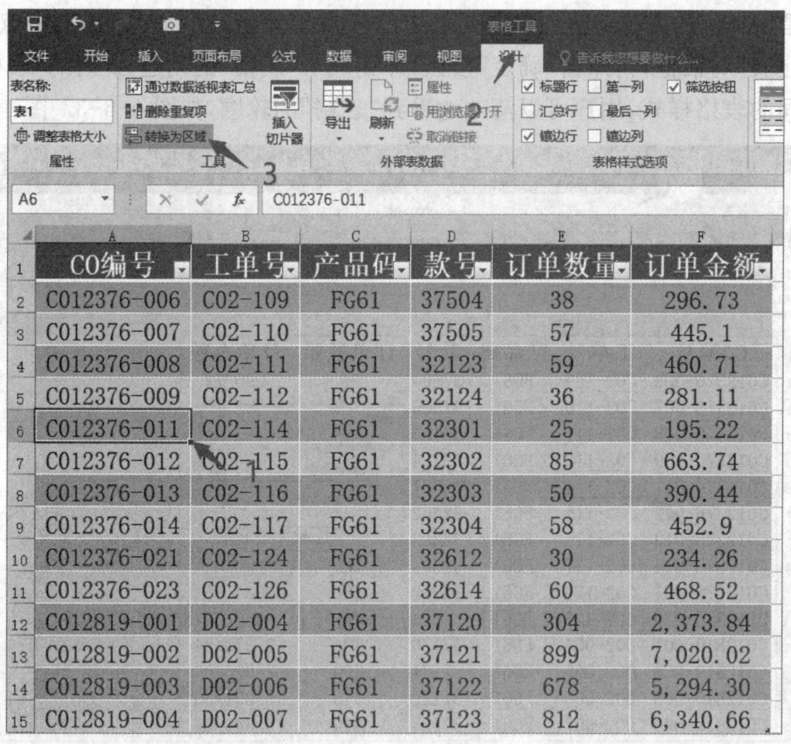

CO编号	工单号	产品码	款号	订单数量	订单金额
C012376-006	C02-109	FG61	37504	38	296.73
C012376-007	C02-110	FG61	37505	57	445.1
C012376-008	C02-111	FG61	32123	59	460.71
C012376-009	C02-112	FG61	32124	36	281.11
C012376-011	C02-114	FG61	32301	25	195.22
C012376-012	C02-115	FG61	32302	85	663.74
C012376-013	C02-116	FG61	32303	50	390.44
C012376-014	C02-117	FG61	32304	58	452.9
C012376-021	C02-124	FG61	32612	30	234.26
C012376-023	C02-126	FG61	32614	60	468.52
C012819-001	D02-004	FG61	37120	304	2,373.84
C012819-002	D02-005	FG61	37121	899	7,020.02
C012819-003	D02-006	FG61	37122	678	5,294.30
C012819-004	D02-007	FG61	37123	812	6,340.66

图 4-6-39　转换为区域

3. “表格”工具的特征和功能

(1) 在“表格”中添加汇总行

单击“表格”中的任意单元格，在“表格工具—设计”选项卡中，选中“汇总行”复选框，Excel 2016 将在“表格”的最后一行自动增加一个汇总行。

“表格”汇总行默认的汇总函数为 SUBTOTAL 函数。用户可以单击“表格”中“订单金额”汇总行的数据，单击出现的下拉按钮，从弹出的列表框中选择需要的汇总方式，如图 4-6-40 所示。

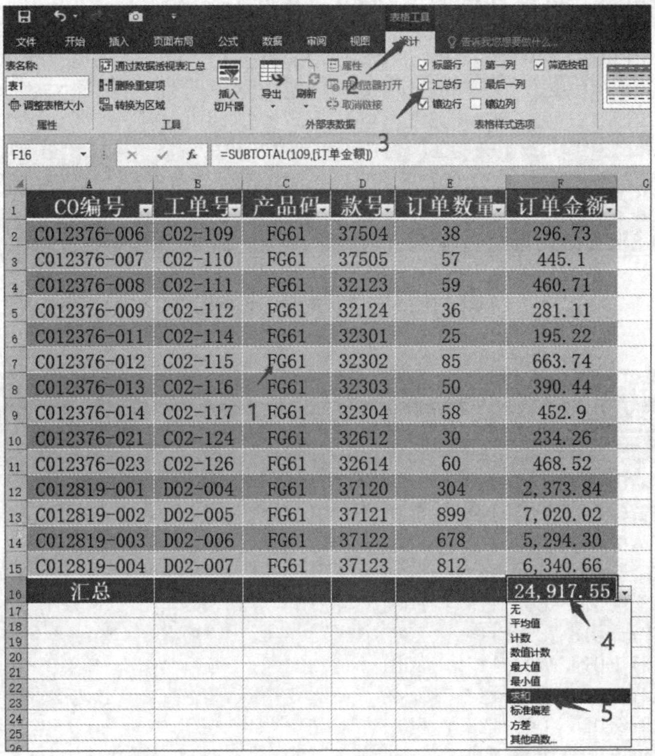

CO编号	工单号	产品码	款号	订单数量	订单金额
C012376-006	C02-109	FG61	37504	38	296.73
C012376-007	C02-110	FG61	37505	57	445.1
C012376-008	C02-111	FG61	32123	59	460.71
C012376-009	C02-112	FG61	32124	36	281.11
C012376-011	C02-114	FG61	32301	25	195.22
C012376-012	C02-115	FG61	32302	85	663.74
C012376-013	C02-116	FG61	32303	50	390.44
C012376-014	C02-117	FG61	32304	58	452.9
C012376-021	C02-124	FG61	32612	30	234.26
C012376-023	C02-126	FG61	32614	60	468.52
C012819-001	D02-004	FG61	37120	304	2,373.84
C012819-002	D02-005	FG61	37121	899	7,020.02
C012819-003	D02-006	FG61	37122	678	5,294.30
C012819-004	D02-007	FG61	37123	812	6,340.66
汇总					24,917.55

图 4-6-40 改变“表格”汇总行的函数

(2) 在“表格”中添加数据

“表格”具有自动扩展特性。利用这一特性，用户可以随时向“表格”中添加新的行或列。单击“表格”中最后一个数据单元格(不包括汇总行数据)，按下“Tab”键即可向“表格”中添加新的一行，如图 4-6-41 所示。

此外，取消“表格”的汇总行以后，在“表格”下方相邻的空白单元格中输入数据，也可向“表格”中添加新的一行数据。如果希望向“表格”中添加新的一列，可以将光标定位到“表格”最后一个标题右侧的空白单格，输入新的列标题即可。

“表格”中最后一个单元格的右下角有一个类似半个括号的数据标志，选中它并向下拖动可以增加“表格”的行，向右拖动则可以增加“表格”的列，如图 4-6-42 所示。

(3) “表格”滚动时标题行仍然可见

当用户单击“表格”中的任意一个单元格后，再向下滚动浏览“表格”时，可以发现“表格”中的标题将出现在 Excel 2016 的列标上面，使“表格”滚动时标题行仍然可见，如图 4-6-43 所示。

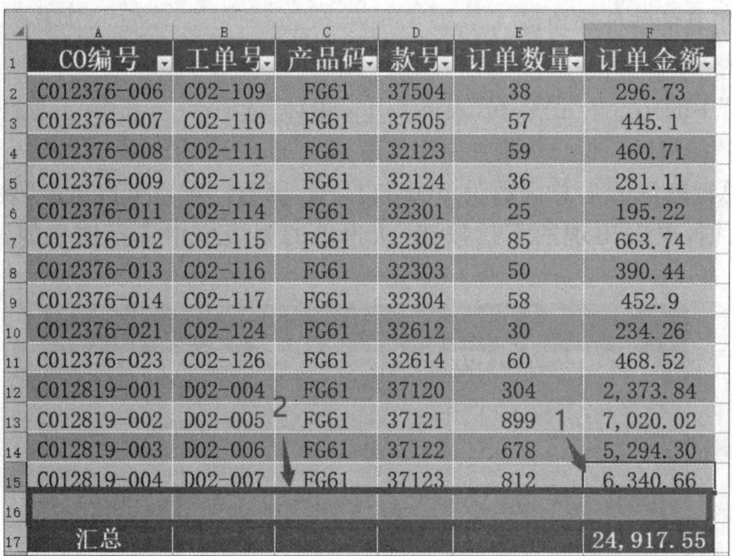

CO编号	工单号	产品码	款号	订单数量	订单金额
C012376-006	C02-109	FG61	37504	38	296.73
C012376-007	C02-110	FG61	37505	57	445.1
C012376-008	C02-111	FG61	32123	59	460.71
C012376-009	C02-112	FG61	32124	36	281.11
C012376-011	C02-114	FG61	32301	25	195.22
C012376-012	C02-115	FG61	32302	85	663.74
C012376-013	C02-116	FG61	32303	50	390.44
C012376-014	C02-117	FG61	32304	58	452.9
C012376-021	C02-124	FG61	32612	30	234.26
C012376-023	C02-126	FG61	32614	60	468.52
C012819-001	D02-004	FG61	37120	304	2,373.84
C012819-002	D02-005	FG61	37121	899	7,020.02
C012819-003	D02-006	FG61	37122	678	5,294.30
C012819-004	D02-007	FG61	37123	812	6,340.66
汇总					24,917.55

图 4-6-41　向“表格”中添加行

CO编号	工单号	产品码	款号	订单数量	订单金额	列1
C012376-006	C02-109	FG61	37504	38	296.73	
C012376-007	C02-110	FG61	37505	57	445.1	
C012376-008	C02-111	FG61	32123	59	460.71	
C012376-009	C02-112	FG61	32124	36	281.11	
C012376-011	C02-114	FG61	32301	25	195.22	
C012376-012	C02-115	FG61	32302	85	663.74	
C012376-013	C02-116	FG61	32303	50	390.44	
C012376-014	C02-117	FG61	32304	58	452.9	
C012376-021	C02-124	FG61	32612	30	234.26	
C012376-023	C02-126	FG61	32614	60	468.52	
C012819-001	D02-004	FG61	37120	304	2,373.84	
C012819-002	D02-005	FG61	37121	899	7,020.02	
C012819-003	D02-006	FG61	37122	678	5,294.30	
C012819-004	D02-007	FG61	37123	812	6,340.66	

图 4-6-42　手动调整“表格”大小

CO编号	工单号	产品码	款号	订单数量	订单金额
C012376-021	C02-124	FG61	32612	30	234.26
C012376-023	C02-126	FG61	32614	60	468.52
C012819-001	D02-004	FG61	37120	304	2,373.84
C012819-002	D02-005	FG61	37121	899	7,020.02
C012819-003	D02-006	FG61	37122	678	5,294.30
C012819-004	D02-007	FG61	37123	812	6,340.66

图 4-6-43　“表格”滚动时标题行仍然可见

注意：必须同时满足下列条件，才能使“表格”在纵向滚动时标题行保持可见。

① 未使用“冻结窗格”的命令。

② 活动单元格位于“表格”区域内。

③ “表格”中至少有一行数据信息。

(4) “表格”的排序和筛选

“表格”整合了 Excel 2016 数据列表的排序和筛选功能，如果“表格”包含标题行，可以用标题行的下拉按钮对“表格”进行排序和筛选。

(5) 删除“表格”中的重复值

对于“表格”中的重复数据，可以利用“删除重复值”功能将其删除。

(6) 使用“套用表格样式”功能

如果用户对系统默认的“表格”的表格样式不满意，可以套用“表格工具”中的表格样式。“表格工具”中有 61 种可供用户套用的表格样式，其中浅色 22 种(其中有一个为“无”样式)、中等深浅色 28 种、深色 11 种。

4. 在“表格”中插入切片器

切片器以一种图形化的筛选方式，单独为“表格”中的每个字段创建一个选取器，使之浮动于“表格”之上。通过对选取器中的字段项筛选，实现了比字段下拉列表筛选按钮更加方便灵活的筛选功能。

(1) 在“表格”中插入切片器的方法

以“销售业绩表”为例，单击“表格”中的任意单元格，在“设计”选项卡中点击“插入切片器”按钮，在弹出的“插入切片器”对话框中选中“所在城市”复选框，点击“确定”按钮插入“所在城市”切片器，如图 4-6-44 所示。

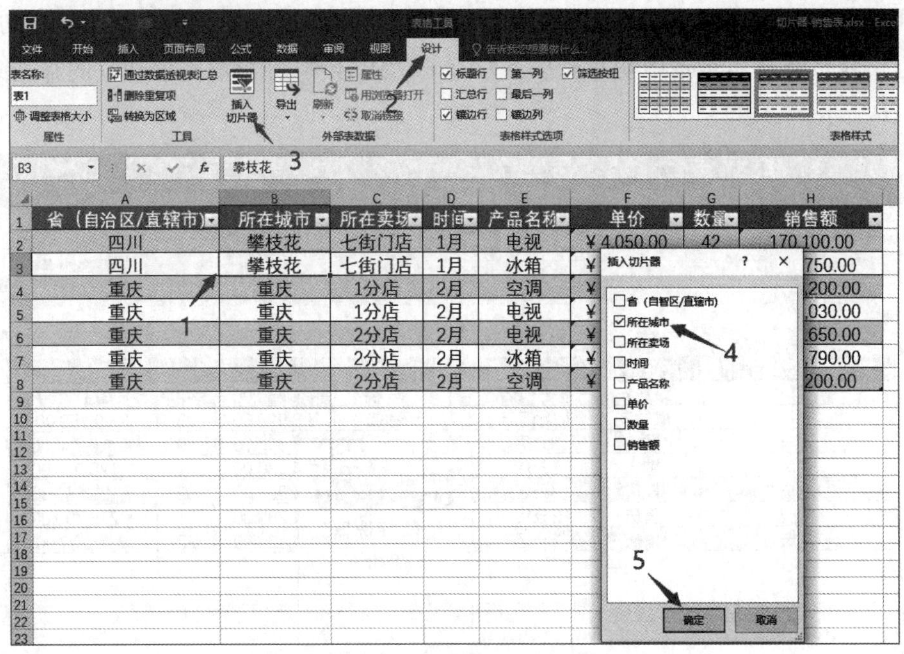

图 4-6-44　插入切片器

(2) 用切片器筛选数据

使用切片器来筛选“表格”中数据的方法非常简单，只需点击切片器中一个或多个按钮即可。以“销售业绩表”的“所在城市”切片器为例，在“所在城市”切片器中单击“攀枝花”，“表格”中即可出现城市“攀枝花”的所有数据记录，如图 4-6-45 所示。

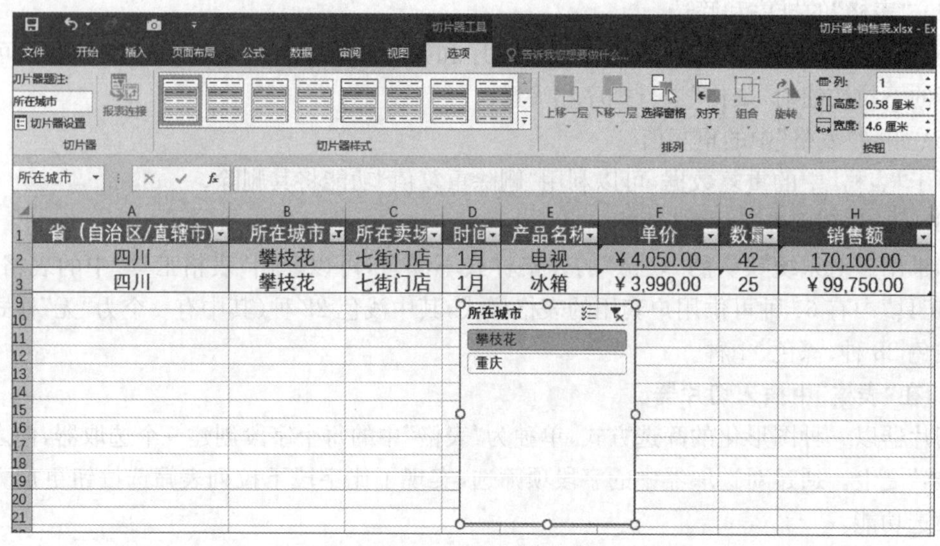

图 4-6-45 插入"城市"切片器

(3) 清除切片器筛选条件

在切片器的每个切片的右上角都有一个“清除筛选器”按钮，在默认情况下，该按钮为灰色不可用状态，当用户在该切片中设置了筛选条件后，该按钮才可用。点击相应切片上的“清除筛选器”按钮，或选中切片后按下“Alt+C”组合键，即可清除该切片的筛选条件，如图 4-6-46 所示。

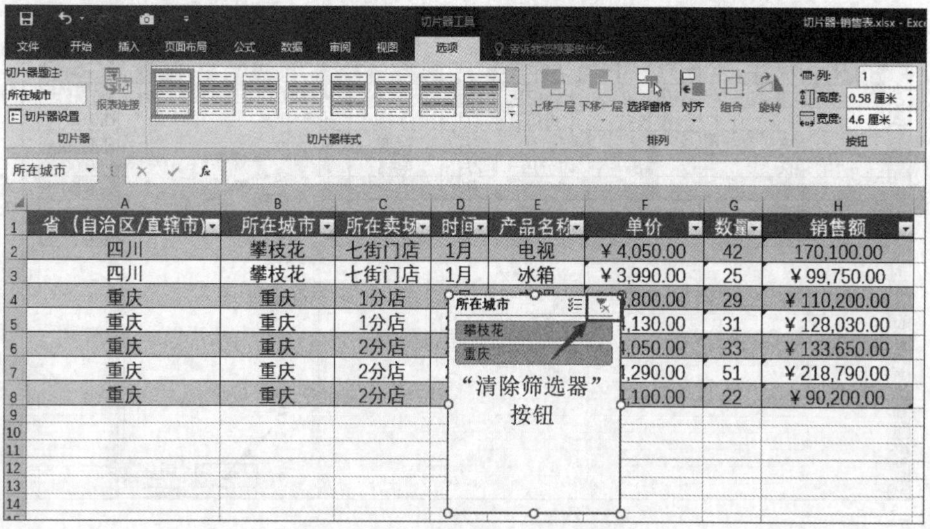

图 4-6-46 “清除筛选器”按钮

4.7 Excel 数据管理的高级应用

4.7.1 利用文本文件获取数据

1. 了解外部数据文件

虽然 Excel 2016 工作表的有 1 048 576 行,16 384 列,但可能仍然无法满足用户的需求。而且,许多其他类型的数据文件的存储容量可以远超 Excel 2016 工作表,同时在性能上也超过 Excel 2016,这些数据文件可以是文本文件、数据库文件、网站数据,Excel 2016 可以导入这些外部数据。

2. 导入文本数据

下面以将“预约记录”文本文件导入 Excel 工作表中为例,讲解导入文本数据的方法。

(1) 在“数据”选项卡的“获取外部数据”分组中点击“自文本”按钮,打开“导入文本文件”对话框,如图 4-7-1 所示。

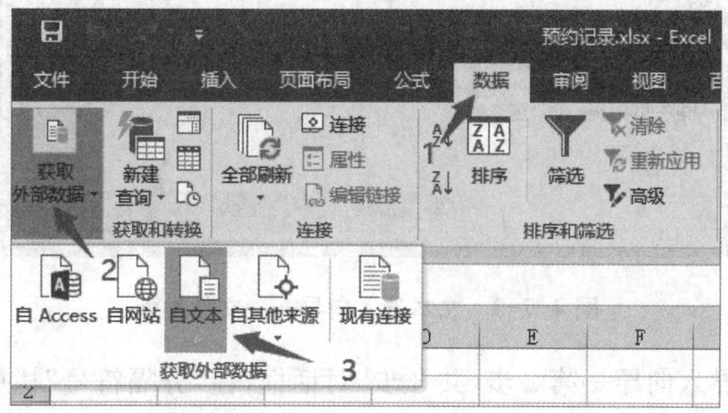

图 4-7-1 插入外部文本数据选项

(2) 在“导入文本文件”对话框中,选中要导入的文本文件,然后,点击“导入”按钮。如图 4-7-2 所示。

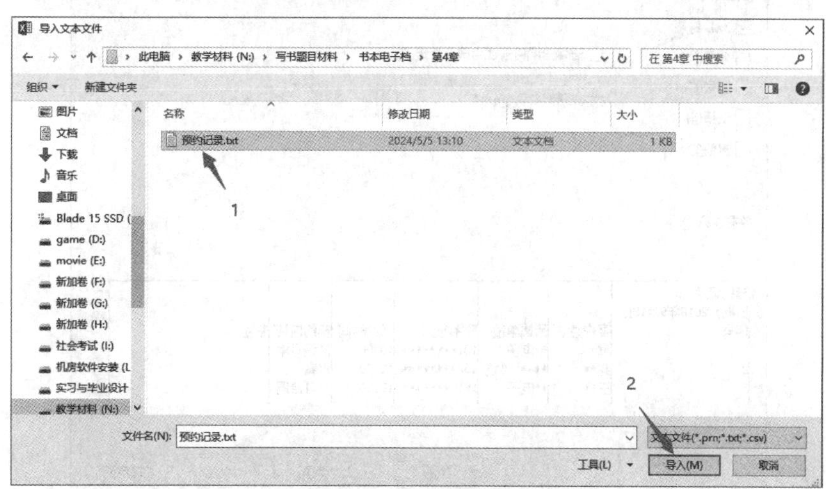

图 4-7-2 导入文本文件

(3) 弹出“文本导入向导—第 1 步,共 3 步”对话框,在“请选择最合适的文件类型:”栏中选择“分隔符号(D)”单选项,点击“下一步(N)＞”按钮,如图 4-7-3 所示。

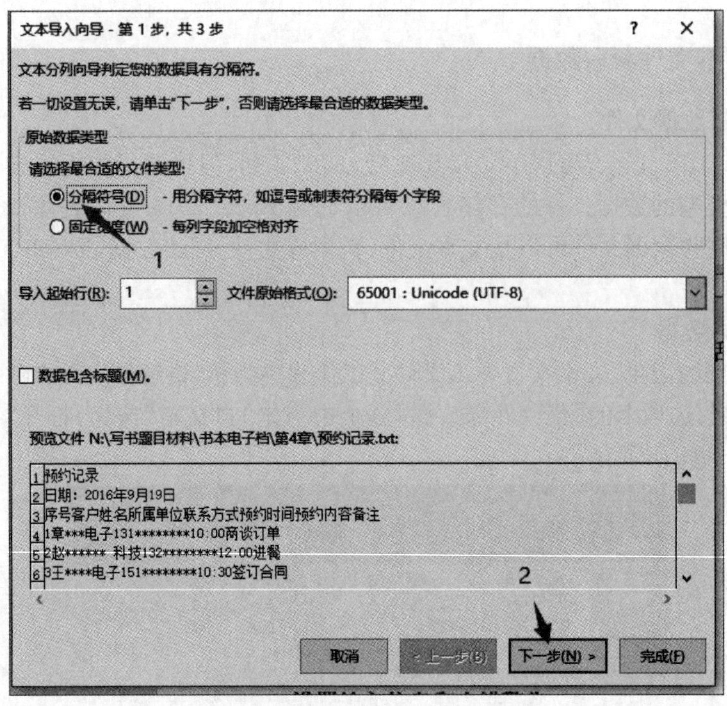

图 4-7-3 文本导入向导——文件类型

(4) 弹出“文本导入向导—第 2 步,共 3 步”对话框,在“分隔符号”栏中勾选“Tab 键(T)”复选框,点击“下一步(N)＞”按钮,如图 4-7-4 所示。

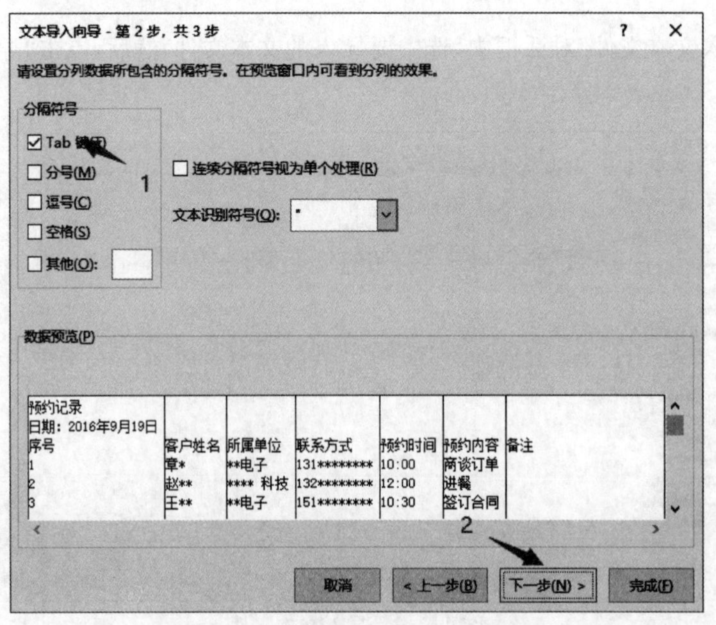

图 4-7-4 文本导入向导——分隔符号

(5) 弹出“文本导入向导—第 3 步，共 3 步”对话框，在“列数据格式”栏中选择“常规(G)”单选项，点击“完成(F)”按钮，如图 4-7-5 所示。

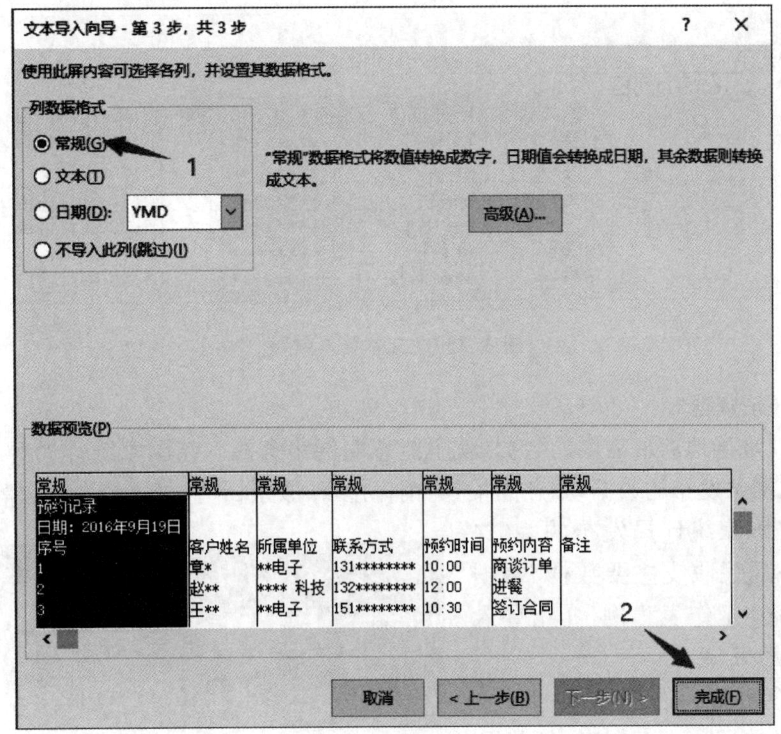

图 4-7-5　文本导入向导——列数据格式

(6) 弹出“导入数据”对话框，选择“现有工作表(E):”单选项，在相应的文本框中设置导入数据的放置位置，点击“确定”按钮。如图 4-7-6 所示。

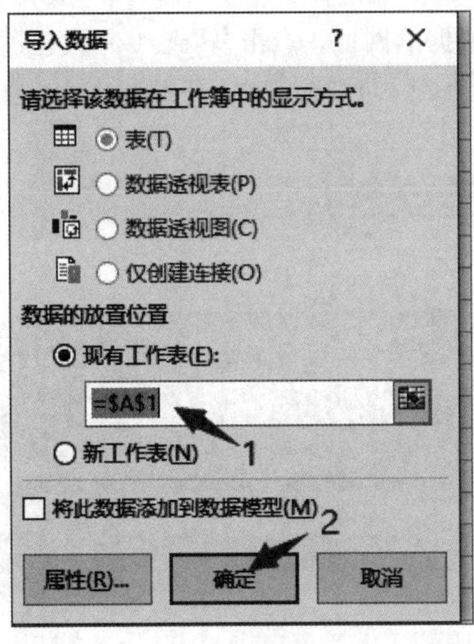

图 4-7-6　文本导入向导——存放位置

(7) 返回工作表,可以看到系统将文本文件中的数据以空格分隔导入工作表中,如图 4-7-7 所示。

	A	B	C	D	E	F	G
1	预约记录						
2	日期：2016年9月19日						
3	序号	客户姓名	所属单位	联系方式	预约时间	预约内容	备注
4	1	章*	**电子	131********	10:00	商谈订单	
5	2	赵**	**** 科技	132********	12:00	进餐	
6	3	王**	**电子	151********	10:30	签订合同	
7	4	汪*	***电子	152********	15:30	商谈订单	
8	5	李**	**科技	153********	9:00	洽谈合作	
9	6	廖**	****科技	133********	10:00	签订合同	

图 4-7-7 文本导入效果

3. 导入网站数据

想要及时、准确地获取需要的数据,就不能忽略网络资源。在国家统计局等专业网站上,可以轻松获取网站发布的数据,如产品报告、销售排行、股票行情、居民消费指数等。

下面以将国家统计局发布的"2024年一季度城乡居民收支主要数据"数据导入 Excel 2016 工作表为例,介绍导入网站数据的操作步骤。

(1) 在计算机联网的情况下,打开要导入网站数据的 Excel 工作表,切换到"数据"选项卡,在"获取外部数据"组中点击"自网站"按钮,弹出"新建 Web 查询"对话框。如图 4-7-8 所示。

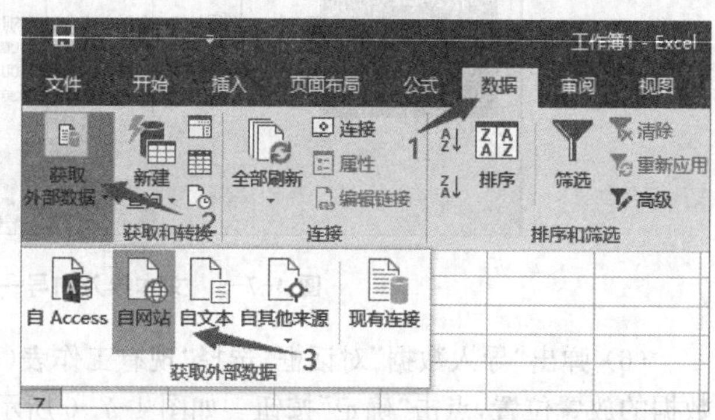

图 4-7-8 获取"网站"外部数据选项卡

(2) 在弹出的"新建 Web 查询"对话框中的地址栏中输入要导入数据的网址。点击"转到(G)"按钮进入相应页面,点击页面中底部的按钮,使其图标变为形状,即可选定可以下载的表格。如图 4-7-9 所示。

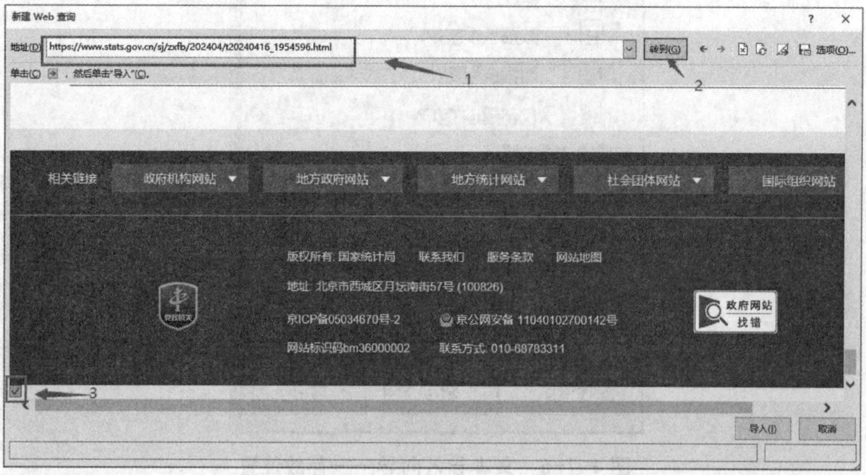

图 4-7-9 新建 Web 查询

(3) 点击“导入(I)”按钮,在弹出的“导入数据”对话框中,选择“现有工作表(E):”单选项,在相应的文本框中设置导入数据的放置位置,点击“确定”按钮即可。如图 4-7-10 所示。

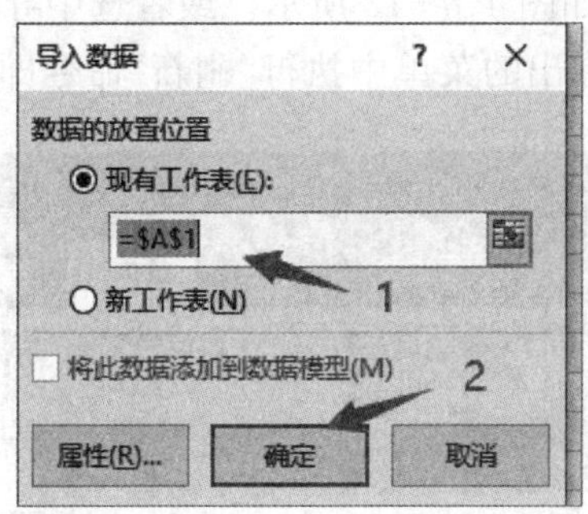

图 4-7-10 “导入数据”选项卡

(4) 返回工作表,可以看到系统自动将所选网站数据导入工作表中。如图 4-7-11 所示。

	A	B	C	D
1	指标	绝对量	同比名义增长	
2		(元)	(%)	
3	(一) 城镇居民人均可支配收入	15150	5.3	
4	按收入来源分:			
5	工资性收入	9230	5.9	
6	经营净收入	1894	7.5	
7	财产净收入	1571	2.2	
8	转移净收入	2455	3.4	
9	(二) 城镇居民人均消费支出	8943	7.7	
10	按消费类别分:			
11	食品烟酒	2800	10.4	
12	衣着	612	12	
13	居住	2024	-0.7	
14	生活用品及服务	450	1.2	
15	交通通信	1149	14.4	
16	教育文化娱乐	886	13.7	
17	医疗保健	735	2.2	
18	其他用品及服务	287	21.6	
19	(三) 农村居民人均可支配收入	6596	7.6	
20	按收入来源分:			
21	工资性收入	2965	8.7	
22	经营净收入	2049	6.1	
23	财产净收入	190	7.9	
24	转移净收入	1392	7.4	
25	(四) 农村居民人均消费支出	5050	9.1	
26	按消费类别分:			
27	食品烟酒	1741	10.3	
28	衣着	328	12.5	
29	居住	930	1.4	
30	生活用品及服务	286	6.1	
31	交通通信	666	14.8	
32	教育文化娱乐	499	12.1	
33	医疗保健	485	7.2	
34	其他用品及服务	115	20.4	

图 4-7-11 网站数据导入效果

4. 刷新导入的网站数据

如果要刷新导入 Excel 2016 中的网站数据,不用打开网页也可以实现,其方法有以下两种。

方法 1：即时刷新。打开导入了网站数据的工作表，在“数据”选项卡的“连接”组中，执行“全部刷新”→“刷新(R)”命令，如图 4-7-12 所示。或者选中导入的网站数据所在区域中的任意一个单元格，并右键单击，在弹出的菜单中执行“刷新”命令即可。

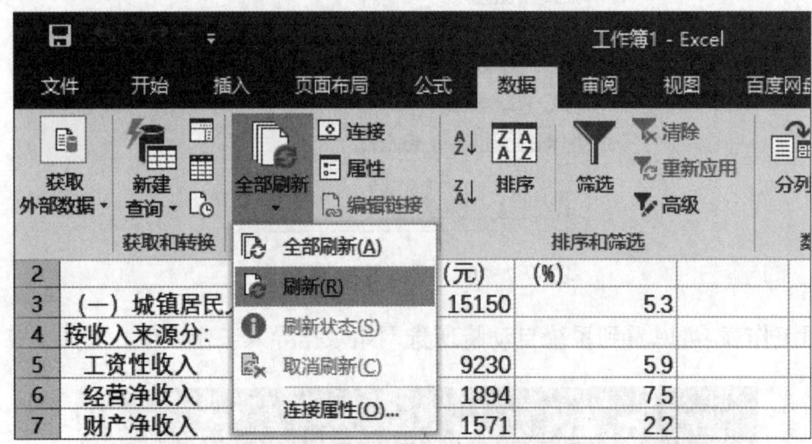

图 4-7-12 “刷新”网站数据选项

方法 2：定时刷新。选中导入的网站数据所在区域中的任意一个单元格，并右键单击，在弹出的菜单中执行“数据范围属性”命令，弹出“外部数据区域属性”对话框，勾选“刷新频率(R)”复选框，设置数据刷新的间隔时间，即可定时刷新数据；勾选“打开文件时刷新数据(I)”复选框，即可在打开该表格所在文件时自动刷新数据。如图 4-7-13 所示。

注意：如果在导入数据后再次对文本文件中的数据进行了修改，可以在工作表中点击“数据”选项卡“连接”组中的“全部刷新”按钮，然后在打开的“导入文本文件”对话框中选中修改过的文本文件，单击“打开”命令，刷新数据。

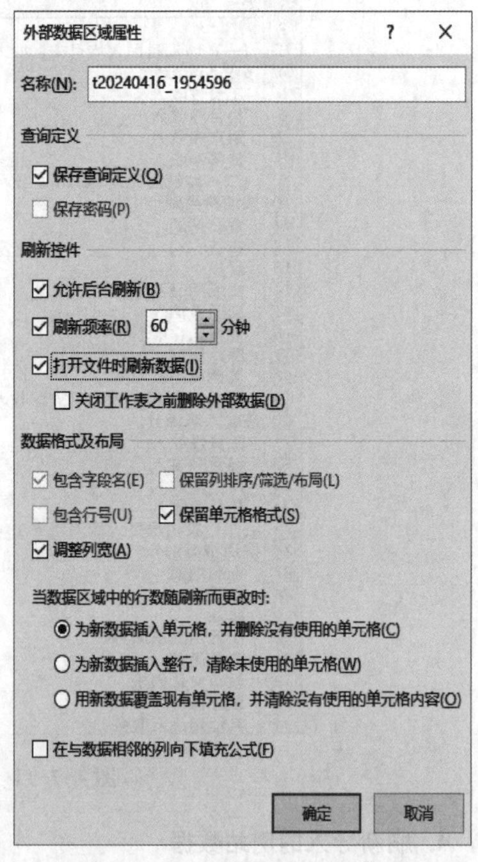

图 4-7-13 “定时刷新”设置选项

4.7.2 数据有效性设置

设置单元格的数据有效性，可以限制用户在该单元格内输入数据的类型或允许输入的数据范围，同时提供预定义的列表选项，在保证输入数据正确性的同时，提高数据输入的效率和便捷性。

要设置单元格数据有效性，应在选择需要设置数据有效性的单元格或单元格区域后，然后在“数据”选项卡的“数据工具”组中点击“数据验证(V)”按钮，最后在打开的“数据验证”对话框中进行设置，如图 4-7-14 所示。

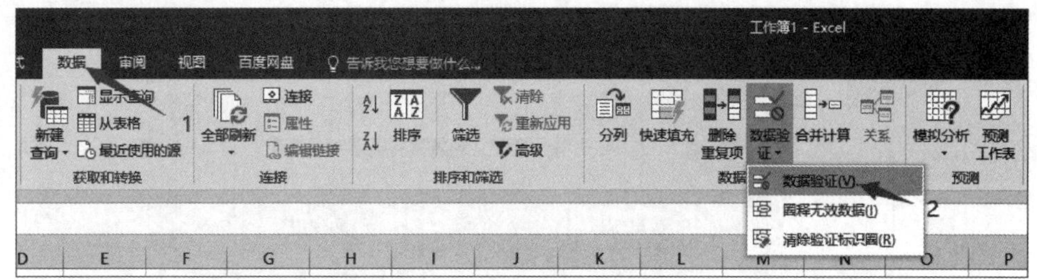

图 4-7-14 “数据验证”选项卡

1. 允许范围内的有效性设置

允许范围内的有效性是指设置数据有效性的单元格区域只允许接收某一特定范围内的数据，当输入的数据不在此范围时，数据将不被接收，并弹出错误提示对话框。

Excel 2016 可以限制数据范围的数据类型，包括整数、小数、序列、日期、时间和文本长度等。要限制单元格内容允许的范围，除了使用介于关系外，还可以使用未介于、等于、不等于、大于、小于、大于或等于、小于或等于等关系。只需在“数据验证”对话框的“数值”下拉列表框中进行相应的选择即可。

以用户信息表为例，需要限制用户的密码在 6～10 个字符内，可以选择用户密码所在的列，打开“数据验证”对话框，在“允许(A)：”下拉列表框中选择“文本长度”选项，在“数据(D)：”下拉列表框中保持“介于”选项的选择状态，在“最小值(M)”和“最大值(X)”文本框中分别输入 6 和 10，点击“确定”按钮即可，如图 4-7-15 所示。

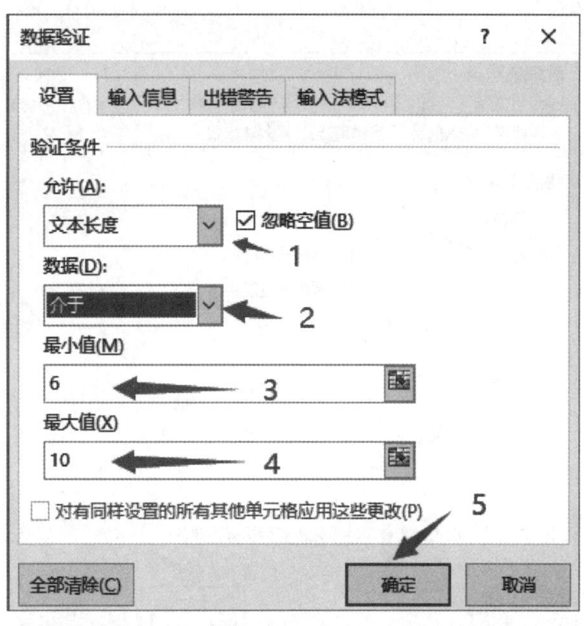

图 4-7-15 “允许范围内的有效性”设置

如果用户在该列单元格中输入的数据少于 6 位或多于 10 位，系统将打开错误提示对话框，警告用户输入的值非法，并要求重新输入，如图 4-7-16 所示。

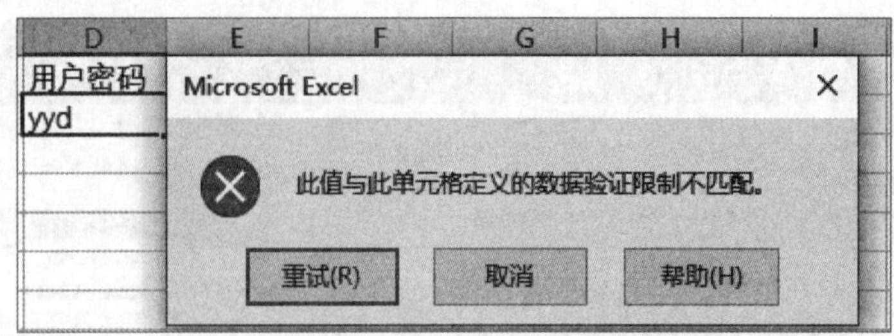

图 4-7-16　“超过范围”错误提示对话框

注意：在“数据有效性”对话框的“允许”下拉列表框右侧有一个“忽略空值”复选框，如果选中该复选框，则表示当设置了数据有效性的单元格中输入的是空值时，该单元格不受数据有效性限制；只有当单元格输入的是非空值时，才能检测单元格数据的有效性。

2. 来源于序列的有效性设置

如果某个单元格中仅允许输入某几项特定的值，可以使用序列来限制数据有效性，使用户只能输入序列中包含的数据。

要为单元格应用来源于序列的数据有效性，可选择目标单元格或单元格区域，打开“数据验证”对话框，在“允许”下拉列表框中选择“序列”选项，并在“来源”文本框中输入允许在单元格中输入的数据项(各项之间以英文状态下的逗号隔开)，完成后点击“确定”按钮。

以“用户信息表”为例，需要限制用户的性别为“男”或“女”，可以选择用户性别所在的列，打开“数据验证”对话框，在“允许”下拉列表框中选择“序列”选项，在“来源”文本框中输入“男，女”。如图 4-7-17 所示。

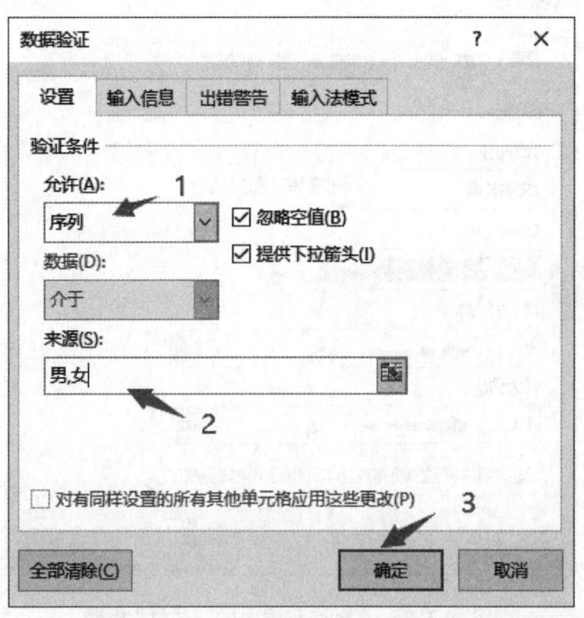

图 4-7-17　序列的有效性设置

在为单元格设置来源于序列的数据有效性时，也可以引用单元格区域作为数据来源。例如，将“男，女”存放在其他空闲的单元格区域中，如A8:A9中，在“数据验证”对话框的“允许(A):”下拉列表框中选择“序列”选项，在“来源(S):”文本框中点击引用按钮选择单元格区域A8:A9，即可设置成功，如图4-7-18所示。

注意：默认情况下，为单元格设置了来源于序列的数据有效性后，选择相应的单元格，将在单元格右侧出现一个按钮，点击该按钮可显示出允许在单元格中输入的数据，并可以选择其中的选项来快速输入数据。如果在设置数据有效性时，取消选中“提供下拉箭头(I)”复选框，单元格右侧将不会出现该按钮。

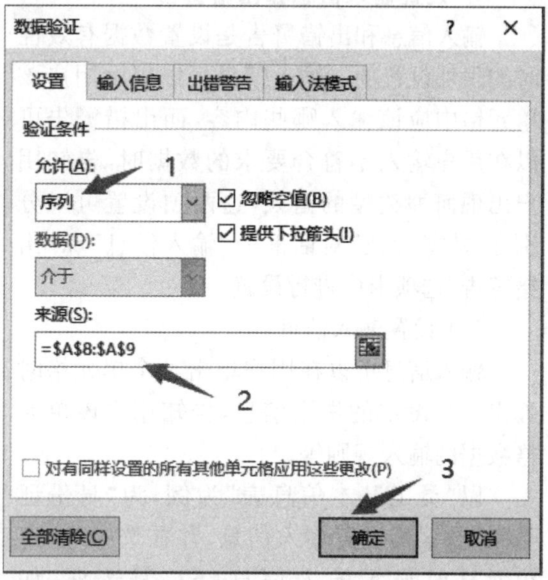

图 4-7-18　序列数据有效性设置—单元格区域数据源

3. 自定义数据有效性

自定义数据有效性可允许用户利用计算结果为逻辑值(数据有效时为“True”，数据无效时为“False”)的公式设置单元格或区域的数据有效性。

以“商品库存表”为例，在出库数列输入数据时，为保证出库数不能大于库存数，可进行如下操作：

(1) 选择出库数列，打开“数据验证”对话框，在“允许(A):”下拉列表框中选择“自定义”选项，在“公式(F)”文本框中输入公式“=IF($C2>$B2,0,1)”，点击“确定”按钮，即可完成设置。设置后如果在出库数列单元格区域输入的数据大于相应的库存数列的数据，会弹出错误提示框，禁止数据的录入，如图4-7-19所示。

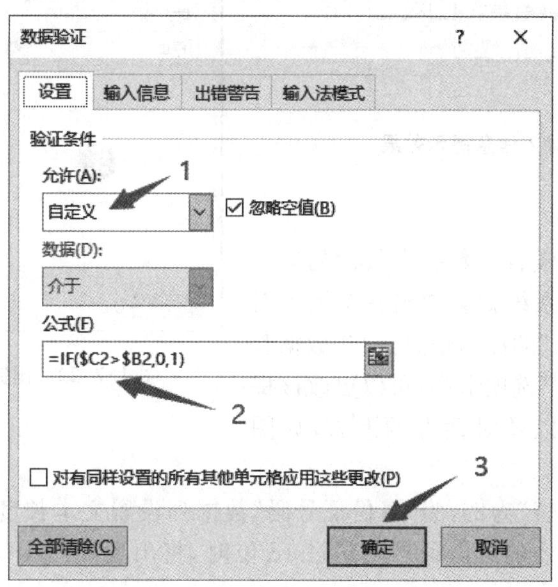

图 4-7-19　自定义数据有效性设置

4. 设置输入信息和出错警告

输入信息和出错警告是设置数据有效性时的附加设置项。输入信息可以提示用户该单元格中应该输入哪些内容，而出错警告可以在用户输入不符合要求的数据时，告知用户出现何种类型的错误，这两项设置可以分别在“数据验证”对话框的“输入信息”和“出错警告”选项卡中进行设置。

(1) 设置输入信息

输入信息可以在用户单击某个单元格时弹出一条设定的提示信息，告知用户该单元格数据的输入规则等。

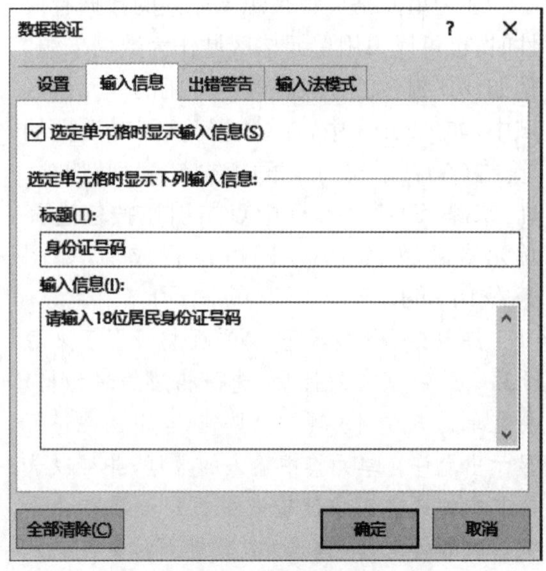

图 4-7-20　输入信息提示设置

以“员工基本信息表”为例，为“身份证号码”数据列设置输入信息，并在选中“选定单元格时显示输入信息(S)”复选框，如图 4-7-20 所示，当用户单击应用了该数据有效性的单元格时，将出现图 4-7-21 所示的提示信息。需要注意的是，如果要使设置的输入信息有效，必须在“输入信息”选项卡中选中“选定单元格时显示输入信息(S)”复选框，而该项设置不受“设置”选项卡中的设置影响。

	A	B	C	D	E
1	姓名	身份证号码	性别	民族	
2	艾佳	350***********3764	女	汉	
3	陈小利			汉	
4	胡志军			汉	
5	高燕			汉	
6					
7					
8					

身份证号码
请输入18位居民身份证号码

输入提示信息

图 4-7-21　输入信息提示效果

(2) 设置出错警告

默认情况下，若在设置了数据有效性的单元格中输入了错误的值，系统就会弹出一个提示对话框，显示“输入值非法”的提示信息。在“数据验证”对话框的“出错警告”选项卡中，可以更改该提示对话框显示的内容以及对话框的形式，如图 4-7-22所示。

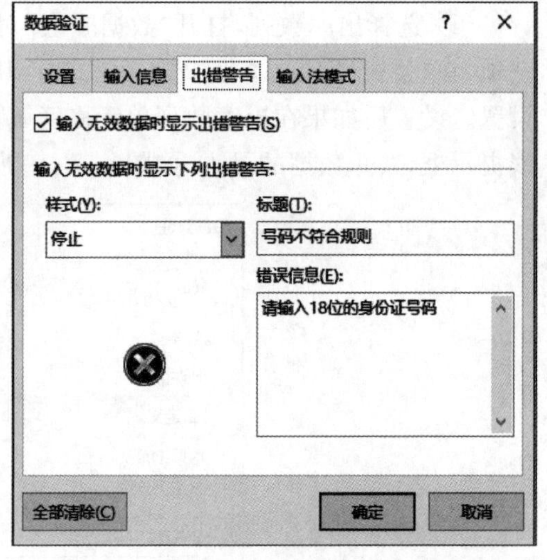

图 4-7-22　出错警告设置选项卡

以“员工基本信息表”为例，为“身份证号码”数据列设置文本长度最少 0 位、最大 18 位的数据有效性后，当输入的身份证号码超过 18 位时，将出现如图 4-7-23 所示的警告提示信息。

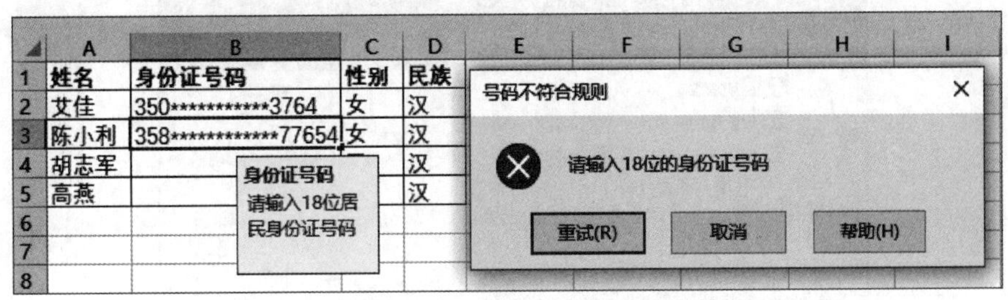

图 4-7-23　警告提示信息效果

4.7.3　名称的定义与使用

1. 认识名称

名称是一类较为特殊的公式，多数是由用户预先自行定义，但不存储在单元格中的公式。也有部分名称可以在创建表格、设置打印区域等操作时自动产生。

名称以等号“=”开头，通常由单元格引用、函数公式等元素组成，已定义的名称可以在其他名称或公式中调用。除了可以通过模块化的函数调用来简化公式外，名称在数据验证、条件格式、高级图表等应用上也都有广泛的用途，能极大地提升工作效率与灵活性。

2. 定义名称的方法

(1) 使用名称框定义名称

以“员工考核表”为例，选中 A2：A5 单元格区域，在“名称框”内输入“姓名”后，按“Enter”键确认，即可将该单元格区域定义名称为“姓名”，如图 4-7-24 所示。

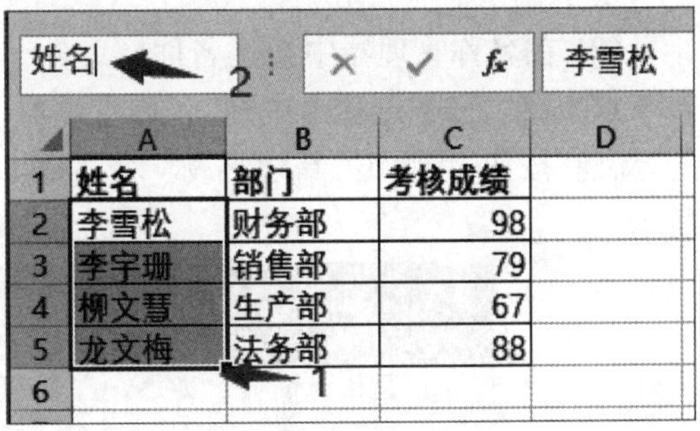

注意：使用“名称框”创建名称有一定的局限性，一是仅适用于当前已经选中的范围；二是如果名称已经存在，则不能使用“名称框”修改该名称引用的范围。

图 4-7-24　“名称框”定义名称

“名称框”除了可以定义名称外，还可以快速选中已经命名的单元格区域：点击名称框下拉按钮，在下拉菜单中选择已经定义的名称，即可选中已经命名的单元格区域。

(2) 根据所选内容批量创建名称

如果需要对表格中的单元格区域按标题行或标题列定义名称，可以使用“根据所选内容创建”命令，快速创建多个名称。以“各城市季度销售表”为例，选中 A1：E5 单元格区域，依次单击“公式”“根据所选内容创建”命令，或者按“Ctrl+Shift+F3”组合键，在弹出的“以选定区域创建名称”对话框中，选中“首行(T)”复选框，最后点击“确定”按钮，即可分别创建以列标题“北京”“天津”“上海”“重庆”命名的四个名称。如图 4-7-25 所示。

注意：“以选定区域创建名称”对话框中各复选框的作用如下：

① 首行：将顶端行的文字作为该列的范围名称。

② 最左列：将最左列的文字作为该行的范围名称。

③ 末行：将底端行的文字作为该列的范围名称。

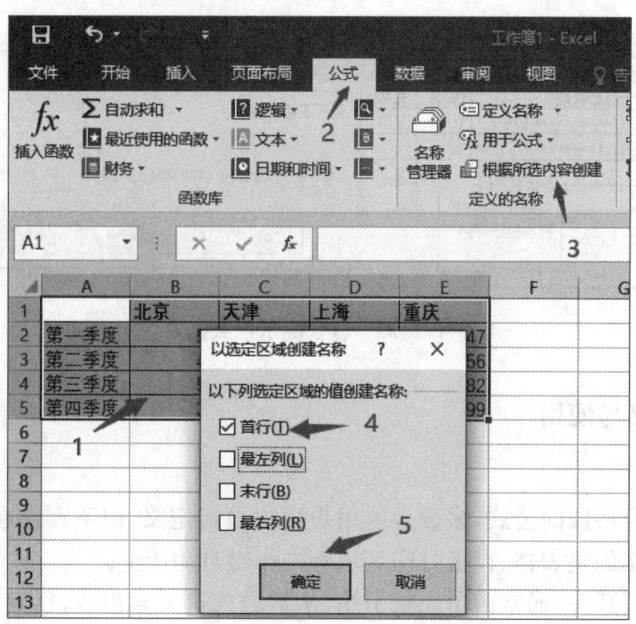

图 4-7-25　使用“根据所选内容创建”命令定义名称

④ 最右列：将最右列的文字作为该行的范围名称。

(3) 在名称管理器中新建名称

点击在“公式”选项卡中的“名称管理器”选项，弹出“名称管理器”对话框。点击对话框中的“新建”按钮，将弹出“新建名称”对话框，在此对话框中完成新建名称操作，如图 4-7-26 所示。

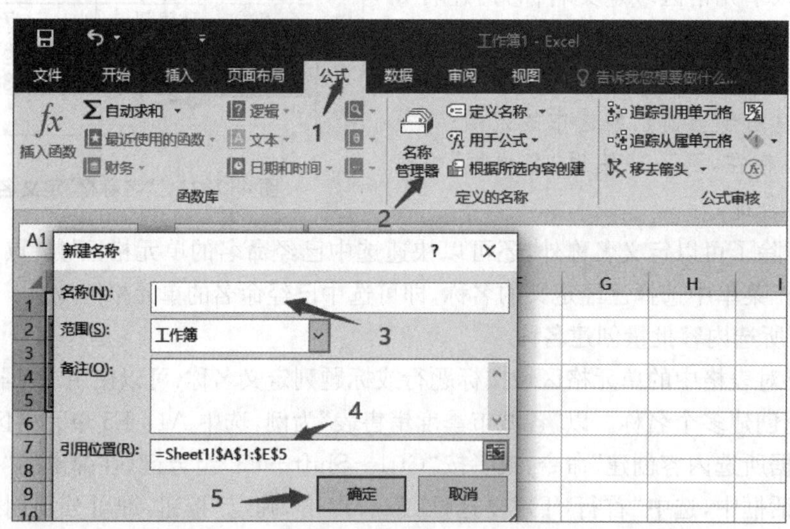

图 4-7-26　使用“名称管理器”选项定义名称

3. 使用名称

(1) 输入公式时使用名称

如果需要在公式编辑过程中调用已定义的名称，可以点击在“公式”选项卡中的“用于公式”下拉按钮并选择相应的名称，也可以在公式中直接手动输入已定义的名称。

以“各城市季度销售表”为例，计算上海的四个季度的总销售量，编辑 SUM 函数的参数，依次单击“公式”“用于公式”，选择定义好的名称“上海”，即可实现公式中使用名称，如图 4-7-27 所示。

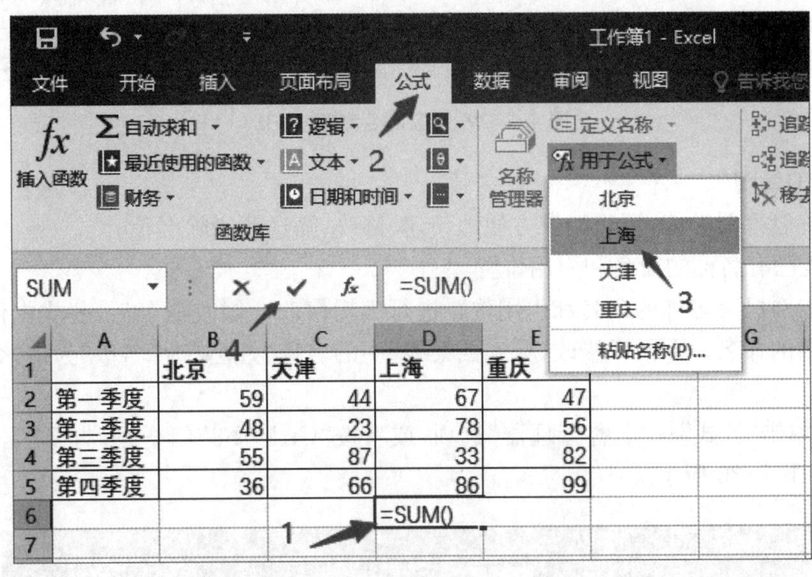

图 4-7-27 “用于公式”选项卡

在输入公式过程中，如果为某个单元格区域设置了名称，使用鼠标选择该区域作为需要插入公式中的单元格引用时，Excel 2016 会自动应用该单元格区域的名称，但如果需要在公式中使用常规的单元格或区域引用，则需要手动输入单元格区域的地址，如图 4-7-28 所示。

D2 =SUM(上海)

SUM(number1, [number2], ...)

	A	B	C	D	E
1		北京	天津	上海	重庆
2	第一季度	59	44	67	47
3	第二季度	48	23	78	56
4	第三季度	55	87	33	82
5	第四季度	36	66	86	99
6				M(上海)	
7					

图 4-7-28 “输入公式时使用名称”效果

(2) 现有公式中使用名称

如果在工作表内已经输入了公式，再进行名称定义时，Excel 2016 不会自动用新名称替换公式中的单元格引用。可以通过设置，使 Excel 2016 将名称应用到已有公式中。依次单击“公式”“定义名称”“应用名称(A)...”选项，在弹出的“应用名称”对话框的“应用名称”列表中选择需要应用于公式中的名称，点击“确定”按钮，被选中的名称将应用到工作表内的所有公式中。如图 4-7-29 所示。

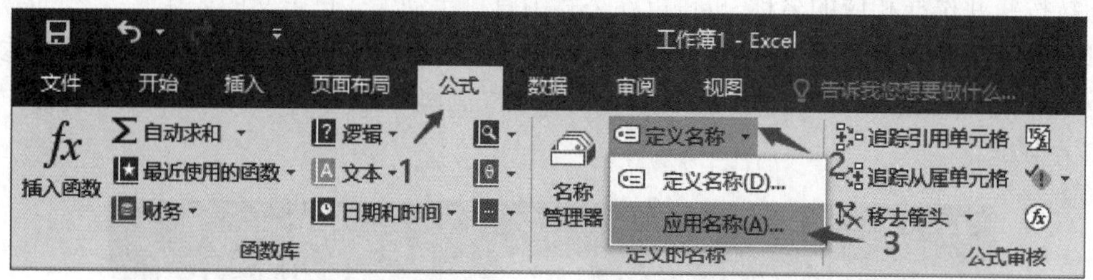

图 4-7-29 “应用名称”选项卡

4. 名称的管理

使用名称管理器功能,用户能够方便地新建、修改、筛选和删除名称。

(1) 修改已有名称的命名和引用位置

用户可以对已有名称的命名和引用位置进行编辑修改。修改命名后,公式中使用的名称会自动应用新的命名。下面以修改“员工档案表”中的名称“姓名”为“名单”为例,介绍具体操作步骤。

① 依次单击“公式”→“名称管理器”选项,或者按“Ctrl＋F3”组合键,打开“名称管理器”对话框,如图 4-7-30 所示。

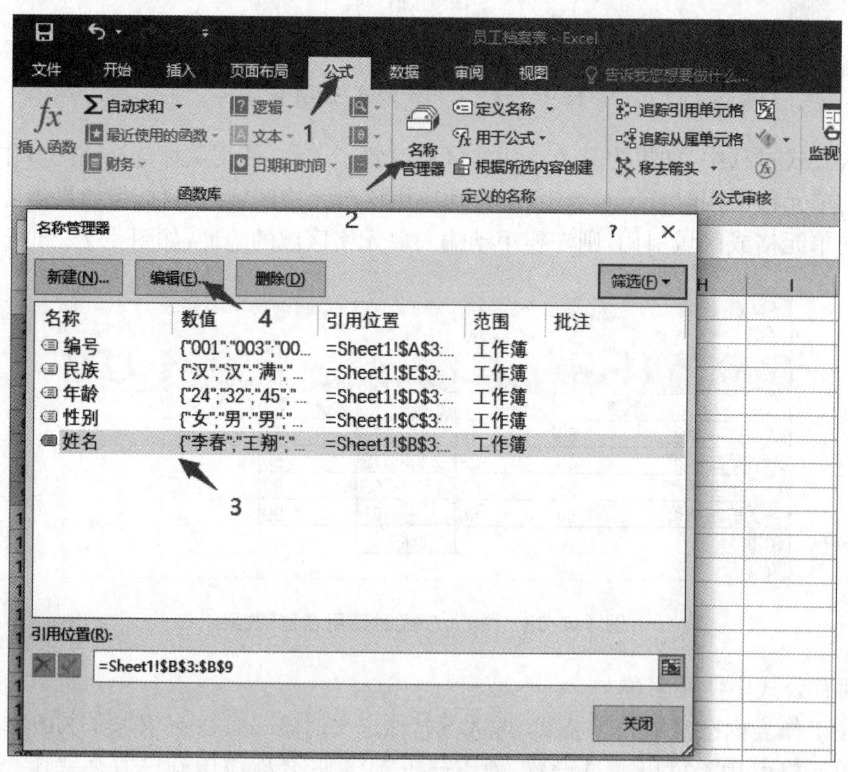

图 4-7-30 “名称管理器”选项

② 在“名称”列表中单击需要修改的名称“姓名”,点击“编辑(E)...”按钮,弹出“编辑名称”对话框。

③ 在"名称"编辑框中输入新的命名"名单",在"引用位置"编辑框中修改引用的单元格区域或公式,最后点击"确定"按钮返回"名称管理器"对话框,如图 4-7-31 所示。

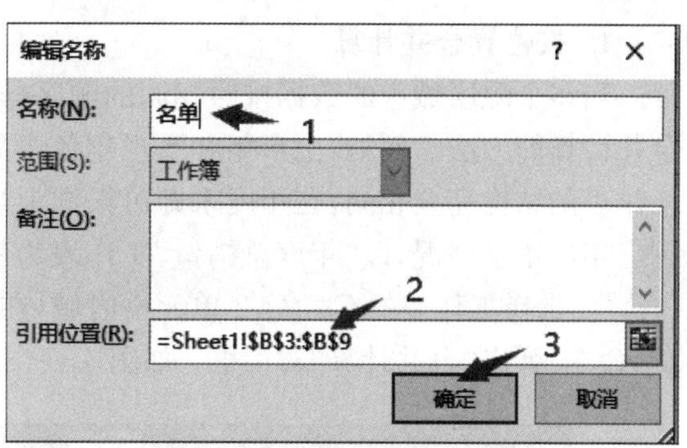

图 4-7-31 修改"姓名"名称

④ 点击"关闭"按钮退出"名称管理器"对话框。

(2) 筛选和删除错误名称

当名称出现错误无法正常使用时,可以在"名称管理器"对话框中执行筛选和删除操作。

① 点击"筛选(F)"下拉按钮,在下拉菜单中选择"有错误的名称(W)"选项,如图 4-7-32 所示。

② 如果在筛选后的名称管理器中包含多个有错误的名称,可以按住"Shift"键依次单击最顶端的名称和最底端的名称,以便快速选中多个名称,最后点击"删除(D)"按钮,将有错误的名称全部删除。

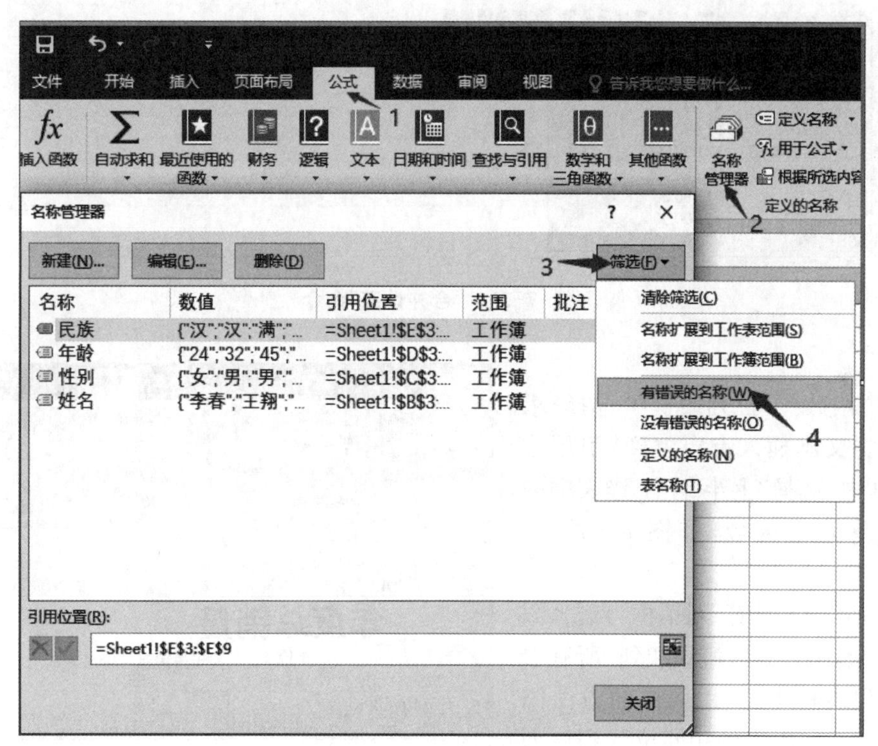

图 4-7-32 筛选有错误的名称

4.7.4 合并计算数据

如果用户需要分析的数据存在于多张工作表甚至不同的工作簿中,可以使用 Excel 2016 的合并计算功能将位于不同工作表或工作簿中的相关数据按一定规则进行合并计算,并将计算结果保存到新的工作表中。根据源工作表结构的不同,可以采用按位置或按类别的方式进行合并计算。

1. 按位置合并计算

当多个源区域中的数据按照相同的顺序排列并使用相同的行和列标签时，可使用按位置合并计算的方法。例如，上半年和下半年各产品的销售情况单独记录在不同的工作表中时，各工作表的结构完全相同，在年度末即可根据上半年和下半年的销量情况，利用合并计算功能计算出年度销量情况，以“年度总销量”工作表为例，具体操作步骤如下。

① 选择工作表的 C3：C12 单元格区域，在“数据”选项卡的“数据工具”组中单击“合并计算”命令，弹出“合并计算”对话框，如图 4-7-33 所示。

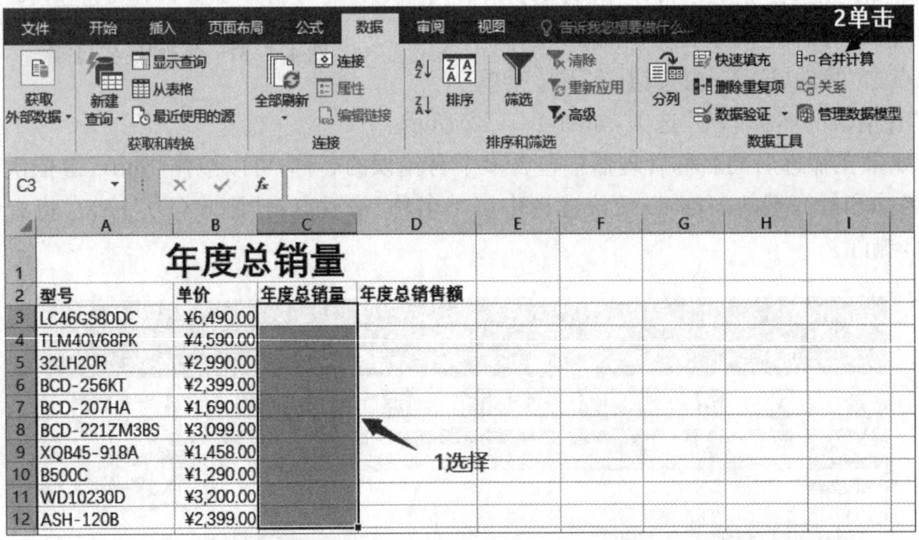

图 4-7-33 “合并计算”命令

② 在“函数”下拉列表框中选择“求和”选项，将文本插入点定位到“引用位置”文本框中，选择“上半年”工作表中的 C3：C12 单元格区域，如图 4-7-34 所示。

③ 返回“合并计算”对话框，点击“添加(A)”按钮，将计算区域添加到“所有引用位置:”列表框中，并用同样的方法添加“下半年”工作表中的相同位置到该列表框中，如图 4-7-35 所示。

④ 完成后点击“确定”按钮，系统自动在“年度总销量”工作表的相应单元格区域中合并计算对应产品的年度总销量，如图 4-7-36 所示。

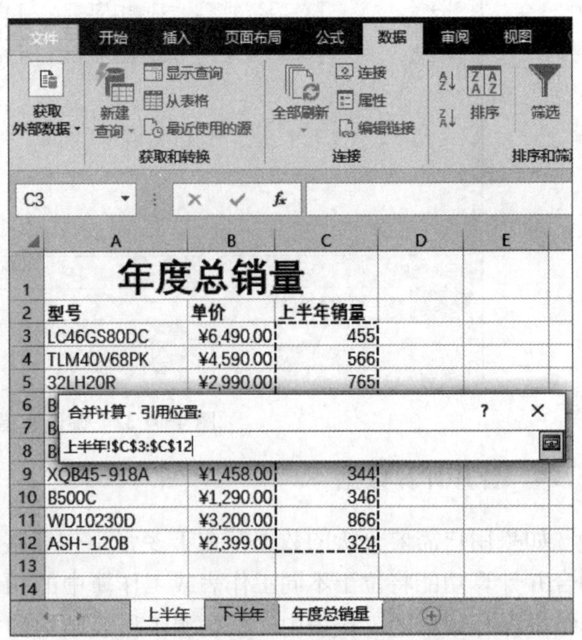

图 4-7-34 “合并计算”——引用位置

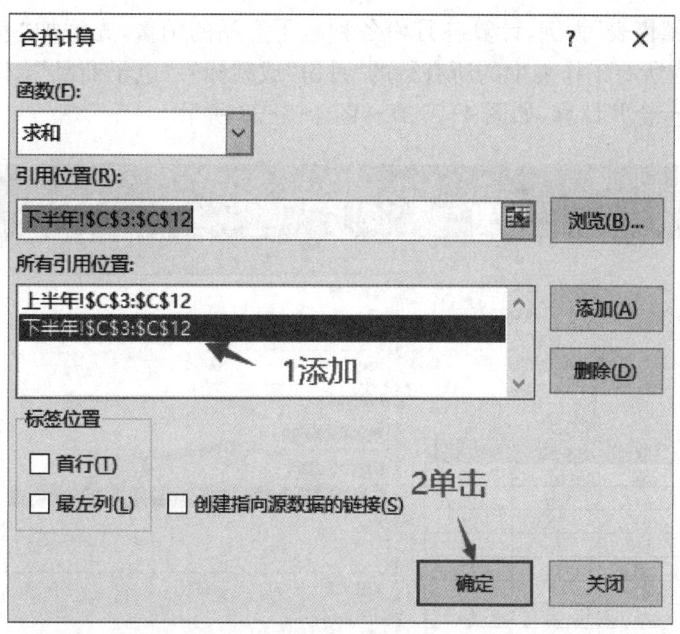

图 4-7-35　添加“下半年”引用位置

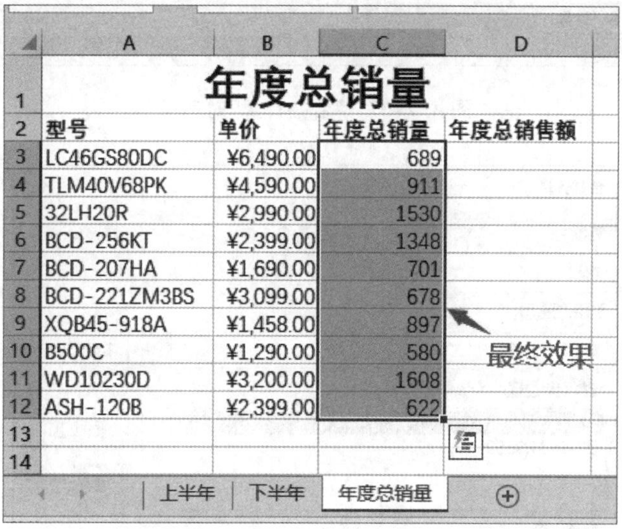

	A	B	C	D
1	年度总销量			
2	型号	单价	年度总销量	年度总销售额
3	LC46GS80DC	¥6,490.00	689	
4	TLM40V68PK	¥4,590.00	911	
5	32LH20R	¥2,990.00	1530	
6	BCD-256KT	¥2,399.00	1348	
7	BCD-207HA	¥1,690.00	701	
8	BCD-221ZM3BS	¥3,099.00	678	
9	XQB45-918A	¥1,458.00	897	
10	B500C	¥1,290.00	580	最终效果
11	WD10230D	¥3,200.00	1608	
12	ASH-120B	¥2,399.00	622	
13				
14				

上半年　下半年　年度总销量

图 4-7-36　合并计算效果

注意：如果要合并计算的单元格区域位于不同的工作簿中，可以分别打开多个工作簿，按相同的方法选择计算区域即可。也可以通过点击“合并计算”对话框中的“浏览(B)...”按钮，找到未打开的工作簿，并手动输入要计算的源数据区域。

2. 按类别合并计算

如果要计算的工作表具有不同的行或列标签，则执行合并计算操作时，Excel 2016 会自动执行按类别合并计算，即计算结果区域将包含所有工作表中的所有行或列标签，不同标签进行直接引用，重复标签执行合并计算。

以“电子产品销售表”为例，计算各月份各种电子产品的销量，先添加“表 1”数据，再添加“表 2”数据，将包含所有工作表中的所有行的“月份”或列标签“电子商品”，不同标签进行直接引用，重复标签执行合并计算，如图 4-7-37～图 4-7-39 所示。

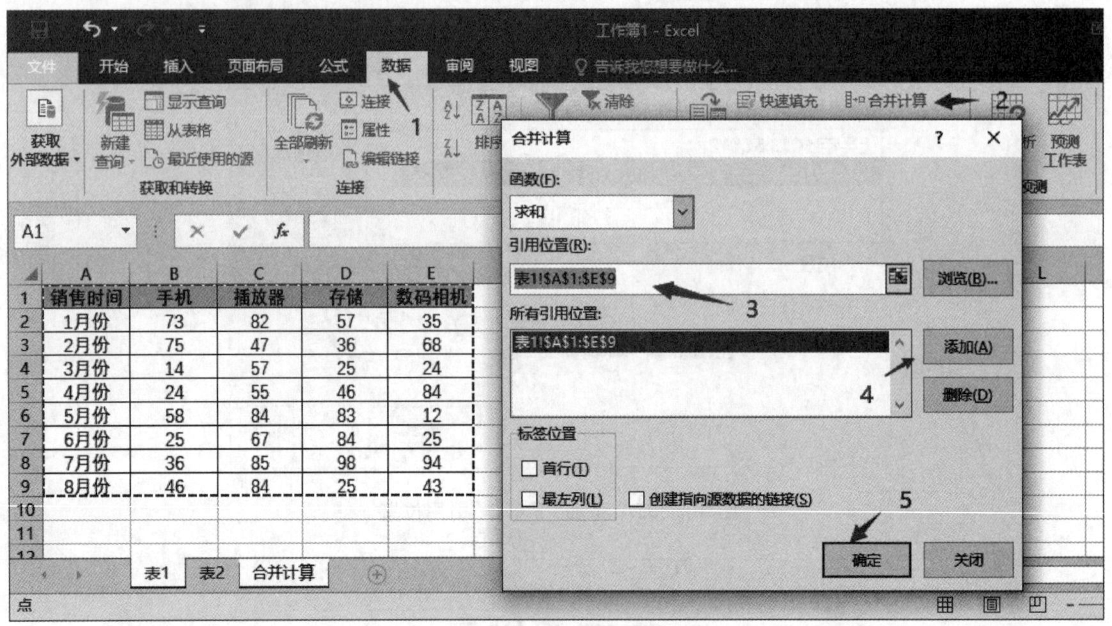

图 4-7-37 “合并计算”对话框

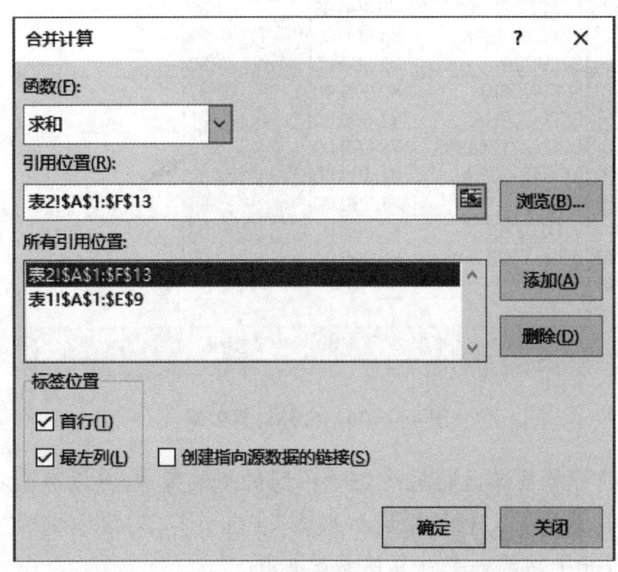

图 4-7-38 添加“表 1”和“表 2”引用位置

注意：如果在“合并计算”对话框中选中“创建指向源数据的链接(S)”复选框，Excel 2016 将分别创建指向源数据区域中每一个单元格的引用，并将引用的单元格进行分级隐藏，仅显示最终合并的结果。此后，如果被引用的计算位置的数据被修改，计算结果区域将自动更新。

	A	B	C	D	E	F	G	H
1	销售时间	手机	台式机	笔记本	外设	播放器	存储	数码相机
2	1月份	103	64	64	64	82	187	35
3	2月份	139	68	68	70	47	150	68
4	3月份	49	82	82	114	57	91	24
5	4月份	48	67	88	145	55	90	84
6	5月份	72	114	25	25	84	131	12
7	6月份	49	110	46	46	67	252	25
8	7月份	94	168	83	83	85	122	94
9	8月份	71	134	84	84	84	75	43
10	9月份	36	170	98	98		188	
11	10月份	46	168	25	25		86	
12	11月份	114	25	84	168		46	
13	12月份	84	25	134	84		98	
14								

表1 | 表2 | 合并计算

图 4-7-39 “按类别合并计算”效果

4.7.5 名称、函数与数据有效性的综合使用

1. 禁止输入重复值

对于一些特殊数据，如编号、学号、身份证等，都是具有唯一性的，在指定的应用情况下不能重复录入，如工资发放表、考试报名表等，这时即可借助函数与数据有效性的联合使用，来杜绝重复输入的情况。

使表格中员工编号不重复使用的操作方法为：选择目标单元格区域，点击“数据”选项卡的“数据验证”按钮，在打开的“数据验证”对话框中的“允许(A)：”下拉列表中选择“自定义”选项，在“公式(F)”文本框中输入函数“=COUNTIF(＄C＄2：＄C＄20,C2)=1”，点击“确定”按钮返回工作表，在目标区域中输入重复值，系统自动弹出错误提示对话框。如图 4-7-40 所示。

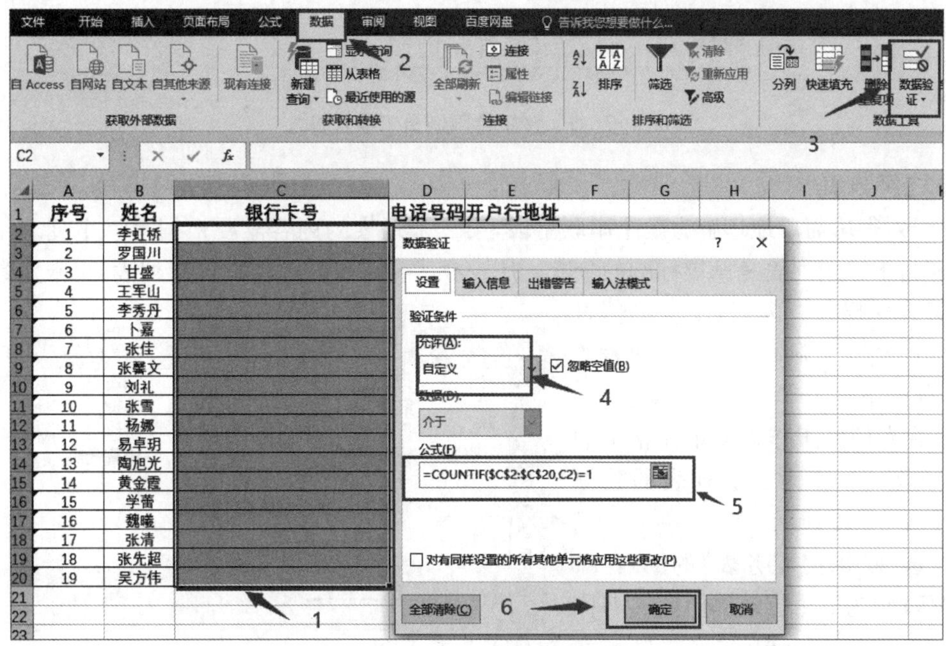

图 4-7-40 禁止输入重复值

2. 多条件限制数据输入

前面讲到如何限制重复数据的录入，但没有限制输入数据的格式，这样就可能出现输入信息不规范的问题。此时可以借助 AND、LEN 和 LEFT 函数与数据验证功能来避免这一问题。

如要让输入的员工编号以“ygxy”开头，且必须有 11 位数据，可在选择目标单元格区域后，在“数据验证”对话框中输入自定义函数“=AND(LEFT(A3,4)="ygxy",LEN(A3)=11)”，点击“确定”按钮。完成后，当在目标区域中输入规定以外的开头时，系统会自动弹出错误提示对话框，如图 4-7-41 所示。

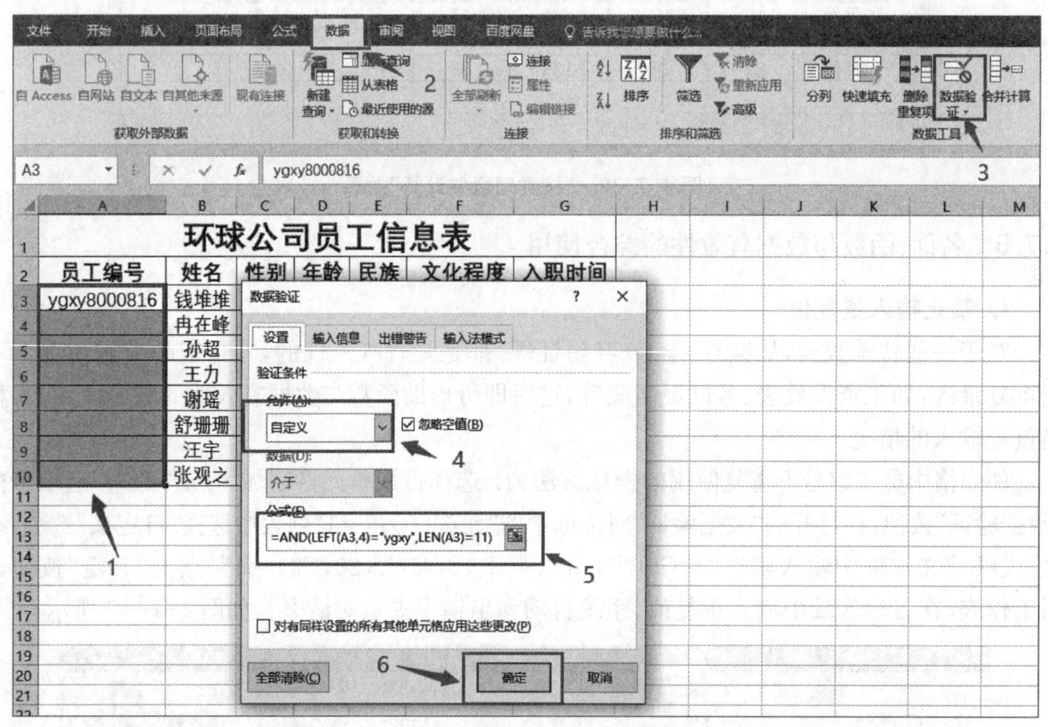

图 4-7-41　多条件限制员工编号输入

3. 二级列表

二级列表可简单地理解为两个串联字段，第二个列表的内容需要根据第一个列表字段来选择，相当于二级列表是一级标题的分支。用户在表格中创建这样的二级列表，可限定数据的同时，又方便操作。为“员工基本信息表”的部门和职务制作一、二级列表的具体步骤如下：

① 在专门的工作表或单元格中输入相应的数据，作为二级列表的数据源，如图 4-7-42 所示。

	A	B	C	D	E	F
1	部门	行政部	财务部	技术部	销售部	后勤部
2		经理	会计	主管	经理	主管
3		行政主管	文员	技术员	副经理	送货员
4	职务	行政助理			销售代表	
5		行政专员				
6		文员				
7						
8						

部门职务表　员工基本信息表

就绪

图 4-7-42　制作二级列表数据源

② 选择“部门职务表”的 A1：F1 单元格区域，为五个行政部门定义名称为“部门”，选择 B1：F6 单元格区域为

各部门的“职务”定义名称，名称为其对应的部门名称，如图 4-7-43 所示：

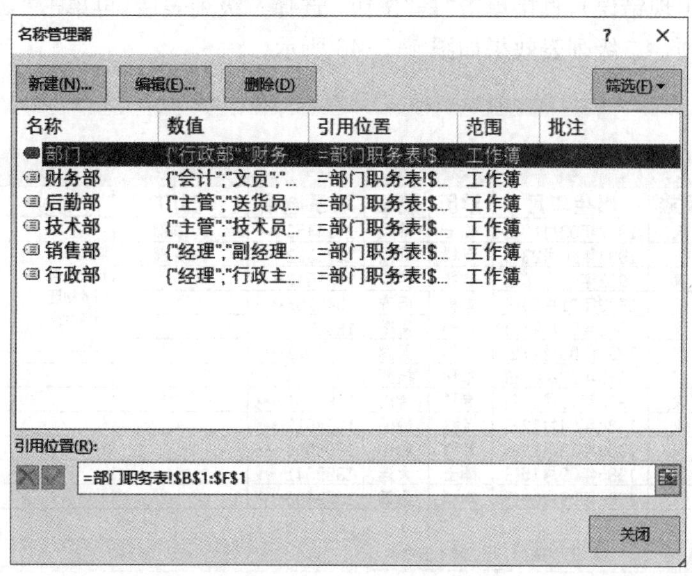

图 4-7-43 为“部门”“职务”定义名称

③ 选择目标单元格区域，即“员工基本信息表”的 F2：F13，打开“数据验证”对话框，选择“允许(A)：”选项为“序列”，在“来源(S)：”文本框后输入“=部门”(部门为定义好的名称)，点击“确定”按钮，如图 4-7-44 所示。

④ 选择二级列表所在的目标单元格区域，即“员工基本信息表”的 G2：G13，打开“数据验证”对话框，选择“允许(A)：”选项为“序列”，在“来源(S)：”文本框中输入函数“=INDIRECT(F2)”，如图 4-7-45 所示。

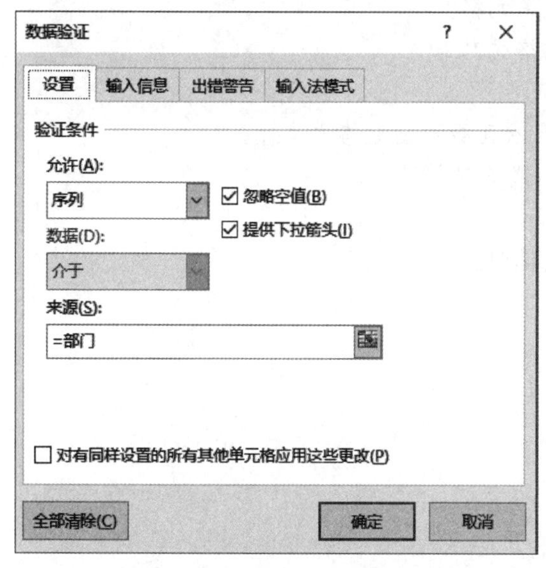

图 4-7-44 为一级列表设置数据验证条件

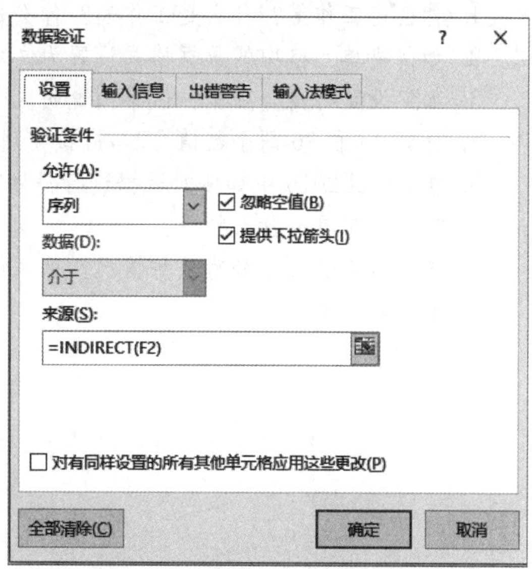

图 4-7-45 为二级列表设置数据验证条件

⑤ 若系统弹出询问提示信息框(这是因为在一级列表里没有设置数据,导致二级列表函数中没有参数而出现错误),直接单击"是"按钮，选择一级列表后,再单击二级列表选项,即可设置二级标题选项。二级列表效果如图 4-7-46 所示。

G2

	A	B	C	D	E	F	G
1	民族	出生年月	学历	籍贯	联系电话	部门	职务
2	汉	1977年02月12日	硕士	绵阳	1314456****	行政部	
3	汉	1984年10月23日	专科	郑州	1371512****	财务部	经理
4	汉	1982年03月26日	本科	泸州	1581512****		行政主管
5	汉	1979年01月25日	本科	西安	1546255****		行政助理
6	汉	1981年05月21日	专科	贵阳	1885652****		行政专员
7	汉	1981年03月17日	本科	天津	1324578****		文员
8	汉	1983年03月07日	本科	杭州	1304453****		
9	汉	1978年12月22日	专科	佛山	1384451****		
10	汉	1984年04月22日	专科	咸阳	1334678****		
11	汉	1983年12月13日	专科	唐山	1398066****		
12	汉	1985年09月15日	硕士	大连	1359641****		
13	汉	1982年09月15日	本科	青岛	1369458****		
14							

部门职务表 员工基本信息表

图 4-7-46　二级列表效果

注意：在表格中创建二级列表后,用户要注意它的使用流程,必须是先对一级列表进行赋值,系统才能根据一级列表赋值生成对应的二级列表内容选项,然后用户才能对二级列表选项做出选择,否则,无法正常进行二级列表赋值或报错。

思考题

1. 什么是工作簿？什么是工作表？什么是单元格？
2. 如何将单元格中的数据格式设置为文本格式？
3. 如何设置行高与列宽？试举例说明。
4. 计算 45 和 36 两个数值之和,应该使用什么函数？函数格式是什么？
5. 在 Excel 2016 中如何对数据进行排序？试举例说明。
6. "表格"工具有什么特征？
7. 数据有效性设置分为几种情况？试举例说明。
8. 如何定义名称？

第 5 章

电子演示文稿 PowerPoint 2016

PowerPoint 是微软公司 Office 套件中的一款软件,专注于幻灯片(简称 PPT)的制作与演示。通过 PowerPoint,用户可以便捷地将信息以图文相结合的方式编排在幻灯片中。它帮助用户更有条理地组织内容,并以视觉化的形式展现信息,使信息的呈现更加生动和直观。

5.1 PowerPoint 2016 工作窗口与初步使用

5.1.1 PowerPoint 2016 的启动与退出

1. 启动 PowerPoint 2016

PowerPoint 2016 的启动方法可以根据用户习惯选择。以下是三种常见的启动 PowerPoint 的方法。

方法 1: 通过桌面快捷方式启动。在计算机桌面找到 PowerPoint 2016 的快捷方式图标。双击该图标即可启动 PowerPoint 应用程序。

方法 2: 通过开始菜单启动。在 Windows 操作系统中,点击桌面左下角的"开始"按钮。在开始菜单的所有程序中找到"Microsoft Office"文件夹。点开该文件夹,点击弹出的子菜单中的"Microsoft PowerPoint"选项。如果开始菜单中有"PowerPoint 2016"快捷图标,可直接单击打开。

方法 3: 通过右键快捷菜单新建 PowerPoint 文件的方式启动。在桌面或文件夹空白处右键单击,在弹出的右键快捷菜单中的"新建"选项子菜单中,选择"新建 Microsoft PowerPoint 演示文稿"选项,然后打开新建的空白 PowerPoint 文件(演示文稿)。

2. 退出 PowerPoint 2016

退出 PowerPoint 2016 程序常见的方式有以下两种。

方法 1: 如果当前只打开了一份演示文稿,点击 PowerPoint 2016 工作界面标题栏中的关闭按钮,即可关闭当前打开的文件并退出 PowerPoint 2016。

方法 2: 执行"文件"→"关闭"命令,即可退出 PowerPoint 2016 程序。

5.1.2 PowerPoint 2016 的工作界面

PowerPoint 2016 的工作界面由"文件"菜单、快速访问工具栏、标题栏、功能选项卡、功能区、"幻灯片/大纲"窗格、幻灯片编辑区、备注窗格、状态栏等组成,如图 5-1-1 所示。

1. "文件"菜单

"文件"菜单中集结了 PowerPoint 2016 中常规的设置选项和最常用的命令,用于执行演示文稿的新建、打开、保存和退出等基本操作,如图 5-1-2 所示。

2. 快速访问工具栏

快速访问工具栏上提供了最常用的保存按钮、撤销按钮和恢复按钮,点击对应的

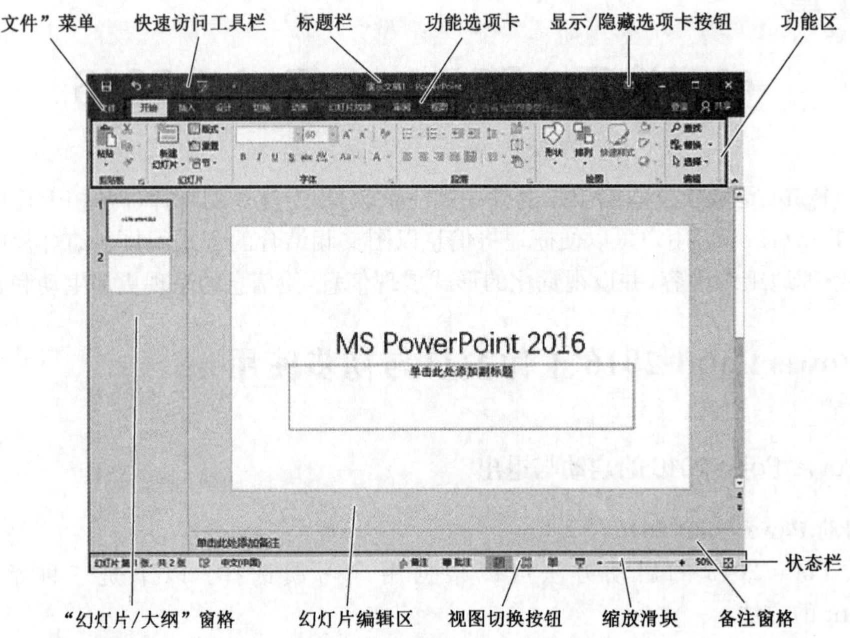

图 5-1-1 PowerPoint 2016 工作界面

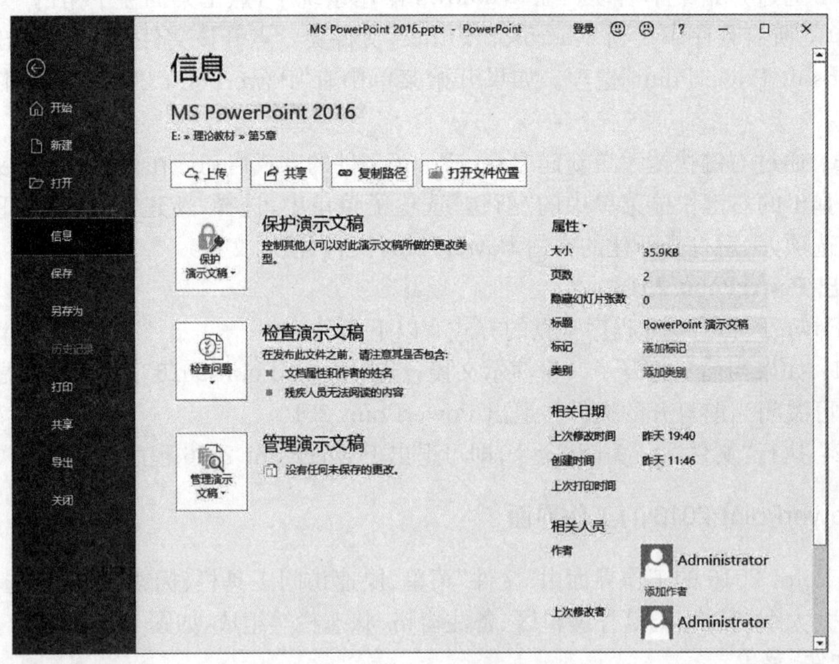

图 5-1-2 "文件"菜单

按钮可执行相应的操作。如需在快速访问工具栏中添加其他按钮，可点击其后的自定义快速访问工具栏按钮，在弹出的下拉列表中选择所需的选项即可。

另外，在下拉列表中选择“在功能区下方显示”选项可改变快速访问工具栏的位置。

3. 标题栏

标题栏是 PowerPoint 2016 工作界面的最顶部部分，它的主要功能是展示当前正在编辑的演示文稿的名称以及 PowerPoint 程序本身的名称。标题栏最右侧的三个小图标分别对应三个窗口操作：点击第一个图标可以将窗口最小化到任务栏，点击第二个图标可以使窗口在最大化和还原状态之间切换，而点击第三个图标则会关闭当前窗口。

4. 功能选项卡

功能选项卡类似于传统菜单栏的升级版，是 PowerPoint 2016 中整合各种命令的核心区域。这些选项卡将 PowerPoint 2016 的多种功能分类归纳，用户只需点击相应的选项卡，就能轻松切换到对应的功能区域。

5. 功能区

PowerPoint 2016 中的功能区是一个灵活多变的带状区域，它紧贴在标题栏下方，并且位置相对固定。这个区域由多个选项卡组成，每个选项卡下又细分出多个功能组，如图 5-1-3 所示。每个功能组内都包含了一系列与特定任务相关的按钮或选项，用户可以通过点击这些按钮或选项来执行相应的操作。总体而言，功能区的设计旨在帮助用户更高效地完成演示文稿的编辑和制作工作。

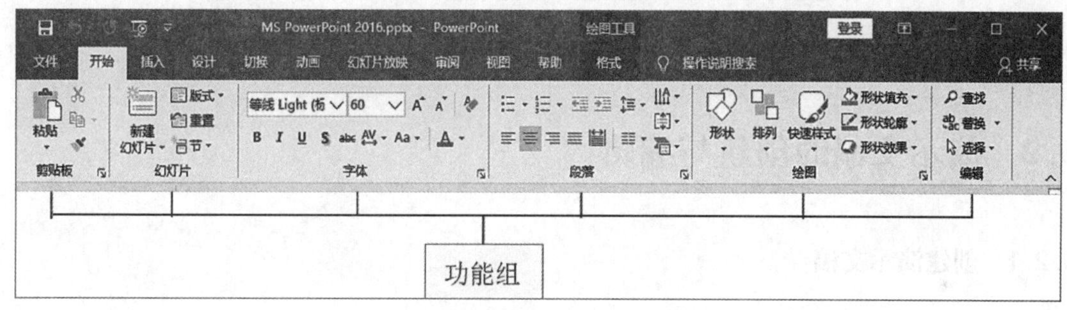

图 5-1-3　功能区

6. “幻灯片/大纲”窗格

在 PowerPoint 2016 的普通视图中，界面被划分为两大窗格。左侧的“大纲”窗格清晰地列出了演示文稿中所有幻灯片的编号和缩略图，这有助于用户快速掌握演示文稿的整体结构及方便地识别每张幻灯片在文稿中的位置。而右侧的“幻灯片”窗格则详细展示了当前演示文稿中每张幻灯片的文本内容，使得编辑和修改变得直观而高效。

7. 幻灯片编辑区

幻灯片编辑区无疑是 PowerPoint 2016 工作界面的核心区域。这里是用户输入文字、插入图片、设置动画效果等操作的主要场所。无论是文本的编辑、图片的调整还是动画的添加，都可以在这一区域轻松完成。

8. 备注窗格

备注窗格位于幻灯片编辑区的下方，它为幻灯片制作者和演讲者提供了一个额外的信息查阅平台。在这里，用户可以添加关于幻灯片的额外说明和注释，以便在播放演示文稿时参考或提醒。这一功能对于准备演讲的用户来说，是一个重要的辅助工具。

9. 状态栏

位于工作界面最下方的状态栏，是用户获取演示文稿实时信息的重要窗口。它不仅显示了当前选中的幻灯片编号和演示文稿的总幻灯片数，还标明了当前幻灯片所使用的模板类型。此外，状态栏还包含了视图切换按钮、页面显示比例以及缩放滑块等实用工具，方便用户随时调整演示文稿的显示状态。

10. 快速设置文本格式的迷你工具栏

在 PowerPoint 2016 中，当用户选中文本时，鼠标指针右侧会自动弹出一个半透明的浮动工具栏——迷你工具栏，如图 5-1-4 所示。这个便捷的工具栏集合了常用的文本格式设置选项，用户只需将鼠标指针移至其上，即可快速选择相应的格式设置或点击按钮进行格式调整。完成设置后，迷你工具栏会自动消失，不影响用户的正常操作。这一功能大大提高了文本格式设置的效率，为用户节省时间。

图 5-1-4　迷你工具栏

5.2　演示文稿的创建与编辑

5.2.1　创建演示文稿

1. 从零开始创建空白演示文稿

当需要一个没有预设设计、配色和动画的基础框架来自由搭建演示内容时，空白演示文稿是一个绝佳的起点。在启动 PowerPoint 2016 后，可以直接在界面上选择“空白演示文稿”图标来创建一个全新的、没有任何预设的演示文稿。另外，也可以通过“文件”菜单中的“新建”选项，并在右侧面板中选择“空白演示文稿”来快速创建，如图 5-2-1 所示。

2. 基于主题快速创建演示文稿

PowerPoint 2016 内置了多个精心设计的主题，这些主题为演示文稿提供了统一的外观和风格。要快速创建一个外观专业的演示文稿，可以在“文件”菜单中选择“新建”选项，然后在“建议的搜索”中点击“主题”链接，从主题列表中选择一个符合需求的样式。

3. 利用内置模板创建演示文稿

如果希望基于一个预设的框架来构建演示文稿，可以使用 PowerPoint 2016 预设模板。与创建空白演示文稿类似，可以通过“文件”菜单中的“新建”选项，在打开的页面中选择一个满足需求的模板，然后基于该模板创建演示文稿。

4. 使用 Office.com 在线模板创建演示文稿

当 PowerPoint 2016 内置的模板无法满足用户需求时，可以利用 Office.com 上丰富的模板资源。在 PowerPoint 2016 中，可以访问联机模板库，通过搜索关键字来查找适合需求的模板，并直接下载到计算机中使用。

5. 基于现有演示文稿创建新演示文稿

当需要制作多个风格统一的演示文稿时，基于现有的演示文稿进行复制和修改是一个高效的方法。可以选择一个已经设计好的演示文稿作为模板，然后复制其内容、样式和布局到新的演示文稿中，以快速创建风格一致的演示内容。

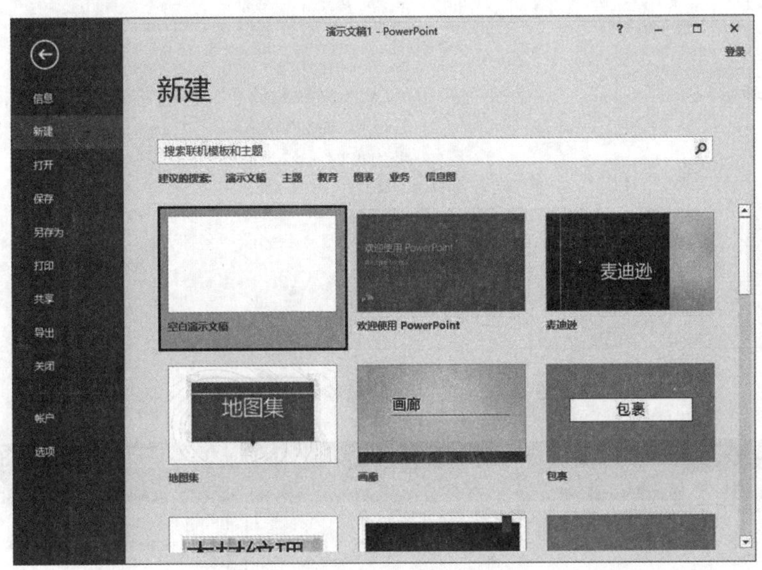

图 5-2-1　创建空白演示文稿

5.2.2　编辑幻灯片中的文本信息

1. 输入文本

在幻灯片中插入和编辑文本是制作幻灯片的基础操作。以下是三种常用的文本插入方法及其相关的编辑功能。

方法 1：利用文本占位符输入文本。文本占位符是幻灯片中预设的文本框，它具有默认的位置和字体格式。若想在占位符中输入文本，只需点击占位符内部，确定光标位置后直接键入所需内容。这种方法简便快捷，适用于快速填充内容。

方法 2：通过“大纲”窗格添加文本。如果更注重文本内容的结构层次，可以选择在“大纲”窗格中输入文本，即在“视图”菜单下选择“大纲视图”，如图 5-2-2 所示。在此视图中，可以清晰地看到幻灯片的文本结构和层次，便于组织和编辑复杂的文本内容。在输入文本前，将光标定位到相应的幻灯片和层级，然后输入文本即可。

方法 3：使用自定义文本框自由输入文本。若需要在幻灯片的特定位置自由添加文本，可以手动绘制文本框。在“插入”选项卡下的“文本”组中，选择“文本框”按钮并绘制所需大小的文本框，如图 5-2-3 所示。绘制完成后，可以通过右键单击文本框并选择“设置形状格式”来进一步调整文本框的属性，如填充颜色、边框线条、特效以及大小和位置等，如图 5-2-4 所示。这种方式提供了更高的灵活性，允许用户根据设计需求精确控制文本的布局和样式。

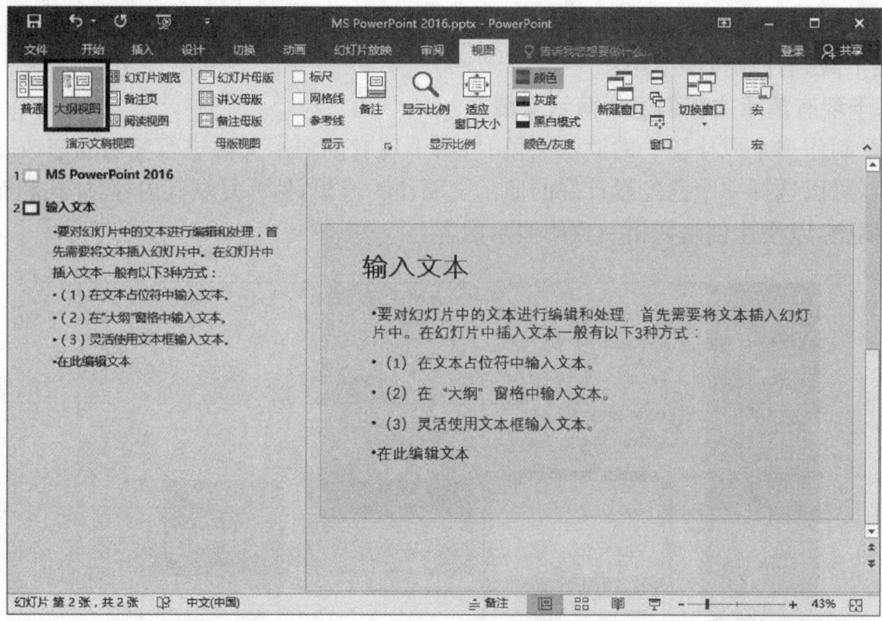

图 5-2-2　在"大纲"窗格中输入文本

图 5-2-3　使用文本框输入文本

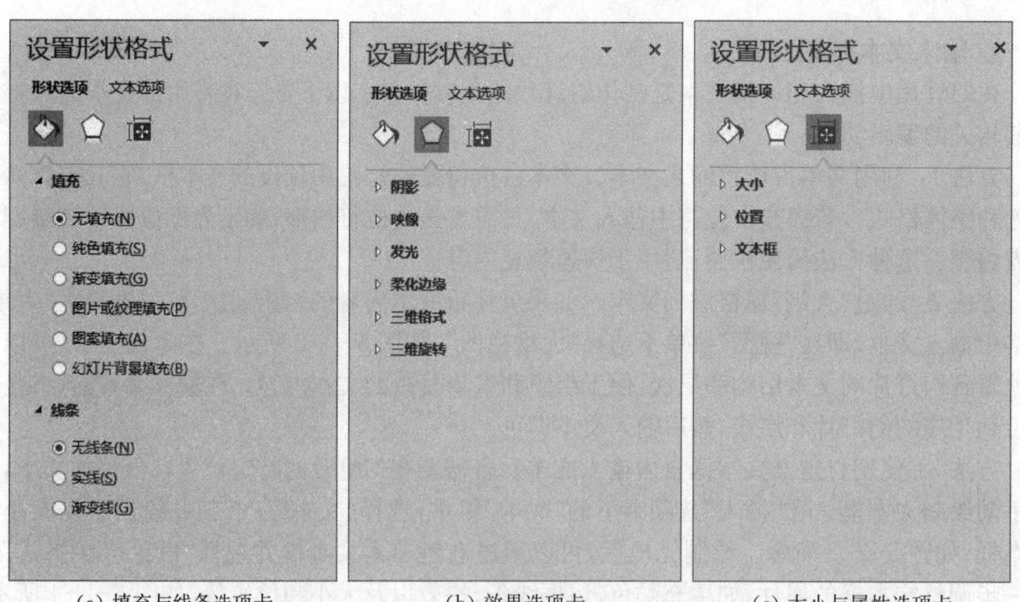

(a) 填充与线条选项卡　　(b) 效果选项卡　　(c) 大小与属性选项卡

图 5-2-4　设置文本框属性

2. 设置文本格式

为了提升演示文稿的整体视觉效果,需要对文本格式进行细致的设置。

(1) 调整字体格式

字体格式的设置关乎文字的字形、字体和字号等视觉效果。首先,选中想要调整格式的文字,或者选择包含这些文字的占位符或文本框。接着,切换到“开始”选项卡,在“字体”组中,可以调整字形、字体和字号。此外,点击“字体”组中的对话框启动器按钮,弹出“字体”对话框,该对话框提供了更多详细的设置选项,如图 5-2-5 所示。

(2) 设置段落格式

段落格式的设置则更为丰富,包括文本对齐方式、分栏排列、行距和段落缩进的调整,以及文字方向的更改等。

① 文本对齐方式:文本对齐方式有左对齐、居中、右对齐、两端对齐和分散对齐五种。在“段落”组中点击相应的对齐按钮即可实现对齐方式的设置。若需要更精确地控制,可以点击“段落”组中的对话框启动器按钮,弹出“段落”对话框,在此对话框中能够更细致地调整对齐方式,如图 5-2-6 所示。

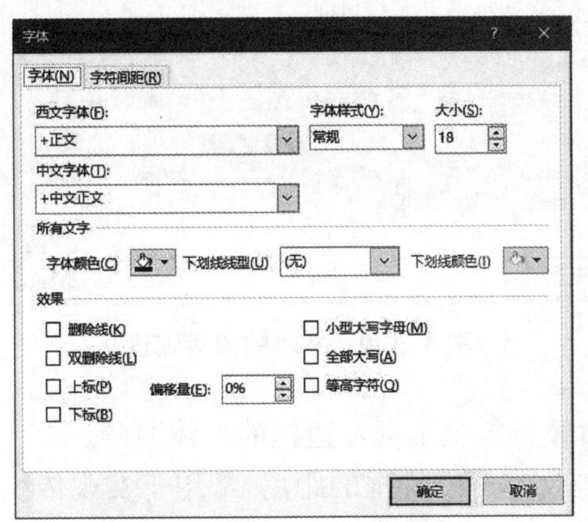

图 5-2-5 “字体”对话框

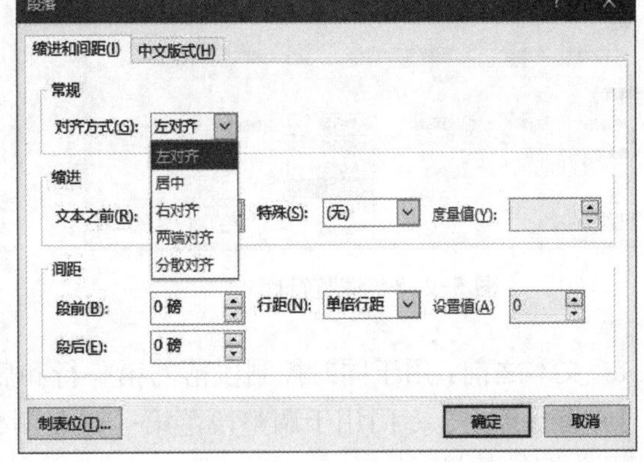

图 5-2-6 “段落”对话框

② 将文本分栏排列:为满足特定的布局需求,在 PowerPoint 2016 中,用户可以对文本进行分栏排列。首先,需选中想要分栏的文本段落。随后,在“段落”组中,点击“分栏”下拉按钮。在打开的下拉列表中会提供多种分栏选项,用户根据需要选择合适的分栏样式,如两列、三列等(图 5-2-7),以此来对选中的文本进行分栏排列。这样的设置能够使文本布局更加灵活多变。

③ 调整行距和段落缩进:在 PowerPoint 2016 中,行距和段落缩进是控制文本段落外观的重要工具。在默认情况下,文本使用“单倍行距”,并且段前、段后的距离均为 0,同时没有应用任何段落缩进样式。为满足不同的排版需求,用户通常需要调整这些设置。

要调整行距和段落缩进,需要点击“段落”组中的对话框启动器按钮,打开“段落”对话框。在该对话框中,用户可以直观地调整行距的数值,并设置段前和段后的间距,如图 5-2-8 所示。

此外,段落缩进也提供了三种选项来控制文本与文本框边界之间的距离,如图 5-2-9 所示。

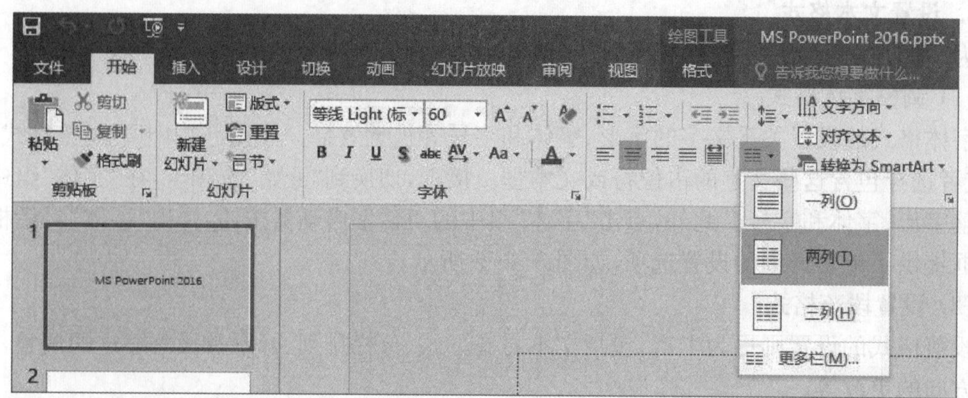

图 5-2-7 分栏操作

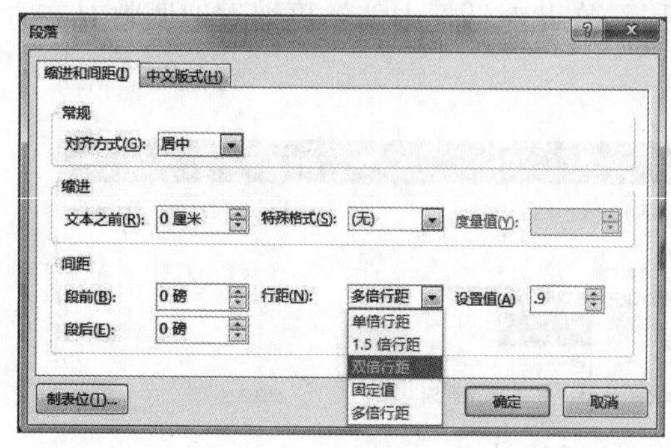

图 5-2-8 调整行距

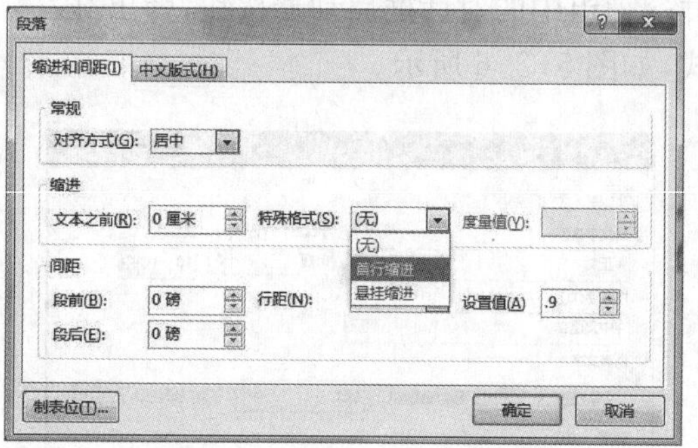

图 5-2-9 文本的段落缩进

a. 文本之前：用于同时控制段落的第一行和后续行与文本框左边框的整体距离。

b. 首行缩进：专门用于调整段落第一行左侧与文本框左边框的距离，常用于实现传统的段落开头缩进效果。

c. 悬挂缩进：与首行缩进相反，悬挂缩进主要控制段落中除了第一行之外的所有行与文本框左边框的距离。这种设置常用于在列表中创建悬挂效果，使列表项的第二行及后续行相对于第一行缩进。

④ 更改文字排列方向：在 PowerPoint 2016 中，文字的默认排列方式是横向的，但为了满足特定的设计或展示需求，有时需要改变文字的排列方向。可以通过“开始”选项卡中的“段落”组来实现。在该组中，点击“文字方向”下拉按钮，弹出下拉列表，该列表包含了多种文字排列方向的选项。用户只需选择所需排列方式，即可改变幻灯片中文本的排列方向，如图 5-2-10 所示。

⑤ 设置项目符号和编号：在制作幻灯片时，为了提高信息的条理性和易读性，通常会为层次分明的文本添加项目符号和编号。PowerPoint 2016 为此提供了便捷的设置方式。在“段落”组中，点击“项目符号”下拉按钮，然后选择“项目符号和编号(N)...”选项，会弹出一个对话框。在弹出的对话框中，用户可以选择预设的项目符号或编号，也可以自定义项目符号的大小、颜色和样式，例如可以使用图片作为项目符号。这样的设置不仅使幻灯片更加美观，还能帮观看者更清晰地理解和记忆信息，如图 5-2-11 所示。

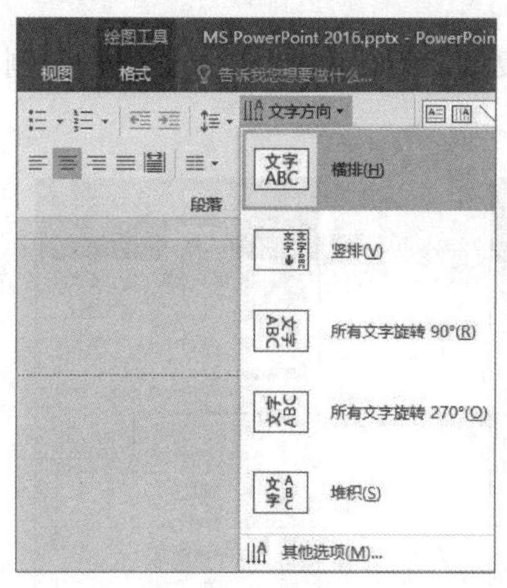

图 5-2-10　调整文字方向

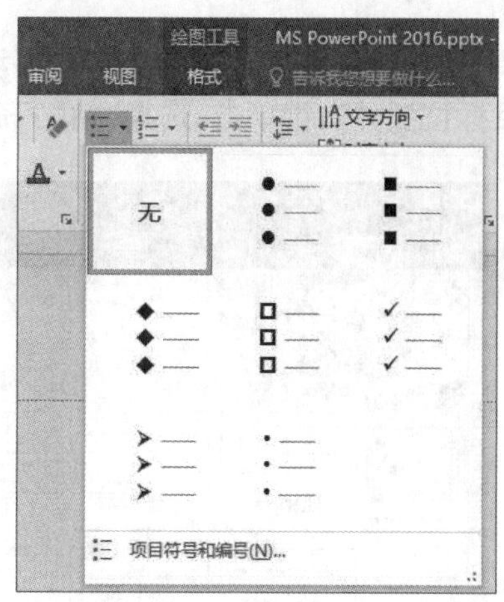

图 5-2-11　项目符号和编号

5.2.3　幻灯片的基本操作

1. 幻灯片的选取

以下是选择幻灯片的三种主要方式。

(1) 单张选取：直接点击需要编辑的幻灯片即可。

(2) 连续多张选取：首先点击起始幻灯片，然后按住“Shift”键的同时，点击最后一张幻灯片，即可选择这两张以及它们之间的所有幻灯片。

(3) 非连续多张选取：按住“Ctrl”键不放，同时逐个点击想要选择的幻灯片，即可选择多张不连续的幻灯片。

2. 插入新的幻灯片

当演示文稿中的幻灯片数量不足以满足需求时，可以添加新的幻灯片。PowerPoint 2016 提供了多种插入新幻灯片的方法。

方法 1：右键快捷菜单插入。右键单击“幻灯片”窗格的空白区域，选择“新建幻灯片(N)”选项，如图 5-2-12 所示。

方法 2：使用“幻灯片”组插入。在“开始”选项卡的“幻灯片”组中，点击“新建幻灯片”下拉按钮，选择需要的幻灯片版式，如图 5-2-13 所示。

方法 3：通过键盘快捷键插入。选中任意一张幻灯片缩略图后，按下“Enter”键即可在下方插入新幻灯片；或者，直接按下“Ctrl＋M”组合键也能快速插入新幻灯片。

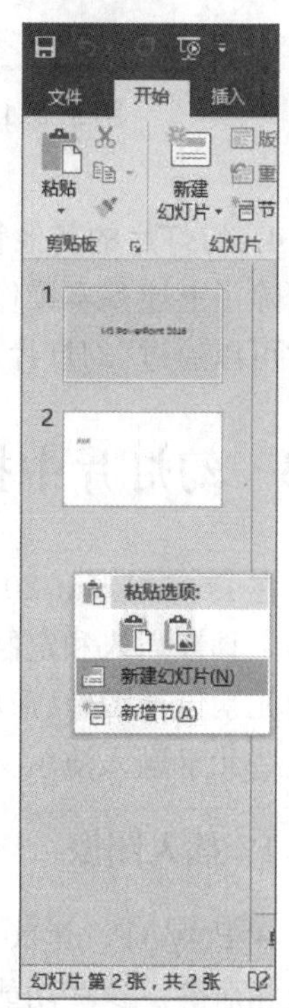

图 5-2-12　右键菜单新建幻灯片

3. 幻灯片的移动与复制

当演示文稿中的幻灯片顺序需要调整或需要快速创建相似内容时，可以使用以下两种方法来移动或复制幻灯片。

方法 1：鼠标拖动操作。在“幻灯片”窗格中，选择想要移动或复制的幻灯片，然后直接拖动到目标位置；如需复制，则要在拖动时按住“Ctrl”键。

方法 2：使用快捷菜单。右键点击要移动或复制的幻灯片，选择“剪切”或“复制”命令，然后定位到目标位置并右键单击，选择“粘贴”命令。

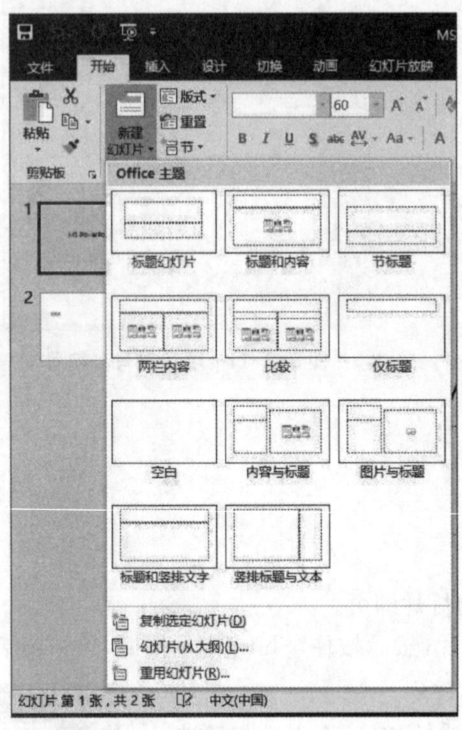

图 5-2-13 “新建幻灯片”插入幻灯片

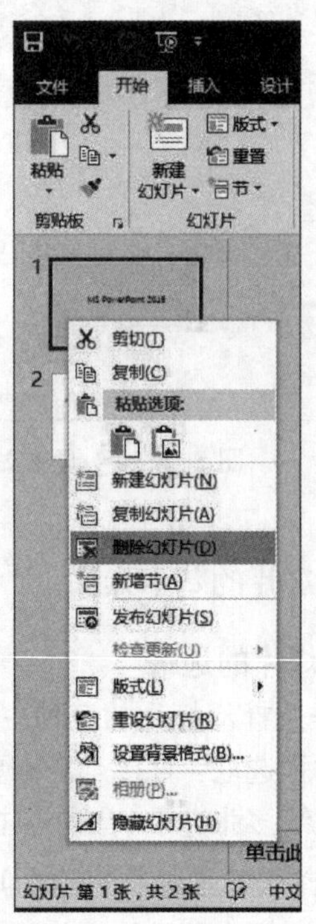

图 5-2-14 幻灯片的其他操作

4. 幻灯片的其他管理操作

除了上述基本操作外，还可以对幻灯片进行删除、重设和隐藏等高级管理操作。这些操作通常可以通过“幻灯片/大纲”窗格中的右键快捷菜单完成，如图 5-2-14 所示。

5.3 幻灯片中插入多媒体

在 PowerPoint 2016 中编辑演示文稿时，用户除了可以插入并编辑文本内容外，还可用丰富的工具来插入和定制多样化的视觉元素，从而增强幻灯片的吸引力和信息传达效果。这些视觉元素包括图像、形状、艺术字和表格等，用户可以通过简单的插入、拖拽、缩放和调整操作，将这些元素融入演示文稿，实现幻灯片的个性化定制和美化。

5.3.1 插入图像

在 PowerPoint 2016 中，用户可以插入多种类型的图像，包括常规图片、剪贴画、屏幕截图以及相册等。这些功能都集中在“插入”选项卡的“图像”组中，如图 5-3-1 所示。

一旦图像被插入幻灯片，用户就可以通过选择该图像来激活“图片工具—格式”选项卡。在这个选项卡内，PowerPoint 2016 提供了丰富的工具来对图片进行细致的编辑和调整。

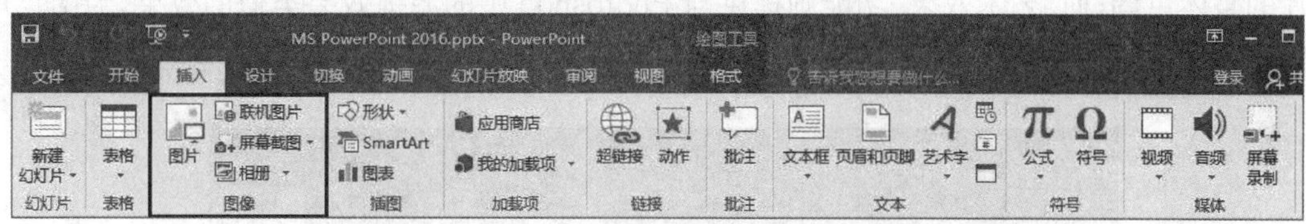

图 5-3-1 "图像"组

1. 裁剪

若图片尺寸或内容超出幻灯片需要展示的范围，用户可以使用裁剪功能来调整。在"图片工具—格式"选项卡的"大小"组中，点击"裁剪(C)"按钮（图 5-3-2），然后根据需求裁剪图片。

图 5-3-2 裁剪图片操作

2. 调整尺寸和角度

如果需要改变图片的大小或旋转角度，可以在"图片工具—格式"选项卡的"大小"组中进行设置。此外，还可以通过一个更详细的设置窗口——"设置图片格式"窗口（图 5-3-3），来精确调整图片的尺寸和旋转角度。另外，直接拖动图片周围的控制点也可以调整大小，拖动图片中心可以调整位置。

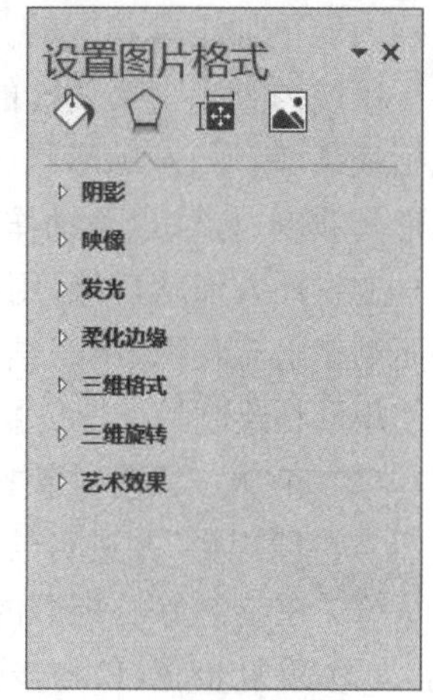

图 5-3-3 "设置图片格式"窗口

3. 增添图片效果

PowerPoint 2016 允许用户为图片添加多种视觉效果，如删除背景、调整颜色、应用艺术效果等。这些功能都位于"图片工具—格式"选项卡的"调整"组中（图 5-3-4）。例如，通过"删除背景"功能可以使图片更好地融入幻灯片的设计中；"更正"功能则可以调整图片的亮度和对比度，或者应用滤镜效果；"颜色"功能能够改变图片的整体色调；而“艺术效果”功能则提供与 Photoshop 中的滤镜效果类似的效果，为图片增添创意和个性。

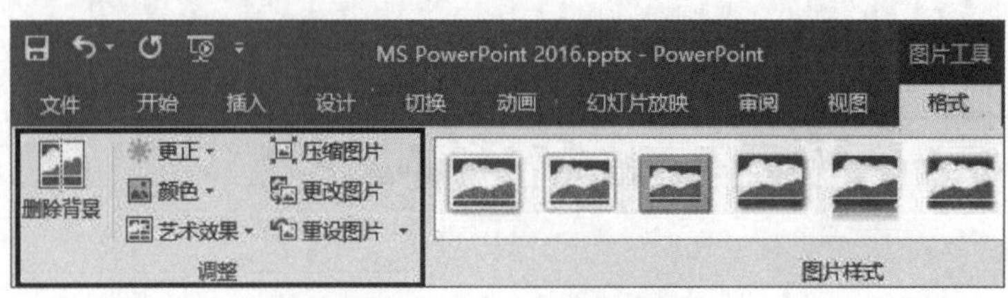

图 5-3-4　图片“调整”组

4. 应用预设图片样式

为了让图片更加美观且符合演示主题，PowerPoint 2016 提供了预设的图片样式供用户选择。在“图片工具—格式”选项卡中，用户可以轻松地为图片选择合适的样式、形状、边框和效果(图 5-3-5)，从而快速提升幻灯片的视觉吸引力。

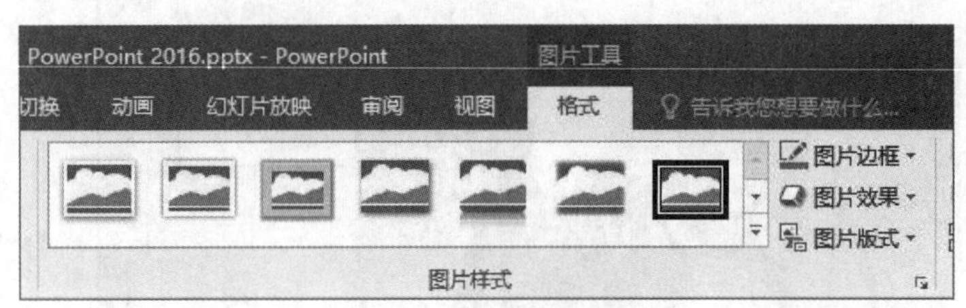

图 5-3-5　图片样式

5.3.2　插入形状

在 Office 系列软件中，形状功能是一个独特且实用的工具，它允许用户为文档增添多样的线条、框架和图形元素，使文档内容更加丰富和生动。

系统内置了一个便捷的形状库，这个库涵盖了九类形状，包括线条、矩形、基础形状、各类箭头、公式形状、流程图元素、星形与旗帜、标注以及动作按钮，如图 5-3-6 所示。

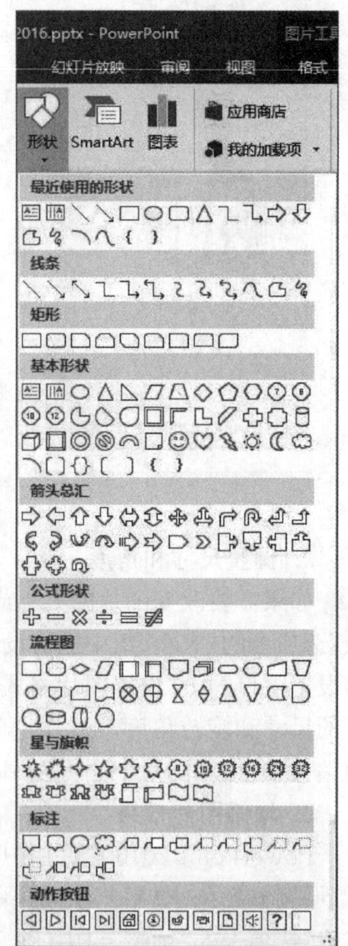

图 5-3-6　“形状”下拉列表

通过插入形状功能，用户可以轻松地手动绘制各种图形，进而创建出流程图、组织结构图等复杂图表。例如，图 5-3-7 为使用形状绘制的抵押贷款流程图，该流程图的绘制步骤如下：

(1) 在“插入”选项卡的“插图”功能组中点击“形状”下拉按钮，选择“矩形”并进行绘制。

(2) 在绘制好的矩形内为形状编辑文本内容“申请”。

(3) 重复步骤(1)与步骤(2)，继续绘制四个矩形，并分别在其中输入“调查”“审批”“签约”和“付款”。

(4) 根据需要，调整这五个矩形的大小和摆放位置。

(5) 再次回到“插入”选项卡的“插图”功能组，选择“右箭头”形状，并在幻灯片上绘制四个箭头，以表示流程的方向。

(6) 参考图 5-3-7，细致调整所有形状的大小和布局，以确保流程图的清晰和美观。

图 5-3-7　用形状绘制的抵押贷款流程图

① 选中某个形状后，会激活“绘图工具—格式”选项卡，该选项卡提供了丰富的选项来定制形状的样式，包括艺术字效果等。

② 如果需要对多个形状进行统一的操作，比如整体移动或缩放，可以先将这些形状组合起来。具体做法是选中想要组合的形状(可以通过拖动鼠标框选择或使用“Ctrl”键配合鼠标单击来选择)，然后右键单击，选择“组合”命令。这样，这些形状就会作为一个整体被操作，可大大提高编辑效率。

5.3.3　插入艺术字

PowerPoint 2016 中的艺术字效果功能，赋予了用户对文字进行高度自定义的能力，不仅可以调整字体、字号，还能改变文字的形状、颜色，并添加各种特殊效果。此外，这些经过艺术字效果处理的文字，可以像图形或图片一样进行编辑，极大地增强了演示文稿的视觉表现力。

如图 5-3-8 所示，PowerPoint 2016 提供了多种预设的艺术字样式，供用户根据演示需求快速选择和应用。

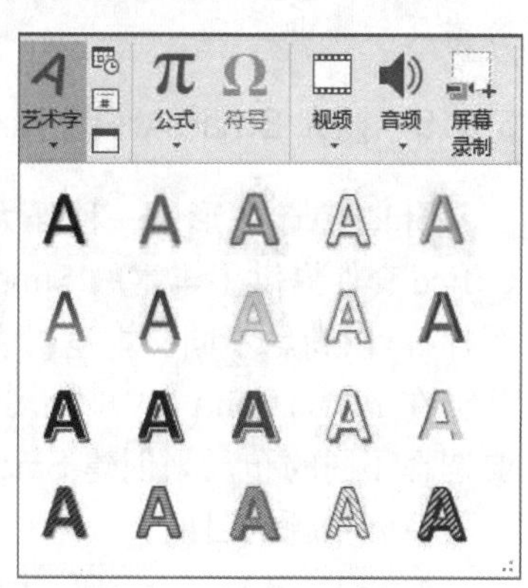

图 5-3-8　艺术字样式

若要为文本添加艺术字效果，可采用以下两种方法。

方法 1：直接插入艺术字。在“插入”选项卡的“文本”区域，点击“艺术字”下拉按钮，从中挑选一个喜欢的艺术字样式。选择后，系统将自动创建一个艺术字文本框，用户只需在这个文本框中输入想要展示的文本内容即可。

方法 2：应用已有的艺术字样式。首先选中希望添加效果的文本，然后切换到“绘图工具—格式”选项卡。在“艺术字样式”组中，点击“其他”按钮，在弹出的下拉列表中包含了多种艺术字效果。用户只需从中选择一种，即可将选中的文本转化为该艺术字样式。

5.3.4　插入表格

表格是组织和展示数据的高效工具，能够以清晰直观的方式呈现数字和文本信息，使观看者能够快速理解和分析数据内容。在 PowerPoint 2016 中，用户可以创建表格，无论是简单的表格布局还是复杂的数据表格，都可以通过简单的方式来实现。

具体而言，PowerPoint 2016 提供了“插入表格(I)...”“绘制表格(D)”和“Excel 电子表格(X)”等多种创建表格的选项，这些选项都位于“插入”选项卡的“表格”下拉菜单中。如图 5-3-9 所示，用户可以根据需要选择合适的创建方式。

图 5-3-10 所示为幻灯片中插入的包含人员信息的表格。具体操作步骤如下：

图 5-3-9 “表格”下拉列表

(1) 切换到“插入”选项卡，点击“表格”组中的“表格”下拉按钮。

(2) 在弹出的下拉菜单中，选择“插入表格”命令。

(3) 在弹出的对话框中设置表格的列数和行数。在这个例子中，设置列数为 4，行数为 5。

(4) 点击“确定”按钮后，一个空白的表格将出现在幻灯片中。接下来，用户只需在表格的相应位置输入文本即可。

学号	姓名	专业	年级	邮箱
20210001	张三	人工智能	2021	1053@qq.com
20210002	李四	人工智能	2021	1054@qq.com
20210003	王五	人工智能	2021	1055@qq.com
20210004	赵毅	人工智能	2021	1056@qq.com

图 5-3-10 插入的表格与编辑的内容

注意：当表格被选中时，PowerPoint 2016 会自动激活“表格工具”选项卡，其中包括“设计”和“布局”两个子选项卡。在“设计”子选项卡中，用户可以设置表格的样式、艺术字样式以及边框样式等，使表格更加美观和专业。而在“布局”子选项卡中，用户可以方便地进行删除行、删除列、插入行或列、合并单元格、拆分单元格以及调整单元格大小等操作，以适应不同的数据展示需求。

5.3.5 插入 SmartArt 图形

SmartArt 图形是一种强大的视觉工具，它通过图形元素来呈现文本之间的逻辑关系。Office 套件提供了丰富的 SmartArt 类型，如列表、流程、循环、层次结构、关系、矩阵、棱锥图和图片等，以满足不同文本逻辑表达的需求。

在 PowerPoint 2016 中，SmartArt 图形被广泛应用于展现信息和观点。用户可以根据需要选择不同的布局来创建 SmartArt 图形，并辅以相应的文字，达到准确、简洁、高效地表达各种关系和主题的目的。

要插入 SmartArt 图形，用户只需在“插入”选项卡的“插图”组中点击“SmartArt”按钮，在弹出的“选择 SmartArt 图形”对话框中选择需要的 SmartArt 图形并编辑即可。

图 5-3-11 所示的 SmartArt 图形被用来展示计算机硬件逻辑上的五大组成部分。以下是生成该 SmartArt 图形的具体操作步骤：

(1) 切换到“插入”选项卡，在“插图”组中找到并点击“SmartArt”按钮。

(2) 在弹出的“选择 SmartArt 图形”对话框中，从左侧窗格中选择“列表”类别，并在中间窗格中选择“垂直框列表”样式。

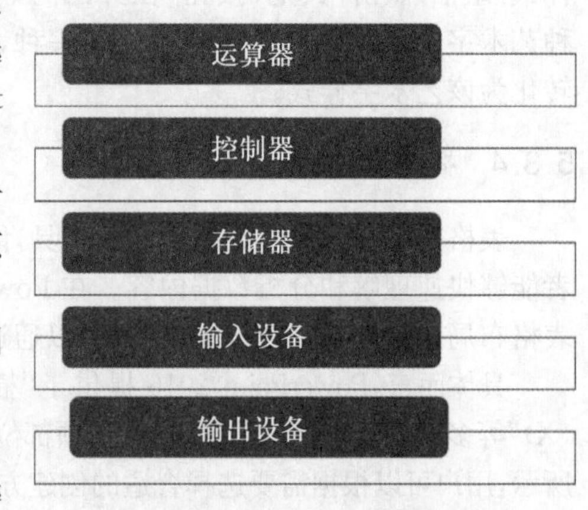

图 5-3-11 SmartArt 图形示例

(3) 插入一个空白的 SmartArt 图形后，切换到“SmartArt 工具—设计”选项卡，并确保“文本窗格”按钮处于激活状态，这样会在 SmartArt 图形旁边显示一个文本窗格。

(4) 在文本窗格中，分别输入“运算器”“控制器”“存储器”“输入设备”和“输出设备”，每个文本占一行。

注意：一旦选中 SmartArt 图形，PowerPoint 2016 就会自动激活“SmartArt 工具”选项卡，其中包含了“设计”和“格式”两个子选项卡。在“设计”子选项卡中，用户可以调整 SmartArt 图形的布局和样式；而在“格式”子选项卡中，则可以设置 SmartArt 图形的形状样式和艺术字样式。

5.3.6 插入图表

在 PowerPoint 2016 中，用户可以通过图表功能，以更为直观和动态的方式展示和分析数据。用户可以选择插入图表，如柱形图、饼图、面积图或股价图等，来生动地描绘数据的分布、趋势和变化。

插入图表的步骤如下：

(1) 切换到“插入”选项卡，在“插图”组中找到并点击“图表”按钮。

(2) 在弹出的“插入图表”对话框中，其左侧窗格列出了所有可用的图表类型，如图 5-3-12 所示。用户可以选择所需的图表类型，例如，选择“柱形图”作为数据展示的图形类型。

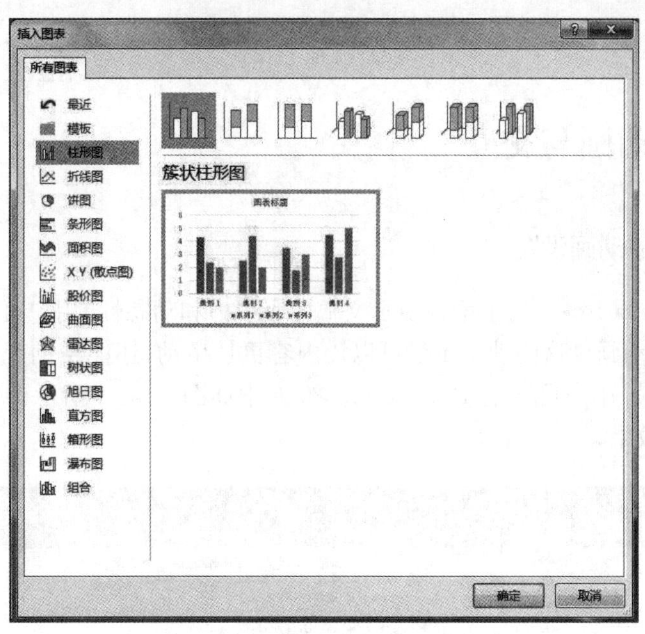

图 5-3-12 “插入图表”对话框

(3) 选定图表类型后，用户可以从右侧窗格中选择更具体的图表样式，如“簇状柱形图”。点击“确定”按钮后，PowerPoint 2016 将在幻灯片中插入一个空白的图表，并同时打开与图表关联的 Excel 窗口，如图 5-3-13 所示。

(4) 在这个打开的 Excel 窗口中，用户可以输入或粘贴数据，包括系列标题、类别标题和具体的数据值。这些数据将自动反映在幻灯片的图表中。

(5) 完成数据输入后,用户还可以在图表上添加图表标题,以便更好地描述图表的内容。

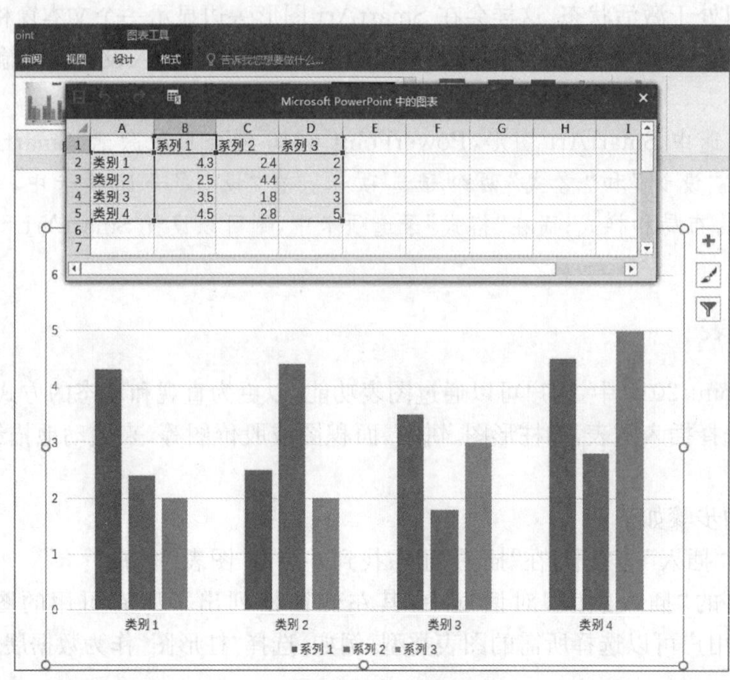

图 5-3-13 插入图表

5.4 幻灯片动画与交互

5.4.1 幻灯片对象动画设置

在 PowerPoint 2016 中,为了增强演示文稿的吸引力和动态性,用户可以为幻灯片中的各个对象设置自定义动画。这些动画不仅可以让内容更加生动,还能帮助观众更好地理解信息的展示顺序和重点。用户可通过 PowerPoint 2016 中如图 5-4-1 所示的"动画"选项卡来添加、设置各类动画效果。

图 5-4-1 "动画"选项卡

1. 自定义动画的添加

PowerPoint 2016 支持以下四种主要的动画类型。

(1) 进入:使对象从无到有地出现在幻灯片上,例如擦除、淡入、飞入等效果,有助于突出显示新内容。PowerPoint 2016 提供了数十种进入动画效果,如图 5-4-2 所示。

(2) 退出：使对象从幻灯片上逐渐消失，常用于对象之间的自然过渡，增强演示的流畅性。

(3) 强调：通过放大、变色、旋转等方式使对象在幻灯片上突出显示，以吸引观众的注意力。

(4) 动作路径：使对象按照预设的路径在幻灯片上移动，适合展示流程、方向等动态信息。

要添加动画，用户只需选中对象，然后在“动画”选项卡中选择相应的动画类型即可。

2. 动画效果的设置

对于大多数动画效果，PowerPoint 2016 都提供了详细的设置选项。用户可以通过对话框启动器按钮进入动画设置窗口，对动画的速度、延迟、声音等进行个性化调整。如图 5-4-3 所示为“轮子”对话框，在该对话框中，用户可对“轮子”动画效果进行更具体的设置。

图 5-4-2 进入动画效果

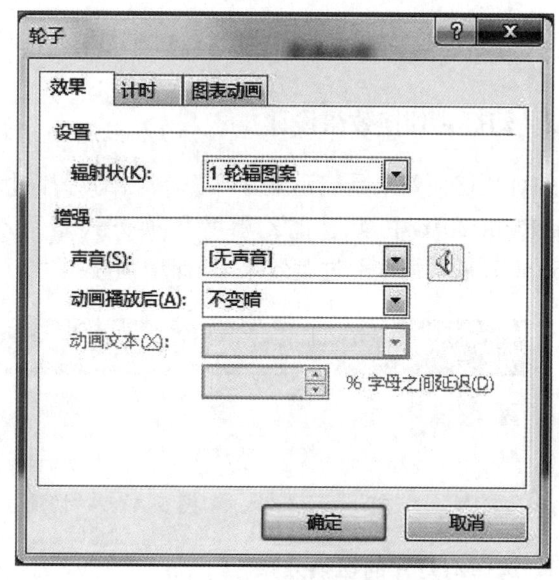

图 5-4-3 “轮子”对话框

3. 动画效果的更改、添加和删除

(1) 更改动画效果：选中已应用动画的对象，然后在“动画”选项卡中选择新的动画效果即可。

(2) 添加动画效果：对于同一个对象，用户可以添加多种动画效果，以创建更复杂的动画序列。只需在“高级动画”组中选择“添加动画”选项即可。

(3) 删除动画效果：用户可以在“动画窗格”中通过右键菜单选择“删除”选项来移除不需要的动画效果。

4. 动画刷的使用

动画刷是一个方便的工具，它允许用户将一个对象的动画效果快速复制到另一个对象上。用户只需选中带有动画效果的对象，然后点击“动画刷”按钮，再将鼠标指针移到目标对象上单击即可，如图 5-4-4 所示。

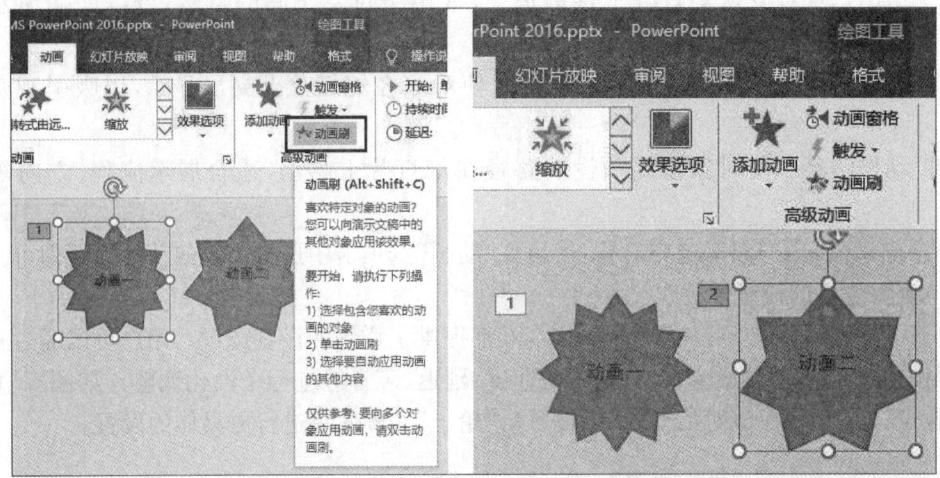

图 5-4-4 利用动画刷复制动画效果

5.4.2 幻灯片切换效果设计

幻灯片切换效果是演示文稿中从一张幻灯片过渡到下一张时产生的视觉动态效果。在PowerPoint 2016 中,默认的幻灯片切换方式是手动点击,但用户可以通过“切换”选项卡(图 5-4-5)来增强这种过渡效果,从而增强吸引力。

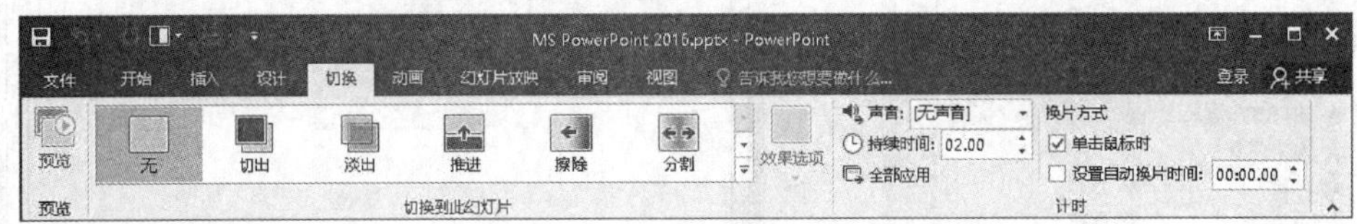

图 5-4-5 “切换”选项卡

1. 选择幻灯片的切换效果

在编辑演示文稿时,可为单张幻灯片、一组幻灯片或整个演示文稿添加切换效果。首先,在“幻灯片/大纲”窗格中选择想要添加切换效果的幻灯片。然后,切换到“切换”选项卡,选择想要的切换动画选项。

2. 自定义切换效果

当选择了一个切换效果后,有多个参数可以调整。在“切换到此幻灯片”组中,点击“效果选项”下拉按钮,可看到针对当前切换效果的不同设置选项,这些选项允许微调动画的外观和行为。

3. 设置切换动画的播放方式

在“切换”选项卡的“计时”功能组中,可以控制切换动画的播放方式,如图 5-4-6 所示。勾选“单击鼠标时”复选框,幻灯片将在点击鼠标时切换;勾选“设置自动换片时间”复选框,并输入一个时间

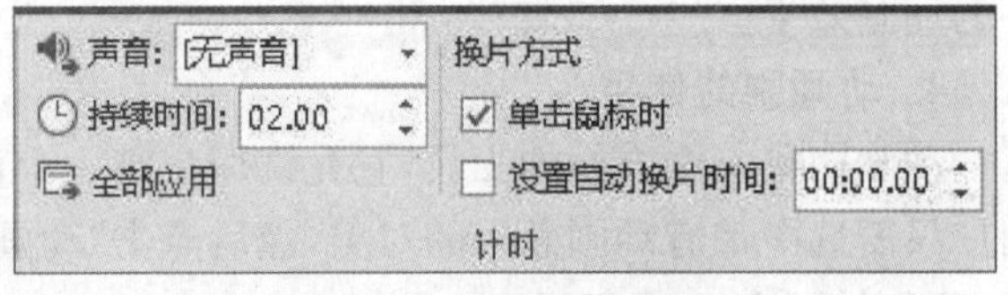

图 5-4-6 “计时”功能组

值，幻灯片将在指定的时间到时自动切换。

此外，还可以为切换效果添加声音。在“声音”下拉列表中，选择想要的声音效果。如果想要使用外部音频文件，可以选择“其他声音”选项，并通过弹出的对话框选择音频文件。

一旦添加了声音，可以在“持续时间”数值框中设置声音的播放时间。通常，1～3 s 的声音持续时间是比较合适的。

4. 应用切换效果到整个演示文稿

若想要将当前幻灯片的切换效果应用到整个演示文稿，只需点击“全部应用”选项即可。

5.4.3 幻灯片交互方式设置

幻灯片交互设计是提升演示文稿互动性和用户体验的关键步骤。下面介绍幻灯片交互方式的设置方法。

1. 利用超链接构建交互

超链接是幻灯片间以及幻灯片与外部内容之间建立联系的有效工具。与网页中的超链接类似，幻灯片中的超链接可以指向计算机中的文件、网页地址，或者直接跳转到演示文稿内的特定幻灯片。在文本、图片、表格或图示等对象上设置超链接后，点击这些对象即触发跳转，实现演示内容的灵活导航。

要添加超链接，只需选中目标对象，然后在“插入”选项卡的“链接”组中点击“超链接”选项，如图 5-4-7 所示，随后选择相应的链接目标即可。

2. 通过动作设置增强交互性

动作是 PowerPoint 2016 提供的另一种实现交互的方式。与超链接不同，动作不仅可以跳转到特定的幻灯片或文件，还可以执行特定的任务，如运行程序、播放声音等。通过为幻灯片中的对象设置动作，可以触发各种预设或自定义的响应，丰富演示文稿的交互体验。

添加动作的方法与添加超链接类似，只需在“链接”组中点击“动作”按钮，并设置相应的动作选项即可，如图 5-4-8 所示。

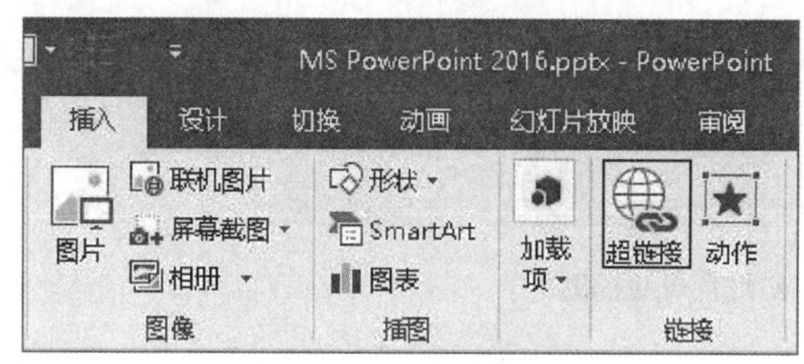

图 5-4-7 “链接”功能组

图 5-4-8 动作按钮

3. 创建触发器动画实现交互动画

触发器动画允许用户根据特定条件或事件来播放或停止幻灯片中的动画效果。通过为幻灯片中的对象设置触发器，可以实现交互式的动画效果，使演示内容更加生动和有趣。

在 PowerPoint 2016 中，可以通过“动画”选项卡中的“触发”功能来添加触发器。也可以直接在动画效果对话框中设置触发器。一旦设置了触发器，用户可以通过点击或触发相应的对象来播放或停止动画效果，从而实现与演示文稿的互动。

5.5 幻灯片母版和页面设置

5.5.1 幻灯片母版

幻灯片母版，作为 PowerPoint 2016 中不可或缺的特殊设计模板，占据着演示文稿设计的核心位置。它决定了演示文稿的外观风格与格式规范，涵盖背景设计、配色方案、字体选择、动画效果以及占位符布局等多个维度。通过编辑幻灯片母版，用户能够实现对整个演示文稿的全局性设计把控与灵活修改，确保从始至终，每一页幻灯片都能呈现出和谐统一的视觉风格。

母版视图是 PowerPoint 2016 中用于编辑母版的界面模式，包括幻灯片母版视图、讲义母版视图和备注母版视图。在这些视图中，幻灯片母版视图因其直接关联并影响演示文稿中每一页幻灯片的设计，而成为了最为常用与关键的一环。

当用户新建一个演示文稿并希望对其进行个性化设计时，通常会首先进入幻灯片母版视图，如图 5-5-1 所示。在这个视图中，用户可以对母版进行各种编辑操作，如添加背景图片、设置字体样式、调整占位符的位置和大小等。这些修改将自动应用到演示文稿中的所有幻灯片上，从而可以极大地提高设计效率。

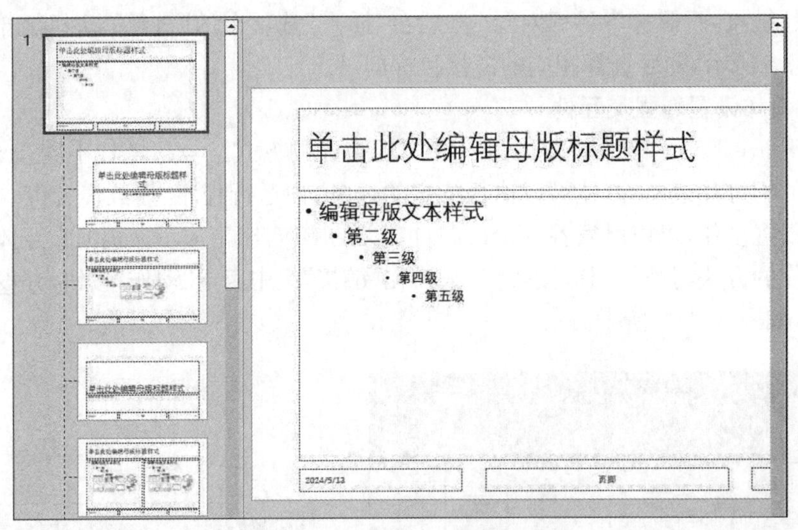

图 5-5-1 幻灯片母版视图

以在演示文稿中添加特定图形为例，如果用户希望在所有幻灯片的右上角添加一个椭圆，以及在“标题和内容”版式的幻灯片右上角添加一个三角形，可以按照以下步骤操作：

(1) 打开 PowerPoint 2016 并切换到“视图”选项卡，在“母版视图”组中选择“幻灯片母版”。

(2) 进入幻灯片母版视图，找到缩略图区域中的母版幻灯片(通常是第一张)，在其右上角插入一个椭圆图形。

(3) 找到与“标题和内容”版式相关联的幻灯片(可能是在缩略图区域中的另一张幻灯片)，在其右上角插入一个三角形图形。

(4) 完成编辑后，在“幻灯片母版”选项卡的工具栏中点击“关闭母版视图”按钮，退出母版编辑模式。

(5) 返回到正常的演示文稿编辑界面，开始制作演示文稿。此时所有幻灯片（包括使用“标题和内容”版式的幻灯片）的右上角都有按照要求在母版中设置好的图形，如图 5-5-2 所示。

注意：每个演示文稿至少需要一个幻灯片母版，且一个母版只能应用一个主题。如果在创建幻灯片后再设置母版，已经存在的幻灯片可能需要额外的调整以确保与母版的设计一致。此时，用户可以针对特定幻灯片进行局部调整，以覆盖母版中的某些设定。

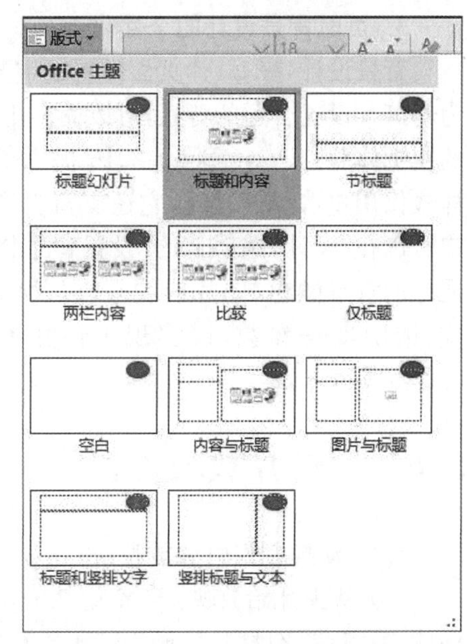

图 5-5-2 设置幻灯片母版

5.5.2 幻灯片页面设置

幻灯片页面设置是制作高质量演示文稿的基础。调整合适页面尺寸和布局方向、选择适合的主题风格以及个性化背景设计，是确保演示文稿视觉效果统一和专业的关键步骤。下面介绍几种幻灯片页面设置常用操作。

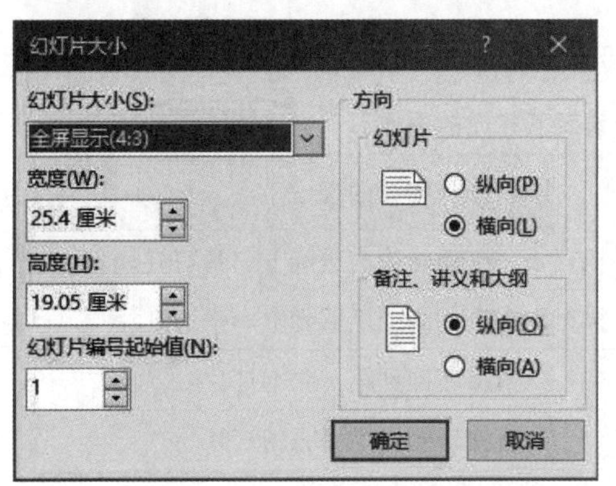

图 5-5-3 “幻灯片大小”对话框

1. 页面尺寸与布局方向

在制作幻灯片之前，首先要考虑的是幻灯片的页面尺寸和布局方向。这取决于演示文稿的用途和放映环境。PowerPoint 2016 默认提供了一套标准的页面尺寸（如宽 25.4 厘米、高 19.05 厘米）和横向布局，但用户可以根据实际需求进行调整。在“设计”选项卡下，通过“幻灯片大小”设置，用户可以自定义页面尺寸和方向，确保幻灯片适应特定的展示需求，如图 5-5-3 所示。

2. 主题风格的设置

选择适合的主题风格对于演示文稿的整体视觉效果和一致性至关重要。PowerPoint 2016 内置了多种主题样式，包括颜色、字体和效果等方面的预设，如图 5-5-4 所示。这些主题样式由专业设计师设计，旨在为用户提供美观且专业的视觉效果。用户可以在“设计”选项卡的“主题”组中选择合适的主题样式，或者从 Office.com 等来源下载更多主题。此外，用户还可以自定义主题，以满足特定需求。

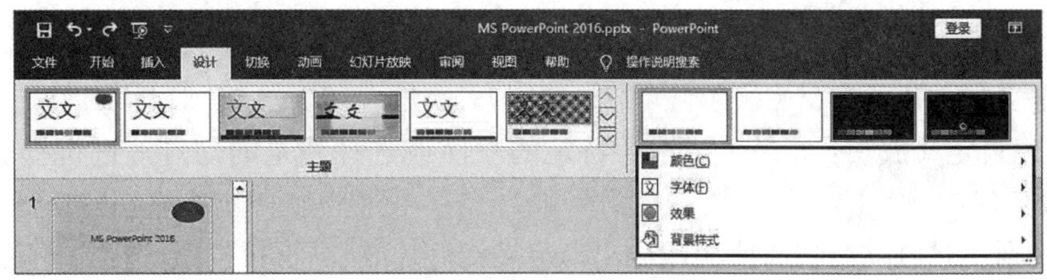

图 5-5-4 主题设置

3. 页面背景设计的个性化

背景设计是幻灯片页面设置的重要组成部分。通过为幻灯片设置合适的背景,可以突出主题内容,丰富观众的视觉体验。PowerPoint 2016 提供了多种内置的背景样式供用户选择。同时,它还支持自定义背景设置。用户可以在"设计"选项卡的"设置背景格式"功能中,选择适合的背景颜色、图片或纹理,以及调整背景的填充方式、透明度等参数,以实现个性化的背景设计,如图 5-5-5 所示。

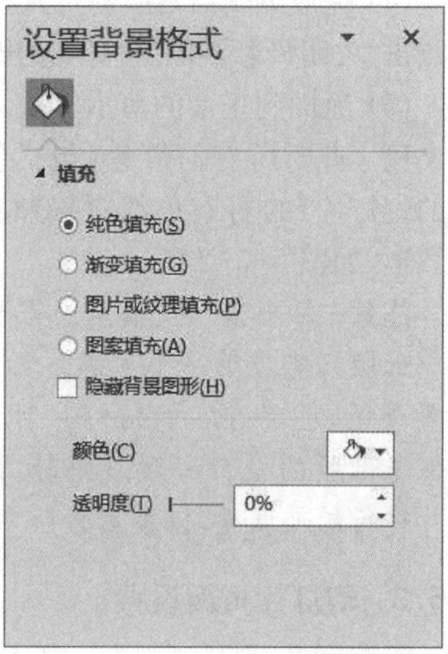

设置背景格式
填充
纯色填充(S)
渐变填充(G)
图片或纹理填充(P)
图案填充(A)
隐藏背景图形(H)
颜色(C)
透明度(T) 0%

图 5-5-5 设置幻灯片背景格式窗口

5.6 幻灯片放映设置

1. 手动控制幻灯片放映

(1) 从头开始放映:若希望从演示文稿的首页开始播放,只需在"幻灯片放映"选项卡下的"开始放映幻灯片"组中点击"从头开始"按钮,或者通过按下"F5"键实现。

(2) 从当前页开始放映:若想从当前浏览的幻灯片开始播放,可以点击"从当前幻灯片开始"按钮,或者利用快捷键"Shift+F5"。

常用的放映控制快捷键及其完成的操作见表 5-6-1。

表 5-6-1 常用的放映控制快捷键及其完成的操作

快捷键	完成的操作
N、Enter、PageDown、→、↓或空格键	执行下一个动画或前进到下一张幻灯片
P、PageUp、←、↑或空格键	执行上一个动画或返回到上一张幻灯片
Home	直接转回到第一张幻灯片
End	直接转到最后一张幻灯片
Esc 或连字符	结束演示文稿
Ctrl+P	将指针变为绘图笔
E	擦除屏幕上的注释
Ctrl+A	将指针变为箭头
Ctrl+E	将指针变为橡皮擦
Ctrl+M	显示或隐藏墨迹标记

2. 自定义幻灯片放映

(1) 创建自定义放映:如果希望按照特定的顺序或选择特定的幻灯片进行播放,可以通过以下步骤实现:

① 切换到"幻灯片放映"选项卡,点击"自定义幻灯片放映"下拉按钮,选择"自定义放映"。

② 在弹出的"自定义放映"对话框中,点击"新建"按钮,定义新的放映,如图 5-6-1 所示。

③ 输入放映的名称，并在“在演示文稿中的幻灯片(P):”列表中选择希望包含的幻灯片，点击“添加”按钮将它们移到“在自定义放映中的幻灯片(L):”列表中，如图 5-6-2 所示。

④ 设置完成后，点击“确定”和“关闭”按钮保存自定义设置。

(2) 使用自定义放映：完成上述设置后，点击“自定义幻灯片放映”下拉按钮，在弹出的下拉列表中将出现之前自定义的放映名称，如图 5-6-3 所示。在“开始放映幻灯片”组中选择之前设置的自定义放映进行播放。

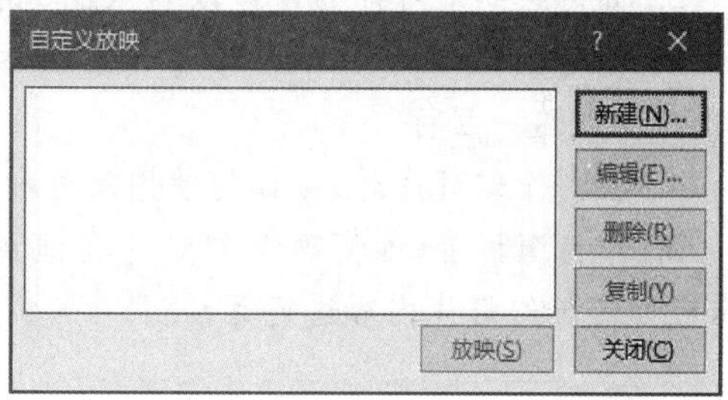

图 5-6-1 “自定义放映”对话框

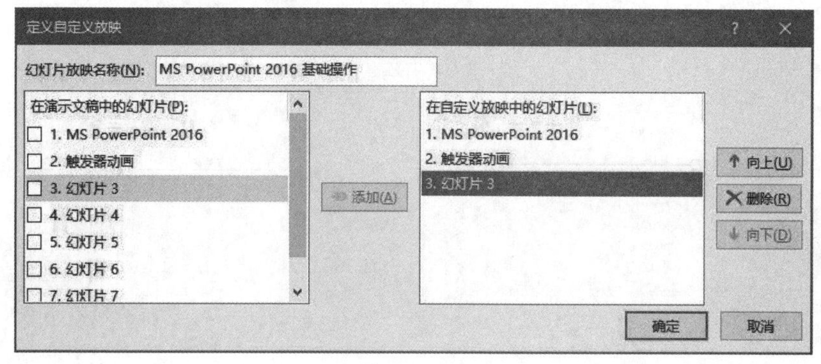

图 5-6-2 “定义自定义放映”对话框

3. 排练计时

如果希望幻灯片按照预定的时间自动播放，可以使用排练计时功能。具体步骤：在“幻灯片放映”选项卡的“设置”组中，点击“排练计时”按钮后，PowerPoint 2016 将开始记录每张幻灯片的播放时间以及总时间。计时完成后，这些时间将被保存并用于自动播放。

4. 设置幻灯片放映选项

用户可以根据演示文稿的用途和观众的需求，调整幻灯片的放映方式，具体步骤如下：

图 5-6-3 自定义的幻灯片放映

(1) 在“幻灯片放映”选项卡的“设置”组中，点击“设置幻灯片放映”按钮。

(2) 在弹出的“设置放映方式”对话框中，可设置放映类型(如演讲者放映或观众自行浏览)、选择放映的幻灯片范围、换片方式(手动或自动)以及其他放映选项。

(3) 完成设置后，点击“确定”按钮保存设置。

思考题

1. 如何设计幻灯片的布局以吸引观众的注意力？可选择哪些元素来增强内容的传达效果？

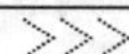

2. 如何组织幻灯片的内容以确保逻辑清晰?

3. 如何在 PowerPoint 2016 中增加演示文稿的交互性和参与性? 有哪些工具或功能可以帮助你实现这一目标?

4. 在制作幻灯片时,应如何使用动画和过渡效果? 触发器动画如何设置?

5. 作为演讲者,如何确保幻灯片在演讲中起到辅助作用而不是主导作用? 在演讲过程中,应如何与幻灯片内容进行互动?

第 6 章

计算机网络基础

互联网是全球性的网络，将全世界的计算机联系在一起。它结合了计算机、通信和微电子技术，对社会产生了深远影响。人们通过互联网可以学习、娱乐、交友和购物等。本章将介绍计算机网络和互联网的基础知识及应用，包括信息浏览、信息检索、FTP 下载、邮件收发等。

6.1 计算机网络基本知识

计算机网络在 20 世纪 90 年代开始迅速发展，随着互联网的普及，它已经成为人们获取信息的主要途径之一，对人们的工作、学习和生活都产生了深远影响。一个国家的计算机网络发展水平也成为评判其国力和现代化程度的重要标志之一。

6.1.1 计算机网络

1. 认识计算机网络

计算机网络是指将分布在不同地理位置的多台计算机及其外部设备，通过通信线路和通信设备连接起来，并通过网络操作系统、网络管理软件和网络通信协议的管理和协调，使它们可以相互通信和共享资源的系统。这些资源可以是数据、打印机、文件、应用程序等。在我国，随着“互联网＋”战略的深入实施，计算机网络在各个行业中的应用越来越广泛。例如，在我国的电子商务领域，消费者可以通过计算机网络方便地进行在线购物和支付，极大地提高了购物的便利性。

计算机网络的核心目的是实现不同计算机系统之间的互联互通，以便用户能够访问远程资源，如文件、数据库、应用程序等，并与其他用户进行通信。计算机网络由以下三大关键组成部分。

(1) 硬件设备：包括用于处理和存储数据的计算机(如客户机、服务器)、用于数据传输的通信线路(如有线电缆、无线信道)，以及各种网络设备(如路由器、交换机、网关)等。

(2) 软件系统：其中，网络操作系统负责管理网络资源，而网络管理软件则用于监控和维护网络状态，确保网络正常运行。

(3) 通信协议：即规则或标准，定义了数据如何在网络中传输，包括数据包的格式、传输方式、错误检测和纠正等。

2. 计算机网络的产生与发展

计算机网络的发展速度与应用的广泛程度堪称人类科技发展史上的奇迹。计算机网络从形成、发展到广泛应用经历了近 50 年的历史，大致可以划分为五个阶段。

(1) 第一代计算机网络——早期计算机网络(20 世纪 60 年代至 70 年代)

在这个阶段，计算机网络的概念刚刚出现，主要用于实现计算机之间的数据传输和资源共享。早期的计算机网络主要包括美国的 ARPANET、英国的 NPL 网络和法国的 CYCLADES

网络等。这些网络主要基于分组交换技术，实现了计算机之间的远程通信和数据共享。

(2) 第二代计算机网络——局域网和广域网的发展(20 世纪 80 年代)

随着计算机技术的迅速发展，局域网(LAN)和广域网(WAN)逐渐成为计算机网络的重要组成部分。局域网主要用于实现局部范围内的计算机互联，如以太网(Ethernet)和令牌环(Token Ring)等技术。广域网则用于实现更大范围的计算机互联，如 X. 25、帧中继(Frame Relay)和 ATM 等技术。

(3) 第三代计算机网络——互联网的兴起(20 世纪 90 年代)

20 世纪 90 年代，互联网开始迅速发展，成为全球范围内最大的计算机网络。互联网的发展得益于 TCP/IP 协议的普及，这一协议为不同类型的计算机网络提供了统一的通信标准。此外，万维网(WWW)的出现使得互联网内容更加丰富，吸引了大量用户。

(4) 第四代计算机网络——移动互联网和物联网的发展(21 世纪初至今)

随着移动通信技术的发展，移动互联网逐渐成为计算机网络的重要组成部分。智能手机、平板电脑等移动设备的普及使得用户可以随时随地接入互联网。此外，物联网(IoT)技术的发展使得各种物品和设备可以通过计算机网络进行互联和数据交换，进一步拓展了计算机网络的应用领域。

(5) 未来计算机网络的发展趋势

未来计算机网络的发展将主要体现在以下几个方面：

① 高速宽带网络：随着 5G、6G 等新一代移动通信技术的发展，计算机网络的传输速度将得到进一步提升。

② 网络安全：随着网络攻击手段的不断升级，网络安全将成为计算机网络发展的重要课题。

③ 云计算和边缘计算：云计算和边缘计算技术的发展将使得计算机网络的资源分配和管理更加高效。

④ 量子通信和量子计算：量子通信和量子计算技术的发展将为计算机网络带来革命性的变革，可提高网络的安全性和计算能力。

3. 计算机网络的功能

在现代计算机网络的构建与应用中，通常可以观察到几个关键的功能性特点，它们共同构成了网络的基础价值和作用。计算机网络具有六大基本功能。

(1) 数据通信：这是网络最基本的功能，它使计算机之间可以交换数据和信息。

(2) 资源共享：网络允许用户共享软硬件资源，包括文件、打印机等，这大大提高了资源的利用率。

(3) 分布式处理：通过网络可以将计算任务分配给多台计算机共同完成，这样可以提高处理效率并降低单点故障的风险。

(4) 提高可靠性：在网络中，数据可以备份在多处，即使某一点出现故障，也能保证数据不丢失。

(5) 负载均衡：当网络中某台计算机的任务负荷太重时，可通过网络对应用程序的控制和管理，将作业分散到网络中的其他计算机，以保持系统的高效运行。

(6) 提高工作效率：网络通过提供快速的信息传递和便利的资源访问，显著提高了个人和团队的工作效率。

4. 计算机网络的组成

计算机网络的组成可以从不同的角度进行划分，下面介绍从逻辑功能和系统功能两个角度对计算机网络组成的阐述。

(1) 逻辑功能

从逻辑功能上看，典型的计算机网络可分为资源子网和通信子网两部分，如图 6-1-1 所示。

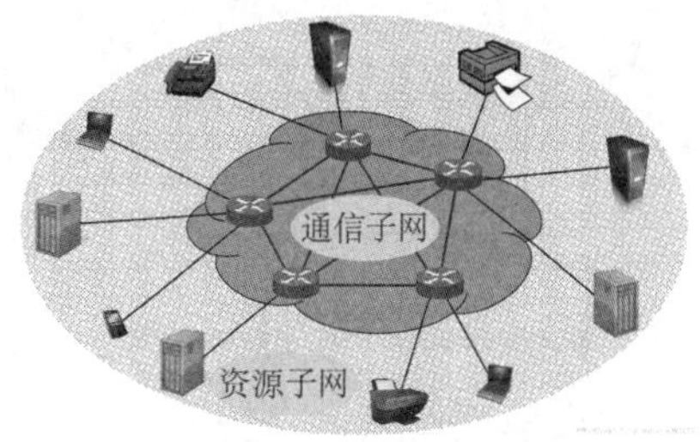

图 6-1-1 计算机网络组成

① 资源子网：主要由主计算机系统、终端、外设、各种软件资源与信息资源组成，负责数据的处理。例如，一个大学的计算机网络可能包括多个学院的服务器(主机)，这些服务器存储着课程资料、研究数据等资源，学生和教师可以通过终端(如个人电脑)访问这些资源。

② 通信子网：由接口信息处理机(如路由器)、通信线路(如有线电缆、光纤、无线信道)及其他通信设备(如交换机)组成，负责数据的传输。在上述大学的计算机网络的例子中，通信子网负责将数据中心的服务器与各个学院的计算机实验室、图书馆的工作站以及学生宿舍的网络设备连接起来，确保数据能够有效传输。

(2) 系统功能

从系统功能上看，计算机网络系统由负责物理实现的网络硬件和负责技术支持的网络软件组成，二者相互配合，共同完成网络功能。

① 网络硬件：网络硬件包括计算机系统、传输介质和网络设备。例如，在企业网络中，服务器扮演着重要角色。此外，传输介质如光纤网络，以其高速、稳定的特点，支撑着大量的企业网络通信需求。同时，网络设备如路由器、交换机等，也在企业网络中扮演着重要角色，保障着网络的正常运行。

② 网络软件：网络软件包括网络操作系统、网络协议、通信软件和网络管理及应用软件等。在企业网络中，常见的网络操作系统有华为的 eNSP 系统和中兴的 ZXUN 系统，它们提供了强大的网络管理功能，帮助企业实现网络资源的高效管理和协调。此外，网络协议如中国科研网络 CERNET 所采用的 IPv6 协议，提供了更加安全、稳定的网络通信环境。网络管理软件如中国电信的网络云平台，可以帮助管理员监控和维护网络的正常运行。

5. 计算机网络的分类

随着计算机网络的不断发展，已经出现了各种不同形式的计算机网络。计算机网络可以从不同的角度来观察和划分。

(1) 按网络拓扑结构分类

在计算机网络中，根据网络拓扑结构的不同，可将其分为总线形拓扑结构、星形拓扑结构、环形拓扑结构、树形拓扑结构、网状形拓扑结构、混合式拓扑结构和无线蜂窝式拓扑结构等不同类型。拓扑结构是从数学图论中演化而来的，它研究的是与大小和形状无关的点、线、面的关系。如果将网络中的计算机、通信设备等网络单元看作“点”，将通信线路看作“线”，那么一个复杂的计算机网络系统就可以被抽象成由点和线组成的几何图形。前五种网络拓扑结构如图 6-1-2 所示。

① 总线形拓扑结构：所有处理器、内存和外设等都连接在一条公共总线上，所有数据传

输都采用广播方式并通过这条总线进行。其优点在于简单易实现、易于扩展和资源共享,但也存在性能瓶颈、竞争冲突和带宽有限等缺点。主干总线故障可能会导致全网瘫痪且故障诊断困难。以太网是典型的总线形网络。

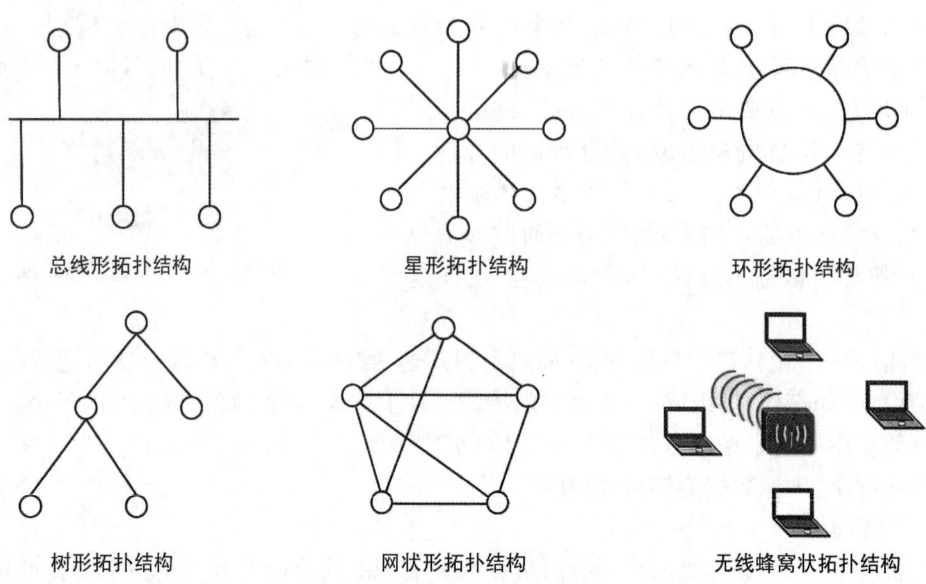

图 6-1-2　网络基本拓扑结构

② 星形拓扑结构:由一个中心节点和多个外围节点组成,所有的外围节点都与中心节点直接相连,而外围节点之间没有直接的通信路径,必须通过中心节点进行数据传输。这种结构的优点是搭建非常简单直观,管理和维护也比较容易。缺点是因其需要处理所有外围节点之间的通信,对中心节点的要求比较高,可能会成为整个网络的瓶颈。另外,如果中心节点发生故障,将会导致整个网络瘫痪,因为所有的通信都必须经过中心节点。因此,在设计网络时,需要权衡考虑星形拓扑结构的优缺点,根据具体需求选择合适的网络拓扑结构。

③ 环形拓扑结构:各节点通过连接形成一个闭合的环路,两个节点之间的信息传送是单向的。优点是每个节点地位平等,传输路径固定。缺点是管理复杂,投资费用较高,节点故障会引起全网故障。

④ 树形拓扑结构:是星形拓扑结构的扩充,具有分层结构。优点是控制线路简单,故障隔离容易。缺点是节点对根的依赖性太大,资源共享能力差。

⑤ 网状形拓扑结构:各节点通过传输线路互联,至少有一个节点存在两个及以上父节点。优点是存在多条链路,提高了网络性能和可靠性。缺点是安装复杂,成本高,不易于管理和维护。

⑥ 混合状拓扑结构:几种基本的网络拓扑结构的结合,兼顾了各种网络的优点,弥补了各种网络的缺点。

⑦ 无线蜂窝状拓扑结构:如图 6-1-2 所示,这种结构由多个小区组成,每个小区都有一个基站负责与该小区内的移动设备进行通信。这种结构的优点是可以覆盖大范围的区域,且可以根据需求增加或减少小区数量,具有良好的可扩展性。同时,由于每个小区都有自己的基

站，因此，即使某个基站出现故障，也不会影响到其他小区的通信。缺点是建设和维护成本较高，而且在小区边缘地区可能会出现信号弱的问题。此外，由于无线信号的传播特性，可能会受到地形、建筑物等因素的影响。

(2) 按网络覆盖的地理范围分类

根据网络覆盖的地理范围大小，可以将网络分为以下三种。

① 局域网：通常覆盖在一个单元个体内或一幢建筑物内，有时也会跨越相邻几幢建筑物，如公司、机关、学校和工厂等。局域网的覆盖范围一般在几百米至几千米之间，通常不超过10公里。局域网具有组建方便、使用灵活的特点，具有高数据传输速率和低误码率的高质量数据传输能力。因此，局域网是目前应用最广泛的一类网络。

② 城域网(WAN)：是一个城市范围内所建立的计算机网络，以满足大量用户之间数据和多媒体信息的传输需要。覆盖范围介于局域网和广域网之间。城域网主要对个人用户、企业局域网用户进行信号接入，并且将用户信号转发到互联网中。

③ 广域网：又称为远程网，是一种覆盖范围广泛的计算机网络，通常跨越几百千米至几千千米，连接着多个城市或国家，甚至全球各地。这种网络架构使得各地的计算机和设备能够互相通信和交换数据，实现资源共享和信息传输。互联网就是一个典型的广域网，它连接了全球各个地区的计算机和服务器，为用户提供了广泛的信息资源和服务。广域网的建设和维护成本较高，但其能够提供的覆盖范围和通信效率是局域网无法比拟的。

(3) 按网络的通信传播方式分类

按网络信号的传输方式，可以将网络分为点对点通信网络和广播式通信网络。

① 点对点通信网络：通过点对点的方式连接计算机或网络设备，每个节点直接与其他节点建立独立的连接。网络性能不会因为数据流量的增加而降低，因为每对节点之间的通信拥有专用的带宽。但如果两个节点之间存在多个中间节点，数据传输需要多次中转(多跳)，则会导致较高的网络延迟。该类型网络主要应用于城域网和广域网中，如光纤到户(FTTH)网络、卫星通信网络等。

② 广播式通信网络：通过一条共享的传输介质连接所有主机，任一节点发送的信号可被其他所有计算机接收。在局域网内，节点间的通信最多只需两跳，简化了数据传输过程。但当网络流量增加时，可能导致网络拥塞，影响性能。其信号传输方式包括单播(一对一通信)、多播(一对所有)和组播(一对多)。如文件传输通常采用单播方式，地址广播使用多播方式，而网络视频会议则可能采用组播方式。该类型网络主要用于构建局域网，如以太网就是一种典型的广播式通信网络。

6.1.2 数据通信

1. 信息、信号和数据

(1) 信息

信息是指希望传达的知识或消息。它是抽象的，需要通过某种形式来表现和传递。例如，在说话时，声音携带了要表达的思想，这里的“思想”就是信息。

(2) 信号

信号是信息的物理表现形式，它为信息的传输提供了媒介。信号可以是多种形式，如光信号、声信号或电信号等，它们随时间或空间变化以携带信息。

在通信系统中，信号分为模拟信号和数字信号。

① 模拟信号：是连续变化的，可以在一定范围内任意取值。例如，传统的电话线中传输的声音信号是模拟的，其电流的大小和频率连续变化以反映声音的强弱和音调。

② 数字信号：是离散的，通常指二进制信号，只取有限个值，通常是0和1。例如，计算机内部处理的信号是数字的，用电压的高低或电流的有无来表示这些值。

模拟信号和数字信号可以相互转换，模拟信号经过模数（Analog-to-Digital，A/D）转换变成数字信号（解调器），数字信号经过数模（Digital-to-Analog，D/A）转换变成模拟信号（调制器）。

(3) 数据

数据是以固定格式组织的信息，它可以是数字、文字、图像等形式。数据是信息的表达方式，而信息是数据的语义解释。例如，温度传感器可能输出一个电压值作为数据，这个电压值表示了特定的温度信息。同样，一串二进制代码代表的可能是一张图片的数据，而这些代码所表达的图片内容则是信息。

在实际应用场景中，这三者的关系可以通过以下例子进一步说明。

当通过网络进行语音通话时，话筒将声音（信息）转换为电信号（信号），然后这些模拟信号被采样、量化并编码成数字信号（模数转换）。在另一端，数字信号被解码并通过扬声器转换为模拟信号（数模转换），最终还原为声音，完成信息的传递。

2. 信道

在数据通信中，信道是信号传输的媒介，具体可以分为模拟连续信道（模拟信号信道）和离散数字信道（数字信号信道），它们各自适用于不同类型的信号传输。

(1) 模拟连续信道

这种信道用于传输模拟信号，即时间上和幅度上都连续变化的信号。模拟信号的例子包括传统的电话通话中的声音信号、电视信号以及老式录音带中的音频信号。

例如，当使用模拟电话通过铜线电话网络拨打电话时，说话者的声音被话筒捕捉并转换成变化的电流，这个电流随着说话者的声音的强弱和音调连续变化，这就是通过模拟连续信道传输的模拟信号。

(2) 离散数字信道

这种信道用于传输数字信号，即时间上和幅度上都离散的信号。数字信号通常是二进制的，只包含两种状态，例如用高电平和低电平表示1和0。常见的数字信号包括计算机内部处理的数据、数字电话网络中的语音数据，以及通过网络传输的文本、图像和视频数据。

例如，在数字移动电话（如智能手机）中，声音被数字化处理，即在特定时间间隔内对声音进行采样并将其量化为数字值。这些数字值随后通过数字网络（如LTE或Wi-Fi）传输，这样的传输过程就是利用了离散数字信道。

在现代数据通信系统中，尽管许多信道在物理层面上可能是模拟的，但通过使用先进的调制解调技术，它们可以有效地传输数字信号。例如，虽然光纤在物理上传输的是光的模拟波动，但这些波动可以通过强度调制或其他编码方式来携带数字数据。随着技术的发展，越来越多的数据传输采用了数字形式，因为数字信号在噪声抑制、数据恢复和长距离传输方面具有显著优势。数据通信系统（含调制解调过程）如图6-1-3所示。

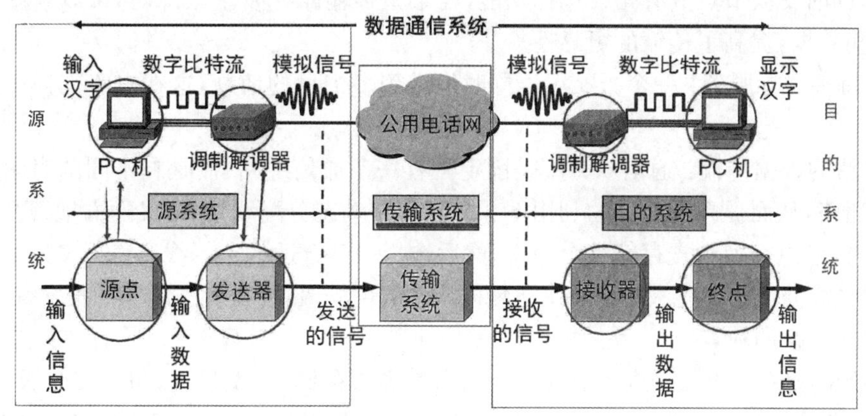

图6-1-3 数据通信系统

3. 数据交换技术

(1) 电路交换

电路交换是一种数据交换技术,它涉及在通信双方之间建立一条专用的物理通信路径。电路交换的概念源自传统电话网络,在其中的通话双方间建立起一条专属的通信线路。这条线路在通话期间专属于两个通信终端,直至通话结束。因此,电路交换确保了通信的连续性和稳定性。电路交换的过程通常包括三个阶段。

① 电路建立阶段:当一方尝试与另一方建立连接时,网络中的交换设备会寻找一条可用的通信路径,并将沿途的交换设备设置成能将信号转发至目的地的状态。

② 数据传输阶段:一旦电路建立,数据便可以直接在这条专用路径上进行传输。由于电路是独占的,所以传输速度较快,且数据丢失和错误的可能性较低。

③ 电路拆除阶段:通信结束后,需要释放所建立的电路,将占用的资源返回给网络,使得其他通信可以使用这些资源。

电路交换的优点包括通信时延小、有序传输、没有冲突、适用范围广、实用性强、控制简单。缺点包括建立连接时间长、线路独占使用效率低、灵活性差、难以规格化。因此,它适用于系统间要求高质量的大量数据传输的情况。

(2) 报文交换

报文交换与电路交换不同,它采用的是存储—转发方式,不需要在通信的两个节点之间建立专用的物理线路。节点把要发送的信息组织成一个数据包,即报文。该报文中含有目标节点的地址,完整的报文在网络中被一站一站地向前传送。每个节点接收整个报文,检查目标节点地址,然后根据网络中的交通情况在适当时转发到下一个节点。经过多次存储—转发,最后到达目标节点,因而这样的网络称为存储—转发网络。其中的交换节点要有足够大的存储空间(一般是磁盘),用以缓冲收到的长报文。

① 报文交换的优点

a. 无需建立连接:报文交换不需要为通信双方预先建立一条专用的通信线路,用户可以随时发送报文,不存在连接建立时延。

b. 提高传输可靠性:采用存储转发的传输方式,在报文交换中便于设置代码检验和数据重发设施，同时交换节点具有路径选择功能，当某条传输路径发生故障时，可以重新选择另一条路径传输数据，提高了传输的可靠性。

c. 支持多目标服务：一个报文可以同时发送到多个目的地址，这在电路交换中是很难实现的。

d. 灵活的数据传输：通信双方不是固定占有一条通信线路，而是在不同的时间分段部分占有物理通路，从而提高了线路的利用率。并且允许动态分配线路，即发送方把报文传送给节点交换机时，节点交换机先存储整个报文，然后选择一条合适的空闲线路将报文发送出去。

e. 建立数据传输优先级：允许建立数据传输的优先级，使得优先级高的报文优先转换。

② 报文交换的缺点

a. 转发时延：由于数据进入交换节点后需要经历存储、转发过程，包括接收报文、检验正确性、排队、发送时间等，网络的通信量越大，造成的时延就越大，因此报文交换的实时性较差，不适合传送实时或交互式业务的数据。

b. 缓冲区大小限制：因报文长度没有限制，而每个中间节点都要完整地接收传来的整个报文，当输出线路不空闲时，还可能要存储几个完整报文等待转发，要求网络中每个节点有较大的缓冲区。为了降低成本，减少节点的缓冲存储器容量，有时需要将等待转发的报文存在磁盘上，进一步增加了传送时延。

c. 实时性较差：由于存储—转发机制，报文交换在实时性方面表现较差，尤其在网络负载较重的情况下，实时应用（如语音通话或视频会议）的体验可能会受到显著影响。

（3）分组交换

分组交换是对报文交换的一种改进，它将长报文分割成多个有限长度的分组进行传输。这些分组可以被存储在网络节点的内存中，从而提高了交换速度。分组交换适用于交互式通信，如终端与主机之间的通信，是计算机网络中使用最广泛的一种交换技术。其有虚电路分组交换和数据报分组交换两种主要类型。

① 虚电路分组交换的原理是在数据传输开始之前，在源节点和目的节点之间建立一条逻辑通路。这条逻辑通路称为虚电路，每个分组除了携带实际的数据之外，还包含一个用于标识该虚电路的标识符。在预先建立的路径上的每个节点都知道如何将这些分组正确地转发到下一个节点，因此不需要在每个节点上进行路由选择。当通信结束时，由某个节点发送一个清除请求分组来终止连接。尽管称为"虚电路"，但实际上并不是一条专用的通路，因为分组在每个节点上仍然需要等待缓冲并在线路上排队。

② 数据报分组交换的原理是每个分组独立处理。每个分组被称为数据报，它们携带足够的地址信息以便在网络中路由。当一个节点收到一个数据报后，它会基于数据报中的地址信息和节点所存储的路由信息，找出一条合适的路径，然后将数据报发送到下一个节点。由于每个数据报的路径可能不同，所以不能保证它们按顺序到达目的地，有些甚至可能丢失。在整个过程中，没有建立虚电路，但每个数据报都需要进行路由选择。

数据交换的三种基本方式相互关联但各有特点，如图 6-1-4 所示。电路交换通过建立专用通路实现实时通信，适用于时延敏感的语音服务；报文交换传输完整报文，适合不频繁的长报文传输；分组交换将数据分割成小包，提高了网络的灵活性和效率，是现代计算机网络广泛采用的方式。

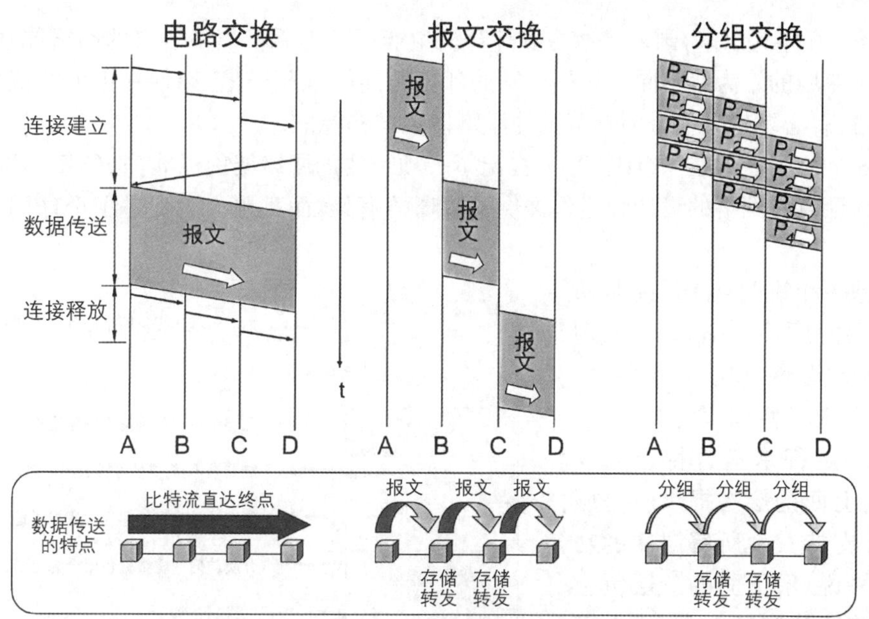

图 6-1-4 三种数据交换技术的比较

6.1.3 网络体系结构

1. 计算机网络体系结构

在计算机网络的设计中，广泛采用的是分层结构。这种结构将网络功能划分为多个层次，每个高层次仅需利用低层次提供的接口和服务，而无需理解低层次实现这些服务的具体算法和协议细节。同样，低层次也只关心处理来自高层次的数据。这种设计哲学确保了各层之间的独立性，即每一层的功能模块都可以被具有相同功能和接口的新模块替换，而不会影响到其他层。

为了确保网络中的计算机和终端设备能够准确无误地交换信息和数据，必须在数据传输的顺序、数据格式及其内容等方面建立一套规则或约定，这套规则或约定通常称为协议。

在构建一个功能全面的计算机网络时，需要设计一套复杂的协议集。管理这套协议集的最佳方式是通过层次结构模型。这种模型及其相关协议的集合构成了通常所说的计算机网络体系结构。

计算机网络体系结构详细定义了网络应有的层次以及每层应具备的功能。它并不涉及这些功能的具体实现方法，也就是说，它不关心各层的硬件和软件构成，也不关注这些组件是如何实现的。因此，可以认为网络体系结构是一个抽象的概念。

最早的网络体系结构是 IBM 公司在 1974 年推出的系统网络体系结构(SNA)。在那之后，众多公司也推出了各自的体系结构，它们虽然都采用了分层的方法，但是每个体系结构在层次划分、功能分配和技术使用上都有所不同。随着信息技术的进步，不同结构的计算机网络之间的互联互通成为了一个迫切需要解决的问题。为了解决这个问题，开放系统互连模型(Open System Interconnection，OSI)应运而生。

2. OSI

20 世纪 70 年代以来，国外一些主要计算机生产厂家先后推出了各自的网络体系结构，但它们都属于专用的。为使不同计算机厂家的计算机能够互相通信，以便在更大的范围内建立计算机网络，有必要建立一个国际范围的网络体系结构标准。

在 1981 年，国际标准化组织（ISO）提出了一项重要的网络架构标准，即 OSI。这一模型的引入不仅为计算机网络的设计和运作提供了清晰的框架，而且也大大促进了全球网络通信技术的进步。

OSI 是一个七层结构，按照从底层到高层的顺序，它包括：物理层、数据链路层、网络层、传输层、会话层、表示层和应用层，如图 6-1-5 所示。每一层都承担着特定的职能，直接向上面的层次提供所需服务，并间接支持其他所有层次的功能。具体来说，最下面的三层负责处理数据传输的物理基础，而上面的四层则管理数据的高级处理和软件互操作性。

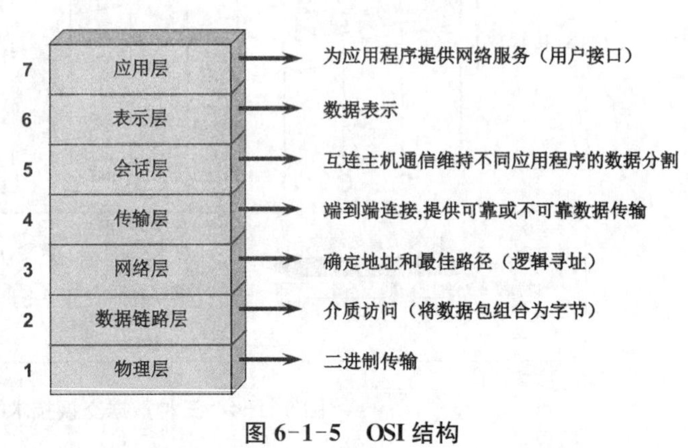

图 6-1-5　OSI 结构

OSI 对各个层次的划分遵循下列原则：

（1）同层次的对等通信：网络中的每个节点都包含相同的层次结构，且相同层次的功能一致。不同节点的相同层次之间通过协议实现对等通信。

（2）相邻层的接口交互：在同一节点内，相邻的层次之间通过定义良好的接口进行通信。

（3）层次间服务依赖：每一层都依赖于下一层提供的服务，并为其上一层提供服务。

（4）分层的通信规则：通信只在对等层之间进行，而实际的信息流动是自上而下，通过物理层传输，然后自下而上传递到相应的对等层。

OSI 要求双方通信只能在同级进行，实际通信是自上而下，经过物理层通信，再自下而上送到对等的层次。

（1）物理层：负责定义建立、维护和解除物理连接所需的电气、机械、过程和功能标准。它指定了电缆类型、信号强度、传输速率和接口类型（如 RJ45），并确定了如何将比特流转换为电信号或光信号以在物理媒介上传输。

（2）数据链路层：负责在相邻节点之间实现可靠的数据传输。它将数据封装成帧，进行差错检测和纠正，管理帧的同步和流量控制。如果帧在传输过程中被破坏，数据链路层会负责自动重发，确保数据的准确交付。

（3）网络层：处理数据包从源到目的地的传输和路由选择。它引入了一种机制，用以在复杂网络中选择路径，处理不同网络之间的互联，以及执行拥塞控制和服务质量控制。在网络层中交换的数据单元称为报文分组或包（packet）。

（4）传输层：确保数据的完整性和顺序，提供可靠的、透明的数据传输服务。通过错误恢复和流量控制机制，传输层优化了数据传输，防止了数据丢失和重复，并确保数据按照发送顺序到达接收端。

(5) 会话层：管理两个应用进程之间的会话，包括建立、维护和终结会话。它支持数据的组织方式，并对数据交换进行控制，以实现同步和检查点操作，保证交互性活动的有效组织。为建立会话，双方的会话层应该核实对方是否有权参加会话，确定由哪一方支付通信费用，并在选择功能方面取得一致。因此，该层是用户连接到网络上的接口。

(6) 表示层：确保一个系统发送的信息可以被另一个系统识别和理解。它处理文本压缩、数据编码和加密、文件格式转换等，使得数据在网络中的表示形式与接收端系统的表示形式相适应，使双方均能认识对方数据的含义。

(7) 应用层：直接为用户的应用程序(如电子邮件、文件传输)提供网络服务。它通过各种应用程序协议如 HTTP、FTP、SMTP 等，使得网络服务成为可能，是用户与网络交互的接口。

当两台计算机通过网络通信时，一台计算机上的任何一层的软件都假设是在与另一台计算机上的同一层进行通信。例如，一台计算机上的传输层和另一台计算机的传输层通信，第一台计算机上的传输层并不关心实际是如何通过该计算机的较低层，然后通过物理媒介，最后通过第二台计算机的较低层来实现通信的。

3. TCP/IP 参考模型

计算机网络体系结构中普遍采用分层的方法，OSI 是严格遵循分层模式的典范。随着互联网的流行，其所使用的 TCP/IP 协议体系结构已成为事实上的国际标准。TCP/IP 协议的体系结构分为应用层、传输层、网络互联层和网络接口层 4 个层次，每一层实现特定功能，而且每层都有对应的协议，TCP/IP 参考模型结构如图 6-1-6 所示。

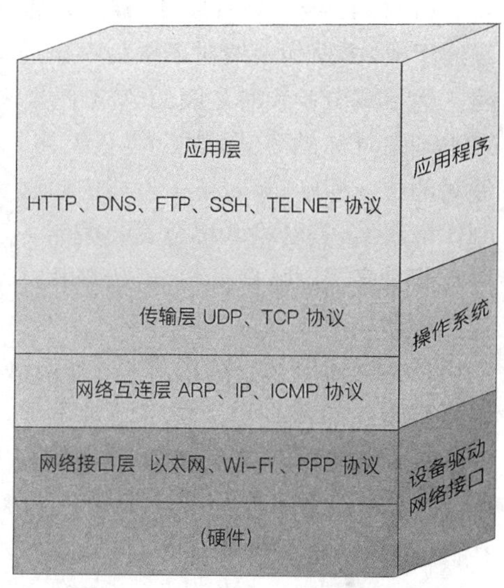

图 6-1-6　TCP/IP 参考模型结构

6.1.4　常用网络设备

1. 调制解调器

调制解调器是网络通信中不可或缺的硬件设备，它通过转换信号类型，使得数字数据能够在模拟信号传输系统中进行有效传输。具体而言，调制解调器在发送端将计算机产生的数字信号转换为可在电话线上传输的模拟信号；在接收端，则将模拟信号还原为数字信号，以便计算机处理。这种转换功能对于当时尚未普及光纤的网络环境至关重要。

(1) ADSL 调制解调器：俗称“猫”，是在宽带互联网接入技术中广泛使用的一种调制解调器。在不具备光纤接入的条件下，ADSL 调制解调器通过传统的铜质电话线路提供高速的数据传输服务，允许用户在相同的线路上同时进行语音通话和数据传输。ADSL 技术的出现极大地提高了家庭和小型办公室网络的接入速度，推动了互联网的广泛应用。

(2) 光电转换器(光纤收发器)：随着光纤技术的推广，为了满足更高速度的数据传输需求，出现了光电转换器，这种设备专门用于处理光信号。与处理电信号的传统调制解调器不同，光电转换器支持全双工或半双工的数据传输模式，并可达到 1 Gb/s 的速率，兼容现有的以太网技术。

它们使得原有快速以太网能够平滑过渡到千兆以太网，同时保护了用户的早期投资。

在实际应用中，选择合适的调制解调器对网络性能有重要影响。例如，家庭用户可能需要ADSL调制解调器来接入互联网，而企业用户则可能需要更高速的光电转换器以确保大量数据的快速传输。无论是ADSL调制解调器还是光电转换器，正确的安装和配置都是确保网络稳定运行的关键。此外，了解设备的工作原理有助于用户在遇到网络问题时进行有效的故障排除。

2. 传输介质

传输介质是连接网络中各节点的物理通路。目前，常用的网络传输介质有双绞线、同轴电缆、光缆与无线电波。

(1) 双绞线：由两根、四根或八根绝缘导线组成，两根为一线对来作为一条通信链路。为了减少各线对之间的电磁干扰，各线对以均匀对称的方式，螺旋状扭绞在一起。线对的绞合程度越高，抗干扰能力越强。在制作网线中，需要将8根金属线按照一定顺序重新排序，其中T568A和T568B标准的连接顺序如图6-1-7所示。

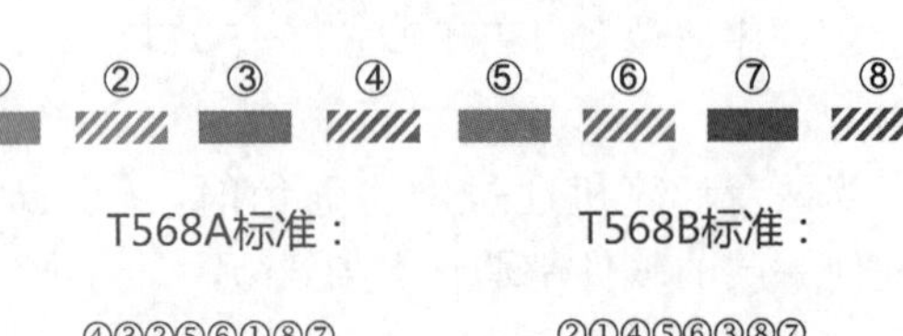

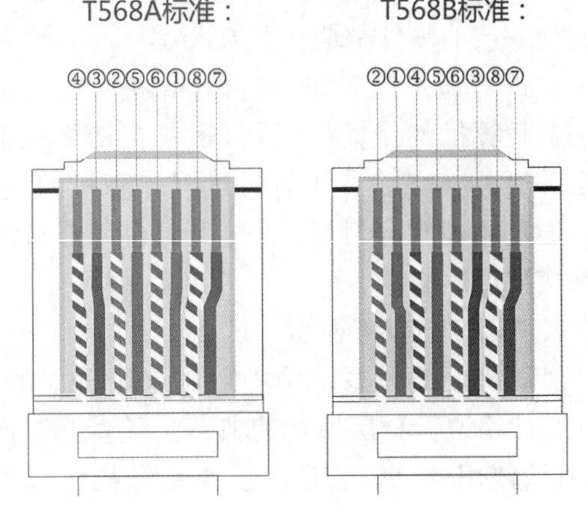

图6-1-7　标准网线连接示意图

(2) 同轴电缆：由内导体、外屏蔽层、绝缘层及外部保护层组成。同轴电缆可连接的地理范围较双绞线更宽，抗干扰能力较强，使用与维护也很方便，但价格较双绞线高。

(3) 光缆：一条光缆中包含多根光纤。每根光纤均由玻璃或塑料拉成极细的能传导光波的纤芯和包层构成，外面再包裹多层保护材料。光纤通过内部的全反射来传输一束经过编码的光信号。光缆因其数据传输速率高、抗干扰性强、误码率低及安全保密性好的特点，被认为是一种最有前途的传输介质。光缆价格高于同轴电缆与双绞线。

常见的光纤类型有单模光纤(SMF)和多模光纤(MMF)，主要区别在于光的传播模式和应用场景。单模光纤的芯径较小(通常为9 μm)，只允许光以一种模式(即一条路径)传播，这使得它能够提供更高的带宽和更远的传输距离，适用于高速率、长距离的数据传输。而多模光纤的芯径较大(通常为50 μm或62.5 μm)，允许光以多种模式传播，导致信号在长距离传输时产生模式色散，因此其传输距离较短，但成本较低，适用于短距离、低速率的通信应用。

(4) 无线传输介质：使用特定频率的电磁波作为传输介质，可以避免有线介质(双绞线、同轴电缆、光缆)的束缚，组成无线局域网。目前计算机网络中常用的无线传输介质有无线电波(信号频率在30 MHz～1 GHz)、微波(信号频率在2～40 GHz)、红外线(信号频率在3×1 011～2×1 014 Hz)。

2. 网卡

网卡(NIC)又称为网络适配器，是计算机网络中的一种硬件设备。每台需要联网的计算机上都需要安装网卡，因为它是计算机联网的基本组件。网卡一端连接计算机，另一端连接局域网中的传输介质，它负责将计算机中的数字信号与网络中传输的信号进行互换，实现数据的接收与发送。在现代计算机中，网卡可能是独立的硬件设备，也可能是集成在主板上的芯片，甚至可能被软件所模拟，以适应不同类型的网络连接需求。

（1）网卡的作用：网卡具有物理层和数据链路层的大部分功能，包括网卡与传输介质的物理连接、介质访问控制（CSMA/CD）、数据帧的拆装、帧的发送与接收、错误校验、数据信号的编/解码、数据的串/并行转换等功能。网卡是局域网通信接口的关键设备，是决定计算机网络性能指标的重要因素之一。

（2）网卡的物理地址：在网卡的存储器中保存了一个全球唯一的网络节点地址，这个地址称为介质访问控制（Media Access Control，MAC）地址，又称为硬件地址或网卡物理地址。MAC 地址用 12 个十六进制数来表示，它的地址长度是 48 位（bit），前 6 个十六进制数（24 bits）代表网卡生产厂商的标识符信息，后 6 个十六进制数代表生产厂商分配的网卡序号。MAC 地址格式如图 6-1-8 所示。

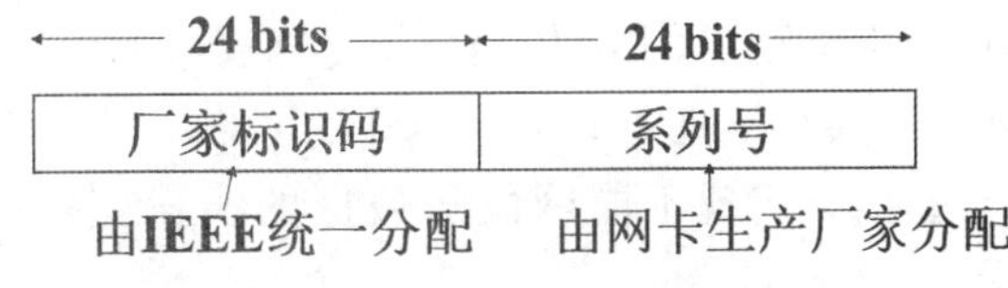

图 6-1-8　MAC 地址格式

一个典型的用 12 个十六进制数表示的 MAC 地址的写法为“00-0B-DB-A3-D4-B6”。每块网卡都有一个唯一的 MAC 地址，这个地址是网卡生产厂商在生产时写入网卡上的 ROM 芯片中的。MAC 地址的主要作用是在以太网传输数据时，所传输的数据包中包含源节点和目标节点的 MAC 地址，网络中每台节点设备的网卡会检查所传输的数据中的 MAC 地址是否与自己的 MAC 地址相匹配，若不匹配，则网卡会丢弃该数据包。

在命令提示符状态下，输入“ipconfig/all”命令并按“Enter”键，可以查看当前计算机网卡的 MAC 地址，如图 6-1-9 所示。

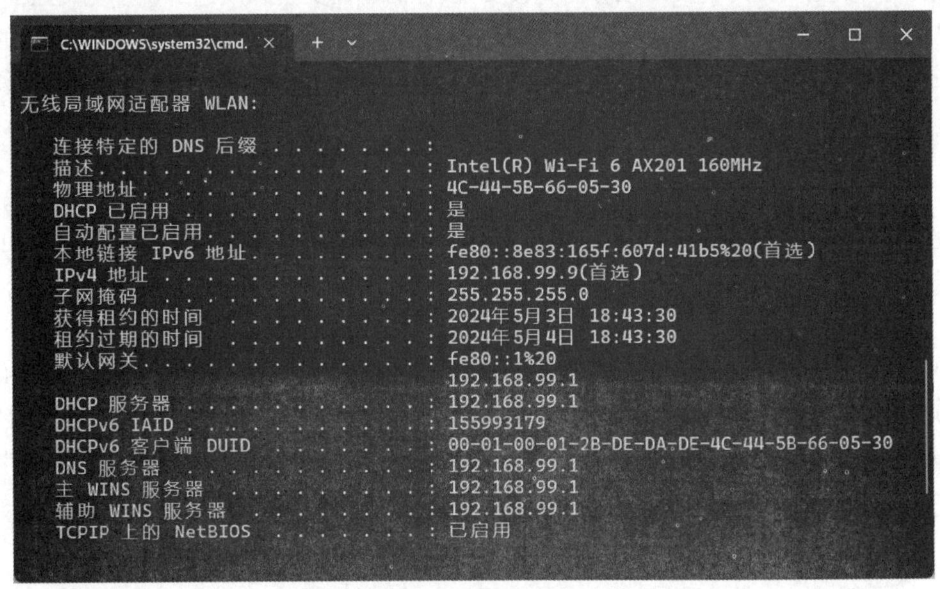

图 6-1-9　查看网卡的 MAC 地址

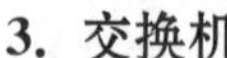

3. 交换机

(1) 交换机的工作原理

交换机是一种网络集中设备，主要用于连接其他网络设备。它的工作原理是通过对照MAC地址表，只允许必要的网络流量通过，从而实现网络的分段。这样，可以有效地隔离广播风暴，减少误包和错包的出现，避免共享冲突。

交换机在同一时刻可以进行多个端口之间的数据传输。每个端口都可以视为独立的网段，连接在其上的网络设备独自享有全部带宽，无需与其他设备竞争使用。例如，如果使用的是10 Mb/s的以太网交换机，那么该交换机的总流通量就等于2×10 Mb/s=20 Mb/s。而使用10 Mb/s的共享式集线器时，一个集线器的总流量不会超过10 Mb/s。

在局域网中常用的交换机有二层交换机和三层交换机。二层交换机工作在OSI的第二层，即数据链路层，主要依赖数据链路层中的信息(如MAC地址)完成不同端口数据间的线速交换。三层交换机则工作于OSI的网络层，具有路由功能，它将IP地址信息提供给网络路径进行选择，并实现不同网段间数据的线速交换。例如，华为三层核心交换机如图6-1-10所示。

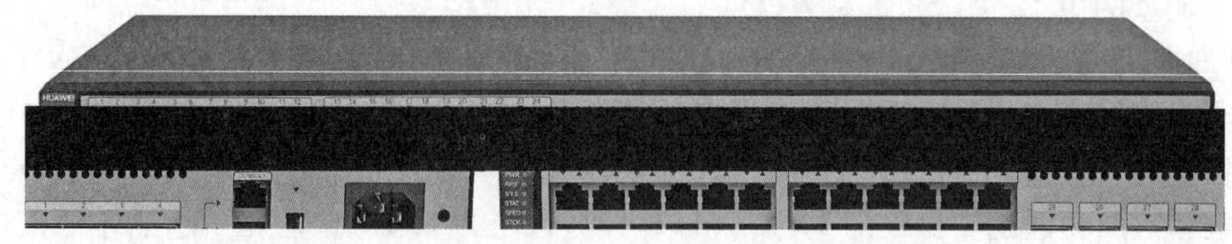

图6-1-10 华为三层核心交换机

(2) 交换机的数据交换方式

交换机的数据交换与转发可以分为直接交换、存储转发交换和改进的直接交换三种方式。

① 直接交换：在这种方式下，交换机在接收数据的同时进行检测。一旦检测到目的地址字段，它立即将数据帧发送到相应的端口，而不考虑数据是否存在错误。差错检测的任务由节点主机来完成。这种交换方式的优点是交换延迟时间较短，缺点是缺乏差错检测能力，且不支持不同输入/输出速率端口之间的数据转发。

② 存储转发交换：在该方式下，交换机首先要完整地接收站点发送的数据，并对数据进行差错检测。若接收的数据是正确的，则根据目的地址确定输出端口号，将数据转发出去。这种交换方式具有差错检测能力并支持不同输入/输出速率端口之间的数据转发，但交换延迟时间较长。

③ 改进的直接交换：该方式是将直接交换与存储转发交换结合起来，在接收到数据的前64字节之后，判断数据的头部字段是否正确，若正确则转发出去。对于短数据来说，这种方式的交换延迟与直接交换方式比较接近；而对于长数据来说，由于它只对数据前部的主要字段进行差错检测，交换延迟将会减小。

4. 路由器

(1) 路由器的概念

路由器是网络中的关键设备，它连接不同的网络，例如局域网或不同类型的网络，并确保它们之间的数据通信。它工作在网络的第三层，即网络层，负责将数据从一个网络传输到另一个网络。例如,华为企业级核心路由器如图 6-1-11 所示。

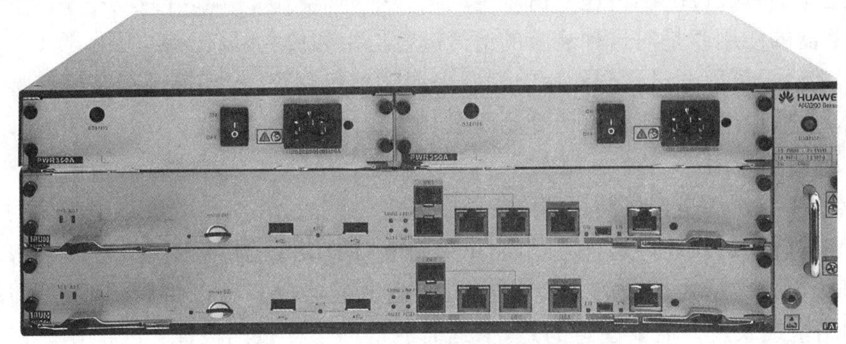

图 6-1-11 华为企业级核心路由器

(2) 路由器的功能

路由器的主要功能有两个:路由选择和数据转发。

① 路由选择:路由器使用路由选择算法来确定从源主机到目的主机的最佳路径。这通常涉及维护一个路由表,该表包含目的地址和下一跳路由器的地址等信息。

② 数据转发:一旦确定了最佳路径,路由器会将数据包转发给下一跳路由器,直到数据包到达其最终目的地。

(3) 路由器的工作原理

假设用户 A1 在网络 A 中要发送数据给在网络 C 中的用户 C3,那么数据传输步骤如下:

① 用户 A1 将数据帧发送给集线器或交换机,然后广播给同一网络中的所有节点。当路由器 A5 端口侦听到这个地址后,分析得知需要转发,就把数据帧接收下来。

② 路由器 A5 端口接收到数据帧后,从报头中取出目的用户 C3 的 IP 地址,并根据路由表计算到达用户 C3 的最佳路径。

③ 路由器的 C5 端口再次取出目的用户 C3 的 IP 地址,找出 C3 的 IP 地址中的主机 ID。若在网络中有交换机则可先发给交换机,由交换机根据 MAC 地址表找出具体的网络结点位置;若没有交换机设备,则根据其 IP 地址中的主机 ID 直接把数据帧发送给用户 C3。

(4) 路由器的路由方式

路由器上存储着一张关于路由信息的表格,即路由表,这是路由器工作的重要依据和参考。路由表可以分为静态路由表和动态路由表。

① 静态路由表:由系统管理员事先设置好的固定的路径表,通常在系统安装时就已经根据网络的配置情况预先设定好了,它不会随着未来网络结构的变化而改变。

② 动态路由表:路由器会根据网络系统的运行情况自动调整的路径表。在动态路由表下,路由器根据路由选择协议提供的功能自动学习和记录网络运行情况,在需要时自动计算数据传输的最佳路径。

5. 中继器

(1) 中继器的概念

中继器是一种用于连接物理层的中间设备,主要用于在局域网中增强和延长网络信号的传输距离。它能够放大、调整并通过再生技术复制网络信号,以便扩展特定局域网网段的长度，但它仅用于互联相同的局域网网段。中继器在两个网络节点之间进行物理信号的双向转发，并确保这些信号按位准确传递。由于传输过程中的信号会衰减，导致功率下降和可能的信号失真，中继器的作用就是对这种衰减的信号进行再生和放大，以保持与原始数据一致的信号质量。虽然理论上可以通过无限使用中继器来无限延长网络，但实际上由于网络标准对信号延迟有具体规定，中继器的有效工作受到此限制。

（2）中继器的作用

中继器的主要作用是连接同一网络的两个或多个网段，并对传输过程中减弱的信号进行放大、再生和重新发送。通过这种方式，它可以有效增加信号的传输距离。例如，在以太网中，一个标准细缆网段的最大长度为 185 m，通过使用中继器最多可以扩展到五段，即最大可达 925 m 的网络电缆长度。需要注意的是，中继器通常用于连接网段而不是子网。它负责在物理层上重新定时并使数字信号得以再生，进而扩大局域网的覆盖范围。有的中继器还可以连接不同物理介质，如将细同轴电缆和光缆连接起来。

（3）中继器的优点

① 延长通信距离：允许信号覆盖更广的区域。

② 增加节点数：可添加更多的设备到网络中。

③ 支持不同通信频率：各网段可以使用不同的频率，提高频谱利用率。

④ 提升性能：当某个网段发生故障时，通常不会影响到整个网络的其他部分。

6.1.5 无线局域网

无线局域网（WLAN）是一种利用无线通信技术实现的局域网络，它允许计算机设备在没有电缆连接的情况下进行互相通信和资源共享。无线局域网提供灵活的网络连接选项，已经成为现代生活中不可或缺的一部分，无论是在个人生活还是在工作中都发挥着重要作用。

（1）基本概念

无线局域网利用无线信道代替有线传输介质，如双绞线或同轴电缆，来连接两个或多个设备形成一个网络系统。这种网络通常使用无线电波作为数据传输媒介，使得设备可以在覆盖范围内自由移动而不受物理连接的限制。

（2）特点与优势

无线局域网具有便利性、灵活性和高速性等特点。它的部署场景包括家庭、学校、企业办公楼等，为用户提供了便捷的网络接入服务。由于其易于安装和维护，以及对终端移动性的支持，无线局域网在现代生活和工作中变得日益重要。

（3）标准与协议

无线局域网的主要标准是由 IEEE 802.11 系列定义的，这些标准规定了无线局域网的各种技术细节，如频率使用、数据传输速率、安全性等。随着技术的发展，已经出现了多个版本的标准，如 802.11a/b/g/n/ac/ax 等，它们支持不同的传输速度和功能。

（4）组成结构

无线局域网的拓扑结构包括分布对等式拓扑、基础结构集中式拓扑、扩展服务集（ESS）网络拓扑以及中继或桥接型网络拓扑。这些结构决定了无线网络的覆盖范围和连接方式。

（5）应用场景

无线局域网广泛应用于各种环境，如家庭网络、企业办公网络、公共场所的 Wi-Fi 热点、教育机构的网络教室等。它们赋予了用户随时随地访问互联网的能力，极大地提高了工作和生活的便捷性。

例如，在一个典型的家庭环境中，用户可以通过无线路由器建立一个无线局域网，让家中的电脑、手机、平板等设备都能方便地连接到互联网，共享数据和资源。在企业环境中，无线局域网可以支持员工的移动办公，允许他们在办公室内的任何位置使用笔记本电脑或智能手机接入企业内部网络。

（6）常用的无线连接技术

① 蓝牙

蓝牙技术是一种广泛使用的无线通信技术，它支持设备之间的近距离通信。这种技术在许多日常设备中得到了应用，如手机、个人数字助理(PDA)、无线耳机、车载音响系统、便携式电脑以及各种外围设备。通过蓝牙，这些设备能够轻松地相互交换信息，极大地简化了移动通信终端之间的连接过程，同时也方便了设备与互联网的连接，使得数据传输更加快速和高效。随着技术的发展，蓝牙技术已经深入社会生活的各个层面。下面举一些实际场景中，应用蓝牙技术的例子。

a. 智能门锁：现代智能门锁通常集成了蓝牙功能，允许用户通过智能手机进行安全解锁，提供了更加便捷的门禁管理方式。

b. 健康追踪器：如智能手环利用蓝牙技术与用户的手机同步数据，实时监控健康状况，如步数、心率等，并通过手机应用程序提供反馈。

c. 车辆胎压监测：一些现代汽车配备了带有蓝牙功能的胎压监测系统，能够实时监测轮胎压力，并将读数发送到驾驶员的移动设备或车载显示屏上。

d. 工业自动化控制：在工业领域，蓝牙技术被用于自动化控制系统，如机器人手臂的无线遥控和维护，提高了生产效率和灵活性。

② Wi-Fi

Wi-Fi 技术作为无线局域网的一种实现方式，基于 IEEE 802.11 标准，为设备提供了在百米范围内互连的能力。这种技术支持用户通过无线网络接入点(AP)访问电子邮件、浏览网页以及享受流媒体服务，从而无需依赖传统的有线宽带连接。当某个区域提供 Wi-Fi 接入服务时，该区域通常被称为“热点”。

Wi-Fi 技术主要工作在 2.4 GHz 和 5 GHz 的无线频段上，这两个频段在全球范围内普遍可用，并且能够提供相对较高速的数据传输。目前，几乎所有的智能手机、平板电脑以及便携式电脑等移动设备都内置了 Wi-Fi 功能，使得用户能够随时随地连接到互联网。

③ 华为星闪

华为星闪如图 6-1-12 所示，是华为推出的一种创新的近距离无线连接技术，它与蓝牙技术有许多相似之处，都是用于设备之间的近距离通信。华为星闪旨在提供更加稳定、高速的连

图 6-1-12　华为星闪

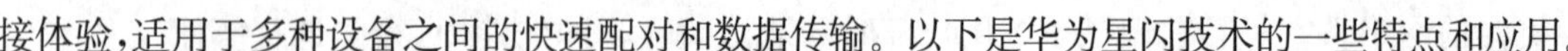

接体验，适用于多种设备之间的快速配对和数据传输。以下是华为星闪技术的一些特点和应用。

a. 高速传输：华为星闪技术支持高速数据传输，使得大文件和高清媒体内容能够迅速在设备间共享。

b. 低功耗：设计上注重能效，使得设备在保持连接时消耗更少的电量，适合长时间使用。

c. 广泛兼容：华为星闪技术能够与多种设备兼容，包括智能手机、平板电脑、笔记本电脑以及其他智能穿戴设备。

d. 智能家居：在智能家居领域，华为星闪可以用于控制智能灯具、智能插座、安防设备等，实现设备间的快速响应和控制。

e. 便携设备：类似于蓝牙耳机，华为星闪也可以应用于无线耳机和其他便携式音频设备，以提供高品质的音频体验。

f. 健康监测：与智能手环等健康追踪设备同步，实时监控用户的活动数据和健康指标。

g. 车载系统：在汽车领域，华为星闪可以用于车载信息娱乐系统的无线连接，提供稳定的音频流和数据交换。

6.2 因特网基础知识

6.2.1 因特网的概念

1. 因特网

因特网(Internet)，通常被称为互联网，是全球最大且连接能力最强的计算机网络。它由遍布全世界的大大小小的网络相互连接而成，起源于美国军方的高级研究计划局的阿帕网(ARPANET)。Internet 主要采用 TCP/IP 协议，使得网络上的各个计算机可以相互交换各种信息。

Internet 覆盖全球五大洲的 160 多个国家，通过数百万个网点提供数据、电话、广播、出版、软件分发、商业交易、视频会议以及视频节目点播等服务。一旦连接到 Web 节点，就意味着计算机已经进入 Internet。

Internet 将全球范围内的网站连接在一起，形成了一个资源丰富的信息库。它在人们的工作、生活和社会活动中起着越来越重要的作用。

2. 万维网

万维网(World Wide Web，WWW)，又称环球信息网、环球网和全球浏览系统等，源于位于瑞士日内瓦的 CERN。万维网是一种基于超文本的信息服务系统，它通过超链接把世界各地不同 Internet 节点上的相关信息有机地组织在一起。

用户只需发出检索要求，万维网就能自动地进行定位并找到相应的检索信息。用户可用万维网在 Internet 上浏览、传递和编辑超文本格式的文件。万维网是 Internet 上最受欢迎、最为流行的信息检索工具，它能把各种类型的信息(文本、图像、声音和影像等)集成起来供用户查询。

万维网的架构主要由三部分构成：浏览器、Web 服务器以及 HTTP 协议。在操作流程中，浏览器负责向 Web 服务器提出数据请求，Web 服务器响应这些请求并提供所需的文档，随后浏览器会解析这些文档，并按照特定的格式展现在用户的屏幕上。

在万维网的运行机制中，HTTP(超文本传输协议)和 HTML(超文本标记语言)是两项核心技术。

万维网还具有连接文本传输协议(FTP)和 BBS 等能力。总之,万维网的应用和发展已经远远超出网络技术的范畴,影响着新闻、广告、娱乐、电子商务和信息服务等诸多领域。可以说,万维网的出现是 Internet 应用的一个革命性的里程碑。

6.2.2 TCP/IP 协议的工作原理

1. 网络协议

在日常生活中,协议的概念无处不在。例如,交通法规就是各种车辆(机动车、非机动车等)及行人出行时应当遵守的协议。这些规则确保了交通的有序进行,避免了混乱和事故。

在计算机网络中,有许多互相连接的节点,在这些节点之间不断地进行数据交换。为了确保数据交换的有序进行,每个节点都必须遵守一些事先约定好的规则。这些为进行网络中的数据交换而建立的规则、标准或约定即称为网络协议(Network protocol)。

网络协议主要由语义、语法和时序三个要素组成。

(1) 语义:语义是指对协议元素的含义进行的解释,它规定通信双方彼此"讲什么",即确定通信双方要发出的控制信息、执行的动作和返回的应答,主要涉及用于协调与差错处理的控制信息。例如,需要发出何种控制信息,完成何种动作及得到何种响应等。不同类型的协议元素所规定的语义是不同的。

(2) 语法:语法是指若干个协议元素和数据组合起来表达一个完整的内容时所应遵循的格式,即对信息的数据结构所做的一种规定。它规定通信双方彼此"如何讲",即确定协议元素的格式,如用户数据与控制信息的结构和格式等。

(3) 时序:时序是对事件实现顺序的详细说明,它规定信息交流的次序,主要涉及传输速度匹配和排序等。例如,在视频会议中,主持人发送一个讲话信号,若与会者正确接收并理解,则通过手势或文字表示确认;若与会者未能正确接收,则请求主持人重新发送或解释。在这一例子中,主持人相当于源端,与会者相当于目标端。

由此可见,网络协议本质上是网络通信中使用的一种语言。对于计算机网络而言,网络协议是不可或缺的。尽管不同结构的网络和不同厂商的网络产品可能使用不同的协议,但它们都遵循一些标准协议,从而便于不同厂商的网络产品实现互联。

2. TCP/IP

TCP/IP 是互联网中最重要的协议之一,由传输控制协议(TCP)和网际协议(IP)组成。

1) TCP 和 IP 的含义及作用

(1) TCP 负责在传输层提供可靠的数据传输服务,它负责将数据分割成小的数据包,确保数据包能够按顺序且完整地从源头到达目的地。如果数据包在传输过程中丢失或出错,TCP 会要求重新传输,直到所有数据都安全正确地到达目的地。这通过使用确认、重传和错误检测机制来实现。

(2) IP 则负责在互连网络层提供数据的传输服务,它给每个设备分配一个唯一的地址,即 IP 地址,以及确定数据包从源到目的地的路径。这将涉及路由选择,即数据包在网络中的多个节点之间如何传输,以及如何处理拥塞和故障。

2) TCP/IP 集合的分层结构

TCP/IP 定义了 4 层,分别是网络接口层、网络层、传输层和应用层。

(1) 网络接口层:这是最底层,也称为数据链路层或主机到网络层。它处理与物理网络相关的硬件和软件细节，如网卡驱动程序和电缆标准。这一层确保数据能够在物理媒介上正确传输。

(2) 网络层：也称为网络层，主要负责数据包的发送和接收，包括数据包在网络中传输的路由选择。这一层使用的核心协议是IP(网际协议)，它定义了数据包的格式和地址方案。

(3) 传输层：这一层负责为应用层实体提供端到端的通信服务。在这一层中，TCP提供可靠的数据传输服务，保证数据包的顺序和完整性。而UDP(用户数据报协议)则提供一种无连接的服务，适用于那些不需要可靠传输的应用。

(4) 应用层：这是最高层，为用户提供服务，如电子邮件、文件传输和网页浏览。它包含诸如FTP、简单邮件传输协议(SMTP)和HTTP等协议。

6.2.3 因特网IP地址和域名

1. IP地址

Internet由数以千万计的网络和数十亿台计算机构成。为了实现这些计算机之间的精确通信，每台计算机被分配了一个独一无二的IP地址。这个IP地址是一个逻辑上的标识符，它帮助隐藏了底层物理网络的复杂性，从而使整个Internet在逻辑层面上呈现出一个统一的网络结构。

(1) IP地址的格式

IP地址采用分层结构设计，由网络地址和主机地址两部分构成，用以确定特定主机的地理位置。其中，网络号标识一个逻辑网络，而主机号则指该逻辑网络内的具体主机。这种结构设计使得在Internet上定位计算机变得高效：首先根据网络号定位到具体的物理网络，然后依据主机号找到目标计算机。

每台接入Internet的主机至少分配有一个独一无二的IP地址，若一台主机拥有多个IP地址，则意味着它同时属于多个逻辑网络。

现有的IPv4协议，IP地址长度为32位，按每8位1个字节划分，共分为4个字节，每个字节可代表一个0至255之间的十进制数，这些数字之间用点(.)分隔，形成如“XXX. XXX. XXX. XXX”的格式，其中“XXX”代表一个0至255的十进制数，这种表示方法通常被称为“点分十进制地址”，例如“10.255.5.121”就是一个IPv4地址。

(2) IP地址的分类

根据不同的取值范围，IP地址可以划分成A、B、C、D、E五类。其中，A、B、C类地址是主类地址，D类地址为组播地址，E类地址保留给将来使用，如图6-2-1所示。

① A类IP地址：以0作为最高位，具有7位网络号和24位主机号(即第1个字节是网络号，第234字节是主机号)。其二进制表示的最高位固定为0，且第一个字节的十进制数范围是0～127。但由于0和127是保留地址，实际上可用的范围是1～126，因此，A类IP地址从1.0.0.1延伸至126.255.255.254。7位网络号意味着可有126个不同的A类网络，而每个此类网络可支持多达16 777 214个主机地址。这类地址非常适合那些拥有大量主机的大型网络。

② B类IP地址：以10为最高两位，包含14位网络号和16位主机号(即第12个字节是网络号，第34字节是主机号)。其二进制表示的最高位是10，使得第一个字节的十进制数介于128～191之间。因此，B类IP地址的范围是从128.0.0.1到191.255.255.254。14位网络号允许存在16 384个不同的B类网络，而每个B类网络可以有65 534个主机地址。B类IP

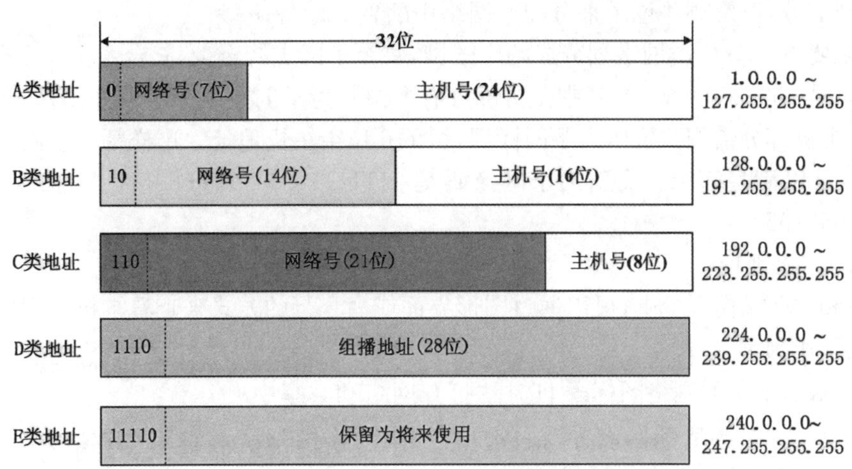

图 6-2-1 IP 地址的分类

地址通常适用于中型网络,如国际企业及政府机构等。

③ C类IP地址:以110为最高三位,拥有21位网络号和8位主机号(即第123个字节是网络号,第4字节是主机号)。其二进制表示的最高位是110,使第一个字节的十进制数在192～223之间。所以,C类IP地址从192.0.0.1扩展至223.255.255.254。21位网络号意味着可能存在2 000 000个不同的C类网络,每个C类网络则能支持254个主机地址。C类IP地址适合小型网络,如小型公司和普通研究机构等。

④ D类IP地址:用于组播,其范围从224.0.0.0到239.255.255.255,主要服务于组播组和其他特殊用途。

⑤ E类IP地址:目前被保留,地址范围是240.0.0.1到255.255.255.255,主要用于实验和未来可能的需求。

(3) 子网掩码

子网掩码用于区分IP地址中的网络部分和主机部分。它是一个32位的值,被分成4个8位的字节,与IP地址相对应。通过将IP地址与子网掩码进行逻辑与操作,可以确定某个主机所在的网络段。

设置子网掩码的规则:

① 在IP地址中表示网络部分的位,在子网掩码中对应的位设置为1。

② 在IP地址中表示主机部分的位,在子网掩码中对应的位设置为0。

根据不同的IP地址类别,默认的子网掩码如下:

① A类地址:默认子网掩码为255.0.0.0,因为网络部分占用了第1个字节。

② B类地址:默认子网掩码为255.255.0.0,因为网络部分占用了前2个字节。

③ C类地址:默认子网掩码为255.255.255.0,因为网络部分占用了前3个字节。

(4) 子网

子网是通过网络地址的再划分实现的一种网络内部分组手段。它允许一个组织或机构将其拥有的较大网络地址空间细分成多个逻辑上的小网络,每个这样的小网络就称为一个子网。子网的创建通常通过子网掩码来实现,子网掩码决定了IP地址中哪些位标识网络部分,哪些位标识子网部分，以及哪些位用来分配给网络中的独立设备。

假设需要将一个C类网络划分成两个子网，每个子网支持至少50台主机。C类地址的默认子网掩码是255.255.255.0，其中主机部分有8位。为了创建两个子网并支持至少50台主机，需要从主机部分借用2位作为子网标识，留下6位给主机地址。这样每个子网可以有$2^6=64$个地址，足以满足需求。而新的子网掩码是11111111.11111111.11111111.11000000，即255.255.255.192。

(5) 本机IP地址

在Windows操作系统中，可以通过图形界面或命令行的方式来查看本机的IP地址。

① 查看IP地址

点击电脑右下角的网络图标；选择“打开网络和共享中心”；点击左侧的“更改适配器设置”；右键单击“本地连接”或“无线网络连接”，选择“属性(R)”，如图6-2-2所示；在弹出的窗口中点击“详细信息”，IP地址会显示在“IPv4地址”一行。

图6-2-2 本地连接

② 修改IP地址

打开“控制面板”，依次选择“网络和Internet”和“网络和共享中心”。在左侧导航栏中点击“更改适配器设置”，找到需要修改IP地址的网络连接，右键单击后选择“属性”。在弹出的对话框中找到并双击“Internet协议版本4 (TCP/IPv4)属性”，然后选择“使用下面的IP地址(S)：”，手动输入固定的IP地址、子网掩码、默认网关等信息，点击“确定”按钮保存设置，如图6-2-3所示。

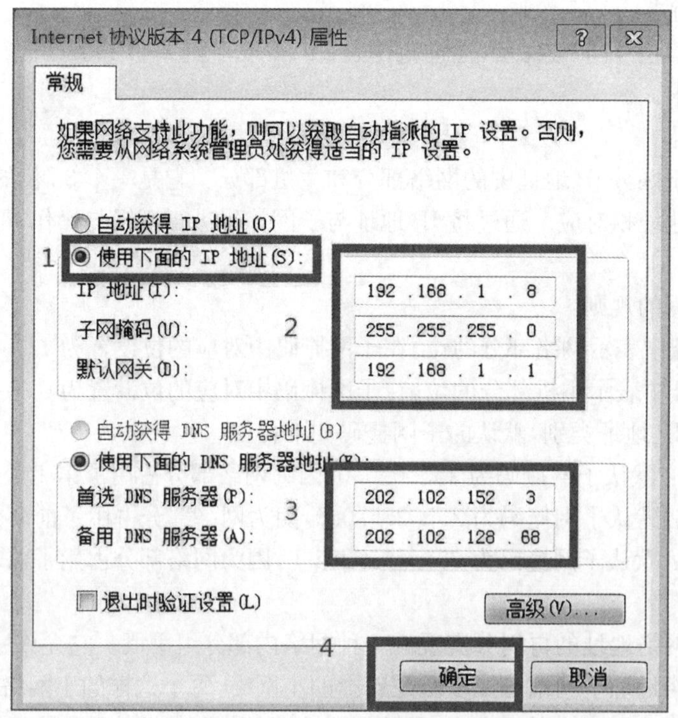

图6-2-3 设置IP地址

2. 域名

IP 地址是 Internet 上进行数据传输时计算机能够直接识别的数字地址。由于 Internet 上主机众多,用户难以记住大量 IP 地址。为便于用户使用,引入了域名系统(Domain Name System, DNS),它允许用户通过易于记忆的域名访问网站和网络服务。

(1) 域名系统

域名系统是一个分布式数据库集合,用于维护域名与 IP 地址之间的映射关系。例如,当用户在浏览器中输入"www. baidu. com"时,域名系统会根据输入找到对应服务器的 IP 地址,从而帮助用户连接到该网站。域名系统采用层次命名结构,整个域名空间构成一个倒立的树状分层结构。每个节点都有名字,一台服务器的名字是从树叶到树根路径上各节点名字的序列。

在 Internet 上,各级域名都有对应的域名服务器,负责管理本域内注册的下级域名或所有主机信息。域名解析方法使用"."分隔各级子域名,从右至左分别为顶级域名、二级域名、三级域名……。例如,阳光学院的 Web 服务器域名为"ygu. edu. cn",其中"cn"是顶级域名,"edu"是二级域名,"ygu"是三级域名。

(2) 顶级域名

国际互联网源于美国,因此现行域名都是英文域名,顶级域名由美国商业授权的国际域名及 IP 地址分配机构管理。为确保通用性,Internet 规定了一些正式通用标准,分为区域名和类型名。表 6-2-1 列出了常用国家或地区的域名,如"cn"表示中国,"au"表示澳大利亚,"us"表示美国。并非所有国家的顶级域名都已被使用,国家顶级域名只能由该国申请并管理。

表 6-2-1 常用国家或地区的域名

域名	国家/地区	域名	国家/地区	域名	国家/地区
kr	韩国	fr	法国	nl	荷兰
ca	加拿大	gb	英国	se	瑞典
cn	中国	in	印度	sg	新加坡
de	德国	jp	日本	us	美国

表 6-2-2 列出了常用的类型域名,如"com"表示商业类,"edu"表示教育类。对于"com""net""org"这 3 个通用顶级域名,任何国家的用户都可以申请注册其二级域名;"edu"(教育机构)、"gov"(政府机构)、"mil"(军事机构)这 3 个顶级域名只向美国的专门机构开放,其他国家只能用各自的二级域名,比如中国教育机构使用"edu. cn"。

表 6-2-2 常用的类型域名

域名	类型	域名	类型	域名	类型
are	娱乐活动	firm	公司企业	mil	军事类
arts	文化娱乐	gov	政府部门	net	网络机构
com	商业类	info	信息服务	nom	个人
edu	教育类	int	国际机构	org	非营利组织

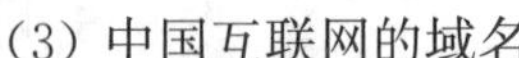

(3) 中国互联网的域名

中国的域名由中国互联网信息中心(CNNIC)负责注册和管理,顶级域名为"cn"。采用两个字母的汉语拼音表示各省、自治区和直辖市,如"bj"表示北京市。

6.2.4 IPv6 地址

IPv4 是 Internet 使用的网络层协议,自 20 世纪 80 年代以来一直在运行。但随着 Internet 的发展,IPv4 已暴露出不足之处。IPv6(也称为 IPng)是 IETF 设计,地址长度从 32 位增加到 128 位,它是下一代互联网协议,旨在取代 IPv4,其主要特点包括更大的地址空间、更高的安全性和更好的头部格式等。

1. IPv6 地址的特点

(1) 更大的地址空间:IPv6 地址长度为 128 位,理论上可编址的节点数达到 2^{128} 个,这解决了 IPv4 地址空间不足的问题。

(2) 更高的安全性:IPv6 地址支持网络层的数据加密和校验,提高了网络的安全性。

(3) 更好的头部格式:IPv6 地址使用新的头部格式,简化了路由选择的过程。

2. IPv6 地址的表示方式

IPv6 采用冒号十六进制表示法来表示地址,例如,1234:5678:90AB:CDEF:ABCD:EF01:2345:6789。为了简化表示,可以去掉前导 0 和连续的 0 段。

3. IPv6 地址的分类

IPv6 地址包括单播地址、组播地址和任播地址。其中,单播地址又可分为链路本地地址、站点本地地址和全球单播地址等。

4. IPv6 地址的优势

(1) 更大的地址空间:IPv6 地址空间远大于 IPv4,可以满足更多设备接入互联网的需求。

(2) 更小的路由表:IPv6 地址的分配遵循聚类原则,缩短了路由表的长度,提高了路由器转发数据包的速度。

(3) 增强的组播支持和流控制:IPv6 地址为服务质量控制提供了良好的网络平台。

(4) 自动配置支持:IPv6 地址加入了对自动配置的支持,简化了网络管理。

(5) 允许扩充:IPv6 地址允许在新的技术或应用需要时进行协议扩充。

6.3 因特网应用

6.3.1 因特网应用的相关概念

1. 网页

网页通常包含文字、图片、声音、视频及动画等多媒体元素,并且往往嵌入了指向其他页面的链接。这些链接的存在使得从一个页面跳转至另一个相关页面或网站变得十分便捷。所有网页都是用 HTML 编写的。一个网站的第一个页面称为主页。一个网站是由多个精心设计的网页构成的集合,类似于书籍中的页码,每个网站包含若干不同内容的页面。

2. 超级链接

超级链接是指同一网站内不同页面之间或不同网站之间的连接。这种链接不仅将一个网站内的页面紧密联系起来，还能在不同网站间建立联系。超级链接包含两个部分：源端点（链接载体）和目标端点（链接目标）。

多种页面元素可以充当链接载体，例如文本、图像、图像热区、轮替图像、动画等。链接目标可以是任何网络资源，包括页面、图像、声音文件、程序、其他网站、电子邮件地址，甚至是页面中的特定锚点。当用户将鼠标悬停在链接载体上时，鼠标指针会由箭头变为小手图标，点击即可跳转至链接目标，实现超级链接的导航。

3. HTTP

HTTP 定义了从 WWW 服务器到本地浏览器的超文本传送规则。HTTP 不仅确保超文本文档能够被正确和迅速地传输，还指定了传输过程中文档各部分的显示优先级，例如，优先显示文本内容而非图像。HTTP 是基于 TCP/IP 的应用层协议。

HTTP 通信过程涵盖四个步骤：建立连接、发送请求、接收响应和关闭连接。当用户通过 URL 访问某个网页时，浏览器在域名服务器的协助下获取目标主机的 IP 地址，并默认使用 80 端口与 Web 服务器建立 TCP 连接。随后，浏览器发送 HTTP 请求消息，包含所请求的页面信息；Web 服务器处理请求后，将页面作为 HTTP 响应消息回传给浏览器；最后，浏览器接收响应，解析并显示超文本内容。

4. 浏览器

浏览器是一种特殊的软件，它使用户能够连接到 WWW 并与之交互。浏览器能够定位 WWW 中的信息资源，并将用户选择的资源提取并展示出来，无论是文本、图像还是多媒体内容。

对个人而言，浏览器改变了人们的学习方式、交流方式和购物方式，进而影响了人们的思考模式。对社会整体来说，浏览器使得全球信息网络更加紧密，资源共享和查找变得更加简便。浏览器的普及和发展推动了信息化社会和全球经济一体化的进程。

5. URL

URL，全称为统一资源定位符（Uniform Resource Locator），通常被称作网址，是用于在 Internet 上定位信息资源的地址。一个完整的 URL 地址主要由三个部分组成：协议名称、服务器名称或 IP 地址以及路径和文件名。

(1) 协议名称：协议名称是用来告诉浏览器如何处理即将打开的文件的。最常见的协议名称是 HTTP，除此之外，还有安全超文本传输协议（HTTPS）和 FTP 等。

(2) 服务器的名称或 IP 地址：服务器名称或 IP 地址用来指定要访问的服务器的位置。在某些情况下，服务器名称或 IP 地址后面可能还会跟有一个冒号和一个端口号。

(3) 路径和文件名：路径和文件名用来指定在到达指定的服务器后要打开的文件或文件夹。各个具体的路径之间用斜线（/）分隔。

例如，一个典型的 URL 可能是这样的："http://www. ygu. edu. cn/xxgk/xyfg. htm"。在这个 URL 中，"http"是协议名称，"www. ygu. edu. cn"是服务器的名称，而"/xxgk/xyfg. htm"则是路径和文件名。

6. 搜索引擎

搜索引擎是互联网上的一个工具，它能够帮助用户在浩如烟海的互联网信息中找到自己需要的信息。搜索引擎通过一种叫做"爬虫"的程序，自动地在互联网上抓取信息，然后将这些信息进行整理和索引，以便用户快速地找到相关的信息。

目前,全球范围内使用最广泛的搜索引擎是谷歌(Google),而在中国,百度是最大的中文搜索引擎。除此之外,360 搜索、搜狗搜索等也是常用的搜索引擎。

(1) 百度是全球最大的中文搜索引擎,它提供了网页搜索、图片搜索、音乐搜索、视频搜索等多种搜索服务。例如,如果想查找关于"北京故宫"的信息,只需要在百度搜索框中输入"北京故宫",就可以找到大量的相关信息。

(2) 360 搜索是奇虎 360 公司推出的一款元搜索引擎,它以安全、干净为特点,提供了网页、新闻、图片、视频等多种搜索服务。

(3) 搜狗搜索是搜狐公司推出的全球首款第三代互动式中文搜索引擎,它致力于中文互联网信息的深度挖掘,帮助中国网民加快信息获取速度,为用户创造价值。例如地图搜索、音乐搜索、问答搜索等。

(4) AI 搜索则是近年来新兴的一种搜索技术,它利用人工智能技术,能够更好地理解用户的搜索意图,提供更准确的搜索结果。例如,百度的"智能小程序"就是一种 AI 搜索的应用,它可以根据用户的搜索历史和行为习惯,推荐相关的小程序。

6.3.2 InternetExplorer/edge 的使用

InternetExplorer(IE)/edge 是微软公司开发的一种浏览器,向全世界免费提供使用。IE 提供了浏览 Web 最容易、最快捷的方法,同时为用户提供了通信和合作的工具。由于 IE 具有良好的用户界面,又能兼容多种通信协议,因而受到用户的青睐,现已成为广泛流行的 Internet 工具。

1. IE 的界面组成

IE 的界面由地址栏、菜单栏、标题栏、工具栏、网页显示区、状态栏组成,如图 6-3-1 所示。

图 6-3-1 IE 的界面组成

(1) 标题栏:在标题栏中,可以看到当前正在查看的网页的名称。

(2) 菜单栏:在菜单栏中,包含了 IE 所有的功能。

(3) 命令栏:在命令栏中,可以利用其中的按钮或命令,快速完成一些常用操作。当某个快捷按钮为灰色时,表示该功能目前不能使用。

(4) 网页显示区:用于显示文本、图形、动画等信息。

(5) 状态栏:显示有关信息状态。

(6) 地址栏：在地址栏中，显示当前访问主页的URL，也可以在地址栏中直接输入要访问的主页的URL。

2. 启动IE的方法

IE的启动方法有多种。打开"开始"菜单，执行"所有程序"→"Internet Explorer"命令，或者单击任务栏中的IE图标，即可打开IE。启动IE后，会自动链接到默认的网站主页上。

3. 浏览网页的步骤

在地址栏中输入特定网站的URL，如输入"http://www.ygu.edu.cn"，按"Enter"键，即可打开阳光学院网站首页。单击超级链接即可浏览相关页面。

4. 常用功能键介绍

(1) 后退：退回到前面的网页。

(2) 前进：转到下面的网页。

(3) 刷新：重新传输当前页面。

(4) 主页：链接用户默认的主页，即起始页。

(5) 搜索：打开浏览区的搜索窗口。"搜索"按钮实际上是在浏览区另开一个用于搜索各种页的窗口，它是微软公司使用Excite网站的中文搜索工具。

(6) 收藏：点击"查看收藏夹、源和历史记录"按钮。若点击"添加到收藏夹"按钮，则弹出"添加收藏"对话框，如图6-3-2所示。在此还可以选择创建位置和"新建文件夹(E)"，为网页起名、选择存放的收藏夹，然后点击"添加(A)"按钮进行收藏。

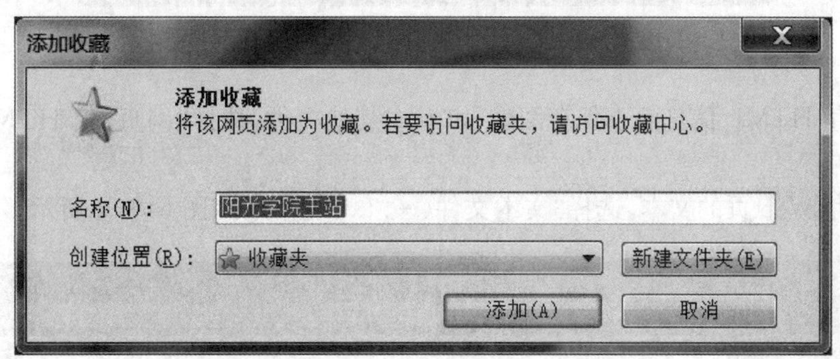

图6-3-2 添加收藏夹

若点击"添加到收藏夹"下拉按钮，在弹出的下拉菜单中选择"整理收藏夹"命令，则打开"整理收藏夹"对话框。要新建文件夹，点击"新建文件夹(N)"按钮；要删除、重命名或移动项目，应先选定项目，再点击"删除(D)..." "重命名(R)"或"移动(M)..."按钮，如图6-3-3所示。

(7) 历史记录：打开历史窗口，其中显示用户曾经浏览过的历史记录。当然，如果不想自动保存个人的浏览记录，可以开启浏览器的"无痕模式"。

5. 保存页面信息方法

(1) 保存整个页面的操作方法为：执行"文件"→"另存为"命令，在弹出的"保存网页"对话框中选择合适的文件类型。

① 要保存整个网页，选择"网页，全部(*.htm; *.html)"选项。

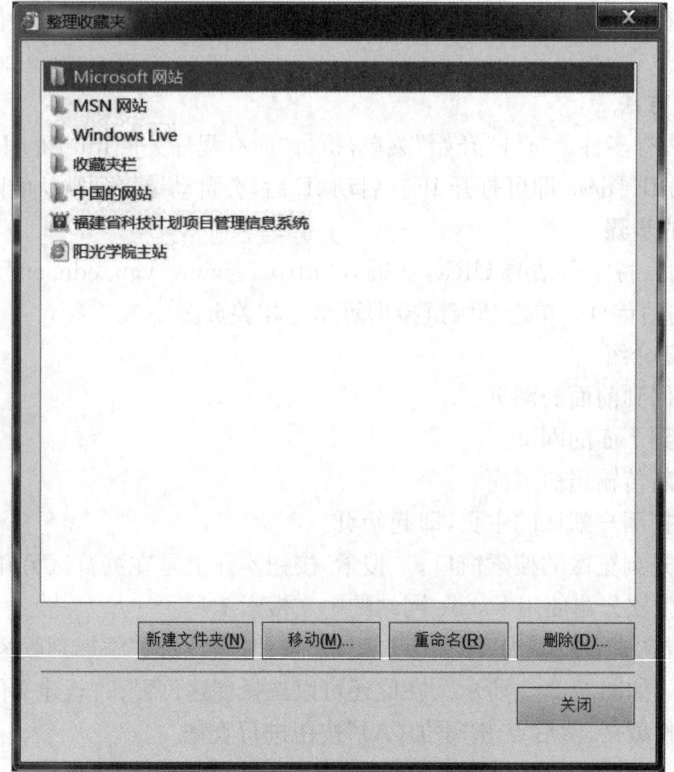

图 6-3-3　整理收藏夹

② 只保存 HTML 信息而不保存图像、声音或其他文件，选择“网页，仅 HTML(*. htm; *. html)”选项。

③ 只保存 Web 页的文本，选择“文本文件(*. txt)”选项，如图 6-3-4 所示。

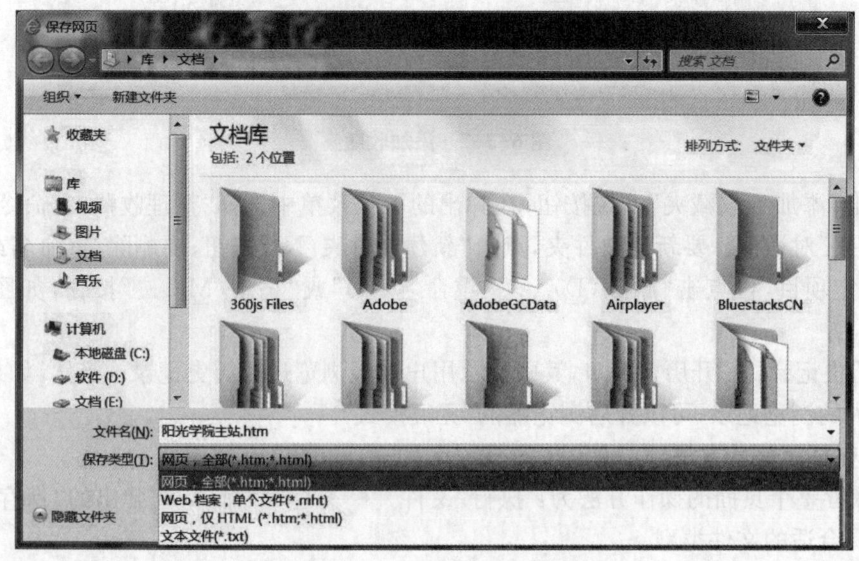

图 6-3-4　“保存网页”对话框

(2) 保存页面上部分文本的操作步骤如下：

① 选择所需要的文本。

② 执行“编辑”→“复制”命令，或者在所选取的块上右击，在弹出的快捷菜单中选择“复制”命令。

③ 打开文档编辑软件，如 Word、记事本等，执行“编辑”→“粘贴”命令。

④ 为文档选择存放的路径，并修改文件名，最后单击“保存”按钮即可。

(3) 保存页面中图片的操作步骤如下：

① 将鼠标指针指向图片。

② 右击鼠标，在弹出的快捷菜单中选择“图片另存为”命令。

③ 在打开的“保存图片”对话框中为图片选择存放的路径，并修改文件名，最后单击“保存”按钮即可。

6. 打印页面信息

打印整个页面信息的操作方法为：执行“文件”→“打印”命令，在打印窗口中选择打印机，设置好页数范围和份数，并点击“打印”，即可完成页面的打印。

7. 设置 Internet 选项

IE 的许多功能都是可以选择和调节的。在 IE 窗口中，执行“工具”→“Internet 选项”命令，弹出“Internet 选项”对话框，如图 6-3-5 所示。在该对话框中可以进行如下设置：主页设置、删除临时文件、删除历史记录、删除 Cookie 数据、设置默认浏览器、开启或关闭一些浏览器设置、设置本地安全级别等。

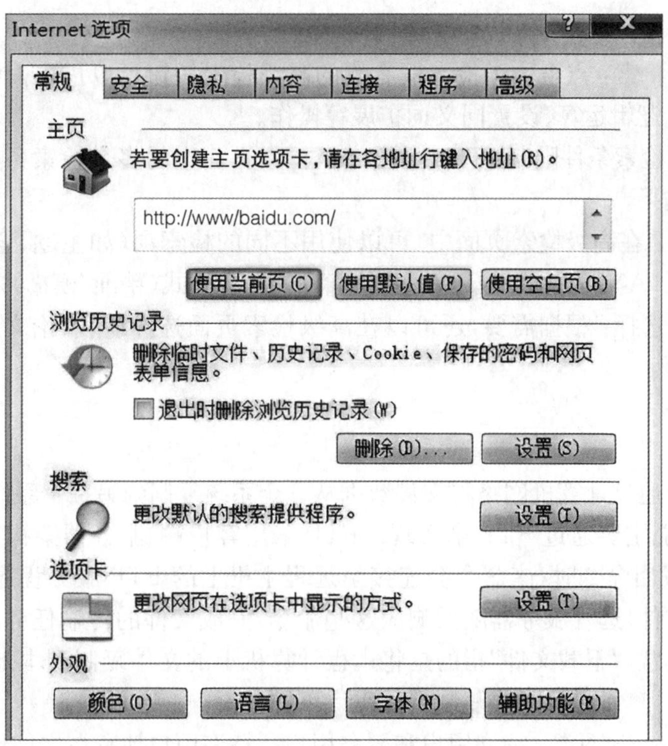

图 6-3-5 “Internet 选项”对话框

6.3.3 信息搜索

信息搜索指的是用户根据需要，通过一定的方法，利用检索工具从信息集合中找出所需信息的全过程。

信息搜索包括两个主要环节：信息存储和检索。信息存储是指将信息按照一定的方式组织起来以便于检索；而信息检索则是指根据用户的特定需求查找相关信息的过程。这个过程不仅仅是简单地查找信息，更是一个涉及匹配、识别和获取相关事实、数据和知识的活动。下面以在知网中检索论文为例，介绍信息检索的注意事项和具体方法。

1. 信息检索注意事项

在知网进行论文检索时需要注意的事项如下：

(1) 确定检索范围：可以通过页面上方的检索设置来选定特定的资源类型或数据库。

(2) 明确文献分类：利用高级检索页面左侧的文献分类导航，可展开并勾选具体的学科分类。

(3) 选择合适的检索项：总库提供的检索项包含主题、关键词、篇名、全文等，依据实际需求选取适合的检索项。

(4) 构建合理的检索式：在高级检索中，合理地使用逻辑运算符和关键词组合可以帮助缩小搜索范围并提高查准率。

2. 在知网中检索论文

使用浏览器在知网进行论文检索的步骤如下：

(1) 登录知网首页：在页面上方的检索框直接输入检索词，设置检索字段，点击右侧的检索图标即可。

(2) 输入检索词：确定要查找的关键词或主题。

(3) 选择高级检索：点击位于检索框右侧的高级检索按钮可以进入高级检索页面，进而执行对检索词进行逻辑运算、设置同义词扩展等操作。

(4) 输入多个检索条件限制：可以通过高级检索页面中的多个检索条件进行限制，实现更加精准的检索结果。

(5) 精确检索：在高级检索页面中，可以使用不同的检索项(如主题、全文、作者等)和它们之间的逻辑关系(AND/OR/NOT)，以及检索词的匹配方式(精准/模糊)来进行细致筛选。

(6) 资源类型选择：根据需要，还可以在高级检索页面选择期刊、论文、会议、报纸、图书等不同类型的资源。

6.3.4 文件传输

文件传输是指通过计算机网络将文件数据从一个系统复制到另一个系统的过程。在互联网环境中，这一功能主要通过 FTP 来实现。FTP 采用客户端/服务器架构工作，当用户通过 FTP 客户端软件发出命令时，该命令会连接至远程主机上的 FTP 服务程序。用户可以请求下载或上传特定文件，远程服务器随后响应这些命令，完成文件的传输任务，将文件保存在用户的指定位置。通常，“下载文件”指的是将远程计算机上的文件复制到本地计算机，而“上传文件”则是将本地计算机上的文件复制到远程计算机。

FTP 用户一般分为两类：特许用户和匿名用户。特许用户拥有在文件传输服务器上注册的帐户，能够自由地进行文件的上传和下载。而匿名用户则被允许从某些服务器下载公共领域的文件，但通常不被允许上传文件。匿名用户通过提供"Anonymous"作为通用用户名进行登录，当需要密码时，用户可以输入自己的电子邮件地址或姓名，这样做主要是为了让服务器管理者了解有哪些人在使用这项服务。

根据使用的协议不同，文件传输方法也有所不同。目前较为常见的是基于HTTP和基于FTP的文件传输方式。

1. 基于HTTP的下载方式

方法1：使用浏览器直接下载。用户可以直接在网页上点击想要下载的文件链接，然后在弹出的对话框中选择保存位置，以将文件保存到本地计算机。

方法2：使用专门的下载软件。例如，百度网盘是一个流行的下载工具，它支持断点续传、多线程加速以及分享链接等功能，使得大文件的下载更加高效便捷。

2. 基于FTP下载

方法1：直接用Windows自带的FTP功能下载。双击桌面上的"计算机"图标，在地址栏中输入形如"ftp://"的服务器地址，如"ftp://192.168.56.1"，并按"Enter"键即可访问FTP，如图6-3-6所示。

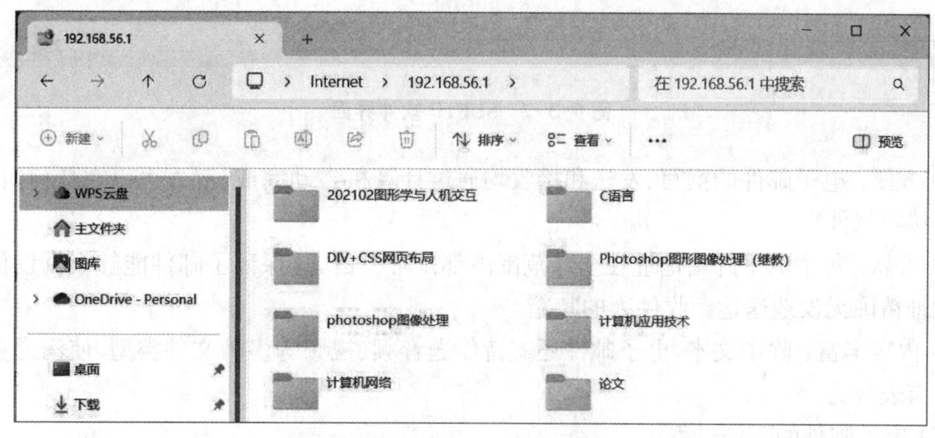

图6-3-6 FTP访问页面

方法2：应用工具软件。专用的FTP工具，如CuteFTP、8UFTP(图6-3-7)、FlashFXP、WS-FTP等的操作简单，便于传送大量文件并有友好的图形界面，使用方便，还有断点续传功能。打开FTP工具后，先进行登录，登录成功后，就可对服务器的资源进行访问。

6.3.5 电子邮件

1. 电子邮件概述

电子邮件，作为互联网时代信息交换的标志性通信工具，极大地简化了信息的发送、接收与管理流程，成为互联网不可或缺的核心功能之一。它不仅继承了传统邮局信件传递信息的本质功能，更在此基础上实现了质的飞跃，信息内容远超文本范畴，能够无缝集成声音、动画、视频等多媒体元素，为用户带来前所未有的丰富交流体验。

(1) 电子邮件的优点

① 快速：电子邮件在发送后能够几乎即时地通过网络到达接收者的电子邮箱。

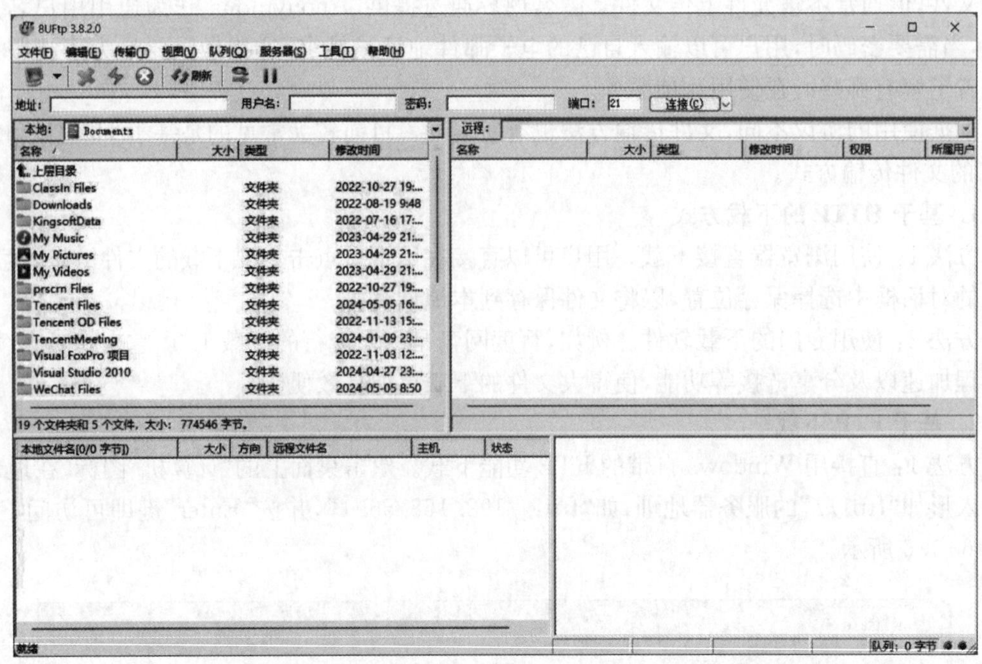

图 6-3-7　8UFTP 软件界面

② 方便：电子邮件的撰写、发送和接收均通过计算机自动完成，双方可以在任何时间、任何地点接收邮件。

③ 可靠：每个电子邮箱地址在全球范围内都是唯一的，这保证了邮件能够根据发件人指定的地址精确无误地送达到收件人的邮箱。

④ 内容丰富：除了文本，电子邮件还支持传送音频、视频等多种文件类型，使沟通更加生动且富有表现力。

(2) 电子邮件的工作过程

邮件服务器在 Internet 上扮演的角色类似于邮局，它负责转发和处理电子邮件。在这一过程中，发送邮件服务器和接收邮件服务器与用户直接相关联。发送邮件服务器使用简单邮件传输协议将用户编写的邮件传送给收件人。而接收邮件服务器（即 POP 服务器）采用邮局协议（POP3），其功能是将他人发送的电子邮件暂时存储，直到邮件的接收者将其从服务器下载到本地计算机进行阅读，如图 6-3-8 所示。

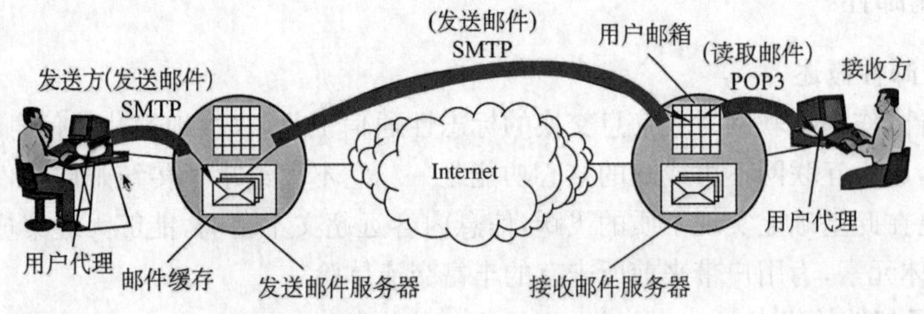

图 6-3-8　电子邮件工作过程

(3) 电子邮件常用术语

① 收费邮箱：指用户通过支付一定费用来订阅的电子邮箱服务。这类邮箱服务通常提供更大的存储空间和更高的安全性。

② 免费邮箱：网站向用户提供的免费的电子邮件帐户。用户只需完成简单的注册流程即可获得登录账号和密码。免费邮箱因其便捷和无成本的特点而广受欢迎，现已成为一种普遍的通信工具。

③ 电子邮件地址格式：与实体邮件类似，电子邮件也需要一个地址来进行发送和接收。这个地址不同于传统意义上的地址，它是用户在 Internet 上的唯一标识。每个电子邮件用户都拥有自己独特的电子邮件地址，邮件服务器利用这些地址将邮件准确地发送至用户的电子信箱。只有当用户拥有这样一个地址后，才能正常使用电子邮件服务。一个完整的电子邮件地址的格式为：用户账号@主机名.域名。其中，符号@读作“at”，表示“在”的意思，主机名与域名之间由“.”隔开。例如，“john@example.com”是一个典型的电子邮件地址，其中“john”是用户账号，“example.com”是主机名。

④ 收件人：邮件的接收者，相当于收信人。

⑤ 发件人：邮件的发送人。

⑥ 抄送(CC)：用户给收件人发出邮件的同时把该邮件抄送给另外的人，在这种抄送方式中，收件人知道发件人把该邮件抄送给了哪些人。

⑦ 暗送(BCC)：用户给收件人发出邮件的同时把该邮件暗中发送给另外的人，但所有收件人都不会知道发件人把该邮件发给了哪些人。

⑧ 主题(Subject)：邮件的标题。

⑨ 附件：同邮件一起发送的附加文件或图片资料等。

2. 申请电子邮箱

如果需要收发电子邮件，首先需要申请一个电子邮箱，获得一个电子邮件地址。目前，大部分门户网站都提供免费和收费的电子邮箱，如 QQ 邮箱(申请 QQ 号码后自动注册)、新浪、网易、搜狐等。下面就以申请网易免费电子邮箱为例介绍如何申请电子邮箱。

(1) 在 IE 的地址栏中输入网易电子邮箱服务的网址“https://mail.163.com/”，按“Enter”键，打开“163 网易免费邮”主页，如图 6-3-9 所示。

图 6-3-9 网易免费邮主页

（2）在页面中单击“注册新账号”按钮，打开邮箱注册页面。

（3）按照提示和要求填写信息后，单击“立即注册”按钮，完成注册。

如果需要使用已注册的邮箱，在邮箱主页中输入邮箱账号或手机号和密码，单击“登录”按钮便可登录邮箱。

3. 电子邮件的使用

（1）邮件的创建和发送

① 登录邮箱后，点击邮箱中的“写信”按钮，如图6-3-10所示。

② 打开写信的页面，在“收件人”文本框中输入收信人的邮箱地址，在“主题”文本框中输入邮件的标题。如果需要给对方发送文件，点击“主题”下的“添加附件”链接，在弹出的对话框中选择要发送给对方的文件，然后点击“确定”按钮，完成附件的添加，如图6-3-11所示。

图6-3-10 点击“写信”按钮

图6-3-11 发送邮件编辑界面

③ 在邮件的编辑区编写邮件的内容，完成后，点击上面的“发送”按钮即可发送邮件。

（2）邮件的接收

电子邮箱会自动接收其他用户发送来的邮件并保存在收件箱中。如果要查看邮件，则在登录邮箱后点击页面左侧的“收信”链接→“收件箱”按钮，在右侧将显示新接收的邮件列表，如图6-3-12所示。点击邮件的标题即可阅读邮件的内容。

图6-3-12 收信界面

思考题

1. 什么是计算机网络？什么是因特网？
2. 简述计算机网络的 OSI。
3. 常见的计算机网络结构有哪些？
4. IPv6 地址和 IPv4 地址的区别是什么？
5. 如何区分 A、B、C 类 IP 地址？
6. 什么是电子邮件？如何发送和接收邮件？
7. 如何访问 FTP 资源？

第7章

计算机前沿技术

随着信息技术的发展，出现了许多计算机前沿新技术，如人工智能、物联网、大数据、云计算等。了解和熟悉计算机前沿技术的相关概念、原理及其应用领域，有利于对计算机前沿技术的认知、应用和探索。

7.1 人工智能

随着科技的飞速进步，人工智能已经逐渐融入人们的日常生活中。从智能手机到自动驾驶汽车，从虚拟助手到医疗诊断系统，它的应用无处不在。

7.1.1 人工智能的定义

人工智能是计算机科学的一个分支，旨在开发能够执行通常需要人类智能的任务的系统，如自然语言理解、图像识别、问题解决和学习。它利用算法、数据和计算能力，涵盖机器学习、深度学习和自然语言处理等技术。人工智能可分为弱人工智能（专注于特定任务，如语音助手和推荐系统）、强人工智能（具有类人智能，尚未实现）和超人工智能（超越人类智能，存在伦理和安全问题）。人工智能的发展涉及计算机科学、数学、神经科学等多个学科，并广泛应用于医疗、金融、娱乐等领域。

7.1.2 人工智能的关键技术

人工智能技术的发展是实现人工智能产品顺利融入人们日常生活的关键。在人工智能领域，关键技术主要包括机器学习、知识图谱、自然语言处理（NLP）、人机交互（HCI）、计算机视觉（CV）、生物特征识别以及虚拟现实（VR）和增强现实（AR）。

1. 机器学习

机器学习是一门交叉学科技术，它使计算机能够模拟人类的学习行为，通过获取新知识和技能来不断改善自身性能。基于数据的机器学习算法从数据中寻找规律，并利用这些规律进行预测。根据训练方法不同，机器学习算法可以分为监督式学习、无监督式学习、半监督式学习和强化学习四大类。

例如，华为的 Pura 70 手机产品使用机器学习算法优化其摄像头的图像识别和处理能力，提升了用户体验。

2. 知识图谱

知识图谱是一种结构化的语义知识库，是由节点和边组成的图数据结构，用于描述物理世界中的概念及其相互关系。每个节点表示实体，每条边表示实体之间的关系。

例如，小米的小爱同学智能音箱利用知识图谱提供用户个性化的服务和回答，涵盖天气、新闻、食谱等多种信息。

3. NLP

NLP研究如何实现人与计算机之间用自然语言进行有效通信。它涵盖了机器翻译、阅读理解和问答系统等领域。

例如,科大讯飞的语音识别和翻译技术利用了NLP技术,提供了多种语言之间的即时翻译服务以及语音到文本的转换功能。

4. HCI

HCI专注于人和计算机之间的信息交换方式,包括传统的输入输出设备和新兴的交互技术。随着技术的发展,对于HCI的研究不断深入,涵盖了声音、触摸、手势甚至是脑电波等多种交互形式。

例如,腾讯的微信应用集成了语音识别技术,让用户可以通过语音发送消息;Brain Power公司设计的Empower Me设备帮助自闭症患者理解和表达情绪;苹果公司开发的EmoWatch,一种可穿戴设备,能够追踪用户的情绪状态,对于机器人理解用户情绪和提升客户服务体验尤为重要;南加州大学创新技术研究院开发的"Ellie虚拟治疗师"利用HCI技术为创伤后应激障碍和抑郁症患者提供治疗支持。

5. 计算机视觉

计算机视觉使计算机能够"看"和理解图像和视频中的内容。这一领域的技术不仅让机器可以识别和处理图像,还能进行复杂的视觉任务,如对象检测、图像分类、场景重建等。计算机视觉在自动驾驶、机器人导航、智能医疗诊断、视频监控分析等众多领域都有广泛的应用。

例如,商汤科技的人脸识别技术被广泛应用于安防、金融等行业。

6. 生物特征识别

生物特征识别技术是一种利用个体的生理或行为特征来进行身份验证的技术。这些特征包括指纹、面部信息、虹膜信息、声音信息等,由于其独特性和不易伪造的特点,生物特征识别技术被广泛应用于安全认证和身份验证场景。

例如,华为的Mate系列和P系列手机采用了3D深度感知技术,通过红外摄像头和投射点云,实现高精度的面部识别。此外,小米的旗舰手机如Mi11系列也配备了先进的面部识别系统,确保了手机的安全性和便捷性。

随着生物特征识别技术的发展,更多创新的应用正在出现。例如,静脉识别技术作为一种新兴的生物特征识别方式,因其难以复制和高安全性的特点,开始被应用于银行和金融行业的身份验证。此外,声纹识别技术也在智能家居和车载系统中得到了应用,用户可以通过语音命令来控制智能设备,提供更加个性化和安全的用户体验。

7. VR/AR

VR和AR技术致力于通过计算机生成的数字化环境,增强用户的现实感知。VR通常提供一个完全虚拟的环境,而AR则在用户的实际环境中叠加虚拟元素。这些技术正在改变娱乐、教育、医疗、军事以及零售等多个行业。

例如,腾讯公司推出的QQ-AR平台,它允许开发者在QQ应用内创建AR体验。用户可以通过手机摄像头与虚拟对象互动,例如,在游戏中捕捉虚拟生物或在教育应用中学习解剖学。此外,腾讯公司的AR技术还被用于文化遗产保护,如"文物复活"项目通过AR技术让用户能够以3D形式观看古代文物,增强了公众对历史和文化的认识。

7.1.3 人工智能的应用

人工智能的迅速发展已经深刻改变了各个行业，从制造到医疗，从教育到安防，从智能家居到智能交通，人工智能技术正在为社会服务带来前所未有的变革。

(1) 智能制造正成为新一代生产方式的典范，通过智能装备、智能工厂和智能服务的整合，实现了生产过程的自动化和优化。例如，华为在松山湖的智能工厂采用了机器学习和大数据技术，实现了智能手机等产品的高效生产。

(2) 智能家居正在改变着人们的生活方式，通过物联网技术和智能硬件的结合，让家居设备实现了远程控制、自我学习等功能。比如，小米生态链下的智能家居产品系列，通过"米家"App 实现了设备间的互联互通及自我学习功能，提升了家居生活的安全、节能和便捷性。

(3) 智能技术也深刻影响了交通、医疗、物流、安防和教育等领域。智能交通系统利用现代科技手段和设备，实现了交通元素之间的信息互通与共享，优化了交通流量和路况管理。在医疗领域，智能医疗辅助诊疗、疾病预测、医疗影像辅助诊断等技术发挥了重要作用。智能物流通过技术手段实现了运输、仓储、输送装卸等物流活动的自动化和高效率管理。智能安防技术则通过人工智能对视频、图像进行存储和分析，识别安全隐患并进行处理，实现了实时的安全防范和处理。智能教育能够在学习者学习的过程中实时跟踪、记录和分析学习者的学习过程与结果，以了解其个性化的学习特点，并根据这一特点为每一位学习者选择合适的学习资源，制订个性化的学习方案。

7.2 大数据

大数据无疑是当今社会的关注热点和信息技术高地，无论是传统媒体还是新兴媒体，都充斥着有关大数据各个维度的报道。随着人工智能技术的发展，特别是 AI 大模型的进步，大数据的处理和应用变得更加高效和智能化。

7.2.1 大数据的定义

大数据，又称巨量资料，是指数据量规模巨大，难以通过人脑或主流软件工具在合理时间内管理和处理的资讯。它具有四大特点：容量大(Volume)、种类多(Variety)、价值深(Value)、速度快(Velocity)，简称"4V"，如图 7-2-1 所示。

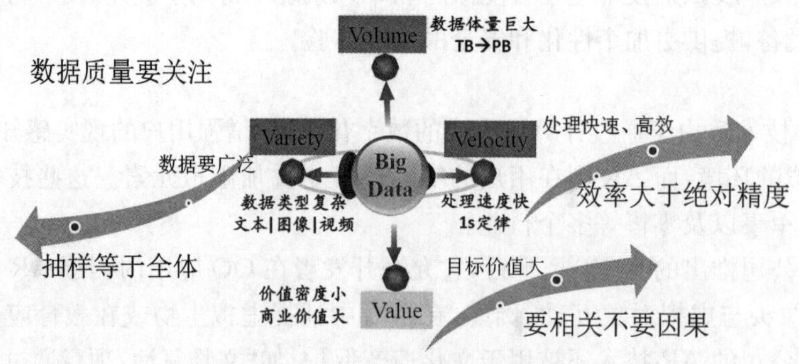

图 7-2-1 大数据的"4V"特点

(1) 数据体量巨大：当前，人类社会所生产的印刷材料总量约为200 PB，而语言所产生的数据量大约是5 EB。随着移动端的普及和云存储技术的发展，现代社会产生了海量数据，如社交平台数据、照片、运动手环数据等，最终形成了体量巨大的大数据。

(2) 数据类型呈多样性：数据类型的多样性导致数据被分为结构化和非结构化两种。互联网的普及使得各种数据可以被获取和传播，如网络小说、视频、音频等。处理这些数据需要加工、清洗和分析，发现它们之间的关联性，以形成有价值的信息。

(3) 处理迅速：大数据具有实时性，例如，人们使用移动端地图查询位置、查看餐厅评价并上传照片到社交平台，这带来了大量数据交换，对速度的要求更高，需要以实时方式传达给用户。

(4) 数据价值：大数据的应用在物联网、云计算、大数据挖掘等技术的带动下，通过将数据转换为信息并做出决策，挖掘数据的价值。数据量越大，相对有价值的数据就越少。

7.2.2 大数据的关键技术

大数据的关键性技术主要分为四种：流处理、并行化、可视化和摘要索引。

1. 流处理

随着公司的业务流程日益复杂，流式数据处理(流处理)技术已成为大数据的重要处理手段，能满足实时处理的需求。在数据持续产生的情境下，流处理技术能够随时处理流入的数据。

例如，传统的方法只能在给定的数据集上计算平均值；而在数据持续产生的情况下，移动平均值的计算则需要采用大数据的流处理方式，即创建一个数据流统计集合，逐步添加数据块并进行连续的平均值计算。

2. 并行化

小规模数据的存储容量通常不到10 GB，中规模数据的存储能力不到1 TB，而大数据存储则通常分布在多台机器上，以PB为单位计量。在分布式数据环境下，为了在极短的时间内处理大量数据，需要采用并行化处理技术。

3. 可视化

数据可视化分为信息可视化和科学可视化两大类。实现可视化的必要工具可分为探索性可视化工具和叙事性可视化工具两类。

管理决策者或数据分析师可以使用探索性可视化工具来发现数据间的关联性，这体现了可视化工具的洞察力作用。常见的可视化工具包括Tableau、TIBCO、QlikView等。

叙事性可视化工具以一种独特的方式挖掘数据。例如，查看某企业在特定时间段内的营销数据时，可使用叙事性可视化工具，其中可视化格式会预先创建，数据按照时间点逐年展示，并根据既定条件排序。

4. 摘要索引

摘要索引是加速查询数据的过程，通过预计算摘要来实现。预计算摘要会被提前创建以便为未来的查询做好计划。虽然目前摘要索引还没有统一的明确规则，但随著大数据技术的发展，这一问题预期将会得到解决。

7.2.3 大数据可视化的实现

大数据可视化技术是一种将庞大且复杂的数据集转换成图形或图像的方法，以便更直观地理解和分析数据。这种技术主要依赖于计算机图形学和图像处理技术，其目标是通过视觉化手段清晰有效地传达信息。

在实际应用中，大数据可视化的表现形式多种多样，从最基本的统计图表，如折线图、柱状图、饼图、散点图、雷达图和仪表图等，到更复杂的实时动态效果、地理信息和用户交互等。随着技术的发展和应用需求的增加，数据可视化的应用领域也在不断扩大。

在大数据可视化工具方面，有以下六个常用的工具。

(1) Excel：作为一个入门级的工具，Excel 适合简单的统计需求。它内置了数据分析工具箱，功能强大，可以完成专业的数据分析工作。例如，市场分析师可能会使用 Excel 来创建销售数据的柱状图，以便于理解销售趋势。

(2) ECharts：这是一个开源的数据可视化工具，使用 JavaScript 实现，可以运行在计算机和移动设备上，并兼容大部分浏览器。例如，一个网站可能会使用 ECharts 来创建一个交互式的用户访问量折线图。ECharts 的常用图表，如图 7-2-2 所示。

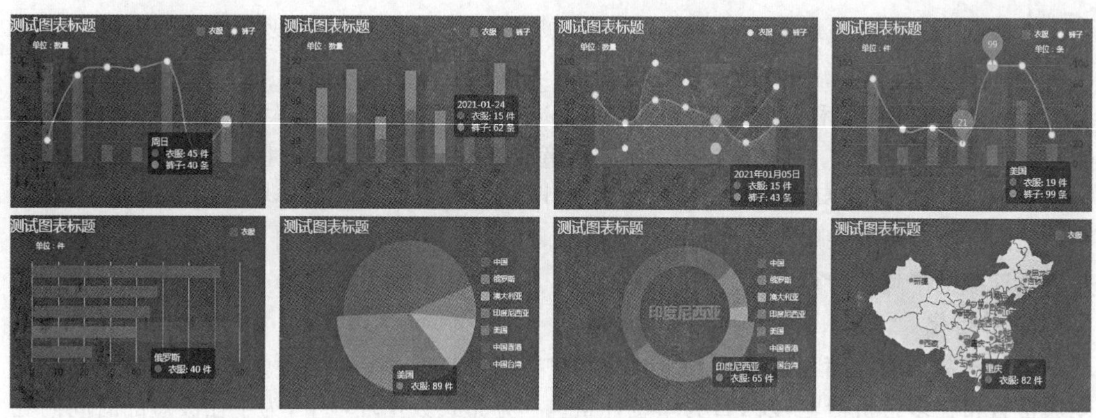

图 7-2-2　Echarts 常用图表

(3) Tableau：Tableau 是一款强大的商业智能工具，它以其用户友好的界面和拖放操作而闻名，使得即使没有编程背景的用户也能轻松地进行数据可视化。例如，零售商可能会使用 Tableau 来创建库存管理的数据可视化图表。Tableau 可视化图表如图 7-2-3 所示。

(4) Matplotlib：Matplotlib 是 Python 语言中广泛使用的绘图库，它支持创建多种静态、动态和交互式的图表。数据科学家经常使用 Matplotlib 来可视化数据分析和机器学习模型的结果，因为它能生成高质量的图形，便于理解和展示数据趋势，如图 7-2-4 所示。例如，在完成一个回归分析后，数据科学家可能使用 Matplotlib 绘制出实际值与预测值的对比图，以评估模型性能。此外，通过调整颜色、标签、轴等属性，可以使图形更具可读性和专业性。

(5) Seaborn：这是 Python 的一个高级可视化库，基于 Matplotlib，提供了更高级的 API。例如，研究员可能会使用 Seaborn 来创建实验数据的热力图。

(6) Pyecharts：这是一个用于生成 ECharts 图表的 Python 类库，可以轻松实现大数据的可视化。例如，电商公司可能会使用 Pyecharts 来创建商品销售的玫瑰饼图。

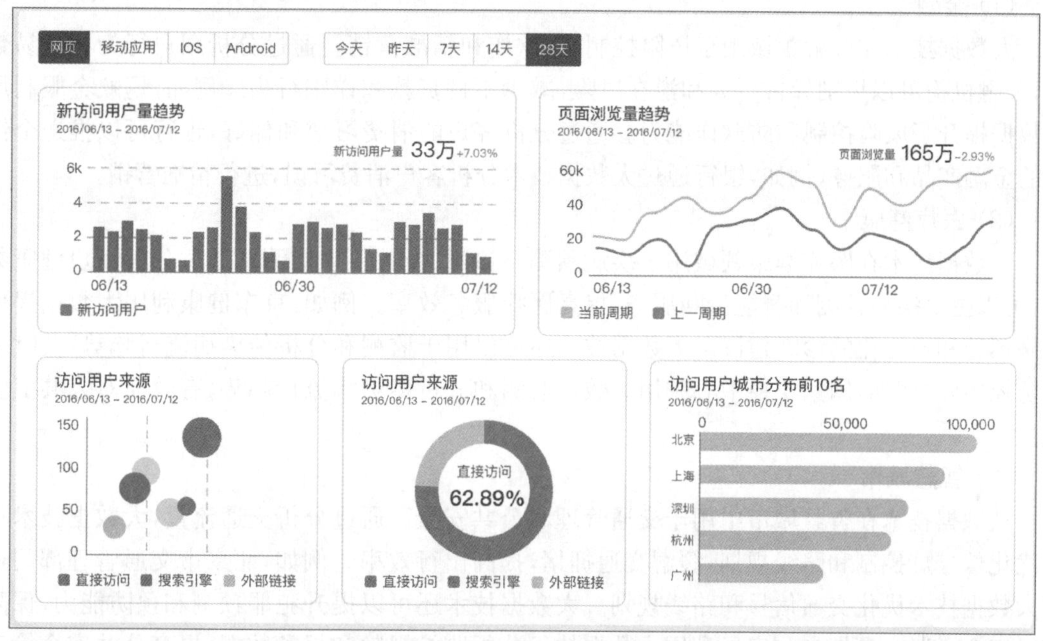

图 7-2-3 **Tableau 可视化图表**

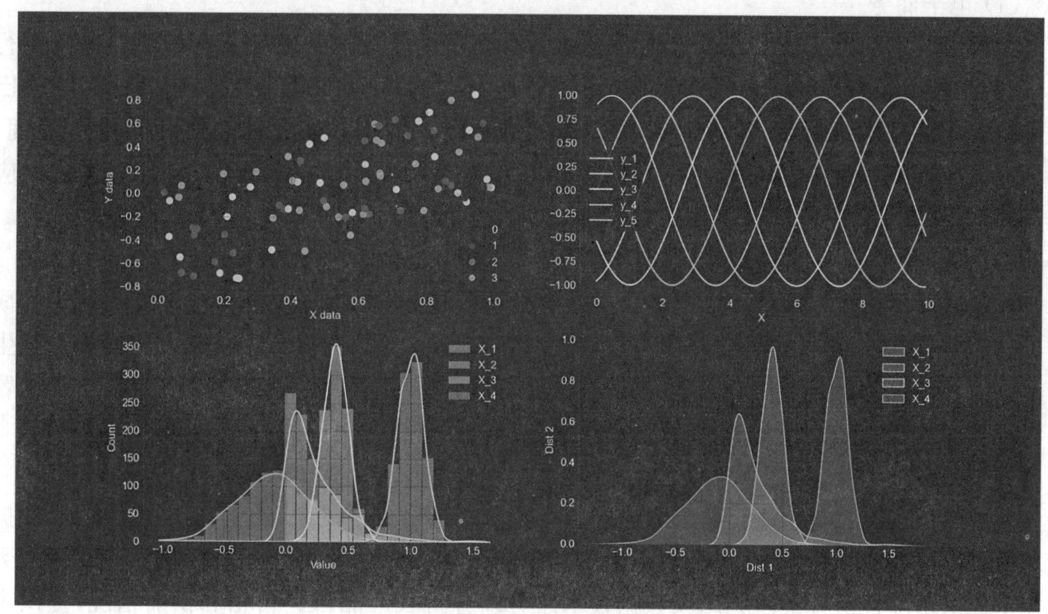

图 7-2-4 **Matplotlib 图表**

7.2.4 大数据技术的应用

在大数据时代，大数据技术在金融、医疗健康、智慧城市、电子商务、教育、农业和制造业等多个领域有着广泛应用。

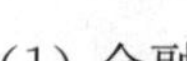

(1) 金融

大数据技术在金融领域用于风险控制、防欺诈和精准营销。通过分析用户行为和交易数据,金融机构可以识别异常行为和潜在风险,减少不良贷款和诈骗行为。例如,蚂蚁金服利用大数据提升了风险控制和防欺诈能力。通过分析客户的消费习惯和偏好,银行可以推送个性化的金融产品和服务,例如,银行通过大数据技术分析客户消费习惯,进行精准营销。

(2) 医疗健康

大数据技术在医疗健康领域用于疾病预测与诊断、公共卫生监测。通过分析用户健康数据,可以提供疾病预测和智能诊断服务,提高医疗服务效率。例如,京东健康利用大数据提供疾病预警和智能化的诊断建议。大数据技术还可以用于监测和分析传染病流行趋势,及时采取防控措施,例如,国家疾控中心利用大数据监测和分析传染病流行趋势,有效应对公共卫生事件。

(3) 智慧城市

大数据技术在智慧城市中用于交通管理和公共安全。通过分析交通流量,大数据技术可以优化信号灯控制和路线规划,缓解交通拥堵,提高出行效率。例如,北京市交通管理部门通过大数据技术优化交通信号和路线规划。大数据技术还可以提升犯罪预测和预防能力,保障市民安全,例如,深圳市公安局利用大数据技术分析监控视频和报警数据,提高公共安全管理水平。

(4) 电子商务

大数据技术在电子商务中用于个性化推荐和供应链优化。通过分析用户浏览和购买行为,大数据技术可以提供个性化商品推荐,提升用户购物体验和平台销售额。例如,阿里巴巴通过大数据技术分析用户行为,提供个性化推荐。大数据技术还可以优化供应链管理,减少库存成本和提升物流效率,例如,京东利用大数据分析市场需求和库存情况,优化供应链管理。

(5) 教育

大数据技术在教育领域用于个性化学习和教育资源分配。通过分析学生的学习行为和成绩,大数据技术可以提供个性化学习方案,提高教学水平。例如,学而思通过大数据分析学生学习行为,提供个性化学习方案。大数据技术还可以分析教育资源分布和需求情况,合理配置教育资源,促进教育公平,例如,教育部利用大数据技术分析教育资源分布,合理配置资源。

(6) 农业

大数据技术在农业中用于精准农业和市场预测。通过分析气象、土壤和作物数据,大数据技术可以提供精准种植方案,提高农业生产效率和产量。例如,阿里巴巴在云南试点利用大数据技术提供精准种植方案。利用大数据技术还可以分析农产品市场价格和供需情况,提供市场预测和决策支持,帮助农民增收,例如,中国农业科学院通过大数据技术分析农产品市场,以此为依据提供市场预测和决策支持。

(7) 制造业

大数据技术在制造业中用于智能制造和供应链管理。通过分析生产设备状态和产品质量数据,大数据技术可以实现智能化生产和设备维护,提高生产效率和产品质量。例如,海尔集团利用大数据技术实现智能化生产和设备维护。大数据技术还可以优化供应链管理,提升生产和交付效率，例如，华为通过大数据平台分析供应链各环节数据，优化供应链管理。

7.3 云计算

随着信息的飞速发展，传统的信息处理技术遇到了挑战，新的计算模式已悄然进入人们的生活、学习、工作和娱乐等方方面面，这就是被誉为第三次信息技术革命的云计算。

7.3.1 云计算的定义

云计算是一种通过互联网按需获取计算资源和服务的技术，使用户无需自备或管理底层物理硬件。它包括三种主要服务模式：基础设施即服务（IaaS），提供虚拟化计算资源；平台即服务（PaaS），提供开发和部署应用的平台；软件即服务（SaaS），直接提供软件应用。

云计算的优势在于按需付费、资源弹性扩展和减少IT基础设施投资，帮助企业专注于核心业务。然而，云计算也面临数据安全与隐私、服务中断和供应商兼容性等挑战。尽管如此，云计算正在改变企业和个人的数据处理方式，通过提供灵活、高效和经济的计算资源，使各类组织能够快速适应市场变化和技术进步。用户需在享受便利的同时，认真应对潜在的风险，确保其应用的安全性和可靠性。

云计算具有规模庞大、虚拟化、高可扩展性、通用性、高可靠性、按需服务、极其廉价以及潜在的危险性等特点。其基础设施由庞大的服务器网络组成，利用虚拟化技术使用户能够通过各种终端设备随时随地访问应用服务。具备高度可扩展性，能够动态调整和伸缩计算资源，以满足不断增长的需求。支持多种服务和应用同时运行，对可靠性要求极高，通过多层容错和冗余设计确保服务的稳定性。采用按需服务模式，用户根据实际需求购买服务，降低了成本并获得更好的支持。自动化集中式管理降低了数据中心管理成本，但也面临相应的潜在风险，特别是用户数据安全和隐私的安全性方面。

7.3.2 云计算的关键技术

1. 高性能计算技术

高性能计算（High Performance Computing，HPC）通常指使用大量处理器（作为单个机器的一部分）或集群组织中的多台计算机（作为单个计算资源进行操作）的计算系统和环境。这是计算机科学的一个重要分支，主要研究并行算法并开发相关软件，致力于提升计算性能。

（1）核心目标

高性能计算的核心目标是支持全面分析、快速决策。具体来说，它通过收集、分析和处理大量数据或模拟自然现象和产品，以最快速度得出最终分析结果，揭示客观规律，从而支持科学研究和决策。对科研人员而言，高性能计算可以缩短科学发现的时间并增加其深度；对工程师而言，它可以缩短新产品上市的时间并提高复杂设计的可靠性；对国家而言，高性能计算能增强综合国力并提升全球竞争力。

（2）发展趋势

高性能计算机的发展趋势主要体现在网络化，体系结构的主流化、开放性与标准化，以及应用的多样化等方面。其中，网络化是未来高性能计算机发展的核心趋势。在网络计算环境中，高性能计算机主要作为主机使用，而随着越来越多的应用转向网络环境，预计将出现数十亿计的客户端设备。所有关键的数据和应用都将被部署在高性能服务器上，这将推动客户端/服务器模式进入一个新的阶段，即“服务器聚集”的模式。

随着计算机技术的迅猛发展，高性能计算的速度持续提高，其标准也在不断刷新。对称多处理(Symmetrical Multiprocessing，SMP)、大规模并行处理机、集群系统、网格计算和消息传递接口等都是高性能计算技术的组成部分。

(3) 应用价值

在国内，高性能计算有着广泛的应用。例如，中国科学院超级计算中心利用高性能计算机为多个科研项目提供服务，包括气候模拟、天体物理模拟等。此外，中国的“天河”系列超级计算机在全球高性能计算领域占有重要地位，多次成为世界超级计算机排名榜首。这些应用和成就展示了高性能计算在中国科研和工业领域的重要作用。

2. 分布式数据存储技术

分布式数据存储技术是一种将数据分散保存在多个数据存储服务器上的技术。当前，很多分布式数据存储解决方案都受到了谷歌公司的启发，通过在众多服务器之上构建一个分布式文件系统，来实现相关的数据存储业务，甚至进一步提供二级存储服务。

分布式数据存储技术涵盖了非结构化数据存储和结构化数据存储两大类。非结构化数据存储主要采用文件存储和对象存储技术，而结构化数据存储则通常采用分布式数据库技术，尤其是非关系型(NoSQL)数据库。

在国内，分布式数据存储技术已经得到了广泛的应用。例如，阿里云的 OSS(Object Storage Service)就是一种典型的分布式对象存储服务，它能够提供高可扩展、高可靠性以及低成本的数据存储解决方案。同时，腾讯云的 COS(Cloud Object Storage)也提供了类似的服务，支持海量非结构化数据的存储。对于结构化数据存储，国内企业如华为的 GaussDB(高斯数据库)就是一个分布式数据库产品，它适用于大数据量的存储和处理，支持多种数据模型，包括关系型和非关系型，如图 7-3-1 所示。

图 7-3-1 华为 GaussDB

3. 虚拟化技术

云计算的核心是服务，而服务意味着可以根据需求进行取用。虚拟化是通过单一逻辑视角来看待和使用不同物理资源的方法，它代表了物理资源的逻辑抽象。虽然将云计算与虚拟化等同起来并不完全准确，因为即使不采用虚拟化技术也可以提供云服务，但虚拟化确实是发挥云计算优势不可或缺的核心技术之一。它可以使IT基础设施更加灵活、易于管理和高效地进行资源分配和隔离。

虚拟化涉及将信息系统的各种物理资源，如服务器、网络、内存和数据等，经过抽象和转换后呈现给用户，从而消除了实体结构间不可分割的障碍，使得用户能够更好地利用这些资源。通过虚拟化，新的虚拟资源不再受到现有资源的部署方式、地理位置或物理配置的限制。虚拟化的实质是将原本在真实环境中运行的计算系统或组件迁移到虚拟环境中运行。

在国内，虚拟化技术得到了广泛的应用。例如，华为的FusionSphere是一种面向企业和运营商的云操作系统，它通过虚拟化技术实现了计算、存储和网络资源的池化管理，提供了灵活的服务模式。此外，VMware作为全球知名的虚拟化解决方案提供商，在中国也有广泛的用户基础，它的vSphere平台支持企业构建云环境并实现资源的动态优化。

4. 用户交互技术

随着云计算的不断普及，浏览器不再仅是客户端软件，而是逐渐发展成为支撑互联网应用的重要平台。浏览器与云计算的整合主要体现在两个方面：一是浏览器的网络化功能；二是浏览器提供的云服务。

在国内，多数浏览器都将网络化作为标准功能之一，允许用户登录并同步个性化数据至服务器。这意味着无论用户身在何处，只需登录账号即可同步更新所有个性化内容，包括浏览器设置、收藏夹、浏览历史、自动表单填写和密码保存等。

当前，浏览器提供的云服务主要体现在P2P下载、视频加速等功能上，这些原本是独立客户端软件的主要功能。主要的研究方向包括基于浏览器的P2P下载、视频加速、分布式计算以及多任务协作。在多任务协作方面，AJAX(Asynchronous JavaScript and XML)是一种网页开发技术，用于创建交互式的网页应用，它改变了传统网页的交互方式，极大地提升了用户体验。

以国内的应用实例来说，360浏览器就提供了云同步功能，用户登录后能够同步书签、选项等数据到云端，确保在不同设备上体验的一致性。此外，腾讯公司的QQ浏览器也支持通过QQ账号登录，实现跨设备的浏览数据同步。

5. 安全管理技术

在云计算中，安全问题是用户考虑是否采用云服务时的主要担忧之一。虽然传统集中式管理也存在安全问题，但云计算的多租户特性、分布式架构以及对网络和服务提供者的依赖引入了新的安全挑战。这些挑战主要包括数据存储与访问控制、数据传输保护、数据隐私与敏感信息保护、数据可用性和合规性管理等方面。

针对这些挑战，相应的安全管理技术包括：

(1) 数据保护和隐私：涉及虚拟机镜像的安全、数据的加解密、数据验证、密钥管理、数据恢复和云迁移过程中的数据安全等。

(2) 身份和访问管理(IAM)：涉及身份验证、目录服务、单点登录(SSO)、个人身份信息保

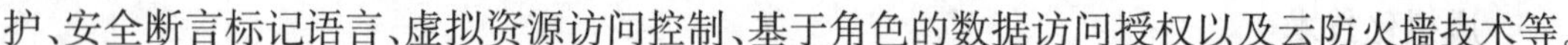

护、安全断言标记语言、虚拟资源访问控制、基于角色的数据访问授权以及云防火墙技术等。

(3) 数据传输：涉及传输过程中的数据加解密、密钥管理和信息管理等。

(4) 可用性管理：涉及消除单点故障(SPoF)、主机防攻击措施和灾难恢复计划等。

(5) 日志管理：涉及系统监控、可用性监控、流量监控、数据完整性监控和网络入侵检测等。

(6) 审计管理：涉及审计信任管理和审计数据的加密等。

(7) 合规性管理：确保数据存储和使用符合风险管理和安全管理的相关法规要求。

在国内有许多应用实例，例如，阿里云提供了全面的安全服务，包括数据加密服务、身份认证与访问控制服务、网络安全和传输加密等，帮助用户构建安全可靠的云计算环境。腾讯云也提供了类似的安全服务，如云加密服务(Cloud HSM)和密钥管理系统(KMS)，以保护客户数据的安全性和合规性。

7.3.3 云计算的应用

1. 云物联

随着物联网业务量的增加，对数据存储和计算的需求相应增长，进而推动了对云计算能力需求的增强。云物联结合了物联网与云计算的优势，能够实现更高效的数据处理和分析，为智能设备和传感器提供强大的后端支持。例如，华为云 IoT 物联网平台已被应用于智慧农业项目，通过使用华为云服务，配合专业的硬件设备和传感器，实现了对农场环境的实时监控和智能化管理。这些设备能够获取空气中的温湿度数据、光照度数据等，并根据这些信息判断是否需要进行灌溉，从而提升农业生产的自动化和智能化水平。

2. 云安全

云安全是从云计算中衍生出来的概念，其策略基于“使用者越多，每个用户就越安全”的理念。这种模式通过大量分布式客户端监测网络中的异常软件行为，实时捕获木马病毒和恶意程序的信息，并将这些信息上传至云端服务器进行分析处理。处理结果随后分发至所有客户端，以实现快速响应和防御。例如，360 企业安全集团等公司也在云安全领域提供专业的安全产品和服务，帮助企业防御网络威胁并保护数据安全。

3. 云存储

云存储是在云计算基础上发展起来的一个新概念，它利用集群应用、网格技术或分布式文件系统将网络中众多不同类型的存储设备整合起来，协同提供数据存储服务和业务访问功能。当云计算主要关注数据的存储和管理时，系统会配备大量的存储设备，从而转变为云存储系统。云存储强调的是以数据存储和管理为中心的云计算系统。例如，阿里云提供了全面的物联网平台服务，支持设备的连接管理、数据采集以及设备控制等功能，同时提供安全稳定的云存储解决方案。腾讯云也推出了专业的云存储服务，如对象存储 COS，为用户提供高可扩展、高可用及低成本的数据存储解决方案。

4. 云办公

云办公作为信息技术行业的一个重要发展趋势，正在逐步形成自己的产业链。与传统的办公软件不同，云办公能够更有效地帮助企事业单位降低成本并提升工作效率。例如，金山办公公司旗下的 WPS Office 是国内较为知名的云办公产品之一，如图 7-3-2 所示。用户只需访问 WPS 官方网站，注册账号，就可以体验云端的 Office 办公服务。

图 7-3-2　WPS 云协作图

思考题

1. 简述人工智能的概念。
2. 生活中常见的人工智能应用还有哪些？
3. 简述大数据的具体应用。
4. 云计算的关键技术有哪些？

参考文献

[1] 赵妍,纪怀猛.大学信息技术基础[M].成都:电子科技大学出版社,2017.
[2] 董正雄,俞建家,林维鉴,等.大学计算机应用基础(Winndows 7+Office 2020)[M].厦门:厦门大学出版社,2016.
[3] 徐涛.大学计算机基础——走进智能时代实验指导[M].厦门:厦门大学出版社,2021.
[4] 李宏,罗在文.计算机应用基础[M].上海:上海交通大学出版社,2020.
[5] 教育部考试中心.全国计算机等级考试一级教程——计算机基础及 MS Office 应用上机指导(2023 年版)[M].北京:高等教育出版社,2023.
[6] 郭金兰.计算机应用技术教程[M].西安:西安交通大学出版社,2016.
[7] 张春飞.人工智能基础[M].上海:同济大学出版社,2019.
[8] 陈侃.大学信息技术基础实训教材[M].北京:中国铁道出版社,2019.
[9] 石慧升,王思义.MS Office 2016 高级应用[M].北京:北京邮电大学出版社,2020.